生物产业高等教育系列教材（丛书主编：韦革宏）

蛋白质工程

（第三版）

主　编　汪世华
副主编　王　宇　于洪巍　杨建明
编　委　（以姓氏汉语拼音为序）
　　　　蔡珉敏（华中农业大学）
　　　　顾佳黎（湖州师范学院）
　　　　韩晓东（内蒙古农业大学）
　　　　侯晓敏（青岛农业大学）
　　　　贾坤志（福建农林大学）
　　　　李金宇（福州大学）
　　　　李玉梅（济南大学）
　　　　刘　素（济南大学）
　　　　汪世华（福建农林大学）
　　　　王　宇（福建农林大学）
　　　　肖莉杰（黑龙江八一农垦大学）
　　　　杨建明（青岛农业大学）
　　　　杨素萍（华侨大学）
　　　　于洪巍（浙江大学）
　　　　袁建琴（山西农业大学）
　　　　张吉斌（华中农业大学）

科学出版社

·北京·

内 容 简 介

本书围绕蛋白质工程这一核心主题，详尽介绍了该领域的基础知识、关键技术方法，以及该学科的前沿进展和具有代表性的研究案例。作为生命科学大类本科生的基础教材，本书内容涵盖了蛋白质分子的基本概念、分子设计、修饰与表达，以及蛋白质的物理化学属性、结构测定和实际应用等方面。同时，还介绍了生物信息学和现代生物技术在蛋白质工程中的应用，以及蛋白质的分离、纯化和鉴定技术。本书旨在帮助本科生掌握现代蛋白质工程新的理论进展，并为相关领域提供必要的知识与技术支持。通过阅读和学习，读者将能够理解蛋白质工程学科的核心原则、基础知识和基本技能，并熟悉从事蛋白质科学与工程研究所需要的主要方法和技术。

本书适合作为高等院校生物科学、生物工程、生物技术及相关专业本科生的教材，也适合相关专业的研究生、教师和科研工作者作为参考资料。

图书在版编目（CIP）数据

蛋白质工程 / 汪世华主编. --3 版. --北京：科学出版社，2025.6.
ISBN 978-7-03-080730-4

Ⅰ．TQ93

中国国家版本馆 CIP 数据核字第 2024DU6406 号

责任编辑：丛　楠　韩书云 / 责任校对：严　娜
责任印制：肖　兴 / 封面设计：马晓敏

科 学 出 版 社 出版
北京东黄城根北街 16 号
邮政编码：100717
http://www.sciencep.com

北京华宇信诺印刷有限公司印刷
科学出版社发行　各地新华书店经销

*

2008 年 2 月第　一　版　　开本：720×1000　16
2025 年 6 月第　三　版　　印张：16 1/4
2025 年 6 月第十九次印刷　字数：416 000

定价：69.80 元
（如有印装质量问题，我社负责调换）

丛 书 序

人类社会的发展历程始终伴随着对各类自然资源的开发和利用。生物资源因其具有的易用性、可再生性和功能多样性等特征，在社会生产中扮演着重要角色。随着科技进步，人们基于生物学原理，通过生物技术和生物工程手段，开发出一系列服务于食品、医药、能源、环境等领域的产品与技术，推动了现代生物产业的蓬勃发展。生物产业涵盖农业、畜牧业、渔业、林业、食品、生物医药、生物能源和环境保护等多个领域，已成为21世纪最具创新活力、影响最为深远的新兴产业之一。以生命科学前沿领域的不断创新为主要动力，通过保护性开发与利用生物资源，大力发展生物产业，有助于应对目前人口增长、粮食安全、气候变化和环境污染等全球性挑战，既是我国经济高质量发展的强大助力，也是新质生产力发展的重要增长点。

生物产业的发展关键在于科技创新，这既包括生命科学领域基础理论的突破，也涉及生物技术和生物工程的工艺与设备的革新和升级，是一个横跨多学科的系统性工程。在这一发展过程中，迫切需要大量具备坚实理论基础、创新理念素养和综合实践能力的优秀人才，在生物产业发展的各环节发挥关键性支撑作用。国家和社会发展的这种强烈需求对我国高校的生物相关专业教育教学提出了更高的要求，不仅要夯实基础教学，还要加强知识更新、学科交叉、实践能力培养，以及学科体系的综合性和系统性建设。为此，西北农林科技大学牵头组织福建农林大学、内蒙古农业大学、东北农业大学、湖北大学等多所国内院校的百余位教师，联合科学出版社，合作编写了本套"生物产业高等教育系列教材"，期望以新形态教材建设带动课程建设，通过构建系统化、现代化的教材体系，完善生物产业课程教学体系，满足新兴生物产业发展对创新人才培养的需求。

"生物产业高等教育系列教材"的编写人员均为长期从事生命科学领域教学的一线教师，并且具有丰富的生物产业技术研发与生产实践经验。他们基于自己对生物产业发展历程和趋势的深刻理解，按照本领域课程教学的要求与学生学习的习惯和规律，围绕着生物产业发展这一主线，编写了13本教材，涵盖了从基础研究到技术工艺和工程实践的完整产业体系。其中，《生物化学》《微生物学》《免疫学基础》是对生命学科基础知识的介绍；《细胞工程》《基因工程》《酶工程》《发酵工程》《蛋白质工程》《生物分离工程》是对生物产业发展几个核心工程技术的分别论述；《生物工艺学》和《生物技术制药》介绍了当前生物产业中的核心行业及其关键技术；而《生物工程设备》和《生物发酵工厂设计》则聚焦生物资源产业化过程中至关重要的设备与工厂建设。

"生物产业高等教育系列教材"具备两个突出特点，一是农业特色鲜明，二是形式和内容新颖。农业作为生物产业的重要组成部分，凭借新兴工程技术推动农业现代化，是我国生物产业发展的重要任务之一。本系列教材的编写人员，多数来自农林院校，或者有从事农林相关领域教学和研究的经历。因此，本系列教材在涵盖生命科学基础理论知识和通用工程技术的同时，特别注重现代生物技术在农林牧渔业中的应用，为推动现代农业发展和培养相关领域的人才提供了有力支持。此外，为了丰富教学形式，提升知识更新速度，以及加强实践教学效果，本系列中的多本教材采用了数字教材或纸数融合教材的形式。这种创新形式不仅拓展了教材的内容，也有助于将生命科学领域的最新研究成果与生物产业发展的最新动态实时融入教学过程，从而有效地实现培养创新型生物产业人才的目标。

2024 年 1 月 1 日

第三版前言

"我是谁""我从哪里来""我要去哪里"这三个哲学终极问题,自从被提出以来,便激发了人类对生命意义的深刻思考。在生命科学领域,蛋白质构成了生命活动的核心,担负着众多关键功能。深入理解蛋白质这一复杂"机器"的结构与功能,是揭示宇宙奥秘和人类自身关键生物学问题的重要途径之一。蛋白质工程是一门深入研究蛋白质结构及其生物学功能的科学。它结合化学、物理学、生物学和信息科学技术,在分子层面上对蛋白质进行定制化的修改或全新合成。这个过程包括对蛋白质的结构和功能进行细致的重塑,旨在精确满足人类在多样化的生产和生活环境中的具体需求。通过这种方式,蛋白质工程不仅优化了现有生物分子的性能,还有潜力创造出全新的分子实体。

蛋白质工程的起源可追溯至20世纪70年代,当时科学家开始尝试通过基因工程手段进行蛋白质的体外设计与合成。美国Genex公司的Ulmer博士于20世纪80年代初在*Science*杂志上发表了题为"Protein engineering"的专论,首次明确提出了蛋白质工程的概念,标志着该领域的正式诞生。随着分子生物学和基因工程技术的飞速进步,蛋白质工程在第二次生物科技革命中迎来了快速发展。近年来,人工智能技术突飞猛进,如OpenAI的ChatGPT和Google的AlphaFold等人工智能模型,在蛋白质科学领域产生了深远影响。结合CRISPR/Cas9等先进的基因编辑技术,以及冷冻电镜等蛋白质结构测定技术,诺贝尔化学奖得主David Baker引领的蛋白质设计正逐渐从经验驱动转向理性化设计,以更精确地满足人们对特定功能的需求。伴随第三次生物科技革命的到来,尤其是合成生物学的发展,蛋白质工程作为其核心支撑学科,在工业、农业和医药等众多领域正开拓新的应用疆界。这预示着一个"生物制造,制造万物"的新时代即将来临。

为促进国内生命科学和蛋白质工程的发展,满足高等教育和科研的需求,我们在国内较早地编纂了针对本科生的蛋白质工程教材。本书2008年首版发布,在2014年推出了第二版。鉴于近十年来大数据、结构生物学、基因编辑技术及基因与细胞调控策略的持续进步,蛋白质工程技术也实现了跨学科的融合与发展。为了向读者展示这些最新的技术,我们精心编写了本书的第三版。本书不仅介绍了蛋白质工程的基础知识,还重点介绍了该领域的最新技术和应用,旨在让本科生深入了解现代蛋白质工程理论的最新进展,并为相关学科的学习和研究奠定坚实的基础。

本书共12章。第一章绪论由汪世华、贾坤志撰写;第二章蛋白质的结构基础由袁建琴撰写;第三章蛋白质的物理化学基础由刘素、李玉梅撰写;第四章蛋白质结构预测由李金宇撰写;第五章蛋白质分子设计由于洪巍、顾佳黎撰写;第六章蛋白质的表达由杨建明撰写;第七章蛋白质的分离纯化与鉴定由侯晓敏撰写;第八章蛋白质的修饰由韩晓东撰写;第九章蛋白质结构解析由王宇撰写;第十章现代生物学技术在蛋白质工程中的应用由张吉斌、蔡珉敏撰写；第十一章蛋白质组学由杨素萍撰写；第十二章蛋白质工程的应用由肖莉杰撰写。王宇在教材的组织与校对方面做出了很大的贡献，黄雪婷、许海波和侯燕萍则在文字修正和图片美化等方面做了相关工作，在此深表感谢！

"路漫漫其修远兮，吾将上下而求索"，蛋白质工程之教材，虽历经屡次改编和校正，然蛋白质工程之领域日新月异，书中难免有疏漏，恳请读者批评斧正。

汪世华　王　宇

2025 年 2 月于榕城乌龙江畔

目　录

第一章　绪论 …………………………………… 1
　第一节　蛋白质工程的起源 …………… 1
　第二节　蛋白质工程的研究内容 ……… 2
　　一、蛋白质的基础知识 ………………… 2
　　二、蛋白质的物质准备 ………………… 3
　　三、蛋白质的研究方法 ………………… 4
　　四、蛋白质的改造应用 ………………… 4
　第三节　蛋白质工程的发展 …………… 6
　　一、蛋白质工程与其他学科的融合
　　　　发展 ……………………………………… 6
　　二、蛋白质工程的应用 ………………… 7
第二章　蛋白质的结构基础 ………………… 9
　第一节　蛋白质的功能及其应用 …… 10
　　一、蛋白质的生物学功能 …………… 10
　　二、蛋白质的应用 …………………… 11
　第二节　蛋白质、氨基酸与多肽链 … 12
　　一、氨基酸的结构特征 ……………… 12
　　二、常见氨基酸的分类 ……………… 13
　　三、多肽链 …………………………… 16
　第三节　蛋白质的结构 ………………… 17
　　一、蛋白质的一级结构 ……………… 17
　　二、蛋白质的空间结构 ……………… 18
　　三、维持蛋白质空间构象的作用力 … 22
　第四节　蛋白质结构与功能的关系 … 23
　　一、蛋白质一级结构与功能的关系 … 23
　　二、蛋白质空间结构与功能的关系 … 24
　　三、蛋白质的变性与复性 …………… 25
第三章　蛋白质的物理化学基础 ………… 28
　第一节　蛋白质热力学系统与蛋白质
　　　　构象 …………………………………… 29
　　一、蛋白质-溶剂系统的热力学函数 … 29
　　二、蛋白质热运动与构象平衡 ……… 30
　　三、蛋白质构象稳定的作用力 ……… 30
　第二节　蛋白质折叠 …………………… 31
　　一、蛋白质折叠简介 ………………… 31
　　二、蛋白质折叠的热力学研究 ……… 34

　　三、蛋白质折叠的动力学研究 ……… 36
　第三节　蛋白质的分子动力学 ……… 39
　　一、分子动力学计算原理 …………… 39
　　二、分子力场 ………………………… 40
第四章　蛋白质结构预测 …………………… 43
　第一节　蛋白质结构预测的背景与
　　　　基础 …………………………………… 43
　　一、蛋白质结构预测概述 …………… 44
　　二、蛋白质结构预测的基本原理 …… 45
　　三、生物信息学工具和数据库 ……… 46
　第二节　蛋白质结构预测的技术
　　　　方法 …………………………………… 51
　　一、蛋白质二级结构预测 …………… 51
　　二、蛋白质三级结构预测 …………… 52
　　三、蛋白质复合物结构预测 ………… 57
　第三节　蛋白质结构预测的应用及
　　　　发展趋势 ……………………………… 60
　　一、蛋白质结构预测应用案例 ……… 60
　　二、蛋白质结构预测的挑战与展望 … 62
第五章　蛋白质分子设计 …………………… 65
　第一节　概述 …………………………… 66
　　一、蛋白质分子设计的基本概念 …… 66
　　二、蛋白质分子设计的基本流程 …… 67
　第二节　蛋白质分子设计的类型 …… 68
　　一、基于天然蛋白质结构的分子
　　　　设计 …………………………………… 68
　　二、全新蛋白质的分子设计 ………… 71
　第三节　蛋白质分子动力学模拟 …… 75
　　一、分子动力学模拟基本流程 ……… 75
　　二、分子动力学模拟实例 …………… 77
　第四节　蛋白质分子设计的应用及
　　　　发展趋势 ……………………………… 79
　　一、蛋白质分子设计的应用 ………… 79
　　二、蛋白质分子设计的发展趋势 …… 82
第六章　蛋白质的表达 ……………………… 85
　第一节　蛋白质的原核表达 …………… 86

一、大肠杆菌表达系统 …………… 86
　　　二、枯草芽孢杆菌表达系统 ………… 90
　第二节　蛋白质的真核表达 ………… 93
　　　一、酵母表达系统 ………………… 93
　　　二、昆虫杆状病毒表达系统 ……… 100
　　　三、哺乳动物细胞表达系统 ……… 102
第七章　蛋白质的分离纯化与鉴定 …… 106
　第一节　概述 ………………………… 107
　第二节　蛋白质的提取 ……………… 107
　　　一、细胞的破碎 ………………… 108
　　　二、蛋白质的抽提 ……………… 109
　第三节　蛋白质粗分离 ……………… 110
　　　一、盐析沉淀 …………………… 110
　　　二、等电点沉淀 ………………… 111
　　　三、有机溶剂沉淀 ……………… 111
　　　四、聚乙二醇沉淀 ……………… 111
　　　五、透析 ………………………… 111
　　　六、超滤 ………………………… 112
　　　七、超速离心 …………………… 112
　　　八、结晶 ………………………… 113
　　　九、其他方法 …………………… 113
　第四节　蛋白质细分离 ……………… 113
　　　一、凝胶过滤 …………………… 114
　　　二、离子交换层析 ……………… 116
　　　三、吸附层析 …………………… 118
　　　四、亲和层析 …………………… 119
　第五节　蛋白质的含量测定与纯度
　　　　　鉴定 ………………………… 119
　　　一、蛋白质的含量测定 ………… 119
　　　二、蛋白质的纯度鉴定 ………… 120
第八章　蛋白质的修饰 ………………… 125
　第一节　侧链基团的化学反应 ……… 126
　　　一、氨基的化学反应 …………… 126
　　　二、羧基的化学反应 …………… 127
　　　三、巯基的化学反应 …………… 127
　　　四、二硫键的化学反应 ………… 128
　　　五、羟基的化学反应 …………… 128
　　　六、其他侧链基团的化学反应 … 129
　第二节　蛋白质的标记 ……………… 129
　　　一、蛋白质的生物素标记 ……… 130

　　　二、蛋白质的荧光标记 ………… 130
　　　三、蛋白质的放射性标记 ……… 131
　　　四、蛋白质的代谢物标记 ……… 131
　　　五、蛋白质的毒素标记 ………… 132
　第三节　蛋白质的化学修饰 ………… 132
　　　一、蛋白质的聚乙二醇修饰 …… 132
　　　二、蛋白质的糖基/去糖基化修饰 … 133
　　　三、蛋白质的脂化/去脂化修饰 … 134
　　　四、蛋白质的泛素化/去泛素化修饰 … 135
　第四节　蛋白质的化学交联 ………… 136
　　　一、交联剂 ……………………… 136
　　　二、蛋白质化学交联到固相支持物 … 138
　　　三、蛋白质-蛋白质之间的化学
　　　　　偶联 ………………………… 138
　　　四、蛋白质标记转移 …………… 139
　　　五、蛋白质化学交联质谱 ……… 140
　第五节　蛋白质的分子生物学
　　　　　改造 ………………………… 141
　　　一、蛋白质的基因工程改造 …… 141
　　　二、定向进化 …………………… 142
　　　三、基因融合 …………………… 143
　　　四、融合蛋白标签 ……………… 144
　　　五、内含肽介导的蛋白质剪接 … 145
　　　六、tRNA介导的蛋白质改造 …… 147
第九章　蛋白质结构解析 ……………… 149
　第一节　蛋白质X射线晶体学 ……… 150
　　　一、X射线晶体学的发展和基本
　　　　　原理 ………………………… 150
　　　二、蛋白质X射线晶体学的主要
　　　　　步骤 ………………………… 152
　第二节　核磁共振波谱技术解析
　　　　　蛋白质结构 ………………… 162
　　　一、核磁共振波谱技术的基础理论 … 163
　　　二、多维核磁共振技术 ………… 165
　　　三、核磁共振技术的发展方向 … 170
　第三节　冷冻电子显微镜与蛋白质
　　　　　结构研究的其他方法 ……… 170
　　　一、冷冻电子显微三维重构技术 … 170
　　　二、动态光散射 ………………… 173
　　　三、生物大分子小角散射 ……… 174

四、X射线自由电子激光晶体学 …… 175
五、非变性质谱技术 …………… 175

第十章 现代生物学技术在蛋白质工程中的应用 ……………… 178
第一节 蛋白质分析鉴定技术 …… 179
一、蛋白质芯片技术 …………… 179
二、蛋白质指纹图谱技术 ……… 181
三、冷冻电镜技术 ……………… 182
第二节 研究蛋白质相互作用技术 ………………………… 184
一、表面等离子体共振技术 …… 185
二、酵母双杂交技术 …………… 186
三、细菌双杂交技术 …………… 187
四、荧光共振能量转移 ………… 188
五、双分子荧光互补 …………… 189
第三节 表面展示技术 …………… 190
一、噬菌体展示技术 …………… 191
二、核糖体展示技术与mRNA展示技术 …………………………… 193
三、细菌表面展示技术 ………… 194
四、酵母表面展示技术 ………… 194
第四节 其他新蛋白质工程技术 …… 196
一、定向演化技术 ……………… 196
二、蛋白质打靶技术 …………… 197
三、蛋白质分子印迹技术 ……… 198
四、蛋白质截短试验 …………… 200
五、蛋白质错误折叠循环扩增技术 ……………………………… 200

第十一章 蛋白质组学 ………………… 204
第一节 概述 ……………………… 205
一、基本概念 …………………… 205

二、蛋白质组学发展简史 ……… 205
三、蛋白质组学研究的基本思路和策略 ……………………………… 209
四、蛋白质组学的研究内容和特点 … 209
第二节 蛋白质组学研究技术 …… 210
一、蛋白质组高通量分离技术 … 210
二、蛋白质组高通量鉴定技术 … 214
三、蛋白质组定性定量分析技术 … 217
四、单细胞蛋白质组学技术 …… 223
第三节 蛋白质组学的应用与发展趋势 …………………… 225
一、蛋白质组学的应用 ………… 225
二、蛋白质组学的发展趋势 …… 227

第十二章 蛋白质工程的应用 ………… 231
第一节 在医学领域的应用 ……… 231
一、在抗体药物生产中的应用 … 231
二、在病毒疫苗生产与研发中的应用 ……………………………… 234
第二节 在药物研发领域的应用 … 235
一、白细胞介素-2的改造 ……… 235
二、干扰素的改造 ……………… 235
三、葡激酶的改造 ……………… 236
第三节 在工业和能源领域的应用 ……………………………… 236
一、在工业用酶中的应用 ……… 236
二、在饲料用酶研发中的应用 … 238
三、在能源领域中的应用 ……… 239
第四节 在其他领域中的应用 …… 240
一、天然蛋白质改造 …………… 240
二、基础理论研究 ……………… 240

主要参考文献 ……………………………… 242

《蛋白质工程》（第三版）教学课件索取

　　凡使用本教材作为授课教材的高校主讲教师，可获赠教学课件一份。通过以下两种方式之一获取：

　　1. 扫描左侧二维码，关注"科学EDU"公众号→样书课件，索取教学课件。

　　2. 填写下方教学课件索取单后扫描或拍照发送至联系人邮箱。

姓名：	职称：	职务：
电话：	电子邮箱：	
学校：	院系：	
所授课程（一）：		人数：
课程对象：□研究生 □本科（＿＿年级） □其他＿＿＿＿		授课专业：
使用教材名称 / 作者 / 出版社：		
所授课程（二）：		人数：
课程对象：□研究生 □本科（＿＿年级） □其他＿＿＿＿		授课专业：
使用教材名称 / 作者 / 出版社：		
您对本书的评价及下一版的修改意见：		
推荐国外优秀教材名称/作者/出版社：	院系教学使用证明（公章）：	
您的其他建议和意见：		

咨询电话：010-64034871　　　　　　　　　　联系人邮箱：congnan@mail.sciencep.com

第一章 绪 论

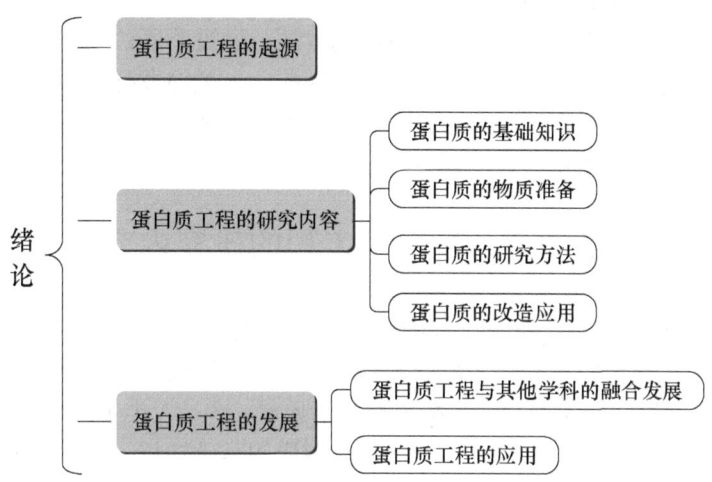

20世纪80年代初，Genex公司Ulmer博士在 Science 杂志发表了题为"Protein engineering"的专论，首次明确提出了蛋白质工程的概念，标志着蛋白质工程的诞生。蛋白质工程是在分子生物学、结构生物学、生物信息学等学科的基础上，利用基因工程技术和手段，改造现有蛋白质性能，使其更好地符合社会生产生活的需要。

从学科诞生开始，蛋白质工程就肩负着改造蛋白质的使命。在研究蛋白质结构与功能关系的基础上，科学家发现，蛋白质的氨基酸序列决定了蛋白质的空间结构，而空间结构决定了蛋白质的生物学功能。因此，蛋白质改造的重点在于改变蛋白质的关键氨基酸，从而改良蛋白质的生物性质。

经过40多年的发展，蛋白质工程研究领域取得了令人瞩目的成就。从最初通过简单多肽的合成来探索蛋白质结构与酶活性的关系，到今天科学家大规模突变蛋白质氨基酸，从中筛选符合人类需求的蛋白质突变体，蛋白质工程的内容呈现多层次、高通量及应用广的发展势态，学科知识也与现代科学技术不断相互渗透融合。为了更好地了解蛋白质工程学科的发展，本书对蛋白质工程所涉及的知识进行系统梳理，希望能为本学科的发展起到一定的推动作用。

第一节 蛋白质工程的起源

早在几千年前，人们就在长期的生产实践中发展并使用酿造技术，如酿酒、酿醋等。这些传统酿造过程就是最早的发酵技术。到了20世纪40年代，人们成功地进行了青霉素的大规模制备，这标志着现代发酵工程技术的正式建立。20世纪70年代，基因工程技术的出现使定向改造生物性状和功能成为可能，有力地推动了生物学科的发展。在不断的科学实践中，科学家利用基因工程技术和细胞杂交技术选育出一大批生长速度快、代谢能力强且易于大量表达外源产物的新菌种，使发酵工业不断产生新变革。

酿造过程实际上就是利用微生物体内有用的代谢酶来获得人们所需的产品，只不过当时人们并不知道产生作用的是哪些代谢酶。1898年，Buchner兄弟经过研究发现，酵母的无细胞提取物可使糖发酵产生乙醇，揭示了酶可以在体外发挥催化作用，促进了酶学研究。人们逐渐认识到发酵过程实际上是代谢酶催化底物的过程，酶学研究的发展促使酶工程成为一门独立而又与发酵工程密切联系的学科。

长期的发酵实践使得人们迫切想要了解酶的本质，通过不断的科学探索，研究人员最终发现并证明了酶的本质是蛋白质这一重要事实，因此，人类的发酵实践是蛋白质工程诞生的土壤。随着蛋白质工程学科的发展，对蛋白质的研究和改造实践又直接促进了酶制剂和发酵工业的发展，推动了新兴生物产业的诞生。

第二节 蛋白质工程的研究内容

基因工程技术的出现为蛋白质工程的诞生奠定了基础，随着生命科学和工程技术的发展，蛋白质工程进入快速发展阶段，形成了相对独立和比较成熟的科学体系。作为一门独立学科，蛋白质工程诞生之初就肩负着改善人类生活质量，满足人类生产生活需求的独特使命。蛋白质工程的内容主要分为四大部分，分别是蛋白质的基础知识、蛋白质的物质准备、蛋白质的研究方法和蛋白质的改造应用。

一、蛋白质的基础知识

蛋白质的基础知识包括蛋白质的结构、理化性质和生物学功能等相关内容。

（一）蛋白质的结构

蛋白质一般是由多肽链组成的，有不同的结构层次：一级结构、二级结构、三级结构和四级结构等。其中蛋白质的一级结构由20种氨基酸通过肽键连接而成，它包含了蛋白质分子形成复杂结构所需要的全部信息，利用这些信息可以对蛋白质进行高级结构的分析、蛋白质同源性的比较及蛋白质功能的预测等。蛋白质的二级结构是多肽链主链折叠并依靠不同肽键之间形成的氢键维系而成的稳定结构。蛋白质的三级结构是多肽链在二级结构的基础上进一步折叠、卷曲而形成的球状分子结构，是二级结构的组装。蛋白质的四级结构是寡聚蛋白的结构形式，一般为由两个或多个亚基通过非共价作用结合形成的聚合体。

（二）蛋白质的理化性质

蛋白质具有多层次结构，蛋白质结构的特点决定了蛋白质的各种理化性质，如热稳定性、可溶性等。而蛋白质各层次结构的形成又依赖于构成蛋白质的基本单位——氨基酸残基之间的作用力，这种作用力包括静电相互作用、范德瓦耳斯力、氢键、疏水相互作用及二硫键等。破坏蛋白质氨基酸残基之间的作用力就会破坏蛋白质的结构，导致蛋白质理化性质发生相应改变。蛋白质氨基酸残基之间作用力形成的过程就是蛋白质结构形成的过程，这个过程伴随着蛋白质分子能量的逐步降低。

（三）蛋白质的生物学功能

蛋白质是生命活动的物质基础，具有多种多样的生物学功能。蛋白质功能的多样性体现在以下几个方面：生物催化功能、调节功能、运输功能、运动功能、作为机体的结构成分、防御和保护功能及作为营养物质等。另外，蛋白质是人体必需的营养物质，蛋白质的水解产物氨基酸可作为一些生理反应的原料及重要的中间代谢物，还可以在必要时提供生物体急需的氮、硫、磷、铁等元素。

（四）蛋白质结构与功能的关系

蛋白质的功能与结构紧密相关。一级结构相似的蛋白质，其功能往往相似；从不同生物体分离出来的同一功能的蛋白质，其结构同源性也往往较高。在蛋白质的一级结构中，处于特定构象关键部位的氨基酸残基，对蛋白质的生物学功能往往起决定性作用。例如，弹性蛋白酶、胰蛋白酶和胰凝乳蛋白酶有十分相似的三维结构，它们底物结合特异性的差别只是由于活性部位的少数残基不同。由于蛋白质的结构与其生物学功能的高度相关性，在某些情况下，即使在整个蛋白质分子中仅发生一个氨基酸残基的异常，该蛋白质的功能也会受到显著的影响，甚至导致机体发生病变。例如，镰状细胞贫血患者体内的血红蛋白两条β链第6位上的谷氨酸（Glu）突变为缬氨酸（Val），使蛋白质表面产生一个疏水区，导致蛋白质聚集形成不溶性纤维束。变形的纤维束使红细胞形成镰状；突变的血红蛋白同时导致血红细胞携氧能力降低，最终发展成贫血症状（图1-1）。

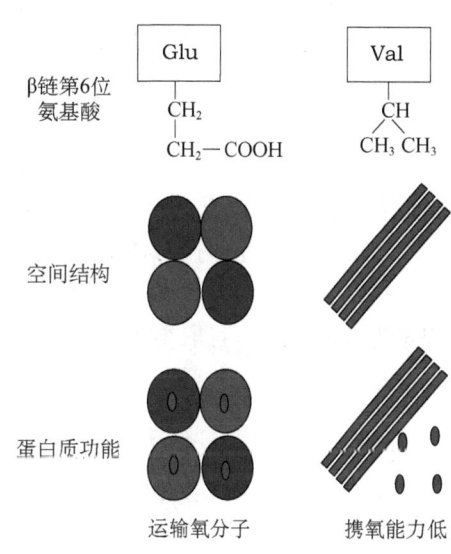

图1-1　镰状细胞贫血患者血红蛋白突变示意图

二、蛋白质的物质准备

蛋白质的物质准备主要包括蛋白质的表达和纯化两方面的内容。

（一）蛋白质的表达

无论是前期基础研究还是最终的生产应用，人们都需要有足够量的蛋白质。基因工程的发展使这种需求变得容易满足。目前，大量蛋白质的获得通常是通过将蛋白质的基因构建到一个合适的表达载体上，然后将表达载体导入合适的宿主进行大量表达而实现的。一个合适的表达载体至少含有复制起点、选择性基因、启动子、核糖体结合位点、多克隆位点及转录终止序列成分，而这些表达成分元件是否有效就取决于是否与表达宿主相适应。高效的基因表达宿主包括大肠杆菌、酵母、杆状病毒和哺乳动物细胞等。影响蛋白质基因在宿主中表达的因素除了表达载体成分，基因的密码子选择、基因的稳定性及宿主的生长条件等都是重要因素。

（二）蛋白质的纯化

蛋白质在宿主中完成大量表达后，需要进行进一步的分离纯化才能投入使用。首先，利用目标蛋白与其他成分的差别，使用合适的缓冲液可以将蛋白质在表达宿主中提取出来。在提取的过程中，需要始终维持蛋白质的生物活性。目标蛋白的初步分离方法包括硫酸铵沉淀、有机溶剂沉淀、超速离心、等电点沉淀、透析、超滤和结晶等。进一步的纯化方法包括分子筛层析、离子交换层析、吸附层析和亲和层析等。各种分离纯化方法都是根据蛋白质的性质发展而来的，不同纯化方法的联合使用可以提高蛋白质的纯化质量。纯化后的目标蛋白需要进行适当的鉴定。

三、蛋白质的研究方法

根据研究的具体目标，蛋白质的研究方法包括蛋白质结构解析、蛋白质的分析鉴定和相互作用研究及蛋白质组学研究等内容。

（一）蛋白质结构解析

蛋白质工程的一个重要目标是获得蛋白质的结构信息，以期获得结构与功能的关系，为改造蛋白质做出理论上的贡献。传统的大分子蛋白质结构解析使用的是 X 射线衍射晶体技术。X 射线衍射晶体技术在蛋白质结构解析领域取得了辉煌成就，不过用该方法获得的蛋白质结构是蛋白质结晶状态下的静态结构。利用核磁共振可以对小分子蛋白质在溶液中的动态构象进行测定，并且取得了令人鼓舞的成绩。其他可以用来测定蛋白质结构的方法还有现代光谱技术，如圆二色谱、拉曼光谱等。

（二）蛋白质的分析鉴定和相互作用研究

蛋白质的分析鉴定是蛋白质研究方法的重要环节。传统的鉴定技术包括免疫印迹法和酶联免疫吸附测定等，而新的鉴定技术则包括蛋白质芯片技术和蛋白质指纹图谱技术等，利用这些新技术可以实现对蛋白质的高通量和快速鉴定。蛋白质的相互作用研究是蛋白质研究方法的重要内容，比较成熟的蛋白质相互作用研究方法有表面等离子体共振技术和酵母双杂交技术。近年来，表面展示技术的发展使人们实现了蛋白质相互作用研究的高通量和快速进行的目标，成为蛋白质研究领域的有效工具。表面展示技术包括噬菌体展示技术、细菌表面展示技术、酵母表面展示技术等。其他新兴的研究技术也逐步在蛋白质研究中得到应用，如原子力显微术等。

（三）蛋白质组学研究

蛋白质组是指基因组表达的全部蛋白质及其存在方式，因此蛋白质组学研究是指在整体水平上研究生物体内全部蛋白质的组成、结构及活动规律。在人类基因组完成测序后，蛋白质组学的研究变得可能；而在各种高通量的蛋白质研究方法出现后，蛋白质组学的研究变成了现实。蛋白质组学研究方法主要包括蛋白质分离和蛋白质分析鉴定两个方面。在蛋白质组学研究中，分离技术一般是指二维电泳技术；分析鉴定则主要是指图谱分析技术和生物质谱技术。发展高效、灵敏、精确的分离和分析鉴定技术是蛋白质组学研究的关键。

四、蛋白质的改造应用

蛋白质的改造应用包括蛋白质的生物信息分析、蛋白质的设计改造和蛋白质的功能应用等内容。

（一）蛋白质的生物信息分析

生物信息分析是指利用计算机技术对生物信息进行获取、加工、存取、检索和分析，进而揭示数据的生物学意义。生物信息学是生物学与计算机科学、信息学、应用数学等学科的交叉学科，它有力地促进了蛋白质的结构分析和功能研究。基本的生物信息学知识包括数据库的建立、分类和检索；利用数据库检索的数据进行比对和分析；最后对蛋白质进行相应的结构和功能预测。随着计算机性能的提高，以 AlphaFold、ESMFold、RoseTTAFold 和 AlphaFold2 为代表的机器学习模型在蛋白质结构预测中取得了巨大成功，为功能预测及科学研究带来了极大的便利。因此，适当利用生物信息学手段可以辅助蛋白质研究，极大地缩短研究时间，加快研究进程。

（二）蛋白质的设计改造

对目标蛋白进行理性设计与改造，以改善蛋白质的性能，使其更加符合生产要求或人们的生活需要。按照蛋白质被改造部位的多寡，蛋白质的改造可分为三种类型：一为"小改"，即对已知结构的蛋白质进行几个残基的替换以改善蛋白质的结构和功能；二为"中改"，即对天然蛋白质分子进行大规模的肽链或结构域替换，以及对不同蛋白质的结构域进行拼接组装；三为"大改"，即在了解蛋白质结构和功能的基础上，从蛋白质一级结构出发，设计自然界尚未发现的全新蛋白质。蛋白质改造的具体方法可以是简单的化学修饰，也可以是复杂多变的定位突变或分子拼接等分子生物学技术。在人工智能时代，分子设计和改造必将迎来快速发展。通过对蛋白质的设计改造，可以实现对蛋白质功能的定向进化，拓展了学科研究的广度和深度。

（三）蛋白质的功能应用

完成目标改造的蛋白质具有新的功能，可以将其应用于生产、生活等方面。目前比较成熟的蛋白质改造应用集中在抗体和蛋白酶方面。抗体是一类可以与其抗原物质高度特异结合的蛋白质分子，抗体融合蛋白在医疗领域取得了令人鼓舞的成绩。利用抗体的特异性，可以将与抗体融合的各种具有特殊价值的物质传送到生物体的特定部位，达到靶向应用的效果。具有催化功能的蛋白酶则是制药、食品、环境等工业应用的关键因素。通过对蛋白酶热稳定性、最适 pH、底物亲和性等方面的改造，使蛋白酶更好地适应工业化要求。

蛋白质工程的 4 部分内容之间有着密切的联系（图 1-2）。蛋白质基础知识的更新可以促进研究方法、物质准备和改造应用的不断改进；而研究方法决定了物质准备和改造应用的具体方式；反过来，在蛋白质的物质准备和改造应用的实践过程中，通过不断地总结和探索，也会推动蛋白质基础知识的积累和研究方法的改进。

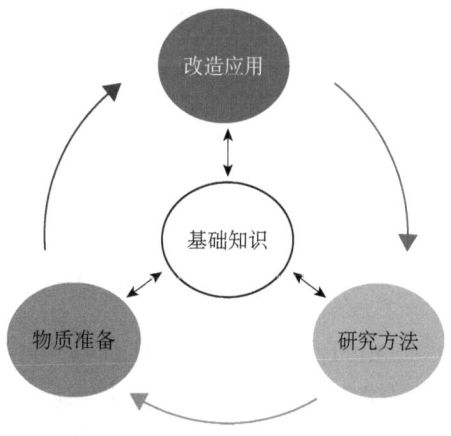

图 1-2　蛋白质工程 4 部分内容之间的联系

第三节 蛋白质工程的发展

蛋白质工程未来的发展主要分为两方面（图1-3）：一是蛋白质工程不断地与相关学科和工程技术深入融合，产生新的学科知识和应用技术；二是蛋白质工程的应用空间和领域不断拓展。

一、蛋白质工程与其他学科的融合发展

随着学科的深入发展，蛋白质工程与生物信息学、结构生物学、基因工程及合成生物学等学科的结合将更加紧密。

（一）蛋白质工程与生物信息学

生物信息学是生物学与计算机科学、信息学、应用数学等学科的交叉学科。由于生物学

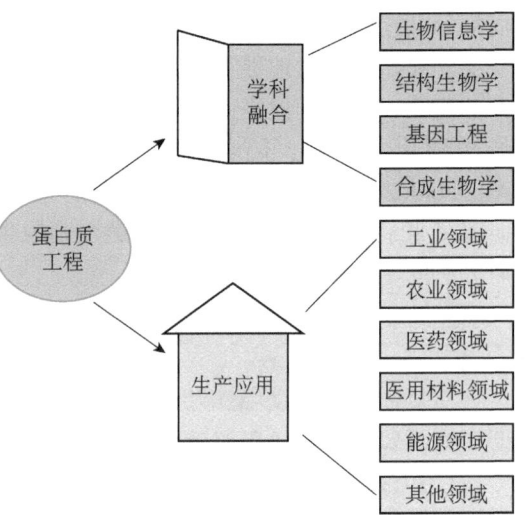

图1-3 蛋白质工程的发展

的快速发展和计算机技术的进步，生物信息学的发展不断取得突破。蛋白质工程与生物信息学的深入融合，使得研究人员不仅可以对蛋白质的基因组序列信息进行提取和分析，还可以对蛋白质功能基因组相关信息进行分析，甚至进行生物大分子的结构模拟和药物设计等，极大地方便了蛋白质工程的研究和发展。利用生物信息学还可以进行蛋白质结构的预测，其核心就是利用已知的一级结构序列构建蛋白质的立体结构模型。目前，越来越多的生物信息学研究人员致力于对蛋白质高级结构预测的研究，预测的精确度不断提高。

（二）蛋白质工程与结构生物学

结构生物学的发展对蛋白质工程有着重要意义。20世纪中期，X射线衍射晶体技术被成功地应用到蛋白质结构研究领域，Kendrew和Perute在蛋白质X射线分析中应用重原子同晶置换技术和计算机技术，于1957年和1959年分别阐明了肌红蛋白和血红蛋白的立体结构。之后越来越多的研究人员利用X射线衍射晶体技术成功地解析了蛋白质结构。同步辐射光源的应用则提高了蛋白质晶体衍射的数据质量，缩短了曝光时间。因而，结构生物学与蛋白质工程的融合发展改进了传统的蛋白质结构分析技术，使人们可以获得更多质量更高的蛋白质结构数据。同时，核磁共振技术、现代光谱技术等在蛋白质结构领域的应用研究也在逐步地深入开展中。

（三）蛋白质工程与基因工程

20世纪70年代，重组DNA研究获得突破，推动了基因工程的快速发展和广泛应用，人类根据自身需要设计和改造蛋白质成为现实。近年来，基因工程领域的学科知识和改造手段越来越丰富和多样化，为蛋白质工程的研究带来了新的理论基础和改造手段。例如，基因融合为蛋白质的理性设计提供了理论基础；易错PCR使人们对蛋白质随机改造和筛选成为可能；基因编辑技术为蛋白质定点突变提供了新手段。未来，基因工程领域的理论创新和技术

发展都将为蛋白质工程的发展带来新机遇。

（四）蛋白质工程与合成生物学

设计和构建工程化生物系统，完成特定任务，是合成生物学的核心内容。蛋白质是生命活动的主要执行者，蛋白质工程学科和技术的进展可以为合成生物学提供重要手段，以生产更多符合人类需求的产品。蛋白质工程和合成生物学融合后将在生物制药、生物燃料、特殊化学品和材料制造领域发挥重要的功能。

二、蛋白质工程的应用

蛋白质工程的应用可以为人类带来更多的产品和生活便利。蛋白质改造实践表明，蛋白质工程在工农业和医药等领域都表现出了广阔的应用前景。

（一）工业领域

利用蛋白质工程改造天然酶的结构，大大提高了酶的耐高温和抗氧化能力、稳定性及pH范围，从而获得符合人类需要的工业酶。这些酶可以被应用于食品、化工、洗涤等工业，如用于制备高果糖浆的葡萄糖异构酶、用于生产干酪的凝乳酶等。近年来，有公司研发人员将蛋白酶制品添加至其产品中，使蛋白酶可以发挥作用。例如，将碱性蛋白酶、脂肪酶等添加到洗衣粉中，使洗衣粉的去污能力显著提高，取得了良好的效果。

（二）农业领域

近年来，美国科研人员通过蛋白质工程设计优化微生物农药，他们对蛋白质关键结构进行修改，使微生物农药的杀虫率提高了10倍。最近，我国学者从真菌中筛选并加工得到的新型蛋白质生物农药，可以有效地激发植物代谢和免疫系统，提高植物自身抵抗外来病害的能力，显著提高了农作物产量。在植物中普遍存在的固定二氧化碳的酶——核酮糖-1,5-二磷酸羧化酶，其光合效率大约为50%。研究人员通过改造固定化酶的结构，使其光合效率得到显著提高，从而增加了粮食产量。

（三）医药领域

基因工程技术诞生后首先被应用于人胰岛素及人生长激素释放抑制因子等医用蛋白质的开发，大大降低了患者的治疗成本。尿激酶、干扰素等的生产也通过蛋白质工程得到了长效、稳定、作用更广泛的产品。目前，各国制药公司正在加强研究新型生物技术药物，用于新的适应证。通过改造特殊蛋白质为制造特效抗癌药物开辟了新途径。近年来，美国食品药品监督管理局（FDA）先后批准Blinatumomab、特瑞普利单抗等蛋白质类药物分别进入白血病和鼻咽癌治疗市场，而在美国FDA 2023年批准上市的15种抗肿瘤创新药中，蛋白质类药物有9种，显示出蛋白质类药物发展的强劲势头。

（四）医用材料领域

随着生命科学的快速发展和人类对健康要求的不断提高，生物来源的医用材料成为大家关注的热点。研究人员发现，固定在支架上的骨形态发生蛋白-2（BMP-2）在诱导骨髓基质细胞分化为成骨细胞方面比游离的BMP-2更加有效，为BMP-2生物材料的开发应用奠定了基础。胶原蛋白在医疗美容、药物载体和组织工程等领域都有广泛应用,是医用材料市场和科学研究的明星分子。蛋白质工程为生物医用材料的设计提供了独特的优势,随着生命科学的发展,许多具有独特功能的生物材料将可以通过对蛋白质序列进行理性设计和功能筛选而获得。

(五)能源领域

利用现代生物技术将纤维素材料转化为饲料、乙醇等产品,不仅可以使其作为新能源为人类造福,同时还可以缓解或解决农作物资源对环境污染的问题,因而具有重大战略意义。用定点突变方法将细菌碱性纤维素酶的部分氨基酸进行突变,其热稳定性得到了提高;随着后基因组时代的到来,研究人员对纤维素酶家族序列进行比对和分析,理性设计纤维素酶突变位点,构建一系列突变体库,从中筛选出热稳定性和催化效率都有显著提高的纤维素酶突变体,为其进一步应用奠定了基础。

(六)其他领域

苯胺是严重污染环境和危害人体健康的有害物质,应用双加氧酶进行生物降解是苯胺废水生化处理和苯胺污染环境生物修复的基础。科研人员对苯胺双加氧酶进行突变,获得的突变分子能有效地降解 2-异丙基苯胺,扩大了双加氧酶的应用范围。研究人员利用蛋白质工程手段发展蛋白质生物农药代替传统有机磷农药,有效地减少了环境中有机磷的污染,成为现代农药的发展方向之一。利用蛋白质工程方法定向改变蛋白质的氨基酸组成,增加极性氨基酸的数量,降低多肽的分子质量等,从而改善蛋白质的可溶性、可吸收性,并提高蛋白质的营养价值,生产出符合要求的高营养价值的蛋白质品种。

总之,蛋白质工程不断地吸收生命科学、计算机科学及工程技术领域的研究成果,对蛋白质结构与功能的关系进行理论研究,同时将蛋白质改造与人类生产、生活的需要结合起来进行实践,是一门理论基础深厚、应用前景广阔的新兴学科。

复习思考题

1. 请简要叙述蛋白质工程产生的背景及概念。
2. 请简要叙述蛋白质工程与发酵工程的关系。
3. 蛋白质工程有哪几部分内容,它们之间的关系怎样?
4. 请简要叙述蛋白质工程的应用前景。
5. 请简要论述蛋白质工程学科在生命科学中的地位。

第二章
蛋白质的结构基础

本章数字资源

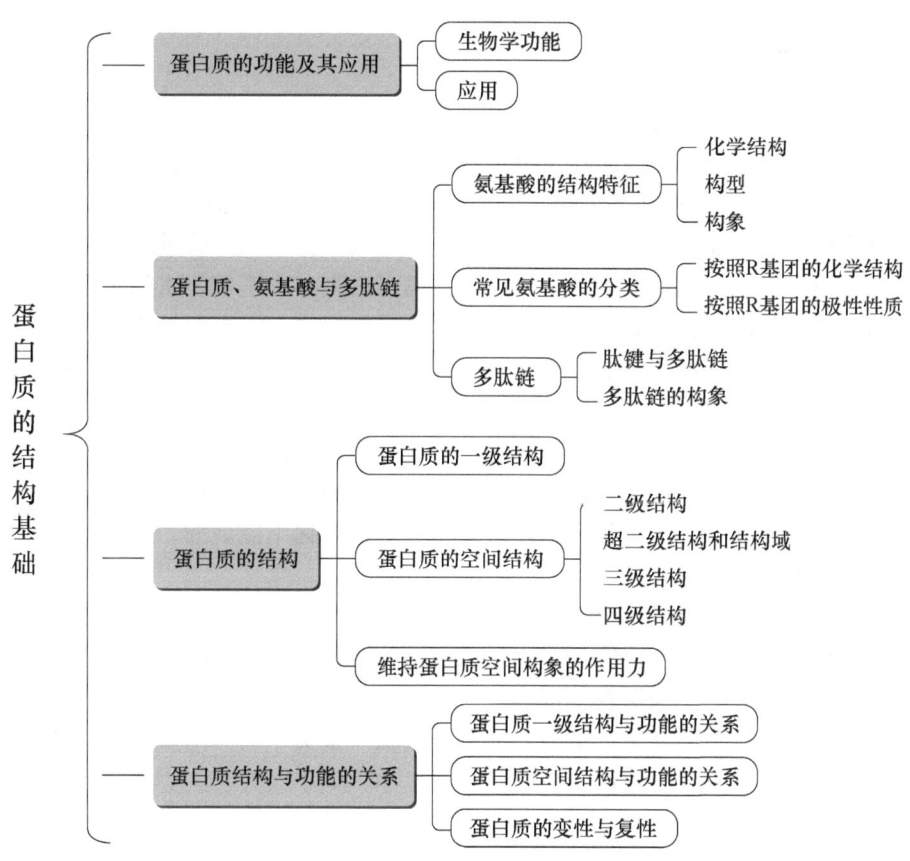

蛋白质（protein）是一类由一条或多条多肽链构成的最重要的生物大分子，在生物体的生长、发育、繁殖和遗传等一切生命活动中具有重要作用。组成蛋白质的主要元素除碳、氢、氧、氮及少量的硫外，一些蛋白质还结合磷、铜、铁、碘、锌、镁和钼等元素。蛋白质是生物体内主要的含氮物质。蛋白质的基本结构单位是氨基酸，氨基酸通过肽键共价结合形成二肽（两个氨基酸）和多肽（多个氨基酸）。为了表明蛋白质的不同结构层次，国际上通用的方法是对蛋白质的分子结构进行分级描述，通常使用一级结构、二级结构、三级结构和四级结构等专业术语。蛋白质的各级结构是蛋白质功能实现的基础，蛋白质的生物学活性及理化性质都与其分子结构密切相关。

第一节 蛋白质的功能及其应用

蛋白质是生物体的基本组成成分之一，也是含量最丰富的大分子物质。无论是简单的低等生物，还是复杂的高等生物，都毫不例外地含有蛋白质。蛋白质含量占人体固体成分的45%，分布广泛，体内所有的器官和组织都含有蛋白质。生物体结构越复杂，其蛋白质的种类和功能也越多。蛋白质是生命的主要体现者，没有蛋白质就没有生命。一个真核细胞可有数千种蛋白质，各自有特殊的结构和功能。

一、蛋白质的生物学功能

蛋白质是动物、植物和微生物细胞中最重要的有机物质之一，也是细胞内含量最丰富、功能最复杂的生物大分子。蛋白质在生物体中有多种生物学功能，主要包括以下几个方面。

1. 结构成分　蛋白质一个重要的生物学功能是作为细胞和组织的结构成分，即作为结构蛋白建造和维持生物体的结构。结构蛋白的单体一般聚合成长的纤维或以纤维状排列的保护层，可为细胞和组织提供强度和保护作用。结构蛋白大多是不溶于水的纤维状蛋白质。例如，高等动物的骨骼、肌腱、韧带和皮主要由胶原蛋白组成；具有保护性屏障的动物胞外基质是由胶原蛋白和蛋白聚糖构成的；毛发、角、蹄和甲由α-角蛋白构成；生物膜系统主要由蛋白质和脂质组成。

2. 催化功能　酶是数量最多的一类蛋白质，它最重要的生物学功能是作为生物体新陈代谢的催化剂，其催化效率远大于化学合成的催化剂。酶与生物体的生长、发育和组织修复等密切相关。生物体内的各种化学反应都是在相应酶的催化下完成的，细胞内的代谢网络与代谢途径也受到酶的严密调控。

3. 贮存功能　蛋白质具有贮存氨基酸的功能，用作有机体及其胚胎生长发育的原料。氮素通常是生长的限制性养分，在必要时，生物体利用蛋白质作为获取充足氮素的一种方式，为生物体、胚胎或种子的生长发育等提供足够的原料。例如，种子贮存蛋白为种子的发芽准备了足够的氮素；乳汁中的酪蛋白是哺乳的主要氮源；蛋类中的卵清蛋白为鸟类胚胎发育提供氮源，铁蛋白用于含铁蛋白血红蛋白的合成。

4. 转运功能　某些蛋白质具有转运功能，在生命活动过程中，许多小分子及离子的运输是由各种专一的蛋白质来完成的，这类蛋白质称为转运蛋白。其中，一类转运蛋白的功能是转运特定的物质。例如，红细胞中的血红蛋白运送氧气和二氧化碳等，此类蛋白质是通过血流转运物质的。另一类转运蛋白是膜转运蛋白，可通过细胞膜渗透性屏障系统转运葡萄糖、氨基酸等代谢物质和养分，如葡糖转运蛋白等。

5. 运动功能　某些蛋白质与细胞运动有关，从最低等的细菌鞭毛运动到高等动物的肌肉收缩都是通过蛋白质实现的。例如，肌肉的松弛与收缩主要是由肌球蛋白和肌动蛋白相互滑动来完成的；动力蛋白和驱动蛋白驱使小泡、颗粒和细胞器沿微管轨道移动。

6. 信息传递　在生物体内，细胞膜上有一类起接收和传递信息作用的蛋白质，即受体蛋白，可以与细胞外或细胞内膜包裹的空间相互作用，将信号跨膜传递，再通过复杂的信号转导途径引发一系列生化反应。

7. 调节功能　蛋白质还有一个重要的生物学功能就是调节和控制细胞的生长、分化和遗传信息的表达，即调节功能。在维持生物体正常的生命活动、代谢机能的调节、生长发育和分化的控制、生殖机能的调节及物种的延续等各种过程中，蛋白质和多肽激素发挥着极为重要的调节功能。一类调节蛋白在代谢调节中起重要作用，如一些动物激素等；另一类调节蛋白参与基因表达的调控、激活或抑制遗传信息的转录，如染色质蛋白（组蛋白）等。

8. 支架作用 某些蛋白质在细胞应答激素和生长因子的复杂途径中起作用，此类蛋白质称为支架蛋白或接头蛋白。支架蛋白借助自身的特定结构，通过蛋白质与蛋白质之间的相互作用能识别并结合其他蛋白质的某些结构元件，可以将多种不同的蛋白质装配成一个多蛋白质复合体。这种复合体参与对激素和其他信号分子的胞内应答的协调与通信。

9. 防御和进攻 生物体为了维持自身的生存，拥有多种类型的、主动的细胞防御、保护和开发作用，其中不少是靠蛋白质来执行的，称为保护或开发蛋白。例如，脊椎动物体内的免疫球蛋白（或称为抗体）是一类高度专一的蛋白质，它能识别和结合侵入生物体的外来物质，与相应的抗原结合并排除外来物质对动物体的干扰。另外，还有一些保护蛋白质也具备类似的功能，如凝血酶、溶血蛋白、血液凝固蛋白、血纤蛋白原、细菌毒素和神经毒蛋白等。

某些蛋白质除具有上述功能以外，还具有特殊的功能，如应乐果中的甜味蛋白、生物氧化过程中起电子传递作用的某些色素蛋白等。总之，蛋白质分子多种多样的生物学功能是以其组成和结构为基础的，这些生物学功能都与各自的分子特征和空间构象有关，空间构象的改变也会导致蛋白质生物学功能的变化。

二、蛋白质的应用

随着人们对蛋白质（生命活动中起重要作用的生物大分子）研究的深入，很多蛋白质（天然蛋白质和一些人造蛋白质）已被广泛应用于工农业和医药等各个行业与领域。

1. 蛋白质在生物学上的意义 蛋白质是一切生命的物质基础，这不仅是因为蛋白质是构成机体组织器官的基本成分，更重要的是蛋白质本身不断地进行合成与分解。这种合成、分解的对立统一过程，推动生命活动，调节机体正常生理功能，保证机体的生长、发育、繁殖、遗传及修补损伤的组织。根据现代生物学观点，蛋白质和核酸是生命的主要物质基础。蛋白质还是人类和其他动物的主要食物成分，高蛋白膳食就是人民生活水平提高的重要标志之一。

2. 蛋白质被广泛应用于工业生产 在工业生产上，某些蛋白质是食品工业及轻工业的重要原料。例如，动物的毛和蚕丝的成分都是蛋白质，它们是重要的纺织原料；动物胶是一种比较简单的蛋白质，是用骨和皮等熬煮而成的，无色透明的动物胶叫作白明胶，可用来制造照相感光片和感光纸。大多数酶的成分是蛋白质，酶被广泛应用于食品、纺织、医药、制革和试剂等行业。在制革、制药、缫丝等工业领域应用各种酶制剂，可以提高生产效率和产品质量。用生物材料制造计算机不仅提高了计算机的处理速度，也减少了废旧计算机污染处理的难度。

3. 蛋白质在临床及医药方面的应用 在临床检验方面，测定有关酶的活力和某些蛋白质的变化可以作为一些疾病临床诊断的指标。例如，乳酸脱氢酶同工酶的检出可以用作心肌梗死的指标；甲胎蛋白的升高可以作为早期肝癌病变的指标等。另外，蛋白质可作为一种试剂用于筛选能够促进或抑制蛋白质活性的化合物。而且这种化合物及抑制或激活蛋白质活性的中和抗体或小分子可用作治疗、预防或缓解支气管哮喘、慢性阻塞性肺部疾病和抑郁症等的药物。许多纯的蛋白质制剂也是有效的药物，如胰岛素、人丙种球蛋白和一些酶制剂等。

此外，蛋白质在农业、畜牧业和水产养殖业等方面的重要性也是显而易见的。

第二节 蛋白质、氨基酸与多肽链

蛋白质彻底水解后，逐步降解为多肽、寡肽和二肽，最终水解为各种氨基酸（amino acid）的混合物，表明氨基酸是组成蛋白质的基本单位。

一、氨基酸的结构特征

自然界中存在的成千上万种蛋白质在结构和功能上惊人的多样性，归根结底是由 20 种常见氨基酸的内在性质造成的。

氨基酸是组成蛋白质的基本单位，它们在结构和性质上既有共性又有差异。

1. 氨基酸的化学结构　蛋白质水解所得到的 20 种常见氨基酸中，不同氨基酸的侧链 R 基团各异。除脯氨酸以外，其余 19 种天然氨基酸在结构上的共同特点是：与羧基相邻的位于碳链 α 位的中心碳原子（α-碳原子）上都有一个氨基，因而称为 α-氨基酸，α-氨基酸的结构通式见图 2-1。脯氨酸与 α-氨基酸的结构类似，不同的是它的侧链 R 基团与主链氮原子共价结合，形成一个环状的亚氨基酸（图 2-2）。

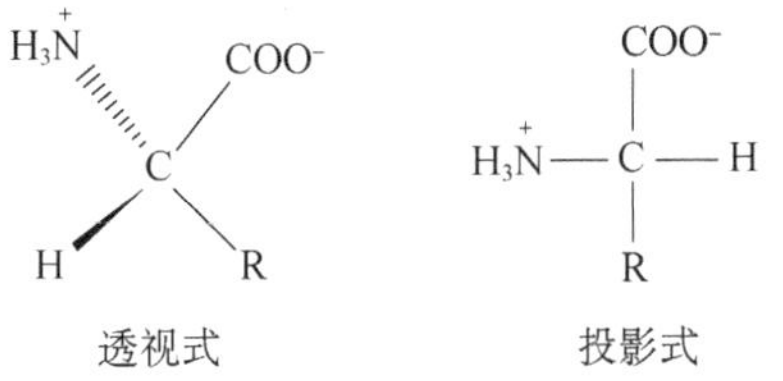

图 2-1　α-氨基酸的结构通式（透视式、投影式）

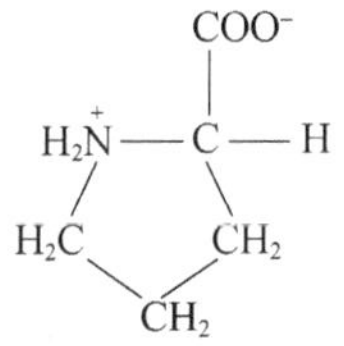

图 2-2　脯氨酸的化学结构

在生物学中，组成蛋白质的 20 种常见氨基酸的名称一般使用三个字母的简写符号表示，有时也用单字母的简写符号表示（表 2-1）。

表 2-1　组成蛋白质的 20 种常见氨基酸的中英文名称、常用符号及等电点

中文名	英文名	三字母符号	单字母符号	等电点（pI）
甘氨酸	glycine	Gly	G	5.97
丙氨酸	alanine	Ala	A	6.00
缬氨酸	valine	Val	V	5.96
亮氨酸	leucine	Leu	L	5.98
异亮氨酸	isoleucine	Ile	I	6.02
苯丙氨酸	phenylalanine	Phe	F	5.48
脯氨酸	proline	Pro	P	6.30
色氨酸	tryptophan	Trp	W	5.89
丝氨酸	serine	Ser	S	5.68
酪氨酸	tyrosine	Tyr	Y	5.66
半胱氨酸	cysteine	Cys	C	5.07
甲硫氨酸	methionine	Met	M	5.74
天冬酰胺	asparagine	Asn	N	5.41
谷氨酰胺	glutamine	Gln	Q	5.65
苏氨酸	threonine	Thr	T	5.60
天冬氨酸	aspartic acid	Asp	D	2.97

续表

中文名	英文名	三字母符号	单字母符号	等电点（pI）
谷氨酸	glutamic acid	Glu	E	3.22
赖氨酸	lysine	Lys	K	9.74
精氨酸	arginine	Arg	R	10.76
组氨酸	histidine	His	H	7.59

2. 氨基酸的构型 构型（configuration）是一个分子中原子的特定空间排布，一种构型改变为另一种构型时必须有共价键的断裂和重新形成。最基本的分子构型是 L 型和 D 型，这种异构体在化学上可以分离，但不能通过简单的单键旋转相互转换。不同构型分子间除镜面操作外不能以任何方式重合。在 20 种常见氨基酸中，除了 R 基团为 H 的甘氨酸，其他氨基酸的 α-碳原子都是不对称碳原子，具有旋光异构现象，存在 D 型和 L 型两种异构体。目前，已发现的氨基酸大多数是 L 型，而 D 型氨基酸主要存在于微生物中。组成天然蛋白质的氨基酸均属于 L-α-氨基酸（甘氨酸除外）。

3. 氨基酸的构象 构型与构象（conformation）描述的是分子的两种不同空间异构现象。构象是组成分子的原子或基团绕单键旋转而形成的不同空间排布。一种构象转变为另一种构象不要求有共价键的断裂和重新形成，在化学上也是难以区分和分离的。除丙氨酸（Ala）外的任何氨基酸侧链中的组成基团都可以绕着其间的 C—C 单键旋转，从而产生不同的构象。对于两个四面体配位（连有 4 个不同基团）的碳原子，"交错构象"是能量上最有利的排布方式，也最稳定，而且具有最小的空间斥力，在蛋白质中也最常见。大多数氨基酸残基的侧链都有一种或少数几种交错构象作为优势构象出现在天然蛋白质中，它们相互间称为旋转异构体。

二、常见氨基酸的分类

组成蛋白质的常见 20 种氨基酸具有特异的遗传密码，又称为编码氨基酸。各种氨基酸的区别就在于其侧链 R 基团的不同，可按 R 基团的化学结构和极性性质进行分类。

（一）按照 R 基团的化学结构进行分类

根据氨基酸侧链 R 基团化学结构的不同，组成蛋白质的 20 种常见氨基酸通常分为脂肪族、芳香族和杂环族三类，其中以脂肪族氨基酸最多。

1. 脂肪族氨基酸 脂肪族氨基酸包括中性氨基酸、酸性氨基酸及其酰胺、碱性氨基酸和含硫或羟基氨基酸。

（1）中性氨基酸 包括甘氨酸（Gly）、丙氨酸（Ala）、缬氨酸（Val）、亮氨酸（Leu）和异亮氨酸（Ile）共 5 种氨基酸（图 2-3）。

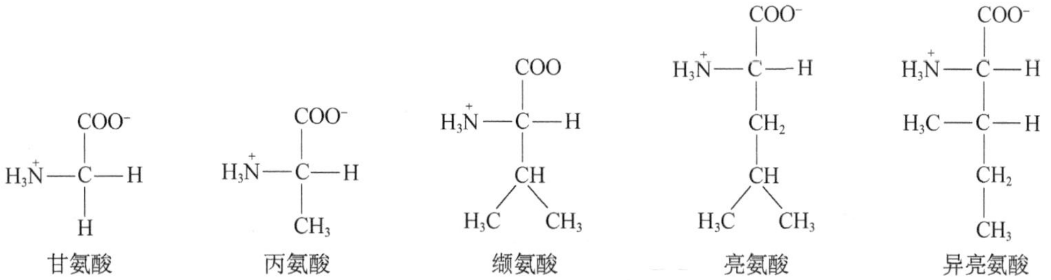

图 2-3 中性氨基酸的结构式

（2）酸性氨基酸及其酰胺　　包括天冬氨酸（Asp）、谷氨酸（Glu）、天冬酰胺（Asn）和谷氨酰胺（Gln）共 4 种氨基酸（图 2-4）。

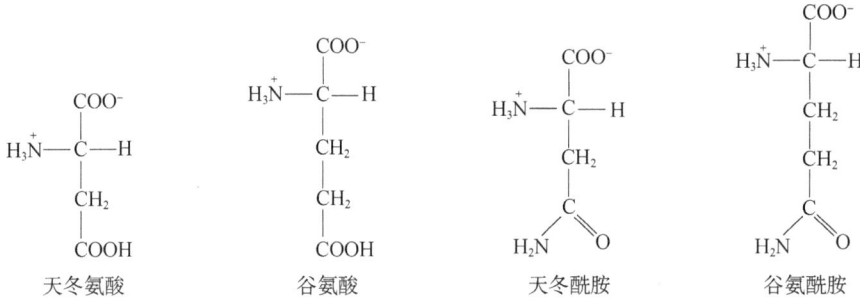

图 2-4　酸性氨基酸及其酰胺的结构式

（3）碱性氨基酸　　包括精氨酸（Arg）和赖氨酸（Lys）共两种氨基酸（图 2-5）。

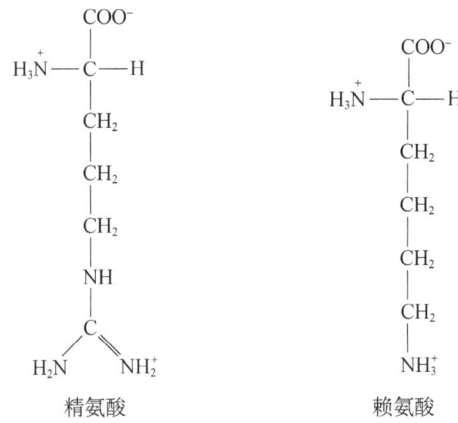

图 2-5　碱性氨基酸的结构式

（4）含硫或羟基氨基酸　　含硫氨基酸包括甲硫氨酸（Met）和半胱氨酸（Cys），含羟基氨基酸包括苏氨酸（Thr）和丝氨酸（Ser）（图 2-6）。

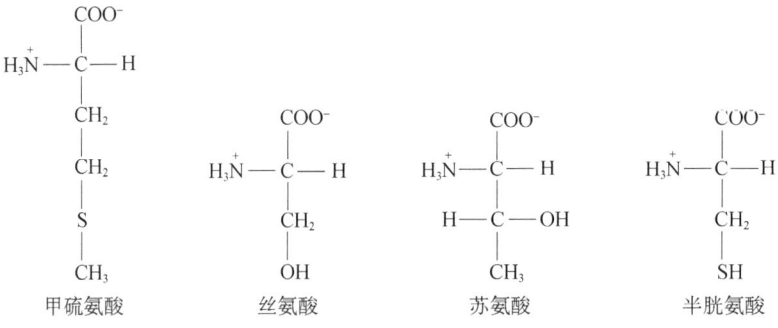

图 2-6　含硫或羟基氨基酸的结构式

2. 芳香族氨基酸　　包括苯丙氨酸（Phe）、色氨酸（Trp）和酪氨酸（Tyr）共 3 种氨基酸（图 2-7）。

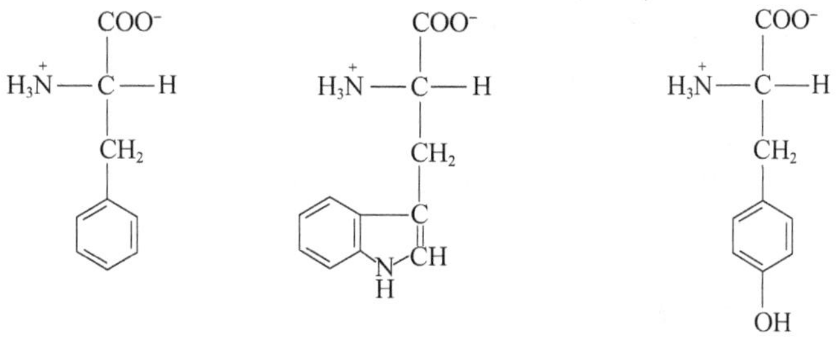

苯丙氨酸　　　　　　色氨酸　　　　　　酪氨酸

图 2-7　芳香族氨基酸的结构式

3. 杂环族氨基酸　杂环族氨基酸包括组氨酸（His）和脯氨酸（Pro）两种（图 2-8）。

（二）按照 R 基团的极性性质进行分类

按氨基酸侧链 R 基团的极性性质，组成蛋白质的 20 种常见氨基酸可以分为 4 组：非极性 R 基团氨基酸、不带电荷的极性 R 基团氨基酸、带负电荷的 R 基团氨基酸和带正电荷的 R 基团氨基酸。

1. 非极性 R 基团氨基酸　这类氨基酸包括丙氨酸（Ala）、缬氨酸（Val）、亮氨酸（Leu）、异亮氨酸（Ile）、脯氨酸（Pro）、苯丙氨酸（Phe）、色氨酸（Trp）和甲硫氨酸（Met）8 种。这组氨基酸的侧链均为非极性基团，不能电离，不能与

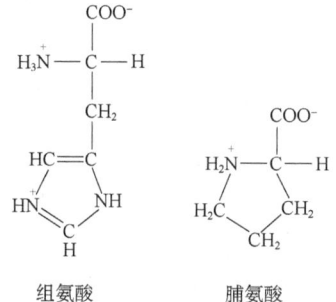

组氨酸　　脯氨酸

图 2-8　杂环族氨基酸的结构式

水形成氢键，因此这类氨基酸的侧链都是疏水的，一般都没有化学反应性，其共同的特性是趋于彼此间或与其他非极性原子相互作用，疏于与水相互作用。所有蛋白质分子都有一部分此类残基密堆积在内部，形成疏水内核，这是稳定蛋白质三维结构的主要因素。同时，这类残基的疏水相互作用被认为是多肽链折叠的原初推动力。

2. 不带电荷的极性 R 基团氨基酸　这类氨基酸包括甘氨酸（Gly）、丝氨酸（Ser）、苏氨酸（Thr）、天冬酰胺（Asn）、谷氨酰胺（Gln）、半胱氨酸（Cys）和酪氨酸（Tyr）7 种。这类氨基酸侧链不能电离，但侧链含有—OH 和—CO—NH$_2$ 等极性基团，可以是氢键的供体或受体，可与水形成氢键，并且有不同程度的化学反应性。通常靠近的两个半胱氨酸（Cys）的—SH 被氧化形成二硫键（可以稳定蛋白质的三维结构），所以在蛋白质工程中已有很多的工作试图通过定位突变在酶分子中引入二硫键，以提高它们的热稳定性，进而应用于工业生产。而酪氨酸（Tyr）、色氨酸（Trp）和苯丙氨酸（Phe）都具有芳香性侧链，是使蛋白质产生紫外线吸收和荧光特性的主要因素。由于它们对介质环境非常敏感，常常被作为蛋白质结构变化的探针。

3. 带负电荷的 R 基团氨基酸　这类氨基酸包括天冬氨酸（Asp）和谷氨酸（Glu）两种。其侧链羧基的 pK_a 值分别为 3.9 和 4.3，所以在生理条件下解离为电负性基团，带负电荷，它们也可以整合金属离子。由于这两种氨基酸的侧链带有—COOH，可电离为—COO$^-$ 而释放 H$^+$，又被称为酸性氨基酸。

4. 带正电荷的 R 基团氨基酸　这类氨基酸包括精氨酸（Arg）、赖氨酸（Lys）和组氨酸（His）3 种。其侧链带有—NH$_2$、=NH 等碱性基团，可结合 H$^+$ 而形成—NH$_3^+$、=NH$_2^+$。这三种氨基酸是碱性氨基酸，在 pH7.0 的溶液中带正电荷。

以上20种常见的天然氨基酸中，半胱氨酸与脯氨酸都是特殊的氨基酸。脯氨酸能与另一羧基形成肽键，属于亚氨基酸。由于脯氨酸的N在环中，移动的自由度受到限制。但当它处于多肽链中时，往往使肽链的走向形成折角。通常两分子的半胱氨酸脱氢后以二硫键结合成胱氨酸，在蛋白质分子中两个邻近的半胱氨酸也可脱氢形成二硫键（—S—S—）：

$$Cys—SH + HS—Cys \longrightarrow Cys—S—S—Cys$$

（三）蛋白质中的稀有氨基酸

在蛋白质组成中，除上面20种常见氨基酸之外，从少数蛋白质中还可分离出一些不常见的氨基酸。这些特有的氨基酸都由相应的常见氨基酸衍生而来，是在肽链合成后氨基酸残基上某些基团被专一性修饰的结果。其中4-羟脯氨酸和5-羟赖氨酸都可在结缔组织的纤维状蛋白质胶原中找到。N-甲基赖氨酸存在于肌球蛋白中，而另一个非常重要的氨基酸——羧基谷氨酸则存在于凝血酶原中。

（四）非天然蛋白质氨基酸

随着蛋白质工程的发展，各种非天然蛋白质氨基酸可以在实验室中用酶法合成，并通过大肠杆菌、兔网织红细胞等体外翻译系统掺入蛋白质中。如今，人们已经能够在蛋白质分子中掺入各种经过突变修饰的非天然氨基酸，使得突变的蛋白质具有新的功能。这些非天然氨基酸含有各种特定的侧链基团，包括荧光基团、电子供体/受体、糖基、磷酸化基团、生物素、变色基团、核酸碱基和金属配体等。例如，利用高效掺入的荧光基团标记可以检测极微量的抗原、配体和抑制剂，在医疗诊断上具有很大的应用前景。

三、多肽链

氨基酸通过肽键（peptide bond）连接而成的化合物称为肽（peptide）。肽是氨基酸的线性聚合物，也常称为肽链（peptide chain）。蛋白质通常是由一条或多条具有确定的氨基酸序列的多肽链（polypeptide chain）构成的生物大分子。

（一）肽键与多肽链

多肽链中相邻氨基酸残基通过肽键连接，肽键具有部分双键的特性。

1. 肽键 蛋白质分子中的氨基酸之间是通过肽键相连的，一个氨基酸的α-羧基与另一个氨基酸的α-氨基脱水缩合，即形成肽键（酰胺键，图2-9），即20种常见氨基酸在蛋白质中是通过肽键连接在一起的，一个氨基酸的羧基与下一个氨基酸的氨基经缩合反应形成共价连接的肽键。

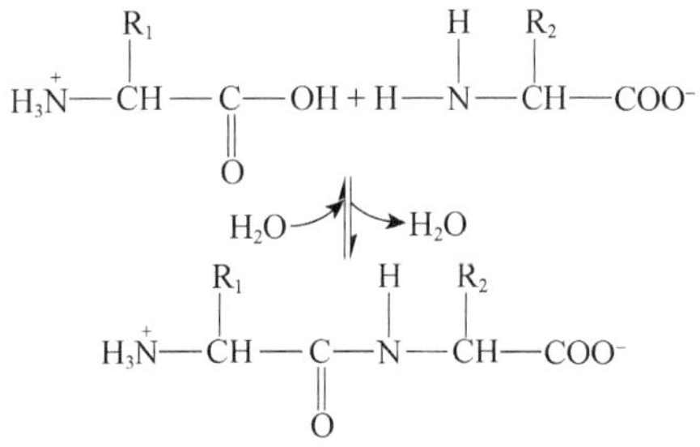

图2-9 肽键的形成

2. 肽与多肽链 氨基酸通过肽键（—CO—NH—）相连而形成的化合物称为肽。由两个氨基酸缩合成的肽称为二肽，三个氨基酸缩合成三肽，以此类推。一般由10个以下的氨基酸缩合成的肽统称为寡肽（oligopeptide），由10个以上氨基酸形成的肽称为多肽（polypeptide）或多肽链。多肽链的第一个氨基酸具有自由的—NH_2，称为氨基端或N端；最末一个氨基酸的羧基是自由的，称为羧基端或C端（图2-10）。肽键不能旋转，具有反式和顺式两种构型。反式肽的稳定性高于顺式肽。氨基酸在形成肽链后，氨基酸的部分基团已参与肽键的形成，已经不是完整的氨基酸，称为氨基酸残基（amino acid residue）。肽键连接各氨基酸残基形成肽链的长链骨架称为多肽主链，各氨基酸侧链基团称为多肽侧链。每条多肽链中的氨基酸顺序编号从 N 端开始。书写某多肽的简式时，一般将 N 端书写在左侧端。

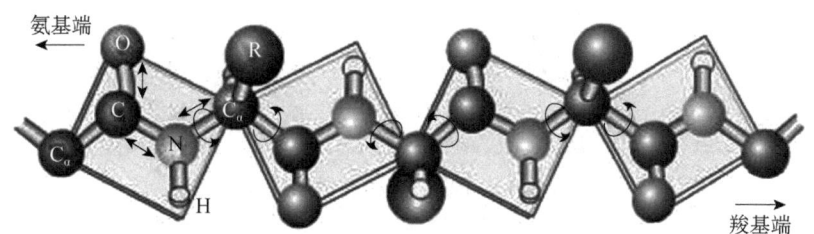

图 2-10 通过肽键将多个氨基酸连接在一起构成的多肽链

（二）多肽链的构象

由于立体上的限制，肽键的构型大都是反式构型。绕 N—C_α 和 C_α—C 键的旋转赋予了多肽链构象上的柔性。

1. 肽单位和多肽主链　由于局部双键性质，肽键连接的基团处于同一平面，具有确定的键长和键角，是多肽链中的刚性结构，称为肽单位（peptide unit）。有序连接的肽单位就是多肽链的主链。从结构上看，肽单位和侧链基团是蛋白质分子的基本模块。

2. 多肽链的构象　氨基酸残基通过肽键连接形成线性的多肽链，一个多肽链的骨架是由通过肽键连接的重复单位 N—C_α—C 组成的，酰胺氢和羰基氧结合在骨架上，而不同氨基酸残基的侧链连接在 C_α 上，其结果造成肽单位实际上是一个平面，而蛋白质中的每一个 N—C_α 键和每一个 C_α—C 键都可以自由旋转。一个肽平面绕 N—C_α 键旋转的角度用 φ 表示，而绕 C_α—C 键旋转的角度用 ψ 表示，顺时针方向为正，逆时针方向为负，理论上 φ 和 ψ 可以取 $-180°\sim+180°$ 的任一个角度。因此，一个蛋白质分子的主链构象就可以用其所有组成氨基酸的一套（φ, ψ）角度值来定量表征，这两个角称为二面角（dihedral angle）。由于肽单位是不能旋转的刚性平面基团，因此肽单位绕着这两个单键的旋转就是蛋白质分子主链仅有的自由度。

第三节　蛋白质的结构

蛋白质分子具有多层次的结构，即蛋白质的一级至四级结构。在这些结构层次中，一级结构是最基础的结构，也是最稳定的结构。线性多肽链在空间折叠成特定的三维空间结构，称为蛋白质的空间结构或构象。蛋白质的空间结构包括二级结构、超二级结构、结构域、三级结构和四级结构（图 2-11）。

一、蛋白质的一级结构

蛋白质的一级结构（primary structure）就是蛋白质多肽链内氨基酸残基从 N 端到 C 端的排列顺序（sequence）。在化学和生理学上，将多肽链上 α-氨基酸的种类、数目及排列顺序称为蛋白质的一级结构。多肽链的氨基酸序列可以通过埃德曼降解法（Edman degradation）确定。比较蛋白质的一级结构可以揭示进化关系，种属的不同常反映在它们蛋白质一级结构的差异上。

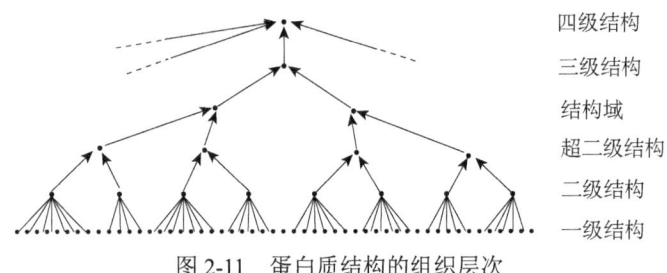

图 2-11　蛋白质结构的组织层次

二、蛋白质的空间结构

蛋白质的空间结构主要包括二级结构、三级结构和四级结构。此外，在二级结构和三级结构之间还有超二级结构和结构域。蛋白质具有基因确定的、唯一的氨基酸序列，一级结构决定了蛋白质的构象。

（一）二级结构

蛋白质的二级结构（secondary structure）是指蛋白质主链折叠产生的有规则的构象，它不涉及侧链上的原子在空间的排布。氢键是稳定二级结构的主要作用力，肽链主链具有重复结构，通过形成链内或链间氢键可以使肽链卷曲折叠形成各种二级结构元件，主要有 α 螺旋、β 折叠、β 转角和无规卷曲。主链上只有 C_α 连接的两个键是单键，可自由旋转，在一段连续的肽单位中具有同一相对取向，可以用相同的构象角（φ, ψ）来表征，构成一种特征的多肽链线性组合，组成蛋白质的二级结构（图 2-12）。二级结构不同的蛋白质，它们的生理活性存在较大差异，而这些差异主要是它们的空间结构不同而引起的。

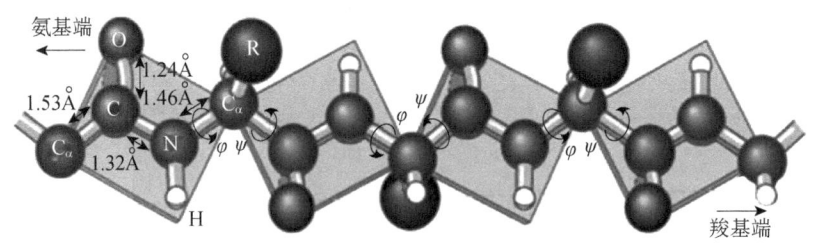

图 2-12　肽键平面和 C_α "关节"示意图

1. α 螺旋　　α 螺旋（α-helix）是一种蛋白质空间结构的基本组件，普遍存在于各种蛋白质中。

（1）α 螺旋的基本结构特征　　天然蛋白质结构中发现的主要是右手型 α 螺旋（图 2-13），每圈螺旋由 3.6 个氨基酸残基构成，每个氨基酸沿螺旋轴的螺距为 0.15nm，故一个螺旋的螺距为 0.54nm。沿主链计算，一个氢键闭合的环包含 13 个原子，故 α 螺旋也称 3.6_{13} 螺旋。在 α 螺旋中，多肽链骨架的每个羰基氧与它后面 C 端方向的第 4 个残基（$n+4$）的 α 氨基氢形成氢键，螺旋内的氢键几乎平行于螺旋的长轴，所有的羰基都指向 C 端。除了第一个残基的

N—H 和最末一个残基的 C′=O，螺旋中的所有 C′=O 和 N—H 都相互形成氢键，这是 α 螺旋保持稳定的一个重要因素。α 螺旋中心没有空腔，具有原子密堆积结构，这是其稳定的另一个重要因素。

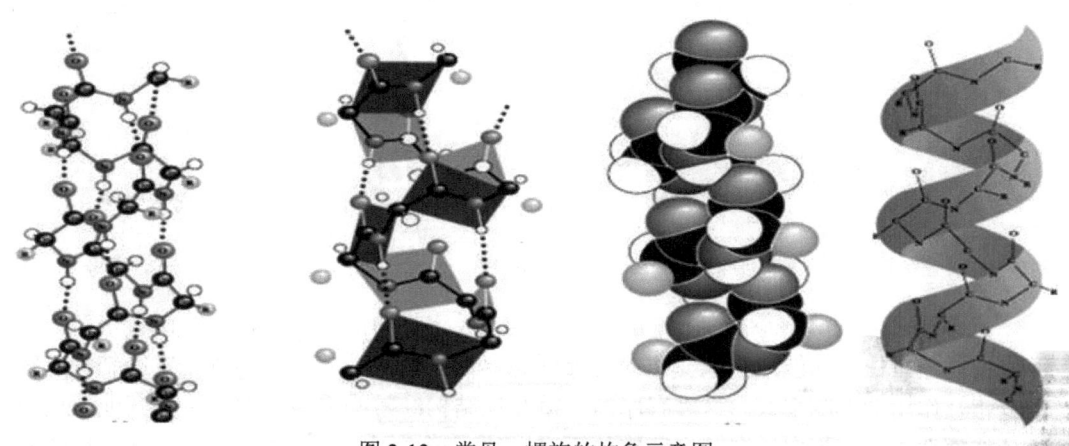

图 2-13　常见 α 螺旋的构象示意图

（2）α 螺旋的两亲性　　在 α 螺旋中，氨基酸残基的侧链从螺旋骨架伸出，决定了螺旋的表面特性。许多 α 螺旋的一侧主要分布着亲水（荷电、极性）残基，在另一侧主要集中分布疏水残基，从而具有两亲性。通过蛋白质工程增加结构上重要区域的两亲性，常常可以提高这类分子的生物活性。

（3）倾向于形成 α 螺旋的氨基酸残基　　强烈倾向于形成 α 螺旋的氨基酸残基包括丙氨酸（Ala）、谷氨酸（Glu）和甲硫氨酸（Met）；不利于形成 α 螺旋的氨基酸残基包括脯氨酸（Pro）、甘氨酸（Gly）、酪氨酸（Tyr）和丝氨酸（Ser）。其中 Pro 残基的侧链与主链 N 形成共价键，使其丧失形成氢键的能力，并对 α 螺旋构象产生空间障碍。因此，除螺旋的第一圈外，α 螺旋中凡有 Pro 残基出现的地方就会发生弯折。

2. β 折叠　　β 折叠（β-sheet）是一种比较伸展、呈锯齿状的肽链结构（图 2-14）。两段以上的 β 折叠结构平行排布并以氢键相连所形成的结构称为 β 片层或 β 折叠层。β 折叠的构象是通过一个肽键的羰基氧和位于同一个肽链或相邻肽链的另一个酰胺氢之间形成的氢键维持的，从而使相邻肽链主链的 N—H 和 C=O 之间形成有规则的氢键。在 β 折叠中，所有的肽键都参与链间氢键的形成，氢键与 β 折叠的长轴呈垂直关系。氢键几乎都与伸展的肽链垂直，这些肽链可以是平行排列，也可以是反平行排列。在 β 折叠构象中，羰基氧和酰胺氢之间的氢键起着稳定 β 折叠结构的作用。蚕丝的主要成分是丝心蛋白，而丝心蛋白的主要二级结构是反平行排列的 β 折叠。丝心蛋白很柔软，这是因为堆积的折叠片只是靠侧链之间的范德瓦耳斯力结合在一起的。

3. β 转角　　β 转角（β-turn，图 2-15）是指多肽链中出现的一种 180° 的转折。β 转角通常由 4 个氨基酸残基构成，由第一个残基的 C=O 与第四个残基的—NH—形成氢键键合，使 β 转角成为比较稳定的结构。β 转角是一种常见的蛋白质二级结构，它通常出现在球状蛋白质表面，因此含有极性和带电荷的氨基酸残基。已经发现的蛋白质的抗体识别、糖基化、磷酸化和羟基化位点经常出现在转角上和紧靠转角处。

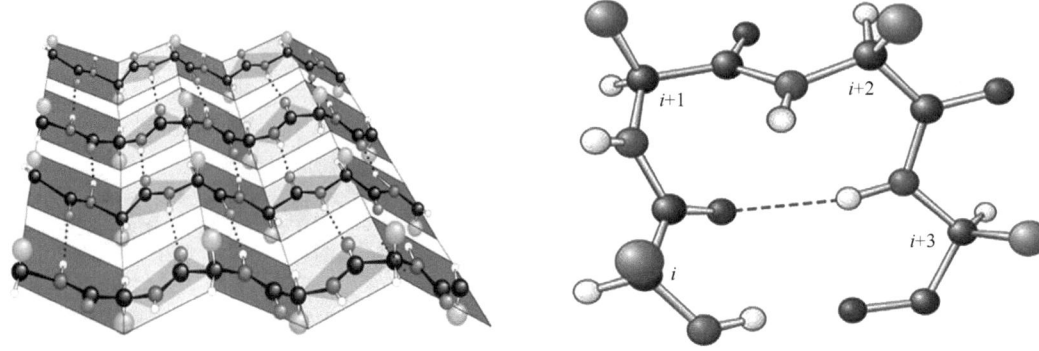

图 2-14　β 折叠结构示意图（引自库热西·玉努斯，2009）　　　图 2-15　β 转角结构示意图

4. 无规卷曲　　无规卷曲（random coil）是无一定规律的结构，其结构比较松散，但这些部位往往是蛋白质功能或构象变化的重要区域。这些无规卷曲有明确且稳定的结构，它们受侧链相互作用的影响很大。这类有序的非重复性结构经常构成酶活性部位和其他蛋白质特异的功能部位。各种蛋白质在其多肽链的不同区段可形成不同的二级结构。例如，蜘蛛网丝蛋白中有很多 α 螺旋和 β 折叠，也有 β 转角和无规卷曲（图 2-16）。

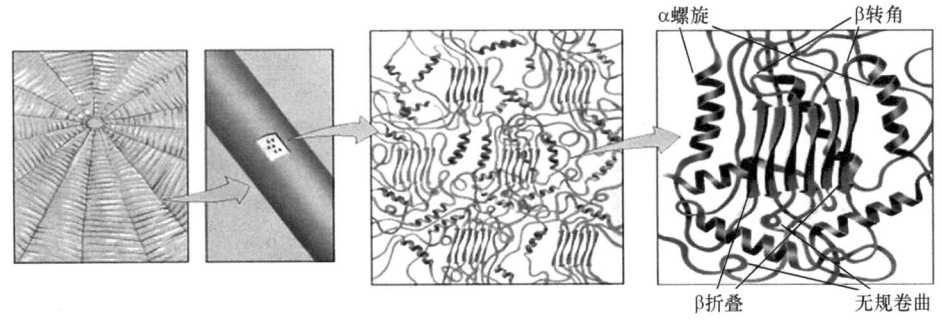

图 2-16　蜘蛛网丝蛋白

（二）超二级结构和结构域

超二级结构和结构域是位于二级结构和三级结构之间的两个层次，超二级结构的层次接近二级结构，而结构域的层次接近三级结构。

1. 超二级结构　　蛋白质分子中两种主要的二级结构单元由于折叠盘曲，在空间进一步聚集、组合在一起，形成有规则的二级结构聚合体，可作为结构域的组成单位，或直接作为二级结构的"建筑块"，这种二级结构的聚合体称为超二级结构（supersecondary structure）。常见的超二级结构有 αα、βαβ 和 βββ 三种模型（图 2-17）。αα 是相邻的 α 螺旋通过肽链连接而成，此种组合非常稳定，常存在于 α 角蛋白和原肌球蛋白等纤维状蛋白质中。βαβ 是由一个 α 螺旋和与之首尾相邻的两个 β 折叠聚合而成的，有时两组 βαβ 聚合在一起，形成更为复杂的超二级结构，它存在于许多球蛋白中。βββ 是由三条或三条以上的 β 折叠聚集而成的，它们之间以短链相连，有时可由多条 β 折叠形成超二级结构。

2. 结构域　　多肽链在二级结构及超二级结构的基础上，进一步卷曲折叠，形成三级结构的局部折叠区，它是相对独立的紧密球状实体，称为结构域（domain）。结构域通常是几个超二级结构的组合,对于较小的蛋白质分子,结构域与三级结构等同,即这些蛋白质为单结构域;较大的蛋白质分子或亚基往往由两个以上结构域缔合成三级结构。结构域可包括40~400个氨基酸残基,一般由100~200个氨基酸残基组成。结构域之间由"铰链区"相连,分子构象有一定的柔性。通过结构域之间的相对运动,蛋白质分子可发挥一定的生物学功能。酶的活性中心往往位于两个结构域的界面上。在蛋白质分子内,结构域可作为结构单位进行相对独立的运动,水解出来后仍能维持稳定的结构,甚至保留某些生物活性。

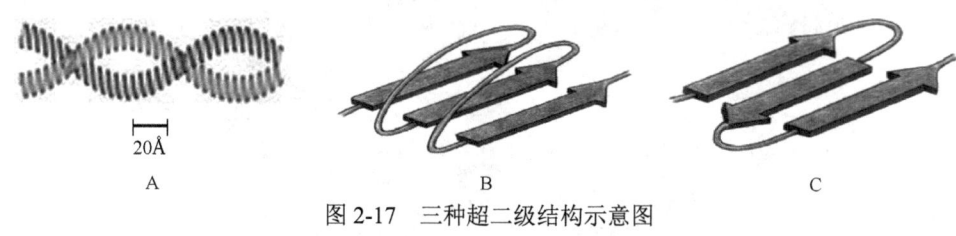

图 2-17 三种超二级结构示意图
A. αα;B. βαβ;C. βββ

(三)三级结构

蛋白质的三级结构(tertiary structure)是指蛋白质分子中一条多肽链在二级结构、超二级结构和结构域的基础上进一步盘曲、折叠形成的空间结构,也就是整条肽链所有原子在三维空间的排布位置。蛋白质中的肽键称为主键,氢键、离子键(盐键)、疏水作用(疏水键)、离子键和二硫键等是次级键,次级键在外力作用(如热)下容易断裂,导致蛋白质变性失活。多肽链的侧链分为亲水性的极性侧链和疏水性的非极性侧链,水介质中球状蛋白质的折叠总是倾向于把多肽链的疏水性侧链或疏水性基团埋藏在分子的内部,这一现象称为疏水作用或疏水效应,如肌红蛋白的三级结构(图2-18)。疏水作用是维系蛋白质三级结构最主要的动力。此外,维系蛋白质三级结构的动力还有氢键、离子键(盐键)、范德瓦耳斯力和二硫键等。

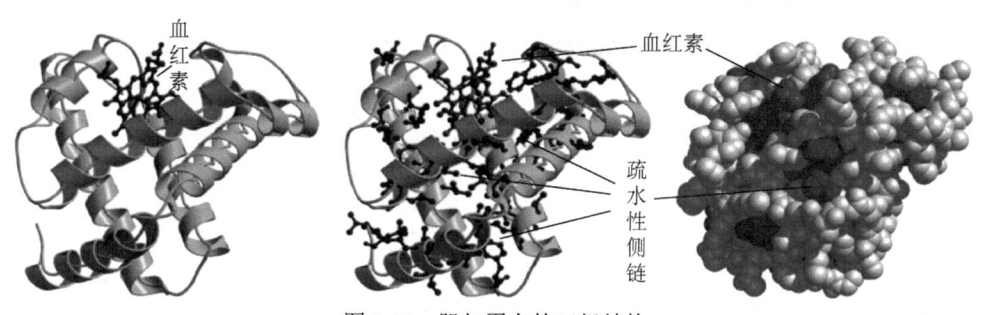

图 2-18 肌红蛋白的三级结构

(四)四级结构

许多蛋白质分子由两条以上具有独立三级结构的肽链通过非共价键相连聚合而成,其中每一条肽链称为一个亚基或亚单位(subunit)。各亚基在蛋白质分子内的空间排布及相互接触称为蛋白质的四级结构(quaternary structure)。具有四级结构的蛋白质,其几个亚基的结构可以相同,也可以不同。例如,红细胞内的血红蛋白(图2-19)是由4个亚基聚合而成的,即含两个α亚基和两个β亚基。在一定条件下,这种蛋白质分子可以解聚成单个亚基。有的蛋白质虽由两条以上肽链构成,但几条肽链之间是通过共价键(如二硫键)连接的,这种结构不属于四级结构,如胰岛素。

图 2-19 血红蛋白的四级结构

三、维持蛋白质空间构象的作用力

稳定蛋白质空间构象的作用力主要是一些非共价键或次级键的弱相互作用,包括氢键、范德瓦耳斯力、疏水作用、离子键和二硫键。氢键对维持二级结构特别重要,疏水作用对维持三级结构特别重要,这些非共价键以量取胜,它们不仅稳定了蛋白质的三维结构,对蛋白质的功能也有重要的影响。此外,二硫键在稳定某些蛋白质的构象方面也起着重要作用(图 2-20)。

1. 氢键　氢键(hydrogen bond)是由电负性原子与氢形成的基团,如 N—H 和 O—H 具有很大的偶极矩。氢键在稳定蛋白质的结构中起着极其重要的作用,多肽主链上的羰基氧和酰胺氢之间形成的氢键是稳定蛋白质二级结构的主要作用力。此外,侧链与侧链、侧链与介质水、主链肽基(多肽链骨架)与侧链或主链肽基(多肽链骨架)与水之间也可以形成氢键。氢键的贡献是协同蛋白质的折叠和帮助稳定球蛋白的天然构象。

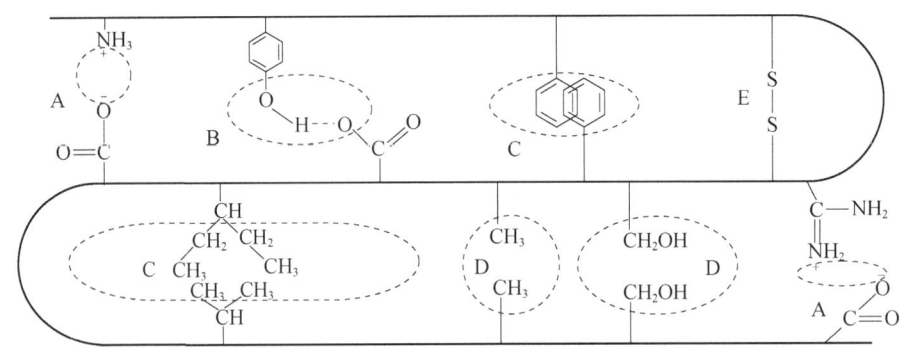

图 2-20　维系蛋白质三级结构的各种作用力
A. 离子键(盐键);B. 氢键;C. 疏水作用;D. 范德瓦耳斯力;E. 二硫键

2. 范德瓦耳斯力　广义上的范德瓦耳斯力(van der Waals force,VDW)包括三种较弱的作用力:定向效应、诱导效应和分散效应。范德瓦耳斯力包括引力和斥力两种相互作用,只有当两个非极性残基之间处于一定距离时才能达到最大。虽然范德瓦耳斯力相对来说比较弱，但由于其相互作用数量大，并且具有加和性，因此范德瓦耳斯力对球蛋白的稳定性也有贡献。

3. 疏水作用 疏水作用（hydrophobic interaction）是蛋白质中的疏水基团彼此靠近、聚集以避开水的现象。疏水作用在维持蛋白质构象中起着主要的作用，因为水分子彼此之间的相互作用要比水与其他非极性分子的作用更强烈，非极性侧链避开水聚集被压迫到蛋白质分子内部，而大多数极性侧链在蛋白质表面维持着与水的接触。

4. 离子键 离子键又称盐键或盐桥，它是正电荷与负电荷之间的一种静电相互作用。带有相反电荷的侧链之间的离子相互作用虽然很弱，但也能帮助稳定球蛋白。离子化的侧链一般都出现在球蛋白的表面，所以是溶剂化的，对于整个球蛋白稳定性的贡献是最小的。在近中性环境中，蛋白质分子中的酸性氨基酸残基侧链电离后带负电荷，而碱性氨基酸残基侧链电离后带正电荷，二者之间可形成离子键。

5. 二硫键 除了氢键，二硫键也是一种共价交联。例如，二硫键有助于某些球蛋白的天然构象的稳定，二硫键有时存在于由细胞分泌的蛋白质中，当这样的蛋白质离开细胞内环境时，由于有二硫键的存在，蛋白质对去折叠及降解不那么敏感，从而维持蛋白质的稳定。二硫键是在多肽链的 β 转角附近形成的，二硫键在许多情况下可选择性地被还原。假如蛋白质中所有的二硫键相继被还原，将引起蛋白质的天然构象改变和生物活性丢失。

第四节 蛋白质结构与功能的关系

蛋白质多种多样的生物学功能是以其化学组成和三维空间结构为基础的。不同的蛋白质因为具有不同的空间结构，所以具有不同的理化性质和生理功能。例如，指甲和毛发中的角蛋白分子中含有大量的 α 螺旋二级结构，因此其性质稳定坚韧又富有弹性，这和角蛋白的保护功能是分不开的。

一、蛋白质一级结构与功能的关系

蛋白质特定的功能都是由其特定的构象所决定的，各种蛋白质特定的构象又与其一级结构密切相关。目前，已知许多蛋白质（或酶）都有相应的不具有活性的前体，它们必须经专一性蛋白质水解酶的作用，从前体上切除一段肽，才能转变成具有活性的蛋白质（或酶）。蛋白质的一级结构决定高级结构，从而最终决定了蛋白质的功能（图 2-21）。

图 2-21 蛋白质的一级结构决定高级结构及蛋白质的生物学功能

（一）同源蛋白质的种属差异和生物进化

同源蛋白质是在不同生物体中行使相同或相似功能的蛋白质。一般亲缘关系越近的生物，它们的同源蛋白质越相似；亲缘关系越远的生物，其同源蛋白质的差异越大。在蛋白质结构和功能关系中，一些非关键部位氨基酸残基的改变或缺失，则不会影响蛋白质的生物活性。例如，人、猪、牛和羊等哺乳动物胰岛素分子 A 链中第 8 位、第 9 位、第 10 位和 B 链第 30 位的氨基酸残基各不相同，有种族差异，但这并不影响它们都具有降低生物体血糖浓度的生理功能。

1965 年，在"一穷二白"的时代背景下，我国科学家发扬艰苦奋斗、无私奉献、锐意创新、勇攀高峰的科学家精神，首次人工合成了结晶牛胰岛素，这是人类有史以来第一次人工合成有生命的蛋白质。

（二）一级结构相同的蛋白质的功能也相同

相似的一级结构具有相似的功能，不同的结构具有不同的功能，即一级结构决定生物学功能。例如，促肾上腺皮质激素（ACTH）N 端的 13 个氨基酸残基与 α-促黑素细胞激素（α-MSH）相同，故 ACTH 也有微弱的 α-MSH 的作用。

（三）一级结构的变异和分子病

所谓"分子病"，首先是蛋白质一级结构的改变，从而引起其功能的异常或丧失所造成的疾病。蛋白质关键部位甚至仅一个氨基酸残基的异常，对蛋白质理化性质和生理功能也会有明显的影响。例如，镰状细胞贫血是由血红蛋白一级结构的变化而引起的一种遗传性疾病。通常血红蛋白是由两条 α 链和两条 β 链与血红素所组成的。4 条多肽链在各种次级键作用下形成紧密稳固的四级结构，表现运输氧气和二氧化碳的功能。镰状细胞贫血患者的红细胞呈镰状，易溶血，严重影响与氧气的结合、运输。通过分析两者的一级结构发现，患者血红蛋白分子的两条 β 链中第 6 位的谷氨酸残基分别被缬氨酸残基所替代，仅一个氨基酸残基之差，导致红细胞变成镰状而易破碎，产生贫血（图 2-22）。

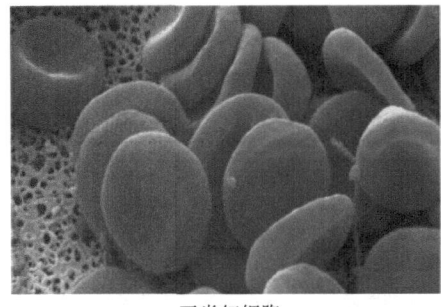 

正常红细胞　　　　　　　　　　　异常红细胞（镰状）

图 2-22　正常红细胞与呈镰状的红细胞（引自库热西·玉努斯，2009）

二、蛋白质空间结构与功能的关系

天然蛋白质的构象一旦发生变化，必然会影响到它的生物活性。人体内有很多蛋白质往往存在着不止一种天然构象，但只有一种构象能显示出正常的功能活性。因而，常可通过调节构象的变化来影响蛋白质（或酶）的活性，从而调控物质代谢反应或相应的生理功能。

（一）肌红蛋白的结构与功能

肌红蛋白（myoglobin，Mb）是用 X 射线衍射晶体技术测定的有三维结构的第一个蛋白质，它是典型的球状蛋白质（图 2-23）。肌红蛋白的功能为储存氧气，因为它能结合和释放氧气。肌红蛋白的结构由珠蛋白和血红素（辅基）组成。血红素辅基位于一个疏水洞穴中，由亚铁离子与原卟啉Ⅸ构成。亚铁离子与原卟啉Ⅸ形成 4 个配位键，第五个配位键与珠蛋白的第 93 位氨基酸残基结合，空余的一个配位键可与氧可逆结合。血红素辅基对肌红蛋白的生物活性是必需的（亚铁离子与 O_2 结合）。O_2 与肌红蛋白结合的实质是 O_2 与亚铁离子的结合，原卟啉Ⅸ起固定亚铁离子的作用。

（二）血红蛋白的结构与功能

血红蛋白（hemoglobin，Hb）是一种最早发现的具有别构效应的蛋白质，它的功能是运输氧和二氧化碳。Hb 有两条 α 链和两条 β 链，含 4 个血红素辅基，亲水性侧链基团在分子表面，疏水性基团在分子内部，4 个亚基构成一个四面体构型，每个亚基的三级结构都与肌红蛋白相似，α 链和 β 链之间的亚基相互作用最大，两条 α 链之间或两条 β 链之间的相互作用很小（图 2-24）。Hb 有两种能够互变的天然构象，一种为紧密型（T 型），另一种为松弛型（R 型）。T 型对 O_2 的亲和力低，不易与 O_2 结合；R 型则相反，它与 O_2 的亲和力高，易于结合 O_2。T 型 Hb 分子的第一个亚基与 O_2 结合后，即引起其构象发生变化，将构象变化的"信息"传递至第二个亚基，使第二至四个亚基与 O_2 的亲和力依次增强，Hb 分子的构象由 T 型转变成 R 型。

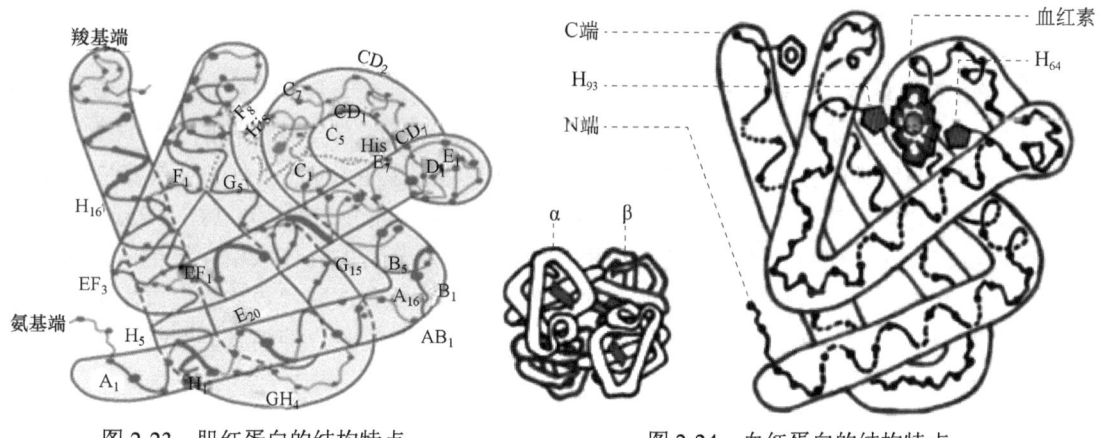

图 2-23　肌红蛋白的结构特点　　　　　图 2-24　血红蛋白的结构特点

三、蛋白质的变性与复性

受到物理和化学处理后，蛋白质的三维结构遭到破坏，它的生物活性会丧失。某些丧失生物活性的蛋白质在一定的条件下可以自发地折叠回具有生物活性的天然构象。

1. 蛋白质的变性　　环境的变化或是化学处理都会引起蛋白质天然构象的破坏，并伴随着生物活性的丧失，这一过程称为蛋白质的变性（denaturation）。有几种方法可以造成蛋白质变性，如提高或降低 pH；加热蛋白质溶液或苛刻的高温条件；用强酸或强碱处理；盐酸胍、尿素及去污剂也会引起蛋白质的变性。例如,研究者用变性剂脲（8mol/L）使 RNase A 变性,导致酶的三级结构和催化活性完全丧失,生成含有 8 个巯基的多肽链（图 2-25）。变性作用并不引起蛋白质一级结构的破坏,而是导致二级结构以上的高级结构的破坏。例如,胃蛋白酶被加热至 80～90℃ 时会失去溶解性,也无消化蛋白质的能力,如将温度再降低到 37℃,其则又可恢复溶解性和消化蛋白质的能力。

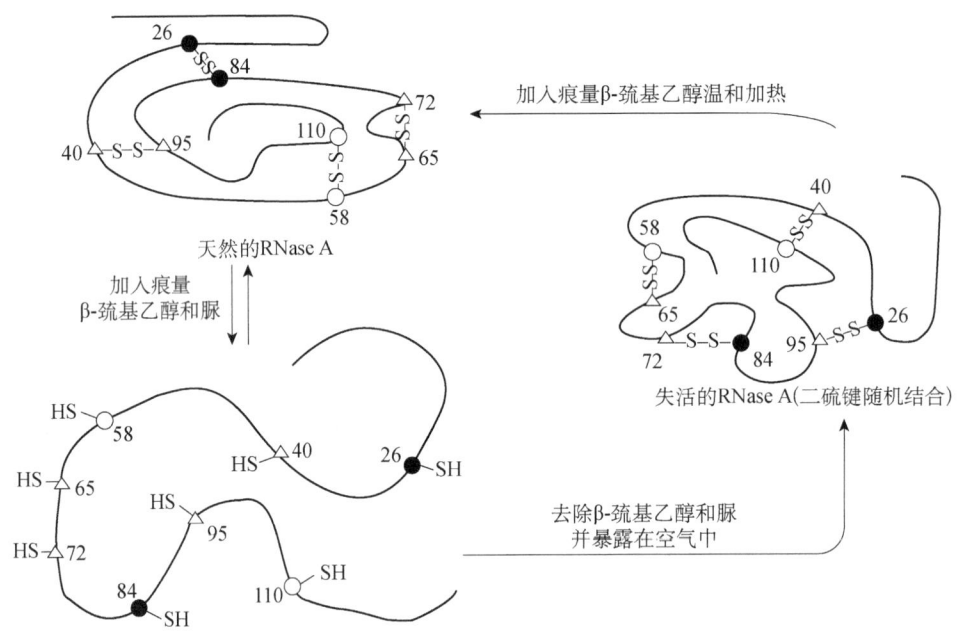

图 2-25 RNase A 的变性和复性

2. 蛋白质的复性 若蛋白质变性程度较轻,去除变性因素后,蛋白质仍可恢复或部分恢复其原有的构象和功能,称为蛋白质的复性（renaturation）。如上述变性的 RNase A,如果将还原剂和脲同时都除去,并且稀释还原的蛋白质或将它于生理 pH 条件下暴露在空气中,RNase A 会自发地获得它的天然构象、一套正确的二硫键和充分的酶活性（图 2-25）。一般认为,蛋白质在复性过程中,涉及两种疏水相互作用,一是分子内的疏水相互作用,二是部分折叠的肽链分子间的疏水相互作用。前者促使蛋白质正确折叠,后者导致蛋白质聚集而无活性,两者互相竞争,影响蛋白质复性收率。因此,在复性过程中,抑制肽链间的疏水相互作用以防止聚集,是提高复性收率的关键。

―**趣味阅读**―

科学大师莱纳斯·卡尔·鲍林（Linus Carl Pauling,1901—1994）

1949 年 11 月,鲍林和伊泰诺在 Science 上发表了题为"镰状细胞贫血——一种分子病"的论文,详细报道了镰状细胞血红蛋白与正常细胞血红蛋白的差异,并且讨论了镰状细胞血红蛋白结晶的原因、遗传机制等问题。鲍林对镰状细胞血红蛋白的研究第一次展示了这种疾病的分子基础,也是第一次提出分子病的概念,吸引了医学科研人员从分子层次上进行疾病研究。

迄今为止,全世界只有 5 个人曾两次获得过诺贝尔奖。法国物理学家和化学家居里夫人,获得了 1903

年诺贝尔物理学奖和 1911 年诺贝尔化学奖；英国生物化学家弗雷德里克·桑格，于 1958 年和 1980 年两度获得诺贝尔化学奖；美国物理学家约翰·巴丁，于 1956 年和 1972 年两次获得诺贝尔物理学奖；美国化学家卡尔·巴里·夏普莱斯，于 2001 年和 2022 年两次获得诺贝尔化学奖。然而，与这四位获奖者不同，美国化学家莱纳斯·卡尔·鲍林是仅有的一位于 1954 年和 1962 年两次独享诺贝尔奖的科学家。

　　加州理工学院的坎布曾经评价：鲍林的知识、创造力、开拓性在分子生物学领域表现得最明显。他被看成是最伟大的化学家之一，也是第一位真正的分子生物学家。血红蛋白研究领域很能体现这位伟大化学家敏锐的"分子学"视角和卓越的科学创造力。

复习思考题

1. 简述蛋白质一级结构、二级结构、超二级结构、结构域、三级结构和四级结构之间的关系。
2. 试以 α 螺旋、β 折叠为例说明为什么氢键对维系蛋白质二级结构有重要贡献。
3. 试举例说明为什么疏水作用对维系蛋白质三级结构有重要贡献。
4. 简述蛋白质的 4 种二级结构及其结构特点。
5. 为什么说蛋白质行使其功能的能力是由它的三维结构决定的？
6. 试述蛋白质结构与功能的关系（蛋白质一级结构与功能的关系，蛋白质空间结构与功能的关系）。
7. 蛋白质结构与蛋白质工程之间的关系如何？
8. 通过趣味阅读"科学大师莱纳斯·卡尔·鲍林"，试讨论我们该如何看待新颖的思想和观点。

第三章
蛋白质的物理化学基础

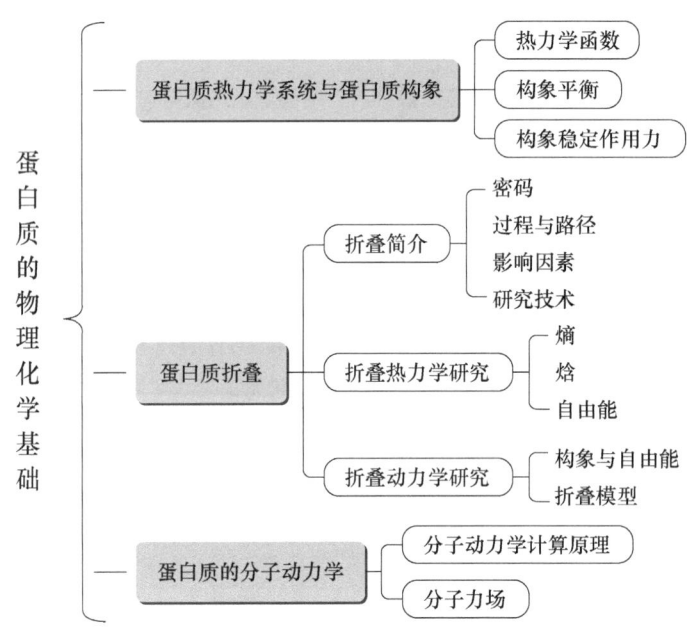

　　蛋白质的物理化学研究是生物物理学和生物化学的重要分支，它涉及蛋白质的结构、稳定性、动力学、折叠、相互作用及功能等多个方面。蛋白质的物理化学性质是理解其结构、功能和生物学行为的关键。

　　物理化学方法在理解蛋白质结构和功能方面发挥了重要作用。例如，通过使用超高压、脉冲电场、超声、辐照、微波和射频处理等物理改性方法，可以研究蛋白质的功能特性及其对食品品质的影响。此外，基于物理化学性质优化的蛋白质相互作用预测方法展示了物理化学性质在生物信息学研究中的应用潜力。

　　蛋白质的热力学性质也是研究的重要方面。例如，水溶液中蛋白质系统的热力学性质研究表明，蛋白质的熵随温度的升高逐渐增大，而恒定电场下的热容要大于恒定偶极矩下的热容。这些发现有助于深入理解蛋白质在不同环境条件下的行为。

　　总之，蛋白质的物理化学研究涵盖了从蛋白质的基本性质到其在生物体中复杂功能的广泛领域。通过实验和理论方法，科学家已经取得了显著进展，不仅揭示了蛋白质结构和功能的基本原理，还为疾病的诊断和治疗提供了新的思路。未来的研究将继续探索蛋白质的更多奥秘，以促进人们对生命科学的理解。

第一节 蛋白质热力学系统与蛋白质构象

一、蛋白质-溶剂系统的热力学函数

蛋白质-溶剂系统是生物物理学和分子生物学中的一个重要概念，它涉及蛋白质在溶液中的各种物理化学行为。在这个系统中，蛋白质作为溶质，其溶剂通常是水，但也可以是其他溶剂，如盐溶液、有机溶剂或细胞内的复杂环境。在蛋白质折叠和稳定性研究中，热力学函数是描述系统状态的基本工具。对于蛋白质-溶剂系统，关键的热力学函数包括内能（U）、焓（H）、自由能（G）和熵（S）。

（一）内能

内能是系统所包含的所有能量的总和，包括动能和势能。对于蛋白质-溶剂系统，内能与蛋白质和溶剂分子的内部能量有关。

（二）焓

焓是系统的热量含量，等于系统的内能加上系统的压力（p）和体积（V）的乘积（$H=U+pV$），在恒压条件下，焓变可以用来衡量系统在化学反应或物理过程中的热量交换。对于蛋白质-溶剂系统，焓变与系统内能的变化有关，通常与化学键的形成和断裂相关。在蛋白质折叠中，焓变包括溶剂排挤和内部相互作用（如氢键、疏水作用）的能量变化。

（三）自由能

自由能也称吉布斯自由能，是一个热力学势函数，用于预测反应的自发性。它的定义为

$$G=H-TS$$

式中，T 是温度。

自由能变化（ΔG）是判断反应自发性的标准。当 $\Delta G<0$ 时，反应在热力学上是自发的；当 $\Delta G=0$ 时，系统处于平衡状态；当 $\Delta G>0$ 时，反应不是自发的。

在恒温条件下，自由能变化为负时，反应自发进行。对于蛋白质折叠反应，自由能的变化可以通过以下公式计算：

$$\Delta G = G_{folded} - G_{unfolded}$$

式中，G_{folded} 是折叠态蛋白质的吉布斯自由能；$G_{unfolded}$ 是未折叠态蛋白质的吉布斯自由能。

（四）熵

熵是系统无序程度的度量。在蛋白质-溶剂系统中，熵增加通常与溶剂化过程和蛋白质构象变化相关。蛋白质折叠通常导致熵减少，因为折叠态比未折叠态具有更少的构象自由度。熵变的计算涉及对所有可能构象的统计力学分析。

以上热力学函数是理解蛋白质稳定性和折叠行为的关键。自由能变化决定了蛋白质折叠反应的自发性，而焓和熵的变化则与系统的能量状态和混乱度密切相关，三者之间的关系为

$$\Delta G = \Delta H - T\Delta S$$

式中，ΔG 是吉布斯自由能变化；ΔH 是焓变；T 是热力学温度（K）；ΔS 是熵变。

在生物学温度（约 298K）下，蛋白质折叠通常是熵驱动的过程，即熵增（$T\Delta S$）足以克服焓减（ΔH），使得 ΔG 为负，因而折叠态是热力学上更稳定的。

二、蛋白质热运动与构象平衡

蛋白质热运动与构象平衡之间的关系是复杂的，涉及多个层面的物理化学过程。这种关系对于蛋白质的生物学功能和稳定性至关重要。通过深入理解这一关系，科学家可以更好地控制蛋白质的行为。

蛋白质热运动是指蛋白质分子在热能作用下发生的随机、动态变化的布朗运动，包括：①振动，是指原子在化学键约束下的小幅度振荡。②转动，是指蛋白质分子绕其质心的旋转。③平移，是指整个蛋白质分子在空间中的移动。④构象变化，是指蛋白质分子内部结构的重排，如 α 螺旋的伸展或压缩、β 折叠的转变等。蛋白质热运动的能量来源于温度，当温度升高时，蛋白质分子获得更多的热能，导致其运动更加剧烈。热运动导致蛋白质分子在不同构象之间转换，形成一个动态平衡，这些构象的相对概率由玻尔兹曼分布（Boltzmann distribution）决定。

蛋白质构象平衡是指蛋白质在各种可能的三维结构（构象）之间达到的一个动态平衡状态。这些构象包括蛋白质的天然态（或称为活性态）、中间态和非天然态（或称为非活性态）：①天然态，是蛋白质的生物活性形式，具有特定的三维结构。②中间态，是蛋白质折叠过程中的短暂状态，可能具有部分结构特征。③非天然态，是蛋白质在去折叠或其他非生理条件下的形态。

在适当的温度下，蛋白质可以通过热运动找到其能量最低的稳定构象，即其天然态。然而，如果温度过高或热运动过于剧烈，蛋白质可能会去折叠成无序状态，失去其生物学功能。

通过实验技术（如核磁共振、圆二色光谱、等温滴定量热法）可以观察到蛋白质的热运动，并推断其构象平衡。利用分子动力学模拟可以帮助理解蛋白质热运动的分子机制，并预测构象平衡的变化。

三、蛋白质构象稳定的作用力

蛋白质构象稳定性的维持是一个复杂的过程，涉及多种相互作用力的平衡，主要包括非共价相互作用和共价相互作用，这些作用力共同作用，确保蛋白质能够折叠成具有生物活性的三维结构。

（一）非共价相互作用

1. 疏水作用　　疏水作用是蛋白质内部疏水残基避免与水分子接触的倾向。这种作用力推动疏水残基聚集在蛋白质核心，从而减少与水的接触面积，增加蛋白质在水中的溶解度。

2. 氢键　　氢键是一种较弱的相互作用，但在蛋白质结构稳定中起着关键作用。蛋白质中的氢键可以连接不同的氨基酸残基，稳定其二级结构，如 α 螺旋和 β 折叠。这些稳定的氢键网络为蛋白质提供了一定程度的刚性，有助于其折叠成更复杂的三维结构。

3. 范德瓦耳斯力　　范德瓦耳斯力是分子间的短程引力，它在蛋白质残基相互靠近时发挥作用，有助于稳定蛋白质的三维结构。

4. 离子键 离子键是带电荷残基间的相互作用，如酸性和碱性残基间的相互吸引。这种作用力可以稳定蛋白质的特定构象。

5. 疏水键 疏水键是疏水残基间的相互作用，有助于稳定蛋白质的疏水核心。

（二）共价相互作用

1. 二硫键 二硫键是连接两个半胱氨酸残基的共价键，它在稳定蛋白质的结构，特别是在稳定蛋白质的三级结构中起着重要作用。

2. 肽键 肽键是蛋白质主链中氨基酸残基之间的共价键，它为蛋白质提供了刚性的基础。

（三）蛋白质折叠和稳定中的其他因素

1. 溶剂效应 溶剂效应是指溶剂的性质如何影响蛋白质的溶解性、稳定性和结构。在生物学和生物化学中，最常见的溶剂是水，但也可以在其他溶剂中研究蛋白质，如有机溶剂或非水相溶剂。蛋白质周围的水分子层（称为溶剂化层）对蛋白质的稳定性有重要影响。溶剂化层可以保护蛋白质免受外部环境的影响，并有助于维持其三维结构。水分子通过形成动态的水合作用壳层参与蛋白质的折叠过程。水分子与蛋白质表面的氨基酸残基之间的相互作用不仅影响蛋白质的溶解度，还可能影响其折叠路径和稳定性。此外，水分子的存在可以改变蛋白质内部的氢键网络和疏水相互作用，进而影响蛋白质的结构和功能。

2. pH和离子强度 环境的pH和离子强度可以影响蛋白质中带电荷残基的电荷状态，从而影响蛋白质的折叠和稳定性。离子强度可以影响带电荷残基之间的相互作用，进而影响蛋白质的折叠和聚集。

3. 温度 温度是影响蛋白质折叠过程的重要因素之一。研究人员发现，存在一个特定的温度，在这个温度下蛋白质折叠结合的速度最快，达到天然状态的时间最短；低于这个温度，蛋白质的动能减小，达到天然状态的时间延长；高于这个温度，蛋白质的动能增大，但其稳定性降低，同样导致达到天然状态的时间延长。此外，热失控现象也可能导致蛋白质的折叠状态异常，影响其结构和功能。

4. 分子伴侣 分子伴侣是一类帮助蛋白质正确折叠的蛋白质，它们可以防止错误折叠和聚集，有时甚至可以帮助已经错误折叠的蛋白质重新折叠。

第二节 蛋白质折叠

一、蛋白质折叠简介

蛋白质折叠（protein folding）是指蛋白质分子从无序的肽链状态自发地采取其功能性三维结构的过程。这个过程涉及肽链中氨基酸残基之间的多种相互作用，包括氢键、疏水作用、范德瓦耳斯力及离子键等，这些相互作用共同作用使得蛋白质达到其热力学上最稳定或功能上最活跃的构象。

蛋白质折叠的研究，在狭义上就是研究蛋白质特定三维空间结构形成的规律、稳定性及其与生物活性的关系。这涉及热力学和动力学的问题，以及蛋白质在体外和细胞内折叠的问题，包括理论研究和实验研究的问题。最根本的科学问题是多肽链的一级结构如何决定其空间结构，其研究历程跨越了多个科学时代，涉及化学、生物学、物理学、计算机科学和工程学等多个领域，详见表3-1。

表3-1 蛋白质折叠研究历程

时间	事件	研究进展
20世纪50年代	早期探索	Linus Carl Pauling提出α螺旋和β折叠是蛋白质的基本结构元素，为蛋白质结构的研究奠定了基础
20世纪60年代	折叠机制的提出	Christian B. Anfinsen通过实验发现蛋白质的氨基酸序列包含了其三维结构的全部信息，这一发现被称为安芬森法则（Anfinsen's Dogma），是蛋白质折叠研究的重要里程碑
20世纪70年代	折叠中间体的发现	Jack Baldwin和Christian B. Anfinsen提出蛋白质折叠涉及中间体的概念，这些中间体是折叠过程中的短暂状态
20世纪80年代	分子动力学模拟的兴起	Martin Karplus和其他科学家开始使用分子动力学模拟来研究蛋白质折叠的动态过程，这一方法使得研究者能够在原子水平上观察蛋白质的动态变化
20世纪90年代	高分辨率结构的解析	Cecilia Clementi等利用统计力学和计算方法对蛋白质折叠的热力学和动力学进行了深入研究。NMR和X射线衍射晶体技术的发展使得科学家能够解析蛋白质的高分辨率结构，为理解蛋白质折叠提供了结构基础
21世纪初	结构预测和计算生物学	Vern Schramm和Peter Schultz的工作推动了蛋白质工程和设计的发展。David Baker和其他研究者利用计算方法，如Rosetta软件，进行蛋白质结构预测，推动了蛋白质折叠研究的进展
21世纪初	单分子技术的应用	单分子技术的发展，如单分子荧光共振能量转移（smFRET），允许科学家在单分子水平上研究蛋白质折叠的动态过程
21世纪初	AlphaFold与人工智能（AI）技术	DeepMind的AlphaFold项目利用人工智能技术预测蛋白质结构，为蛋白质折叠研究开辟了新的道路
21世纪20年代	AlphaFold数据库的公开	AlphaFold数据库的公开为研究人员提供了大量的蛋白质结构预测资源，推动了结构生物学的发展。同时，蛋白质设计和合成生物学的进步使得从头设计具有特定结构和功能的蛋白成为可能

（一）蛋白质折叠"密码"

蛋白质折叠密码（protein folding code），又称第二遗传密码，是指氨基酸顺序与蛋白质三维结构之间存在的对应关系。在蛋白质工程领域，研究蛋白质折叠的过程被定义为破译第二遗传密码的过程。

科学研究表明，每个蛋白质的氨基酸序列都是独特的，这个序列决定了蛋白质的三级结构。序列中的每个氨基酸残基都对蛋白质的最终形状和结构有特定的贡献。

在20世纪50年代初，科学家对蛋白质的结构和功能充满了好奇。Linus Carl Pauling与合作者Robert B. Corey采用X射线衍射晶体技术研究蛋白质的分子结构。通过大量的实验和分析已知的肽键几何特征，Pauling和Corey发现蛋白质中的肽链由于氢键的作用，可以形成一种螺旋状的结构，即α螺旋。这种螺旋结构中的氨基酸残基通过氢键相互连接，形成了一种稳定的构象。α螺旋的发现为理解蛋白质的结构和功能提供了重要的线索，揭示了蛋白质分子内部的组织方式和稳定性机制。

Pauling和Corey在α螺旋的研究基础上，进一步利用X射线衍射晶体技术和其他实验方法，对蛋白质的分子结构进行了更深入的研究。他们发现，在某些蛋白质中，肽链可以通过氢键连接形成平行或反平行的β链，这些β链进一步折叠成层状结构，即β折叠。β折叠与α螺旋一样，也是蛋白质分子内部的一种稳定构象。β折叠的发现进一步丰富了人们对蛋白质结构的认识。它揭示了蛋白质分子内部的多样性和复杂性，为理解蛋白质的功能和相互作用提供了更多的线索。

此后，Pauling 和 Corey 使用金属丝和纸板来模拟蛋白质的原子结构，通过物理模型展示出蛋白质 α 螺旋和 β 折叠的结构。他们的理论得到了 Kendrew 等对肌红蛋白和血红蛋白等蛋白质的 X 射线衍射晶体实验数据的支持。

（二）蛋白质折叠过程与路径

蛋白质折叠过程是指蛋白质从其氨基酸序列的无序状态转变为具有特定生物学功能的三维结构的过程。这一过程涉及复杂的分子动力学和多种相互作用。在细胞内，蛋白质折叠主要涉及以下 10 个关键步骤：①初生折叠（primary folding），新合成的多肽链开始通过氢键形成局部的二级结构元素，如 α 螺旋和 β 折叠。②中间体形成（intermediate formation），局部二级结构通过疏水作用、范德瓦耳斯力和离子键相互作用，形成较为稳定的中间体。③折叠核识别（folding nucleus identification），特定的氨基酸序列作为折叠核，引导蛋白质向其最终结构折叠。④中间状态探索（exploration of intermediate state），蛋白质可能经历一系列中间状态，这些状态可能包括部分折叠或部分展开的结构。⑤能量漏斗下降（descent through the energy landscape），蛋白质在能量景观中搜索，通过热运动和分子伴侣的辅助，向能量最低的天然状态转变。⑥分子伴侣辅助折叠（chaperone-assisted folding），分子伴侣识别并协助新生多肽链的正确折叠，防止错误折叠和聚集。⑦结构域形成（domain formation），对于多结构域的蛋白质，每个结构域可能独立折叠，然后通过特定的相互作用形成整体的三级结构。⑧功能构象形成（achievement of functional conformation），蛋白质达到其生物活性的天然构象，这 构象允许蛋白质执行其生物学功能。⑨翻译后修饰（post-translational modification），蛋白质折叠后可能还需要经过翻译后修饰，如磷酸化、糖基化等，这些修饰可能影响蛋白质的稳定性和功能。⑩最终折叠检查（final folding inspection），蛋白质折叠完成后，细胞内的质量控制系统会检查蛋白质的正确折叠状态，确保其功能正常。

（三）蛋白质折叠的影响因素

蛋白质折叠是一个复杂的过程，受到多种因素的影响：①细胞内因素，主要包括氨基酸序列、蛋白质浓度、细胞内氧化还原状态、ATP 水平、离子浓度、pH、mRNA 和 tRNA、翻译速率、翻译后修饰、蛋白质-蛋白质相互作用、内质网应激、细胞周期、代谢产物积累、某些疾病状态等。②细胞外因素，主要包括温度、pH、离子类型及强度、蛋白质分子间或分子内的范德瓦耳斯力、疏水作用、氢键、离子键、二硫键、肽键的刚性、氨基酸侧链的相互作用、折叠起始氨基酸（折叠核）、结构域间相互作用。③分子伴侣的作用，分子伴侣是一类特殊的蛋白质，它们在蛋白质折叠过程中发挥着至关重要的作用。分子伴侣通过多种机制帮助蛋白质正确折叠，其主要作用方式为：提供适宜的微环境、隔离新生多肽链、促进部分折叠状态的稳定、防止聚集、提供能量、促进二级结构的形成、结构域的正确组装、翻译后修饰的辅助、识别错误折叠的蛋白质、解折叠功能、协同作用。

（四）蛋白质折叠研究技术

蛋白质折叠研究的物理化学问题主要涉及三个方面：①蛋白质天然构象的"捕获与解析"问题，即研究怎么"捕获"氨基酸序列折叠形成蛋白质空间结构的关键数据；②蛋白质折叠的热力学问题，即原子间相互作用力如何"驱动"氨基酸分子形成天然构象稳态；③蛋白质折叠的动力学问题,即蛋白质折叠何时达到动态平衡。这些问题的研究主要涉及以下方法和技术。

1. 实验研究方法

(1) X射线衍射晶体技术(X-ray diffraction crystallography) 这是确定蛋白质三维结构最经典的方法之一。通过解析X射线在蛋白质晶体中的衍射模式,可以推导出蛋白质的三维结构。

(2) 核磁共振(NMR) NMR技术可以在溶液状态下研究蛋白质的结构和动力学。通过测量原子核(如氢、碳、氮等)的磁矩和它们之间的相互作用,可以解析出蛋白质的三维结构。

(3) 电子显微镜(electron microscope, EM) 特别是单颗粒电子显微镜(single-particle electron microscope, SPEM)和冷冻电子显微镜(cryo-EM),它们能够在接近生理条件下捕获蛋白质及其复合物的结构。

(4) 圆二色光谱(circular dichroism, CD) 通过测量蛋白质在不同波长下对左右旋偏振光的吸收差异,可以得到蛋白质二级结构的信息。

(5) 荧光光谱法 包括荧光共振能量转移(fluorescence resonance energy transfer, FRET)和荧光各向异性(fluorescence anisotropy),这些技术可以用来监测蛋白质中两个位点之间的相对位置和取向变化,进而了解蛋白质折叠和构象变化的动态过程。

(6) 质谱(mass spectrometry, MS) 利用质谱测量蛋白质的分子质量或分析蛋白质的氨基酸序列,可以提供有关蛋白质折叠和稳定性的一级结构信息。利用氢氘交换质谱法(hydrogen-deuterium exchange mass spectrometry, HDX-MS)可以测量蛋白质在特定条件下暴露在溶剂中的时间,从而了解蛋白质的折叠和稳定性。

(7) 光谱和热力学技术 包括差示扫描量热法(differential scanning calorimetry, DSC)和等温滴定量热法(isothermal titration calorimetry, ITC)等,用于研究蛋白质折叠和稳定性维持过程中的热力学变化。

(8) 化学交联法 利用交联剂将蛋白质中的特定氨基酸残基交联在一起,从而固定蛋白质的构象,进而研究蛋白质的折叠和稳定性。

2. 计算机模拟方法

(1) 分子动力学模拟 利用计算机模拟技术,如分子动力学模拟、人工智能算法等,对蛋白质折叠过程进行模拟和预测,以验证实验结果的准确性。这种方法能够模拟出具有生物学意义的蛋白质折叠过程,提供原子水平上的结构和动力学信息。

(2) 动力学方法 通过观察折叠时序,了解蛋白质折叠过程中的动力学特性,从而研究蛋白质的三维结构及构成因素。这种方法常被用于研究小分子蛋白质,如个别肽链、部分结构域或特定的功能模块等。

3. 蛋白质工程技术 通过基因编辑和突变技术,可以创建蛋白质变体,以研究特定氨基酸或结构域在蛋白质折叠中的作用。此外,还有一些新兴的技术和方法,如单分子成像技术等,也被应用于蛋白质折叠的研究中。

二、蛋白质折叠的热力学研究

蛋白质折叠的热力学研究进展主要集中在理解蛋白质如何通过特定的物理和化学过程从无规卷曲状态转变为具有特定功能的三维结构。

蛋白质折叠的热力学研究为理解其折叠动力学过程和稳定结构的形成提供了基本框架。通过热力学的分析，可以预测蛋白质的稳定性和折叠速度，并为蛋白质的设计和工程提供有用的信息。

（一）溶剂熵、焓的作用

在蛋白质热力学研究中，溶剂熵和焓是两个非常重要的物理量，它们在理解蛋白质的稳定性、折叠、构象转变及其与其他分子的相互作用等方面都起着关键作用。

首先，溶剂熵（ΔS）是描述系统混乱程度或无序度的物理量。在蛋白质热力学中，溶剂熵的变化可以反映蛋白质与溶剂分子之间的相互作用，以及蛋白质分子内部结构的变化。在蛋白质折叠时，从多样的随机盘绕状态转变为有限的有序结构，导致构象熵减少；而疏水残基的聚集使得原本被这些残基占据的溶剂水分子得以释放，增加了系统的熵，这种现象称为熵-焓补偿。

其次，溶剂焓（ΔH）是描述系统内部能量变化的物理量。在蛋白质热力学中，溶剂焓的变化可以反映蛋白质与溶剂分子之间的相互作用力，以及蛋白质分子内部键的断裂和形成。主要包括：①氢键的形成，蛋白质内部氢键的形成会释放能量，导致焓减少；②疏水作用，疏水残基从水溶液中排出，聚集在蛋白质内部，这种疏水效应也会导致焓减少；③范德瓦耳斯力，蛋白质内部的范德瓦耳斯力对稳定蛋白质结构也有贡献，虽然单个作用力较弱，但累积效应显著。

在蛋白质热力学研究中，溶剂熵和焓的变化通常是相互关联的。例如，在蛋白质折叠过程中，溶剂熵的减少和溶剂焓的减少可能同时发生，这表明蛋白质分子与溶剂分子之间的相互作用增强，同时蛋白质分子内部也形成了更稳定的结构。这种相互作用和结构的变化可以影响蛋白质的稳定性和功能。

（二）熵、焓对系统自由能降低的差异

在蛋白质折叠的热力学研究中，理解熵和焓如何共同作用以影响自由能的变化对于揭示蛋白质折叠的分子机制至关重要。通过精确测量和理论计算焓变与熵变，科学家可以预测和调控蛋白质的折叠行为。

熵的降低意味着系统有序度的增加，这在蛋白质折叠过程中是有利的，因为它促进了蛋白质向更稳定、更有序的结构转变。然而，熵的降低并不总是导致自由能的降低。在某些情况下，熵的降低可能会被焓的增加所抵消，从而使系统的自由能保持不变或增加。

在蛋白质折叠过程中，焓的降低（$\Delta H<0$）直接降低了系统的自由能。这是因为焓的降低意味着系统释放了热量，即减少了内部能量，从而使系统更加稳定。

在蛋白质折叠的热力学研究中，焓和熵的协同作用决定了蛋白质的稳定性和折叠状态。在理想情况下，蛋白质折叠是一个熵减焓减的过程，但熵-焓补偿现象意味着总的自由能变化可能相对较小，允许蛋白质在生理温度下快速折叠。熵和焓对系统自由能降低的差异主要体现在它们各自的作用机制上。熵的降低促进了蛋白质向更有序的结构转变，但可能会被焓的增加所抵消；而焓的降低则直接降低了系统的自由能，使系统更加稳定。在实际研究中，需要综合考虑熵和焓的变化及它们之间的相互作用，以更好地理解蛋白质折叠的热力学过程和机制。

三、蛋白质折叠的动力学研究

蛋白质折叠的动力学研究关注的是蛋白质从无序状态到其功能性三维结构的转变过程中的时间依赖特性。这一领域的研究揭示了蛋白质如何通过一系列中间状态达到其最终构象，以及这一过程的速率限制步骤和机制。蛋白质折叠通常分为快速折叠阶段和缓慢折叠阶段。前者涉及局部二级结构的形成，后者则涉及更全局的结构调整和最终稳定的三维结构的形成。

在快速折叠阶段，蛋白质的氨基酸序列会发生局部的空间有序化，即氨基酸按照特定的顺序排列和折叠，形成稳定的二级结构。这种局部的空间有序化是蛋白质折叠的关键步骤之一，为后续的全局结构调整奠定了基础。

在缓慢折叠阶段，蛋白质分子调整二级结构元素的位置和相互作用，以及与其他蛋白质或分子的相互作用，以形成最终的三维空间构象。这个过程需要克服一些能量障碍，如蛋白质分子内部的疏水相互作用和氢键的形成等。缓慢折叠阶段的结果是形成一个具有特定功能和活性的蛋白质分子。在这个过程中，蛋白质的结构和功能得到了充分的体现与发挥。

蛋白质折叠的动力学研究涉及以下几个关键方面：①折叠速率，是指蛋白质从完全展开状态到形成其天然结构的平均时间。②折叠路径，是指蛋白质在折叠过程中经历的一系列结构变化。③中间状态，是指在折叠过程中可能存在的局部稳定或不稳定的构象。④能量障碍，是指蛋白质在折叠过程中需要克服的能量壁垒。⑤折叠机制，是指描述蛋白质如何通过动力学途径实现折叠的理论模型。

（一）蛋白质构象与自由能

蛋白质构象与自由能之间存在密切的关系。蛋白质构象的不同对应着不同的能量状态（即不同的自由能），而蛋白质的稳定性、构象转变及功能都与其自由能密切相关。在热力学上，最稳定的蛋白质构象是自由能最低的构象。这意味着在给定的条件下，当蛋白质的构象具有最低的自由能时，它达到了能量最稳定的状态。因此，蛋白质构象的自由能越低，其稳定性就越高。当蛋白质从一种构象转变为另一种构象时，其自由能也会发生变化。这种变化可以是蛋白质内部化学键的形成或断裂、蛋白质与溶剂分子之间的相互作用及蛋白质分子间的相互作用等因素引起的。在蛋白质折叠过程中，构象的转变通常伴随着自由能的降低，这是因为折叠后的蛋白质构象更加稳定，具有更低的自由能。

（二）蛋白质折叠模型

为了更深入地理解蛋白质折叠的热力学和动力学过程，科学家建立了蛋白质折叠模型，主要有以下几种。

1. 热力学假说（thermodynamic hypothesis） 由 C. B. Anfinsen 及其合作者提出，该假说认为一个蛋白质的氨基酸序列所提供的全部信息可以完全且唯一地决定分子的天然结构，即一级结构决定三级结构。此外，蛋白质天然结构的自由能是全局的最小值。

2. 框架模型（framework model） 由 P. S. Kim 和 R. L. Baldwin 提出，这个模型（图 3-1）认为，在蛋白质折叠的初期阶段，多肽链会先局部地迅速形成二级结构，这些二级结构通常是不稳定的。这些二级结构元素（如 α 螺旋和 β 折叠）是蛋白质三维结构的基础，它们的形成是通过蛋白质分子内部的局部相互作用（如氢键、离子键等）实现的。接下来，这些二级结构单元会相互拼接，形成更高级的结构，即三级结构。在这个过程中，多肽链会在二级结构的基础上再进行组装，形成更稳定的框架。这种框架的形成是逐步的、一部分一部分进行的，中间会存在所谓的"亚结构域"的折叠中间体，即"熔球体"。这些中间体在折叠过程中起着重要的作用，它们可能是部分折叠的蛋白质构象，但在最终折叠完成前，它们会逐渐转化为稳定的天然构象。值得注意的是，框架模型强调的是蛋白质折叠的逐步性和有序性。它认为蛋白质的折叠是一个分步骤的过程，每个步骤都有特定的中间体和结构变化。这种逐步折叠的方式有助于蛋白质在折叠过程中避免错误折叠和形成不稳定的结构。

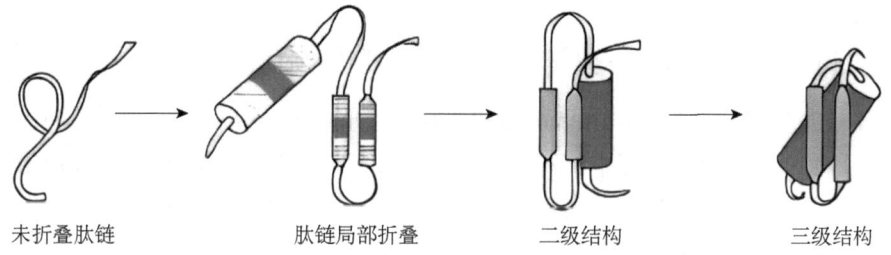

图 3-1　蛋白质折叠的框架模型（引自 Finkelstein，2016）

3. 疏水塌缩模型（hydrophobic collapse model）和熔融球态模型（molten globule model）　这两个模型都认为折叠是由疏水塌缩开始的，即蛋白质的疏水片段首先聚集在一起，然后进一步聚集长大，形成一种称为熔融球蛋白中间体的结构（图 3-2）。疏水塌缩模型认为，在形成任何二级结构和三级结构之前，首先会发生很快的非特异性的疏水塌缩。这个过程是由蛋白质中的疏水性氨基酸残基驱动的，这些残基的侧链由于疏水斥力而聚集在一起，形成蛋白质的内核（熔融球蛋白中间体），将极性或带电荷的氨基酸残基暴露在表面。这种塌缩有助于减少蛋白质表面的疏水区域，从而降低其与水环境的相互作用能量，使蛋白质结构更加稳定。熔融球态模型是描述蛋白质折叠过程中的一种中间体状态。在这种状态下，蛋白质已经形成了部分二级结构，但三级结构尚未完全形成。这种中间体被称为熔融球蛋白中间体，它具有一定的紧凑性，但结构较为松散，并且内部的疏水残基有很大一部分暴露在溶剂中。熔融球蛋白状态可以视为蛋白质从去折叠状态向天然状态转变的过渡态。

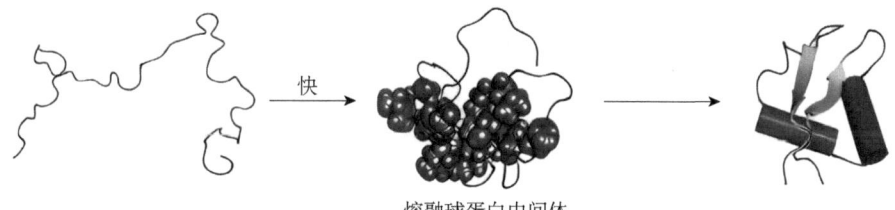

图 3-2　蛋白质折叠的疏水塌缩模型和熔融球态模型（引自 Nickson and Clarke，2020）

4. 成核/快速生长模型（nucleation/rapid growth model）　这个模型（图 3-3）认为伸展的多肽链在折叠开始时，会先形成许多小"核"，这些小"核"由 8～18 个氨基酸残基组成,随机波动且不稳定。然后,多肽链的其他部分以这些小"核"为模板,快速折叠"生长",最终形成天然构象。

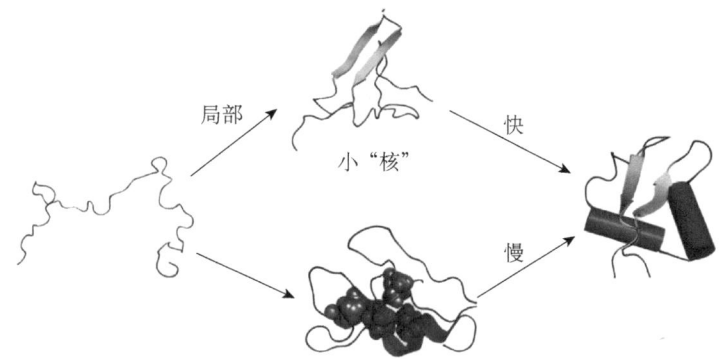

图 3-3　蛋白质折叠的成核/快速生长模型(引自 Nickson and Clarke,2020)

5. 扩散-碰撞-缔合模型(diffusion-collision-association model)　这个模型(图 3-4)在描述蛋白质的折叠和组装过程中,特别是在描述分子间的相互作用和形成稳定结构的过程中,被广泛应用。它强调了分子间的随机扩散、碰撞和随后通过特定相互作用(如氢键、离子键、范德瓦耳斯力等)缔合的过程。

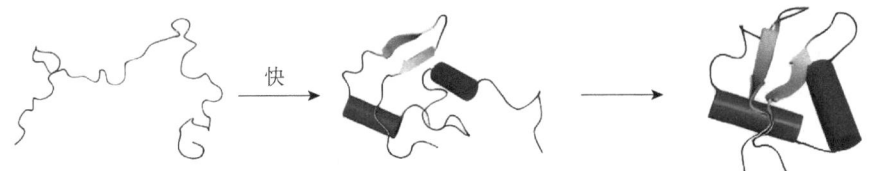

图 3-4　蛋白质折叠的扩散-碰撞-缔合模型(引自 Nickson and Clarke,2020)

6. 自由能景观模型(free energy landscape model)　这个模型(图 3-5)将蛋白质折叠

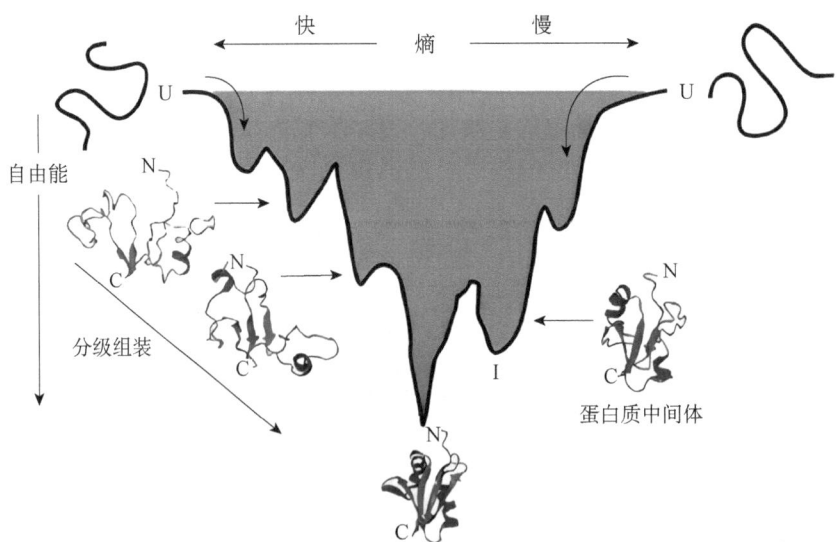

图 3-5　蛋白质折叠的自由能景观模型(引自 Morris and Searle,2012)
U. unfolding,未折叠;I. intermediates,中间体

过程描述为一个在自由能景观中的运动过程，其中存在多个能垒和局部最小值。在自由能景观中，蛋白质的天然结构通常位于能量最低的点，即全局最小值。从这个全局最小值向外，自由能逐渐增加，形成一个能量漏斗（图3-6）。蛋白质折叠的过程可以看作蛋白质在能量漏斗中从高能状态向低能状态的下降。自由能景观模型是当前理解蛋白质折叠机制最重要的理论之一，它提供了一个框架以整合来自实验和计算研究的数据，并预测蛋白质的行为。通过这个模型，科学家可以更好地理解蛋白质如何实现其复杂的折叠过程，并探索影响这一过程的各种因素。

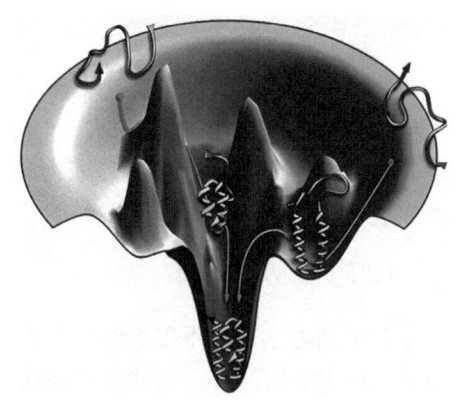

图3-6 蛋白质折叠的"能量漏斗"模式图

第三节 蛋白质的分子动力学

蛋白质的分子动力学（molecular dynamics，MD）是一种研究蛋白质分子在时间和空间上运动规律的方法。它基于牛顿力学和统计力学原理，使用数值模拟和计算机仿真等方法，模拟蛋白质分子在不同条件下的运动状态。

在蛋白质分子动力学模拟中，首先需要确定蛋白质的起始构象，这通常来自实验数据或量子化学计算。然后，根据玻尔兹曼分布随机生成构成蛋白质的各个原子的速度，使得体系的温度保持恒定。接下来，利用牛顿力学来模拟蛋白质分子的运动，并通过计算分子系统的势能来评估蛋白质系统的稳定性。

蛋白质分子动力学模拟的时间步长是指模拟系统的时间间隔，它决定了模拟的精度和计算量。在模拟过程中，还需要考虑蛋白质分子与其他分子（如溶剂分子、离子等）之间的相互作用，以及蛋白质分子内部的相互作用（如共价键、氢键等）。

一、分子动力学计算原理

蛋白质分子动力学计算的原理主要包括以下4方面。

（一）牛顿运动定律

分子动力学模拟的核心是牛顿第二定律，即

$$F=ma$$

式中，F 是力；m 是质量；a 是加速度。在模拟中，每个原子被视为一个具有质量的点，受到来自其他原子或分子的相互作用力。这些力通过势能函数（如范德瓦耳斯力、静电相互作用、化学键等）计算得出。然后，根据牛顿第二定律，可以计算出每个原子的加速度。

（二）时间积分

通过已知的速度和加速度，可以计算出原子在下一时间步长的位置和速度。这个过程通过时间积分算法（如 Verlet 算法、Leapfrog 算法等）实现。时间积分算法的选择对模拟的精度和稳定性有重要影响。

(三）势能函数

势能函数描述了分子系统中原子间的相互作用。在蛋白质分子动力学模拟中，需要考虑多种势能函数，包括键长势能、键角势能、二面角势能（用于描述蛋白质中的肽键和侧链构象）及非键势能（如范德瓦耳斯力和静电相互作用）。这些势能函数的参数通常通过实验数据或量子化学计算得到。

（四）热力学计算

分子动力学研究不仅关注单个原子的运动，还关注整个蛋白质分子体系的宏观性质，如温度、压力、密度等。这些宏观性质可以通过热力学计算得到。例如，可以通过计算分子的平均动能来得到体系的温度。

二、分子力场

在蛋白质折叠模拟中，分子力场是一套数学函数，用于估算蛋白质在不同构象下的能量状态。分子力场通过模拟蛋白质内部和外部的相互作用，帮助人们预测蛋白质的稳定性。分子力场的目标是通过描述原子之间的键长、键角及相互作用力的形式来预测分子的结构、稳定性和相对能量变化。在蛋白质分子动力学研究中，分子力场被用于描述蛋白质分子内部的原子间相互作用，以及蛋白质分子与其他分子（如溶剂分子、离子等）之间的相互作用。这些相互作用决定了蛋白质分子的稳定性和动态行为。通过分子力场计算，可以得到蛋白质分子中各个原子之间的相互作用力，进而根据牛顿第二定律计算原子的加速度和位置变化。这样就可以模拟蛋白质分子在不同条件下的运动轨迹、能量状态和相互作用。

（一）分子力场的类型

分子力场是描述分子体系中分子间相互作用和内部构型变化的数学模型。它可以通过经验力场和基于量子化学计算的理论力场两种方式来建立。经典的分子力场主要分为以下几大类。

1. AMBER力场　　AMBER（assisted model building and energy refinement）力场是一种被广泛应用于生物大分子模拟的经典分子力场，特别适用于蛋白质、核酸和多糖等体系，它通过精细的参数化过程结合实验和量子化学数据，提供了对分子间相互作用的详尽描述，包括键伸缩、键角弯曲、二面角扭曲、范德瓦耳斯力和静电相互作用等，支持多种生物分子的动力学模拟和能量计算。

2. CHARMM力场　　CHARMM（chemistry at Harvard macromolecular mechanics）力场也是蛋白质分子动力学模拟中常用的力场之一。与AMBER力场相比，CHARMM力场对于从孤立小分子到溶剂化的生物大分子体系都可以给出很好的结果。CHARMM力场的特点是函数形式简单，而且应用范围比较特定（大部分适合于生物分子）。它能合理地预测分子结构、构象性质及凝聚态性质。

3. OPLS力场　　OPLS（optimized potentials for liquid simulation）力场是一种为有机小分子液体模拟而优化的分子力场模型，由W. L. Jorgensen及其同事开发，它通过结合实验数据和量子化学计算来参数化，包含键伸缩、键角弯曲、二面角扭曲及非键相互作用等能量项，提供了对有机分子间相互作用的准确描述，并被广泛应用于药物设计、材料科学和生物分子模拟等领域。

4. ESFF 力场 ESFF（extensible systematic force field）力场是一种由 MSI 公司开发的规则化分子力场，专为模拟有机、无机和有机金属体系设计的，具有高度的可扩展性和系统性，通过基于原子性质的参数化方法，能够为广泛的分子系统提供一致且准确的模拟，适用于从简单的小分子到复杂的大分子体系。

5. CVFF 力场 CVFF（consistent valence force field）力场是一种用于分子模拟的通用力场，特别适用于有机小分子和蛋白质体系，它通过广义化的价力场模型为多种官能团提供参数化，使用莫尔斯势（Morse potential）描述键伸缩项以提高准确性，并包含交叉项来准确再现分子的动态性质和结构变形，同时对非键相互作用采用 Lennard-Jones 函数和 Coulombic 函数进行描述，自然地模拟氢键，是一种在材料科学和生物分子模拟中广泛使用的力场。

6. COMPASS 力场 COMPASS（condensed-phase optimized molecular potentials for atomistic simulation studies）力场是一种高度参数化的分子力场，由 MSI 公司开发，特别设计用于模拟广泛的化学体系，包括有机物、无机物、聚合物及生物分子。它基于量子力学从头计算的分子力场，能够提供对分子间相互作用的准确描述，支持从气态到凝聚态的多尺度模拟，并且其因在振动频率预测上的高精度而在材料科学和药物设计领域中得到广泛应用。

7. MMFF94 力场 MMFF94（Merck molecular force field 94）力场是由 Merck 公司开发的分子力场，特别适用于模拟有机和药物类分子。它基于大量的量子化学计算数据进行参数化，能够准确描述分子的几何结构、能量状态及振动频率等物理性质。MMFF94 力场在分子模拟领域中以高预测精度和广泛的化学适用性而受到重视，它可以用于分子动力学模拟、能量最小化、构象分析等。此外，MMFF94 力场在描述氢键系统时与 OPLS 力场非常相似，能够以有效的方式处理分子间的相互作用。

（二）分子力场的经验势函数

分子力场的经验势函数主要是基于实验结果和量子化学计算结果的拟合。这些势函数是为了简化计算并快速预测分子的结构和能量而引入的。

1. 实验数据拟合 通过大量的实验数据，如分子结构、振动频率、热化学性质等，来拟合得到势函数的参数。这些实验数据提供了分子内和分子间相互作用势能的直接信息，是势函数参数化的重要依据。

2. 量子化学计算 量子化学计算可以提供分子结构和能量的精确信息，但由于计算量较大，通常只用于验证和优化经验势函数。根据量子化学计算的结果，可以调整势函数的参数，使其更好地描述分子的结构和能量。

在分子力场方法中，势函数的形式和参数是经验性的，它们是通过拟合已知的实验数据和量子化学计算结果来得到的。因此，不同的分子力场可能采用不同的势函数形式和参数化方法，以满足不同的分子体系和计算需求。

（三）分子力场参数比

分子力场参数比是指分子力场函数中各个参数之间的相对大小或比例。这些参数描述了分子内和分子间、原子间相互作用的强度和性质，对于准确模拟分子的结构和能量至关重要。

常见的分子力场参数包括键长、键角、二面角、扭曲能及原子电荷等。这些参数的具体数值和比例取决于所研究的分子体系和所选择的分子力场模型。

在分子力场方法中，参数化是一个重要的步骤，它涉及通过拟合实验数据或量子化学计算结果来确定这些参数的具体数值。参数化的方法包括经验参数化和理论参数化两种。经验参数化是通过拟合实验数据来确定参数，而理论参数化则是基于量子化学计算的理论结果来确定参数。

参数比的具体数值会受到多种因素的影响，包括分子体系的复杂性、所选择的分子力场模型及参数化方法的不同等。因此，在进行分子模拟时，需要根据具体的研究目的和体系特点来选择合适的分子力场模型和参数化方法，以获得准确、可靠的模拟结果。

需要注意的是，不同的分子力场模型可能具有不同的参数比和适用范围。因此，在选择分子力场模型时，需要仔细考虑所研究体系的特性和需求，以确保所选模型能够准确描述体系中的相互作用和能量变化。

（四）分子力场研究进展

分子力场在蛋白质分子动力学研究方面的最新研究进展主要体现在以下几个方面。

1. 力场模型的改进 为了更准确地模拟蛋白质分子内的相互作用，研究人员致力于开发新的力场模型。例如，吴云东课题组在蛋白质力场发展领域取得了新进展，他们通过引入部分多体效应的影响，得到了新的 RSFF2＋（residue-specific force field 2＋）力场。这个力场与新的 TIP4P-D（transferable intermolecular potential 4 points-D）水模型搭配使用，能够显著改善蛋白质在不同温度下折叠态和非折叠态的热力学平衡问题，为蛋白质力场和水模型的发展提供了理论基础和新的思路。

2. 蛋白质分子动力学模拟的精度提升 随着力场模型的改进和计算机技术的发展，蛋白质分子动力学模拟的精度得到了显著提升。这使得研究人员能够更深入地了解蛋白质的结构、稳定性和动态行为，从而揭示其在生命活动中的重要作用和机制。

3. 与其他技术的结合 分子力场在蛋白质分子动力学研究中的应用不仅局限于模拟计算，还可以与其他技术相结合，如深度学习、量子计算等。例如，西湖大学黄晶实验室基于深度学习的蛋白质力场模型优化，为蛋白质动力学模拟提供了新的思路和方法。通过深度学习算法优化力场参数，可以进一步提高模拟的精度和效率。

趣味阅读

蛋白质"无序"状态的发现

蛋白质"无序"状态的发现引发了许多有趣的研究进展。一个引人入胜的发现是"无序蛋白质"在细胞内扮演的重要角色。早期的理论认为，蛋白质必须具备明确的三维结构才能发挥功能，但研究者发现许多蛋白质在"无序"状态下依然发挥关键生物学功能。例如，蛋白质如 p53 肿瘤抑制因子和 α-突触核蛋白等，在其无序区域能够进行调节、结合和信号转导。科学家意外地发现，这些无序区域通过动态变化和相互作用来调节细胞功能，而不仅仅依赖于稳定的结构。这种发现颠覆了传统观念，并为理解疾病（如阿尔茨海默病）中的蛋白质功能提供了新的视角，同时也启发了新的药物设计策略。

复习思考题

1. 如何理解蛋白质折叠过程中的熵-焓补偿现象，它对蛋白质的稳定性有何影响？
2. 描述安芬森法则在蛋白质折叠研究中的意义，并讨论其局限性。
3. 分子伴侣在蛋白质折叠中扮演什么角色，它们是如何帮助蛋白质正确折叠的？

第四章
蛋白质结构预测

本章数字资源

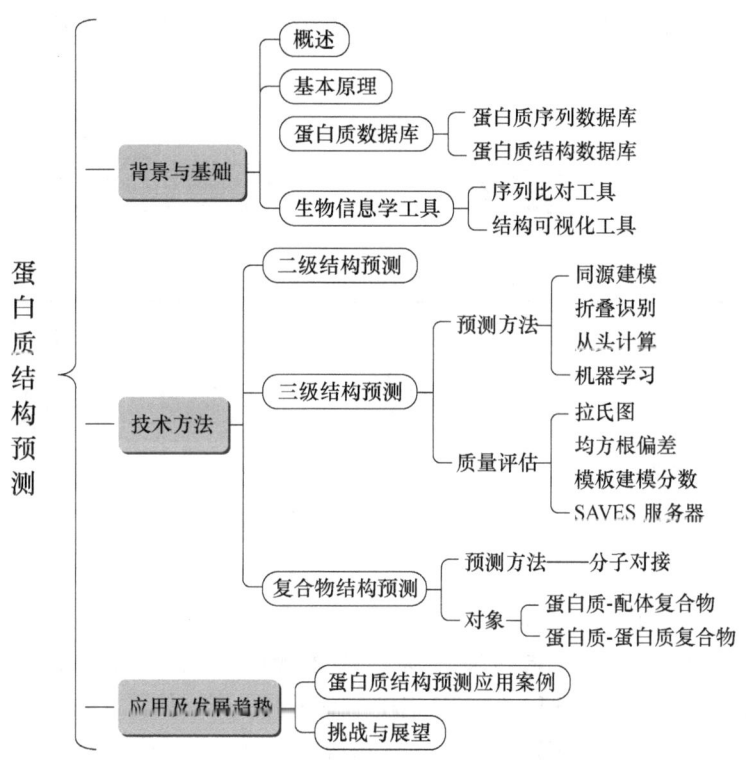

蛋白质是生命体最重要的基本组成单元,在生命活动中具有广泛而重要的功能。蛋白质功能的多样性与其特定的三维结构密切相关。因此,蛋白质的三维结构对于揭示其功能调控机制及设计特定应用场景下的工程化蛋白质具有至关重要的意义。然而,蛋白质结构实验解析技术往往耗时且成本昂贵。随着生物信息学和计算机科学的快速发展,蛋白质结构预测为推断其三维结构信息提供了一种快速且低成本的研究手段。本章首先简要介绍蛋白质结构预测的背景和基础,其次着重介绍蛋白质结构预测的技术和方法,最后以人源程序性死亡受体1(programmed death-1,PD-1)胞外 V 型免疫球蛋白结构域的结构预测为例,详尽地展示相关技术和方法在蛋白质结构预测中的应用。

第一节 蛋白质结构预测的背景与基础

蛋白质结构预测是计算生物学最为重要的研究方向之一,其在蛋白质工程、分子生物学、药物设计等领域具有重要意义。本节对蛋白质结构预测的发展简史、基本原理及常用的生物信息学数据库和工具等作简要介绍。

一、蛋白质结构预测概述

在蛋白质折叠形成三维结构的过程中，蛋白质的氨基酸序列发挥着决定性的作用。蛋白质结构预测是指利用计算方法，根据蛋白质的氨基酸序列来预测蛋白质单体及蛋白质相关复合物三维结构的过程。

（一）蛋白质结构预测发展简史

围绕蛋白质结构预测方法，国内外科研人员开展了数十年的研究工作，其发展历程中的重要方法和软件如图4-1所示。

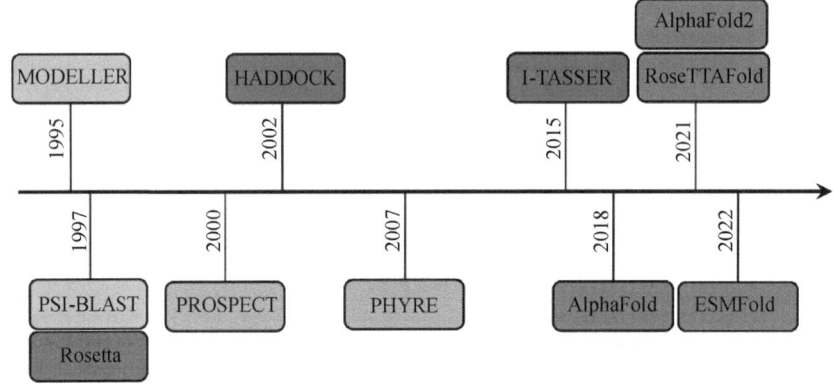

图4-1 蛋白质结构预测方法和软件发展历程

20世纪60年代末，Browne等基于相似氨基酸序列的蛋白质具有相似三维结构的原理，提出了同源建模（又称比较建模）策略，该策略使用已知同源蛋白质结构对目标蛋白进行三维结构预测。随着实验解析蛋白质三维结构数量的增长，MODELLER、PSI-BLAST（position-specific iterative BLAST）等同源建模工具获得了广泛使用。1991年，Bowie等提出折叠识别策略，通过"序列-结构"对齐评估残基的三维结构适应性，实现了蛋白质三维结构的预测。基于该方法的代表性蛋白质结构预测工具有PROSPECT、PHYRE等。

20世纪90年代末，计算机性能获得了快速提升，使得基于物理和统计力学的蛋白质结构从头计算预测成为可能，相继出现了Rosetta、I-TASSER等相关蛋白质结构预测工具。

2018年以来，机器学习方法逐渐崭露头角，以AlphaFold、ESMFold、RoseTTAFold和AlphaFold2为代表的机器学习模型在蛋白质结构预测中取得了巨大成功。

（二）蛋白质结构预测的优势

与实验技术相比，蛋白质结构预测往往更加快速且成本更低。此外，蛋白质结构预测可以探索更加广泛的蛋白质结构，包括在实验中较难获取的结构，如非水溶性膜蛋白、高柔性固有无序蛋白等。因此，根据氨基酸序列对蛋白质进行高效而全面的结构预测，有助于理解蛋白质的结构与功能。

（三）蛋白质结构预测的意义

蛋白质结构预测是一项重要的计算生物学技术，其意义在于揭示蛋白质结构与功能之间的密切关系。通过预测蛋白质的结构，人们能够深入了解其在生物过程中的功能运行与调控分子机制，同时探索疾病的发生机制，为药物设计与开发提供理论基础。此外，蛋白质结构预测技术还在蛋白质工程领域发挥着重要作用，为设计具有特定功能的蛋白质、优化蛋白质的稳定性和活性等提供了关键工具，推动了蛋白质工程的发展和应用。

（四）蛋白质结构预测在蛋白质工程领域的应用

蛋白质结构预测在蛋白质工程领域的应用主要包括以下几方面。

1. 药物研发　　大分子药物（如蛋白质类药物、多肽类药物）已经逐渐成为药物研发领域的热点，蛋白质工程技术在大分子药物设计与合成方面逐渐得到广泛应用。蛋白质结构预测有助于理解药物与靶标之间的结合机制，为蛋白质工程相关实验研究提供理论指导。

2. 工业生产　　借助蛋白质结构预测方法，可以设计或优化具有特定催化活性的工业酶，并将其应用于工业生产过程中的催化反应，以提高生产效率和产物选择性。

3. 疫苗开发　　了解病原体蛋白质的结构有益于设计更加有效和安全的疫苗。通过蛋白质结构预测，可以加速发现具有免疫原性、高特异性抗体结合区域，以提高疫苗抗体的靶向性与安全性。

二、蛋白质结构预测的基本原理

蛋白质结构预测方法主要分为同源建模、折叠识别（又称穿针引线法）、从头计算和机器学习。同源建模和折叠识别需要已知蛋白质结构作为模板，因此不适用于预测无相关模板的新颖蛋白质的三维结构。相比之下，从头计算和机器学习方法则不需要模板，可以直接预测蛋白质结构。

（一）同源建模

对于一个未知结构的目标蛋白，通过氨基酸序列比对寻找已知结构的同源蛋白质，以该蛋白质的结构为模板，构建目标蛋白结构的方法称为同源建模（homology modeling）。

（二）折叠识别

在核心折叠数据库中，通过序列比对选择与目标蛋白最适配的核心折叠作为模板，调整模板中部分原子的位置来预测目标蛋白结构的方法称为折叠识别（fold recognition）。

（三）从头计算

当蛋白质的氨基酸序列确定后，蛋白质会遵循热力学定律，自发折叠成能量最低的三维结构。在不需要已知模板的情况下，通过利用蛋白质中原子间的相互作用能量函数，并以能量最小化为原则，进行蛋白质结构的预测，这种方法称为从头计算（*ab initio* calculation）。

（四）机器学习

通过训练大量的蛋白质序列和结构数据，应用计算机自主学习算法来获取蛋白质序列和三维结构之间的映射关系，从而能够预测蛋白质的三维结构，这种方法称为机器学习（machine learning)。

近年来，不同蛋白质结构预测方法之间的界限已经逐渐变得模糊。例如，在同源建模中引入从头计算相关的能量函数，对构建的结构模型进行优化。

三、生物信息学工具和数据库

随着信息技术和实验技术的迅速发展，各种生物数据呈现爆炸式增长。在此背景下，储存这些生物数据的数据库和分析处理生物数据的生物信息学工具，对于包括蛋白质工程在内的许多领域研究都有着十分重要的作用。本部分主要对生物信息学及蛋白质结构预测相关的常用工具和数据库作简要介绍。

（一）生物信息学概述

生物信息学是将生物学与计算机科学、信息学、应用数学等学科相结合的跨学科领域。其核心是应用计算机技术、统计方法和信息技术来分析、解释和管理生物信息。生物信息学的主要目标是通过组织、分析和解释大量生物数据来深入了解各种生物过程。

生物信息学的发展主要经历了三个阶段：前基因组阶段（生物数据库的建立、检索工具的开发及蛋白质和核酸序列的分析等）、基因组阶段（基因寻找和识别、网络数据库系统的建立与开发等）和后基因组阶段（大规模基因组、转录组、蛋白质组等组学数据的分析、对比与整合等）。

在高通量技术（如 DNA 测序和其他组学方法）生成大量数据的时代，生物信息学在存储、检索和分析大型生物数据方面起着关键作用。总的来说，生物信息学在发展中逐渐从关注单一生物信息处理转变为综合利用多组学数据，为生命科学研究提供了更为全面、深入的方法和工具。它帮助研究人员从大量的生物数据中获得有用的洞见，在阐明疾病的病因、药物设计、蛋白质工程和精准医疗等多个领域发挥着重要的作用。

（二）常用工具和数据库

在对蛋白质进行结构预测的过程中，掌握和运用生物信息学工具和蛋白质数据库是非常必要的。常用的相关生物信息学工具包括 BLAST、PyMOL 等，蛋白质数据库包括 UniProt、蛋白质二级结构数据库、蛋白质数据库、AlphaFoldDB 等。

1. 蛋白质序列数据库 UniProt　UniProt（全球蛋白质资源数据库）是一个集中收集蛋白质资源并与其他数据库互通的综合数据平台。其是目前为止收录最广泛、功能注释最全面的蛋白质数据库之一，其网址：https://www.uniprot.org。

UniProt 是由欧洲生物信息研究所（EBI）、美国蛋白质信息资源中心（PIR）和瑞士生物信息学研究所（SIB）等机构共同组成的 UniProt 协会编辑、制作和维护。UniProt 将 TrEMBL（蛋白质欧洲分子生物实验室数据库）、PIR-PSD（蛋白质信息资源-蛋白质序列数据库）、SwissProt（瑞士蛋白质数据库）三个数据库合并，可通过文本检索、相似序列检索及 UniProt Ftp 网站获得蛋白质序列，对目标蛋白进行交互式或特定分析。UniProt 数据库的主要结构单元包括 UniProtKB、UniRef、UniParc 和 Proteomes。

UniProtKB 是蛋白质序列、功能、分类、交叉引用等信息的存储中心，其与其他核酸、蛋白质数据库交叉引用。UniProtKB 包含人工注释信息（UniProt/SwissProt）和直接利用计算机程序获得的记录信息（UniProt/TrEMBL）两部分，其中人工注释信息来自文献信息和专家监督下的计算机分析信息。UniProtKB 还包括 SwissProt 和 TrEMBL 中未收录的 PIR-PSD 记录。

UniRef 是将部分来自 UniProtKB 和部分 UniParc 记录的序列进行聚类后形成的数据库。根据序列相似程度可将 UniRef 数据库分为 UniRef 100、UniRef 90 和 UniRef 50 三个子数据库。其中 UniRef 100 数据库将同一序列的所有记录进行聚类，相同序列及子片段被记录为一条 UniRef 100 条目，包含所有合并条目的接收号、蛋白质序列及相关链接。UniRef 90 和 UniRef 50 分别代表每个簇由与最长序列分别具有至少 90％ 和 50％ 序列同一性的序列组成。

UniParc 是记录所有已公开发表的蛋白质序列的当前状态及历史信息的数据库，每条蛋白质序列具有唯一的 UniParc 标识符。

Proteomes 是蛋白质组学数据库，为全测序基因组物种提供蛋白质组学信息。

以 PD-1 为例在 UniProt 数据库中对其基本信息进行检索。访问 UniProt 数据库网站，在搜索框中输入"PD-1"，点击搜索按钮后，从结果中选择点击条目名称为"Q15116"的人源 PD-1 蛋白质，即可获取其详细基本信息，如图 4-2 所示。

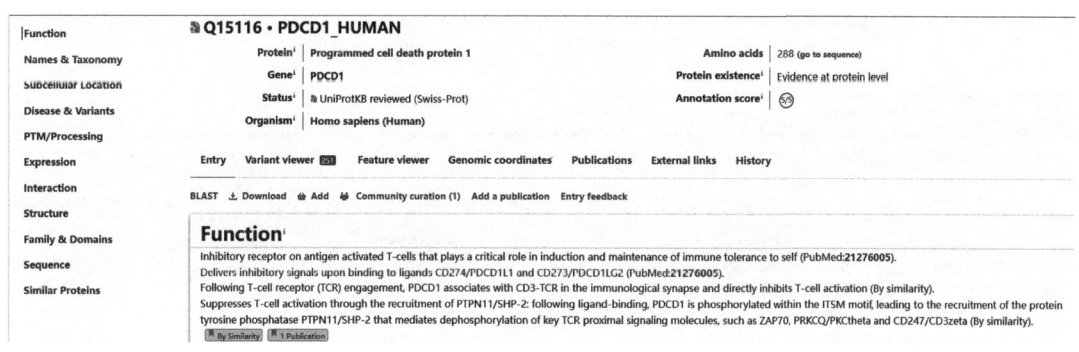

图 4-2　UniProt 数据库中 PD-1 的基本数据

2. 蛋白质序列比对工具 BLAST　　蛋白质序列比对是一种生物信息学技术，用于比较两个或多个蛋白质的氨基酸序列，以寻找相似性和同源性，用于推断它们的共同进化历史及搜索同源模板或核心折叠。蛋白质序列比对是生物信息学研究中最常用和经典的研究手段之一，也是生物信息学相关研究的基础。

局部序列比对检索基本工具（basic local alignment search tool，BLAST）是由美国国家生物技术信息中心（NCBI）开发的一个基于序列相似性的数据库搜索程序，也是目前最常用的数据库搜索程序之一。BLAST 可从 NCBI 和 EBI 网站免费下载到本地进行比对，也可通过网络进行远程比对。

使用 NCBI 提供的网络服务器（https://blast.ncbi.nlm.nih.gov/Blast.cgi）对 PD-1 进行 BLAST 比对，运行界面如图 4-3 所示。

对 PD-1 进行 Blastp 比对，结果如图 4-4 所示。

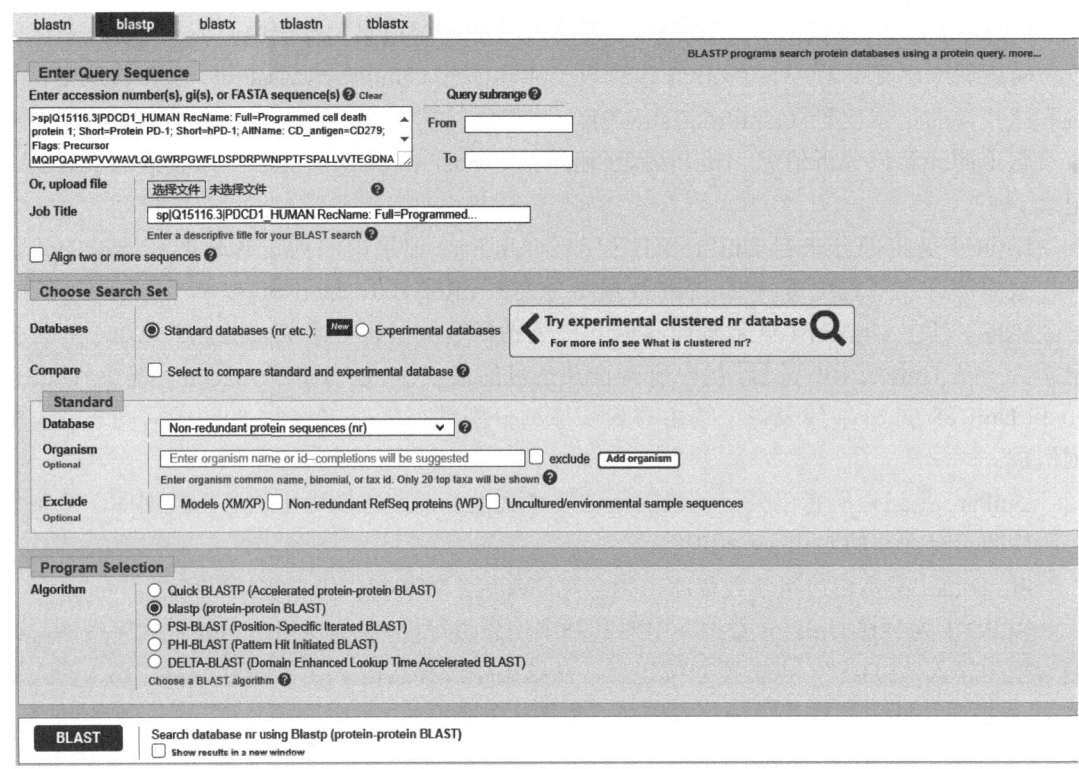

图 4-3　PD-1 蛋白的 BLAST 比对运行界面

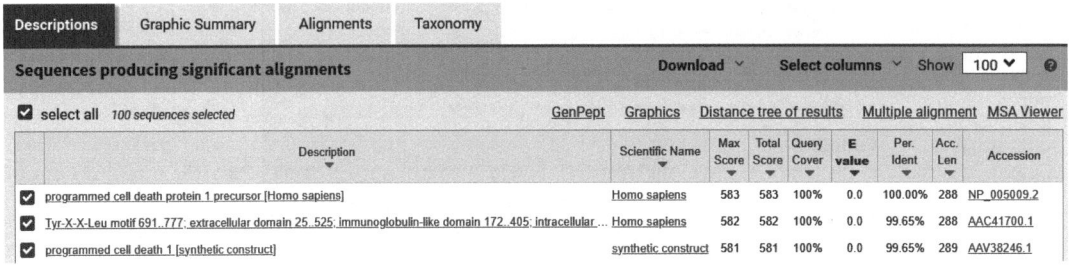

图 4-4　PD-1 蛋白的 Blastp 比对运行结果

3. 蛋白质二级结构数据库　蛋白质二级结构数据库（Database of Secondary Structure of Protein，DSSP）是一个二级结构推导数据库，用于研究蛋白质序列与二级结构之间的关系。DSSP（https://swift.cmbi.umcn.nl/gv/dssp）是由 DSSP 算法生成的一个存放蛋白质二级结构分类数据的数据库，其中包括了 PDB 中的所有条目。针对 PDB 中蛋白质的原子坐标，计算其各个氨基酸残基中氢键、二面角、二级结构类型等二级结构构象参数，从而根据三维结构推导出其对应的二级结构。

4. 蛋白质数据库　蛋白质数据库（Protein Data Bank，PDB）是国际上最完整的蛋白质、核酸、糖类及其相关复合物三维结构数据库。PDB 于 1971 年建立于美国 Brookhaven 国家实验室，当时只有 7 个蛋白质结构。1998 年 10 月起，PDB 由结构生物信息学研究合作组织（RCSB）负责管理和维护。截至 2024 年 2 月，PDB 已收录 216 225 个结构。PDB 中蛋白质结构数量随年份的变化如图 4-5 所示。

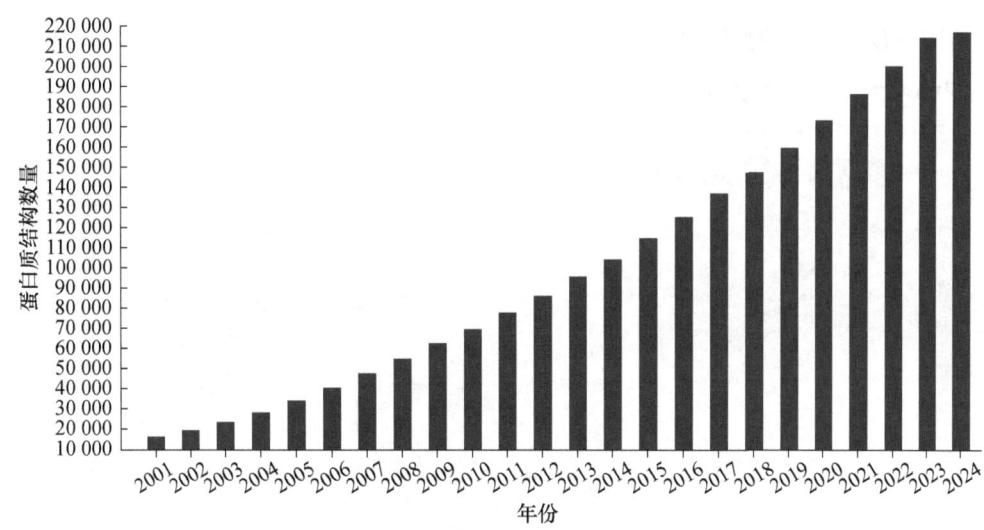

图 4-5　PDB 中蛋白质结构数量柱状图

PDB 收录通过 X 射线衍射晶体技术、核磁共振波谱技术和电镜三维重构技术等实验方法测定得到的生物大分子三维结构。PDB 的 PDB ID 由 A～Z 和 0～9 共四个字符组合而成。PDB 中的每一个结构包含名称、文献、序列、二级结构、交叉检索、原子坐标等与结构相关的信息。

5. 蛋白质预测结构数据库 AlphaFoldDB　AlphaFold 是由 Google 旗下 DeepMind 公司开发的蛋白质结构预测机器学习模型。DeepMind 公司早期开发了在围棋游戏中击败人类世界冠军的 AlphaGo 人工智能模型。随后，该公司发展了从氨基酸序列中预测蛋白质三维结构的 AlphaFold 模型。在 2018 年举行的第 13 届蛋白质结构预测技术关键评估赛（Critical Assessment of Structure Prediction，CASP）中，AlphaFold 成功对 25 种蛋白质（赛事中共包含 43 种蛋白质）结构进行了精准预测，远超其他所有预测方法。AlphaFold 前所未有的精度与速度，使得建立一个大规模的结构预测数据库成为可能。生物学家几乎可以由任何蛋白质序列获取其结构，这极大地改变了生命科学研究的范式。

2021 年，DeepMind 公司与 EMBL-EBI 合作，构建了 AlphaFold 蛋白质预测结构数据库 AlphaFoldDB。最初的 AlphaFoldDB 数据库包含了来自 21 个生物体蛋白质组的超过 36 万个预测结构，截止到 2024 年 2 月，该数据库已经存储了超过 2 亿个蛋白质结构。

AlphaFoldDB 中的结构信息包括蛋白质每个原子的坐标和每个残基的预测置信度（pLDDT）。pLDDT 的取值范围为 0～100，分数越高表示置信度越高，pLDDT≥90 的残基具有非常高的预测置信度，pLDDT 在 70～90 的残基具有较高的置信度，而 pLDDT 在 50～70 的残基则置信度较低，pLDDT＜50 的残基对应极低的置信度。AlphaFoldDB 将置信度的值存储在可下载的 mmCIF 和 PDB 文件的 B 因子字段中，并根据这些值在预测结构中对残基进行着色。

在 AlphaFoldDB 数据库中，可以根据基因或蛋白质名称、UniProt 条目编号或物种名称查找感兴趣的蛋白质。搜索结果可以根据用户的需要进行筛选，搜索结果使用交互式的分子可视化插件进行展示，PD-1 的页面如图 4-6 所示。

6. 蛋白质结构可视化工具 PyMOL　PyMOL 是一款用 Python 语言编写的分子结构显示软件，其可对蛋白质三维结构进行可视化与分析。下面以 PD-1 胞外 V 型免疫球蛋白结构域与其配体 PD-L1 复合物的晶体结构为例，介绍 PyMOL 的使用。

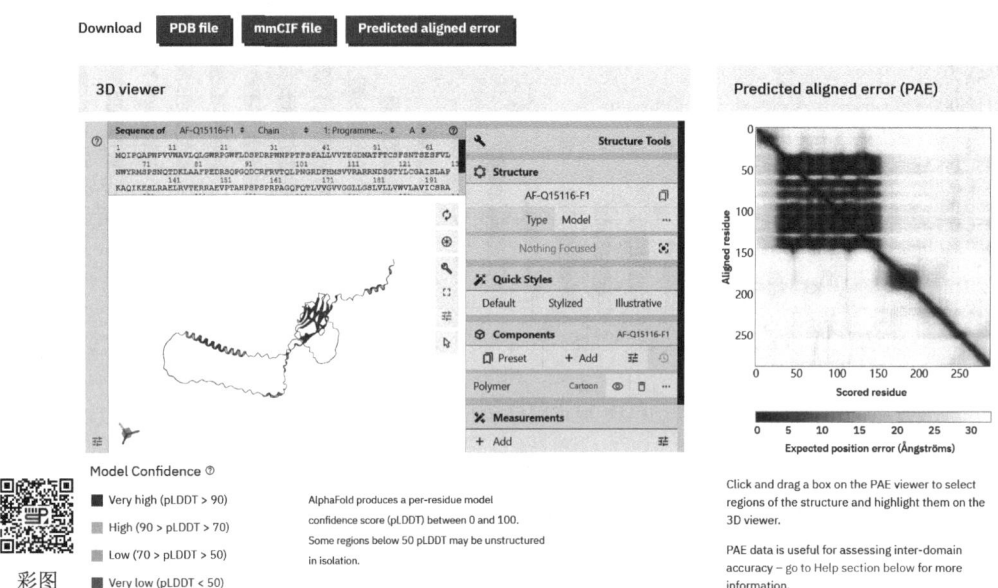

图 4-6　AlphaFoldDB 数据库中的 PD-1 蛋白页面展示

PyMOL 软件包括图形用户界面和视窗界面，如图 4-7 所示。

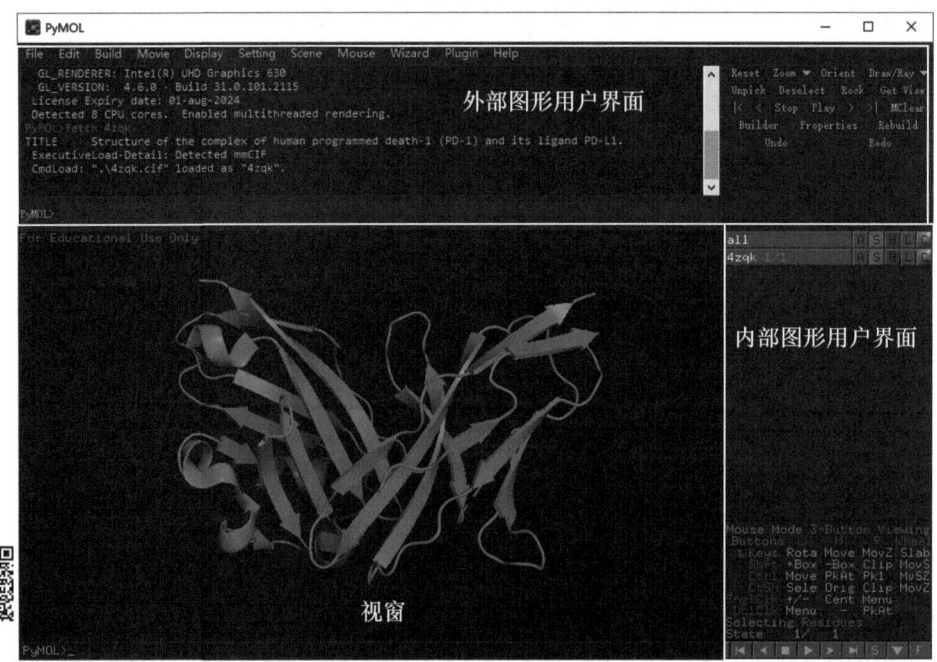

图 4-7　PyMOL 界面示意图

图形用户界面可分为内部图形用户界面和外部图形用户界面。内部图形用户界面可允许用户对特定对象和特定原子进行操作，包括对象列表、鼠标按钮配置矩阵、结构指示器、动画控制器和底部命令输入区。外部图形用户界面包括菜单区、输出区、命令输入区和一系列按钮。

视窗界面是 PyMOL 的核心，其是一个开放式图形语言窗口，所有三维结构图形在此展示，用户可直接操纵这些图形。

以下是 PyMOL 可以执行的一些关键功能和任务。

（1）分子可视化　　允许用户可视化三维分子结构，包括蛋白质、核酸、小分子等。它提供适用于发表或出版的高质量渲染图像。

（2）交互式 3D 展示　　用户可以通过对分子进行旋转、缩放和平移，探索不同视图并了解原子的空间排列。

（3）结构分析　　提供用于结构分析的工具，允许用户测量分子结构中的距离、角度和二面角。它还可以计算表面积并识别潜在的活性位点。

（4）分子编辑　　用户可以在 PyMOL 内编辑分子结构，如添加或删除原子、化学键或整个分子。

（5）光线追踪　　支持光线追踪，此功能增强了分子结构的视觉效果。

（6）制作动画　　允许用户创建分子动画和电影，以说明动态过程、构象变化或分子相互作用的变化。

（7）Python 脚本　　用户可以使用 Python 脚本自动执行任务、定制可视化并创建复杂的场景。

（8）电子密度图　　可视化来自 X 射线衍射晶体的电子密度图。

（9）与外部工具的集成　　可以与各种外部工具和插件集成，扩展其功能，用于分子动力学模拟、量子化学计算等任务。

（10）数据库集成　　可以与结构生物学数据库集成，允许用户直接从数据库中获取可视化结构。

第二节　蛋白质结构预测的技术方法

蛋白质结构对于理解其功能作用至关重要。然而，实验测定蛋白质结构的过程通常耗时且昂贵，且不适用于所有蛋白质。因此，发展准确、高效的蛋白质结构预测技术十分必要。本节将介绍蛋白质二级结构、三级结构及复合物结构预测的技术方法，讨论这些方法的原理与优缺点。通过深入了解这些技术方法，可以更好地利用蛋白质结构预测方法，以加速蛋白质工程研究领域的发展。

一、蛋白质二级结构预测

蛋白质二级结构是指其空间构象中局部的结构模式，通常由氨基酸残基主链之间的氢键和主链的局部构象决定。常见的蛋白质二级结构包括 α 螺旋、β 折叠、3_{10} 螺旋、π 螺旋、孤立 β 桥、氢键转折、弯曲及无规卷曲结构。这些二级结构元件在蛋白质中组合形成具有特定功能的三维结构。

蛋白质二级结构具有较强的规律性，每一段相邻的氨基酸残基都倾向于形成特定的二级结构。二级结构预测通常被视为预测蛋白质局部结构和三维空间结构的基础。通过分析和总结已知结构蛋白质的二级结构信息，可以建立预测规则。目前，蛋白质二级结构预测的方法有多种，主要分为统计方法、基于已有知识的预测方法和混合方法。常用的蛋白质二级结构预测平台主要有 NNPREDICT、PredictProtein、SSPRED 和 PSIPRED。

（一）NNPREDICT

NNPREDICT（http://www.bioinf.org.uk/teaching/bbk/biocomp2/rpc/nnpredict/index.html）运用神经网络方法预测蛋白质的二级结构，对全 α 蛋白质预测的准确率可达到 79%。

（二）PredictProtein

PredictProtein（https://predictprotein.org）提供序列搜索和结构预测服务，输出结果中包含大量的预测过程中产生的信息，还包含每个氨基酸残基位点的可信度，PredictProtein 的平均预测准确率可达到 72% 以上。

（三）SSPRED

SSPRED（https://www.bioinformatics.org/sspred/html/sspred.html）与 PredictProtein 相似，先在数据库中搜索与目标序列相似的蛋白质序列，进行多序列比对，然后进行预测。在比对时考虑非保守位点的替换，并利用比对结果作为初始预测结果。

（四）PSIPRED

PSIPRED（http://bioinf.cs.ucl.ac.uk/psipred）调用 PSI-BLAST 来收集给出序列的信息，进一步提高整体的预测性能，并且其神经网络架构比较简单，方便用户使用。

二、蛋白质三级结构预测

蛋白质三级结构是指其在空间中的立体构象，也称为空间结构或立体结构。它描述了蛋白质分子中各个氨基酸残基的位置关系及它们之间的空间排布，进一步决定了蛋白质的功能。多年来，预测蛋白质三级结构一直是备受关注的课题，蛋白质三级结构预测对于蛋白质工程、生命科学及药物研发等领域都具有重要意义，是理解生命过程、开发新药物和设计新型生物材料的关键技术之一。

（一）预测方法

蛋白质三级结构预测方法主要分为同源建模、折叠识别、从头计算和机器学习。

1. 同源建模　　同源建模是一种利用蛋白质的氨基酸序列和同源蛋白质的已知结构来预测蛋白质三维结构的方法。同源建模假设具有相似序列的蛋白质具有相似的结构。同源建模依赖数据库中已知结构的同源蛋白质信息，选择氨基酸序列相似度高的结构作为模板，通过比对目标蛋白（需要预测结构的蛋白质）的氨基酸序列与模板的氨基酸序列，找出目标蛋白序列和模板序列的差异（如氨基酸的突变、插入、缺失），在模板结构的基础上，对存在差异的位置及周围氨基酸残基进行蛋白质主链重构和侧链构象优化，得到目标蛋白的三维结构。

同源建模的一般流程如图 4-8 所示：①选择高分辨率和高序列一致性的已知结构蛋白质作为模板；②将目标蛋白的序列与模板蛋白的序列进行比对，确定它们之间的同源区域和非同源区域；③根据序列比对结果，将模板的结构信息转移到目标蛋白上，构建目标蛋白的初步结构模型；④对初步模型进行能量优化和构象优化，以提高模型的稳定性和准确性。其中关键步骤是多序列比对（multiple sequence alignment，MSA），它是一种将多个蛋白质序列进行比对和对齐的方法。在多序列比对中，相似的序列片段被对齐在一起，以显示它们之间的保守性和变化性。通过比较多个序列之间的相似性和差异性，可以揭示出它们之间的共同结构和功能特征。多序列比对在生物信息学和结构生物学中被广泛应用，用于研究蛋白质结构、功能和进化关系。

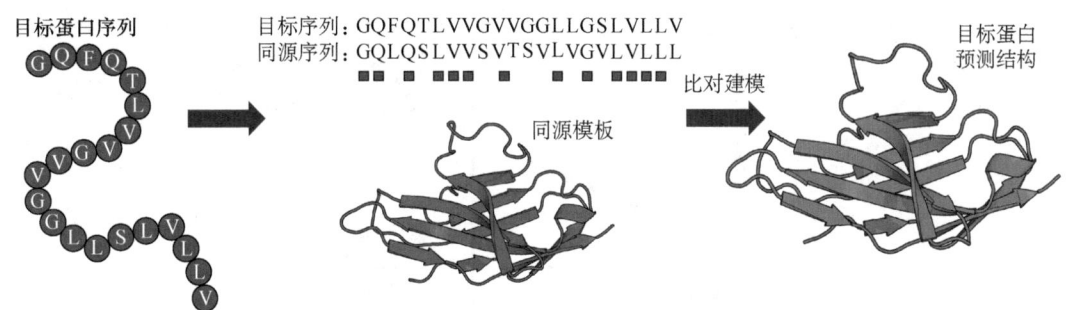

图 4-8　同源建模过程示意图

常用的同源建模预测平台有 SWISS-MODEL 网络服务器和 MODELLER 软件。

SWISS-MODEL（https://swissmodel.expasy.org）是一个完全自动化的蛋白质结构同源建模服务器。SWISS-MODEL 服务器界面如图 4-9 所示。其优势在于具有简单易用的界面和高效的建模算法。

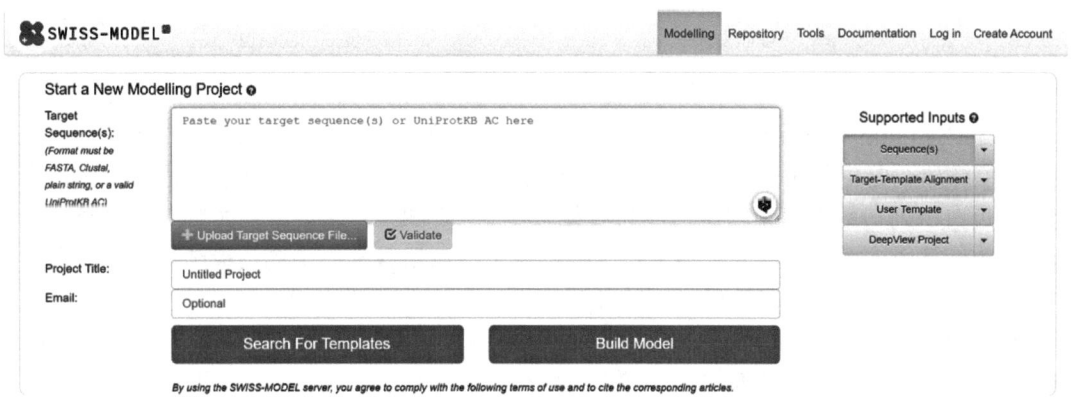

图 4-9　SWISS-MODEL 服务器界面示意图

MODELLER（https://salilab.org/modeller）是由美国加利福尼亚大学旧金山分校 A. Sali 研究团队开发的同源建模软件。MODELLER 可在大多数 Unix/Linux、Windows 和 Mac 操作系统上使用。其优势在于具有高度灵活性和广泛适用性，可根据用户的实际需求进行定制化参数设置。

同源建模方法具有计算速度快、精度高等特点，但该方法依赖于与目标蛋白具有高度序列同源性的模板蛋白结构。一般而言，模板蛋白与目标蛋白序列同源性在 50% 以上，其预测的结构可靠性高；若模板蛋白与目标蛋白的序列同源性低于 20%，则无法使用同源建模进行蛋白质结构预测。由于目前实验解析的蛋白质结构数量有限，一些蛋白质还没有可用的高同源模板蛋白，导致同源建模在实际使用中具有局限性。

2. 折叠识别　　折叠识别又称穿针引线法，在没有已知完整高同源序列模板的情况下，将目标蛋白序列"穿"入蛋白质数据库中已知的各种蛋白质折叠模板的骨架内，由计算机来识别目标蛋白序列与数据库中的蛋白质折叠模板是否匹配。同时设计一种评分系统，计算目标蛋白序列折叠成各种已知折叠模板的可能性，根据得分高低判断目标蛋白序列是否会折叠成该结构。折叠识别方法适用于对大量蛋白质进行结构预测，评分系统设计是决定折叠识别方法预测准确度的关键。折叠识别方法的流程如图4-10所示。

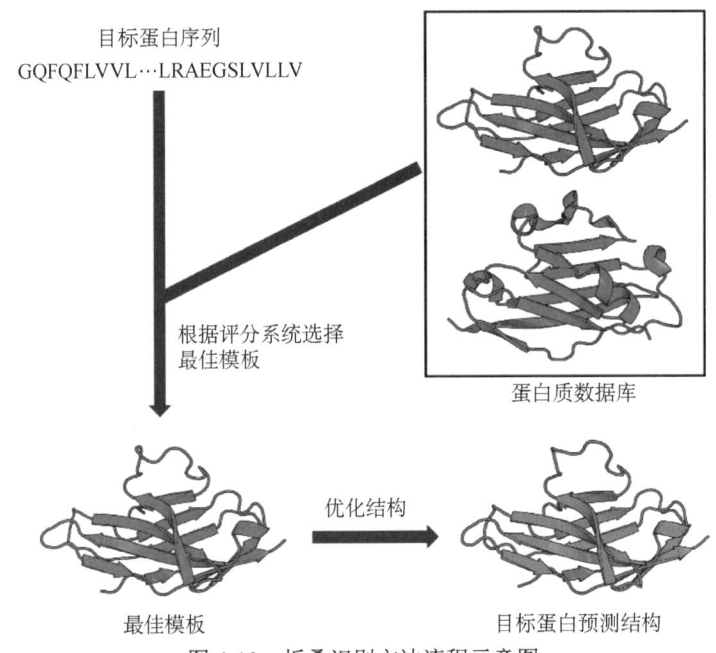

图 4-10 折叠识别方法流程示意图

PHYRE2（http://www.sbg.bio.ic.ac.uk/~phyre2）是基于折叠识别方法的蛋白质结构预测在线网络服务器，是由剑桥大学的 J. E. de Vries 实验室开发出来的。折叠识别需要计算机来识别目标蛋白序列与数据库中的蛋白质折叠模板是否"匹配"，通常需要大量的计算资源及时间，导致计算成本增加。此外，该方法十分依赖于蛋白质数据库中的模板结构，如果数据库中缺乏能匹配的模板，将导致低精度的预测结果。

3. 从头计算 当缺少目标蛋白的高同源结构或折叠模板的情况下，上述两种蛋白质结构预测方法均不适用，此时采用从头计算方法是一种可行的策略。从头计算的基本原理源于安芬森的最低自由能构型假说，即当蛋白质的氨基酸序列确定后，多肽链会遵循热力学定律，自发折叠成能量最小的三维结构。与同源建模和折叠识别相比，从头计算不需要模板，而是直接对蛋白质进行大规模的构象空间采样，通过预先定义的能量评价函数来计算蛋白质结构的能量，以能量最小化为原则，预测蛋白质序列对应的三级结构。从头计算方法流程如图4-11所示。

在从头计算方法中，首先将目标蛋白的完整序列分解为较短的片段并生成其对应构象，随后将片段构象反向组装成完整的目标蛋白初始构象，接下来对其构象进行采样、精炼、排序和比较，以选择能量最低的预测结构。蛋白质构象空间采样和能量评价函数是决定从头计算方法预测准确度的关键。

Robetta（https://robetta.bakerlab.org）是由华盛顿大学的 Baker 实验室开发的蛋白质结构从头计算预测网络服务器。Robetta 可以执行从头建模、同源建模及折叠识别等多种方式的蛋白质结构预测任务。用户可以通过 Robetta 的网站上传目标蛋白序列,选择所需的预测任务,并获取预测的结构模型和相关结果。

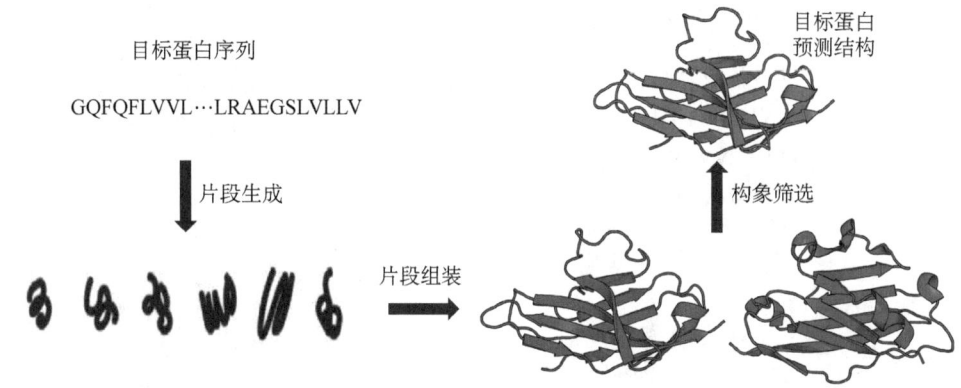

图 4-11　从头计算方法流程示意图

分子动力学模拟(molecular dynamic simulation)计算方法也常被应用于蛋白质结构预测领域。分子动力学模拟方法最早被用于研究大量粒子(如原子或原子群)集合随时间的动态结构演变。基于牛顿运动定律及描述原子间相互作用的分子力场,可以计算原子随时间变化的位置和速度。分子动力学模拟可以预测蛋白质的动态行为,探究蛋白质的折叠、稳定性和构象变化,其已经成为一种重要的蛋白质结构预测方法。

分子动力学模拟大致可以分为三个步骤:①准备阶段,确定要进行模拟的蛋白质体系,选择合适的分子力场,设置模拟参数;②模拟阶段,将准备好的体系和模拟参数输入分子动力学模拟软件中,对蛋白质构象空间进行模拟采样;③数据分析,对模拟结果进行结构与能量分析,确定最具代表性的蛋白质构象。

尽管从头计算方法已经得到广泛应用,但是其仍存在一定的局限性,主要表现在蛋白质天然结构和未折叠结构间的能量差异较小、构象采样空间庞大、计算成本昂贵、力场参数与能量评价函数的精度低等方面。

4. 机器学习　　机器学习是一门综合计算机科学、统计学及概率论等多学科的交叉学科,其旨在通过使用数据和统计分析,让计算机系统能够自动地学习和改进。通过机器学习,计算机系统可以识别数据中的模式和规律,从而做出准确的预测或决策。近年来,机器学习被成功应用于蛋白质结构预测。机器学习方法预测蛋白质结构的一般流程如图 4-12 所示。通常先对目标蛋白序列进行多序列比对,获取其共进化信息,然后经由训练好的机器学习模型编码得到蛋白质空间结构信息,最后进行片段组装和结构优化得到目标蛋白的预测结构。

常见的蛋白质结构预测机器学习工具有 AlphaFold、RoseTTAFold 和 ESMFold 等。

AlphaFold(https://github.com/google-deepmind/alphafold)是由 Google 公司 DeepMind 团队开发的基于深度学习的蛋白质结构预测模型。其简要工作流程如图 4-13 所示。AlphaFold 模型利用目标蛋白序列作为输入序列,随后模型对输入序列进行多序列比对,获取共进化信息,同时根据多序列比对结果,获取模板蛋白质残基之间的空间信息。编码器负责解析多序列比对结果和残基之间的信息,而解码器则负责将编码器解析得到的信息转化为蛋白质的三维坐标,从而得到蛋白质的三维结构。

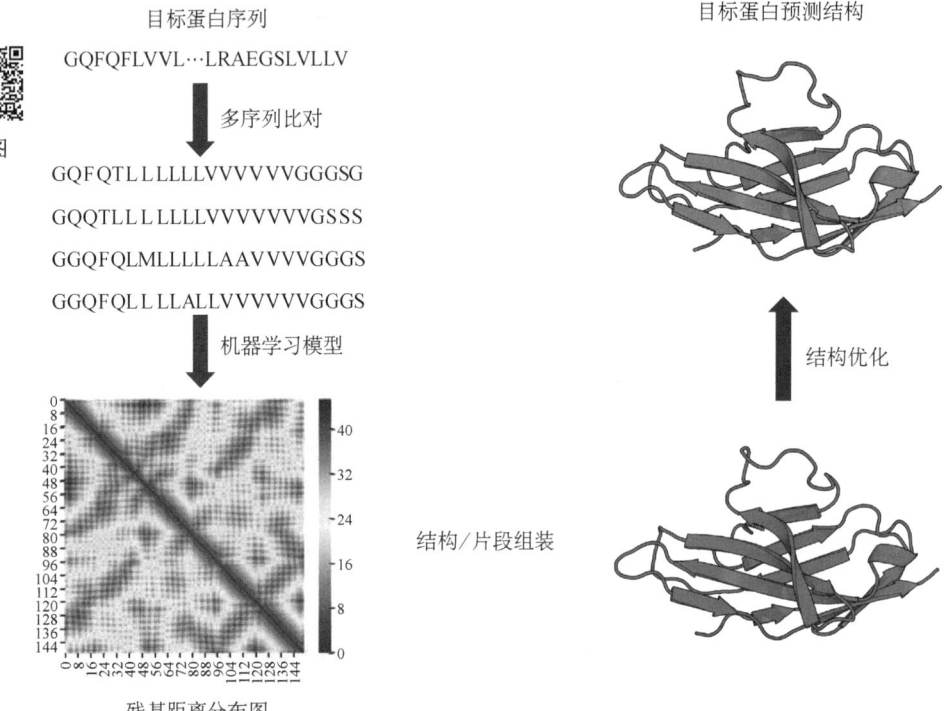

图 4-12　机器学习方法预测蛋白质结构一般流程示意图

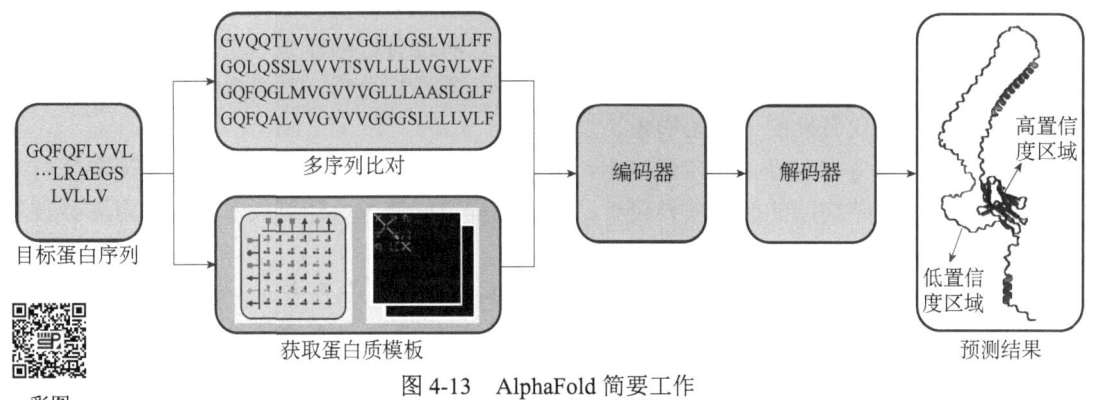

图 4-13　AlphaFold 简要工作

RoseTTAFold（https://github.com/RosettaCommons/RoseTTAFold）是由华盛顿大学 D. Baker 团队开发的蛋白质结构预测方法。其借鉴了 AlphaFold 的深度学习模型，并将其与基于模板的建模方法相结合，进一步改进蛋白质结构预测的准确性。

ESMFold（https://github.com/facebookresearch/esm）是由 Facebook 公司的 AI 研究团队与纽约大学及斯坦福大学共同研发的蛋白质结构预测方法。其使用蛋白质序列的语言模型，直接从蛋白质的单个序列进行高精度的端到端原子水平结构预测。不同于 AlphaFold 和 RoseTTAFold 所依赖的多序列比对，ESMFold 不需要多序列比对或模板结构，能够直接从原始序列中学习并预测蛋白质结构，具有较高的效率和准确性。

机器学习方法在蛋白质结构预测中具有显著的优势和一定的局限性。其最大的优势在于能够从大量蛋白质序列和结构数据中学习到其中的规律，因此在预测精度和速度上通常优于传统方法。此外，机器学习方法还能够处理大规模数据，并能够进行自动化学习和改进，使得预测模型具有优秀的普适性。然而，机器学习方法也存在局限性，如对训练数据质量和数量的要求较高，对模型结构和参数的选择较为敏感，以及在处理特定蛋白质结构类别时可能存在一定的误差和不确定性。因此，在使用机器学习方法进行蛋白质结构预测时，需要综合考虑其优势和局限性，结合具体问题和需求选择合适的方法和模型。

（二）结构预测的质量评估

结构预测的质量评估在蛋白质结构预测领域中具有重要意义。通过对预测的蛋白质结构进行质量评估，可以评估模型的可靠性和准确性，帮助研究人员理解预测结果的可信度，并为后续的实验设计和功能分析提供重要参考。常用的结构预测质量评估的方法和工具包括拉氏图、均方根偏差、模板建模分数和 SAVES 服务器等。

拉氏图（Ramachandran plot）是一种常被用于评估蛋白质结构质量的图示工具，通过显示蛋白质主链氨基酸残基的二面角（φ 和 ψ）的数值分布来描述蛋白质的构象空间。拉氏图以 φ 和 ψ 作为坐标轴，将蛋白质构象空间分成不同的区域。这些区域代表了在理想情况下允许的二面角范围，即对蛋白质主链自由度的约束。理想的蛋白质构象通常位于拉氏图的特定区域，这些区域对应于稳定的二级结构，如 α 螺旋、β 折叠等。拉氏图主要分为 4 部分：最合理区、一般合理区、其他合理区和不合理区。一般来说，蛋白质氨基酸二面角分布在最合理区和一般合理区的比例高于 90% 时，认为蛋白质具有稳定的空间构象。

均方根偏差（root-mean-square deviation，RMSD）是一种蛋白质结构比较指标，用于反映两个结构间的差异程度。其计算两个结构中相同原子的平均距离的平方根，通常情况下，RMSD 值越小表示两个结构之间越相似。RMSD 被广泛用于评估蛋白质结构预测模型的准确性和精度，以及对比实验结构和预测结构之间的差异性。通过比较 RMSD 值，可以量化预测结构与实验结构之间的相似程度。

模板建模分数（template modeling score，TM-score）也是一种常用的蛋白质结构比较指标，用以评估预测结构与实验结构之间的相似性。TM-score 基于两个结构的 α-碳原子之间的最短路径长度进行计算，考虑了结构的全局拓扑信息，因此对结构中的整体折叠情况更为敏感。通常情况下，TM-score 介于 0 和 1 之间，两个结构越相似，则 TM-score 越接近 1。

SAVES 服务器（https://saves.mbi.ucla.edu）是一个被广泛使用的蛋白质预测结构的质量评估在线平台。该服务器提供了一系列结构验证和分析工具，包括拉氏图、RMSD 计算、TM-score 计算等，以帮助研究人员快速评估预测的蛋白质结构。通过 SAVES 服务器，用户可以上传蛋白质结构文件并获取详细的质量评估报告。

三、蛋白质复合物结构预测

蛋白质复合物是由蛋白质与小分子或多个生物大分子相互作用形成的复合体，它们在生命活动中起着关键的生物学作用，如信号转导、代谢调控、基因表达调控等。通过对蛋白质复合物结构的深入理解，可以揭示其功能机制，进而为疾病治疗和生物制造提供重要的指导。然而，由于涉及多个分子之间的相互作用和结合方式，蛋白质复合物结构预测成为一项复杂且具有挑战性的任务。本节将重点介绍分子对接，以及用于蛋白质-配体和蛋白质-蛋白质复合物结构预测的计算工具。

(一）分子对接

分子对接（molecular docking）是最常用的蛋白质复合物结构预测方法。分子对接是两个或多个分子之间通过几何匹配和能量匹配相互识别找到最佳结合模式的过程。分子对接的思想最初起源于 E. Fisher 的"锁钥模型"，即蛋白质受体与小分子配体在识别的过程中互相接近，识别机制类似于钥匙与锁的识别关系，主要依赖于它们在空间上形状的匹配程度。然而，真实状态下受体与配体分子之间的识别要比该模型复杂得多。在识别过程中，受体和配体分子的构象会发生改变以适应对方的结构，从而实现更合理的匹配。这就是 1958 年 Koshland 提出的分子识别过程中的"诱导契合"理论的核心思想。"诱导契合"概念的提出丰富了受体和配体分子识别过程的细节，为分子对接方法的发展和完善提供了重要的参考依据。

根据对受体和配体分子构象搜索处理方式的差异，可将分子对接方法分为刚性对接、半柔性对接和柔性对接三种策略。刚性对接不考虑参与对接分子的构象变化，在预测时仅搜索分子在空间上的相对位置和取向，因此该方法的计算量较小。半柔性对接一般考虑参与对接的配体分子构象变化，不仅搜索分子间的相对位置和取向，还在识别过程中对配体分子进行构象搜索。该方法兼顾了计算量和计算精度，是目前主流的分子对接策略。柔性对接则是同时考虑受体和配体的构象变化，这类方法的计算量较大，更适用于对高度柔性蛋白质的分子对接。

在具体的分子对接计算中，如何获得对接分子的最优结合姿势和结合强度是最关键的两个问题。这些问题的解决依赖于格点划分、构象搜索算法和打分函数。分子对接过程如图4-14所示。

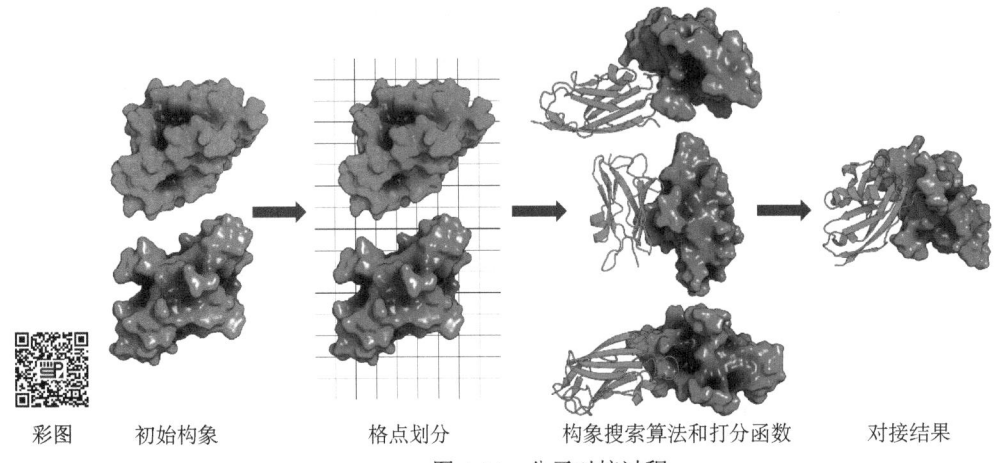

彩图　　初始构象　　　　格点划分　　　构象搜索算法和打分函数　　对接结果

图 4-14　分子对接过程

1. 格点划分　　为了加快计算速度，分子对接往往是在格点空间中对复合物进行构象搜索。因此，需要首先生成蛋白质的格点文件。格点文件是一种数据结构，用于描述蛋白质表面的空间点及其物理化学性质，如电荷、疏水性等。对接时，配体分子的位置和取向会在这些格点上进行搜索，以找到最佳的结合位点和姿态。

2. 构象搜索算法　　在分子对接配体构象生成阶段，通常需要在预先定义好的空间区域进行配体分子构象搜索。根据构象采样策略的差异，可将构象搜索算法分为系统搜索和启发式搜索。系统搜索就是在构象搜索时尽可能地遍历配体构象所有的自由度组合。然而，在分子自由度较高的情况下，构象空间巨大，难以实现完整采样。其代表性方法有穷举搜索、基于片段的搜索和构象系综搜索。启发式搜索则是通过随机化配体三维空间坐标生成新构象，然后根据预先定义的评价函数对新构象进行筛选，通过多次迭代收敛于全局最优或近似最优构象。代表性方法有蒙特卡罗法、遗传算法、模拟退火算法和群智能算法。

3. 打分函数 在分子对接中，需要使用打分函数快速评价受体与配体分子在不同构象间的结合强度。根据打分函数原理的不同，其可分为基于物理、基于经验、基于知识和基于描述符共四大类打分函数。基于物理的打分函数利用物理化学原理描述分子间相互作用能量。基于经验的打分函数根据实验数据和统计方法对分子间相互作用进行经验参数化。基于知识的打分函数结合知识和经验及已有结构-活性关系等信息进行打分评价。基于描述符的打分函数通过分子的结构特征描述符预测分子间相互作用能量。

（二）蛋白质-配体复合物结构预测

在小分子药物开发中，最重要的问题之一是获取蛋白质-配体复合物结构。通过蛋白质-配体复合物结构预测，可以快速理解药物与目标蛋白间的相互作用模式，确定药物的活性位点，优化药物分子的结构。因此，蛋白质-配体复合物结构预测为研究人员提供了重要的工具和策略，对于药物设计、药物筛选和理解蛋白质功能具有重要意义。常见的蛋白质-配体复合物结构预测软件有 AutoDock、GOLD 等。

AutoDock（https://autodock.scripps.edu）是由斯克利普斯研究所开发的分子对接软件，其旨在为研究人员提供一种快速、准确和可靠的工具，用于预测蛋白质与配体的结合方式和结合能力。AutoDock 的构象搜索算法为拉马克遗传算法，该算法通过对配体的构象空间进行搜索来找到最佳的结合方式。在搜索过程中，配体的构象和位置不断地被迭代调整和优化，以获取最优的亲和力。

GOLD（https://www.ccdc.cam.ac.uk/solutions/software/gold）是由剑桥晶体数据中心开发的分子对接软件。其采用遗传算法来预测蛋白质结合位点内配体的优先取向，从而加速相互作用的搜索。

（三）蛋白质-蛋白质复合物结构预测

蛋白质-蛋白质相互作用在生命过程中发挥着重要作用，蛋白质-蛋白质复合物结构预测对于理解蛋白质之间相互作用的机制及设计新的药物和治疗方法至关重要。常用的蛋白质-蛋白质复合物结构预测网络服务器有 ClusPro、HADDOCK 等。

ClusPro（https://cluspro.bu.edu）是由波士顿大学开发的蛋白质-蛋白质对接网络服务器，用于模拟蛋白质与蛋白质之间的相互作用和结合方式。ClusPro 提供了一个用户友好、简单便捷的作业提交界面。该服务器还包含有 6 种不同的打分函数，以供用户对蛋白质-蛋白质间的结合强度进行个性化评价排序。由于其采用了快速傅里叶变换和刚性对接算法，往往可在 4h 以内完成单个复合物结构预测任务。

HADDOCK（https://wenmr.science.uu.nl/haddock2.4）是由奈梅亨大学和乌得勒支大学开发的生物分子间相互作用网络服务器，主要用于蛋白质-蛋白质、蛋白质-核酸等生物大分子之间的对接。HADDOCK 的主要特点是其具有高度灵活的对接算法，能够处理大量的对接自由度，并且可以在对接的过程中考虑结合的不确定性。此外，HADDOCK 还使用了实验约束信息（如核磁共振、交联质谱等数据）来辅助对接计算，以提高对接的准确性。

第三节　蛋白质结构预测的应用及发展趋势

本节首先展示 PD-1 胞外 V 型免疫球蛋白结构域的结构预测应用案例，然后简要阐述当前蛋白质结构预测方法的发展趋势与挑战。

一、蛋白质结构预测应用案例

以 PD-1 胞外 V 型免疫球蛋白结构域的结构预测为例进行说明，展示如何从 PD-1 氨基酸序列信息出发，预测其二级结构及三级结构。最后，利用蛋白质-蛋白质分子对接网络服务器，预测 PD-1 与其配体 PD-L1 所形成的复合物（PD-1/PD-L1）结构。

（一）PD-1 氨基酸序列

从 UniProtKB 数据库获取以 FASTA 格式表示的 PD-1 氨基酸序列。

1）进入 UniProtKB 主页（http://www.uniprot.org/uniprot）。

2）在 Search 栏输入"PD-1"，检索得到 PD-1（Entry：Q15116）信息。

3）点击"Q15116"，进入 PD-1 信息界面。

4）点击左侧选择栏"Sequence"，在结果页面中点击"Download"获取 FASTA 格式的 PD-1 氨基酸序列，见图 4-15。

```
>sp|Q15116|PDCD1_HUMAN Programmed cell death protein 1 OS=Homo sapiens OX=9606 GN=PDCD1 PE=1 SV=3
MQIPQAPWPVVWAVLQLGWRPGWFLDSPDRPWNPPTFSPALLVVTEGDNATFTCSFSNTS
ESFVLNWYRMSPSNQTDKLAAFPEDRSQPGQDCRFRVTQLPNGRDFHMSVVRARRNDSGT
YLCGAISLAPKAQIKESLRAELRVTERRAEVPTAHPSPSPRPAGQFQTLVVGVVGGLLGS
LVLLVWVLAVICSRAARGTIGARRTGQPLKEDPSAVPVFSVDYGELDFQWREKTPEPPVP
CVPEQTEYATIVFPSGMGTSSPARRGSADGPRSAQPLRPEDGHCSWPL
```

图 4-15　FASTA 格式的 PD-1 氨基酸序列

灰色部分形成 V 型免疫球蛋白结构域

（二）二级结构预测

利用 PredictProtein 网络服务器进行 PD-1（Entry：Q15116）的二级结构预测。

1）进入 PredictProtein 网络服务器主页（https://predictprotein.org）。

2）输入 PD-1 的氨基酸序列，输入完毕后点击"PredictProtein"进行二级结构预测，其二级结构预测结果见图 4-16。

（三）三级结构预测

利用 SWISS-MODEL 网络服务器对 PD-1 进行基于同源建模方法的三维结构预测。

1）进入 SWISS-MODEL 网络服务器主页（https://swissmodel.expasy.org/interactive）。

2）输入 FASTA 格式的 PD-1 胞外 V 型免疫球蛋白结构域氨基酸序列，其氨基酸序列编号为 35～145，即"PTFSPALLVVTEGDNATFTCSFSNTSESFVLNWYRMSPSNQTDKLAAFPEDRSQPGQDCRFRVTQLPNGRDFHMSVVRARRNDSGTYLCGAISLAPKAQIKESLRAELRVT"，点击"Build Model"进行三级结构预测。

3）从 SWISS-MODEL 网站获得预测结果。选择模型构建模板氨基酸序列一致性最高的"6JJP.2.C"预测模型，模型质量评估报告显示，该模型 96.43% 的氨基酸构象分布处于拉氏图的允许区域（图4-17）。下载预测模型的PDB格式文件用于后续复合物结构预测。

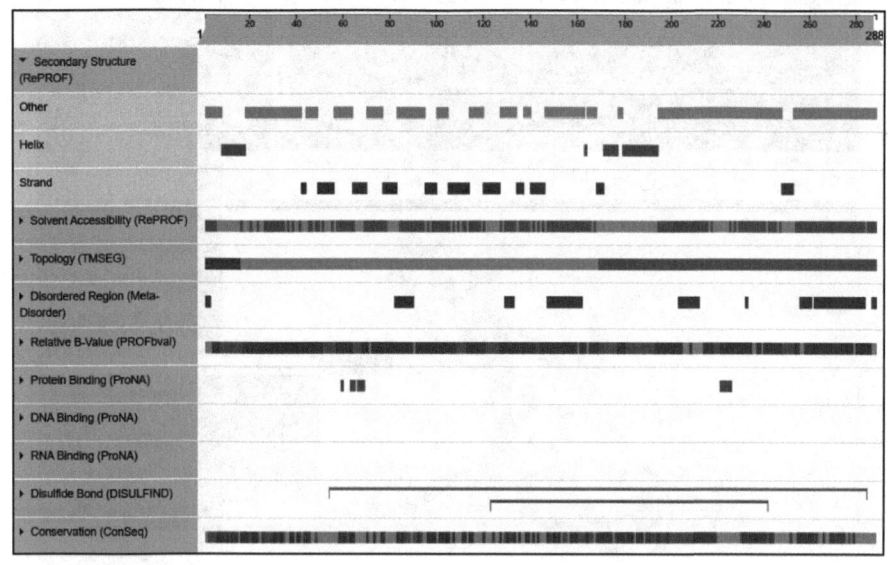

图4-16　PD-1二级结构预测

彩图

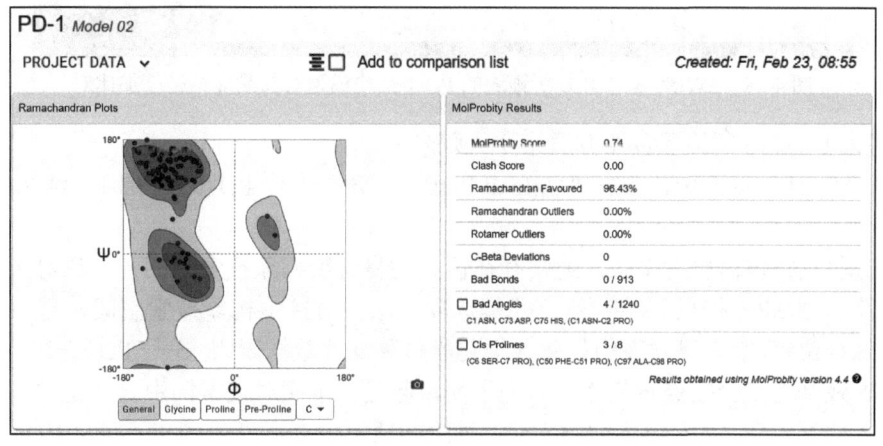

图4-17　SWISS-MODEL预测PD-1结构的质量评估报告

彩图

从蛋白质数据库中下载PD-1晶体结构模型（PDB ID：3RRQ），同时将基于SWISS-MODEL预测的PD-1结构一并通过PyMOL打开，点击PyMOL内部图形用户界面中"3RRQ"对象的"A"按钮，从"Action"中依次点击"align""to molecule""PD-1_model"，通过最小化结构间的Cα RMSD，将PD-1的晶体结构叠加到预测结构上，从外部图形用户界面上可以观察到两者间RMSD为0.422Å（图4-18），这表明以上基于SWISS-MODEL的同源建模方法具有相当高的准确性和可靠性。

（四）PD-1/PD-L1复合物结构预测

本小节进行PD-1/PD-L1胞外V型免疫球蛋白结构域的复合物结构预测，首先参考前三小节，分别获得PD-1（Entry：Q15116）及PD-L1（Entry：Q9NZQ7）的V型免疫球蛋白结构域的预测结构模型。然后利用ClusPro网络服务器预测PD-1/PD-L1复合物结构。可事先在ClusPro官网主页（https://cluspro.org/login.php）进行免费注册。

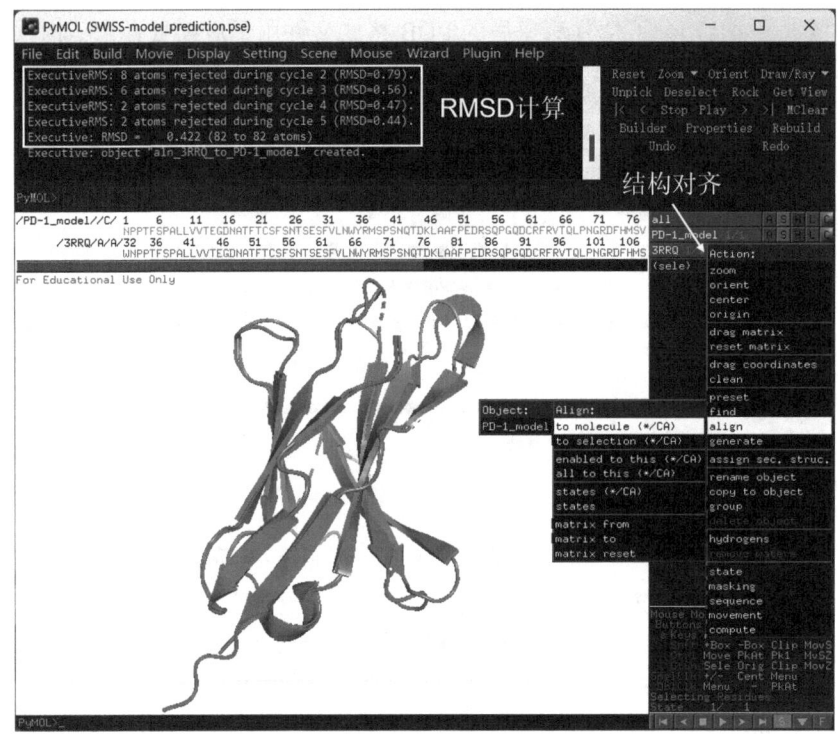

彩图

图 4-18　SWISS-MODEL 所预测的 PD-1 结构模型与其晶体结构叠加比对

1）进入 ClusPro 网络服务器并登录个人账号。

2）在"Dock"页面中，点击"Upload PDB"，分别上传 PD-1 及 PD-L1 结构模型 PDB 文件。

3）在蛋白质-蛋白质对接中，通常存在巨大的复合物构象搜索空间，导致对接计算效率及精度下降。ClusPro 提供了结合热点残基选项，减小对接中构象搜索空间，重点关注用户感兴趣的结合位点。前人已发表的核磁共振化学位移变化数据表明，在与 PD-L1 结合中，PD-1 上的 Gln75 残基是结合热点残基之一。为了简单起见，本次对接案例中只选定 Gln75 残基作为结合热点残基。在"Advanced Options"进阶选项中，点击"Attraction and Repulsion"，在"Attraction"中，按照 ClusPro 指定输入格式，输入 PD-1 上的 Gln75 残基（在本次案例中，根据"三级结构预测"步骤中得到的 PD-1 预测结构模型 PDB 文件，输入"蛋白质链编号-该残基编号"，如"c-43"），点击"Dock"，执行蛋白质-蛋白质对接任务。

4）等待对接任务完成，在"Results"观察对接结果，该页面展示了对接打分排名靠前的复合物结构模型（图 4-19），点击"View Model Scores"得到复合物预测模型的具体对接得分。

5）点击"Download all Models for all Coefficients"下载所有预测模型，同时在 PDB 上下载 PD-1/PD-L1 复合物晶体结构，进行结构叠加，验证对接方法的可靠性和准确性。结果如图 4-20 所示，对接得分排名第一的 PD-1/PD-L1 复合物预测模型与实验解析的晶体结构模型之间的 RMSD 仅为 1.29Å，表明该对接方法流程具有较高的可靠性。

二、蛋白质结构预测的挑战与展望

近年来，以 AlphaFold 为代表的基于机器学习人工智能方法的蛋白质结构预测取得了巨大成功，在某些情况下，其预测生成的蛋白质单体结构精度能够与实验解析的结构精度相媲美。然而，蛋白质结构预测领域仍存在许多困难与挑战，概述如下。

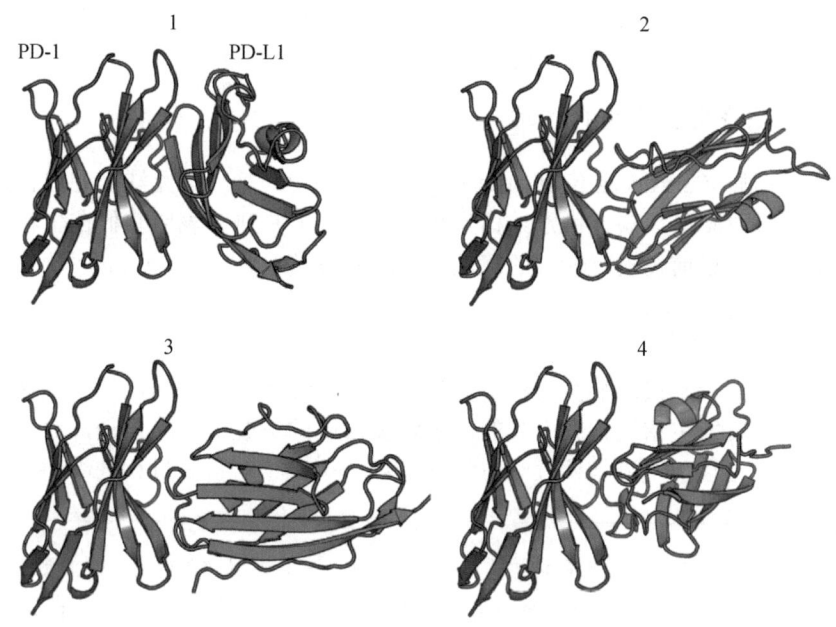

图 4-19 ClusPro PD-1/PD-L1 对接打分排名前四的复合物结构预测模型

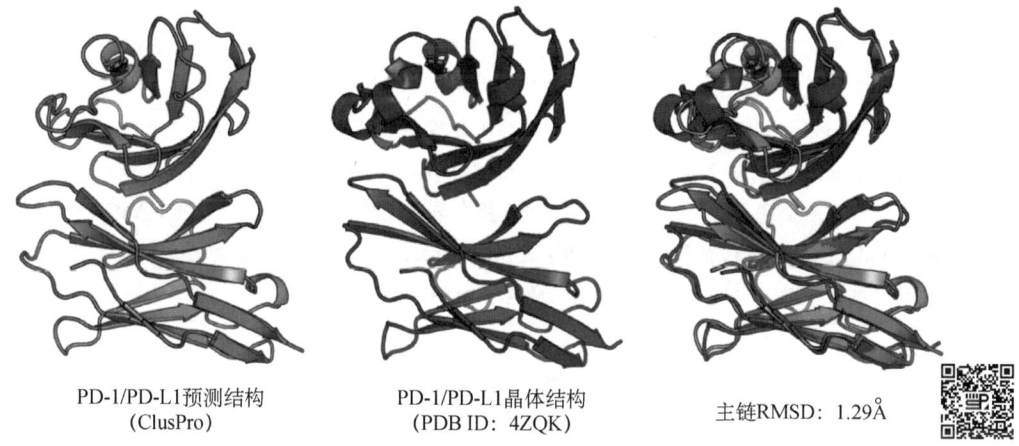

PD-1/PD-L1预测结构　　　PD-1/PD-L1晶体结构　　　主链RMSD: 1.29Å
　　（ClusPro）　　　　　　（PDB ID: 4ZQK）

图 4-20 基于 ClusPro 的 PD-1/PD-L1 复合物预测结构与实验解析晶体结构叠加对比

（一）蛋白质-蛋白质复合物结构预测

蛋白质与蛋白质之间的相互作用在生物过程中至关重要。尽管已经出现了 AlphaFold-Multimer 等计算工具，但预测复杂结构仍然具有挑战性，特别是大于 3000 个氨基酸的复合物，需要大量的计算资源，这在很大程度上限制了研究人员对大型蛋白质复合物的结构预测，导致许多大型分子复合物的结构无法预测。因此，迫切需要一种轻量级的计算方法来应对大规模复杂建模的挑战。

（二）多构象状态预测

许多蛋白质在生理条件下以不同构象状态的组合形式存在。例如，转运体、G 蛋白偶联受体和酶在从一种稳定状态向另一种稳定状态的功能转换过程中，其结构会发生不同程度的变化，阐明这些不同状态下的结构对于揭示其功能机制和生物过程至关重要。然而，目前大多数的蛋白质结构预测方法只专注于特定单一状态下的蛋白质结构。

（三）固有无序蛋白质结构预测

固有无序蛋白质（intrinsically disordered protein，IDP）是一类无法折叠成稳定三维结构的蛋白质，这类蛋白质虽然缺乏稳定结构且高度可变，但是研究表明它们在生物体内行使着重要的生物学功能。目前仍没有较好的算法能够准确预测其结构。

（四）蛋白质折叠途径预测

蛋白质的折叠途径不仅影响其功能，还影响其稳定性。许多疾病，如帕金森病和阿尔茨海默病，都是蛋白质发生错误折叠引起的。了解蛋白质的折叠机制和途径，对于促进药物开发至关重要。然而，目前主流结构预测方法几乎完全规避了对折叠过程的考虑。

趣味阅读

蛋白质结构预测是人工智能在生命科学领域的重要成果之一，对生物学研究具有重要意义。2020年12月，《科学》杂志评选了该年度十大科学突破，其中人工智能蛋白质结构预测工具AlphaFold占据了重要位置，成为生物研究领域的标杆成果，并被视为一项重要的里程碑。2021年11月，华为昇思MindSpore团队与昌平实验室、北京大学生物医学前沿创新中心、深圳湾实验室联合推出了基于AlphaFold2算法的蛋白质结构预测工具，并在2022年2月实现了训练全流程的打通，效率同比提升2~3倍。采用华为昇腾人工智能基础软硬件平台后，混合精度模式下的单步迭代时间由20s缩短至12s，性能提升超过60%。依托华为昇思MindSpore的内存复用能力，训练序列长度由384个氨基酸提升至512个氨基酸。在训练精度接近AlphaFold2的基础上，华为昇思MindSpore在算法、规模及软硬件支持等方面持续改进，其蛋白质结构预测模型的精度不断刷新行业记录，并荣获全球持续蛋白质结构预测竞赛CAMEO（Continuous Automated Model Evaluation）的第一名。华为昇思MindSpore在填补国产人工智能基础软硬件在蛋白质结构预测领域空白的同时，也进一步证明了其价值与优越性。

复习思考题

1. 简述UniProt数据库的组成。
2. 简述PDB的主要内容。
3. 下载安装PyMOL（https://pymol.org），并使用该软件重新构建本章中的蛋白质三维结构视图。
4. 从数据库中获取SARS-CoV-2刺突蛋白（spike）受体结合域（RBD）的氨基酸序列，并使用SWISS-MODEL预测SARS-CoV-2 RBD的三维结构模型。
5. 在PDB中搜索实验解析的SARS-CoV-2 RBD结构信息，利用PyMOL软件对预测模型与搜索到的构象进行叠加对比，并计算RMSD。
6. 简述同源建模的基本原理和主要步骤。
7. 简述不同蛋白质三级结构预测方法的优缺点。
8. 简述蛋白质-配体分子对接的基本原理。
9. 讨论蛋白质结构预测的挑战。
10. 讨论蛋白质结构预测在蛋白质工程中的应用。

第五章
蛋白质分子设计

本章数字资源

- 概述
  - 蛋白质分子设计的基本概念
    - 蛋白质分子设计的原理
    - 同源蛋白质
    - 蛋白质结构
  - 蛋白质分子设计的基本流程
    - 收集待研究蛋白质的相关信息
    - 待研究蛋白质分子模拟模型的建立
    - 蛋白质分子模拟结果的分析
    - 蛋白质设计方案的确定
    - 设计蛋白质的获取
    - 设计蛋白质功能的实验验证
    - 蛋白质设计的完成

- 蛋白质分子设计的类型
  - 基于天然蛋白质结构的分子设计
    - 蛋白质分子的"小改"
    - 蛋白质分子的"中改"
  - 全新蛋白质的分子设计
    - 全新蛋白质分子设计的关键问题
    - 全新蛋白质分子设计的类型
    - 全新蛋白质分子设计的软件

- 蛋白质分子动力学模拟
  - 分子动力学模拟基本流程
    - 模拟体系评估
    - 选择合适的模拟工具
    - 模拟输入文件的获取
    - 系统边界条件的处理
    - 体系能量优化
    - 分子模拟
    - 结果分析
  - 分子动力学模拟实例
    - PDB文件获取
    - 蛋白质预处理
    - 小分子预处理
    - 制备小分子力场参数文件
    - 制备复合体坐标和拓扑文件
    - 分子动力学模拟
    - 模拟结果分析

- 蛋白质分子设计的应用及发展趋势
  - 蛋白质分子设计的应用
    - 在大健康领域的应用
    - 在化工领域的应用
    - 在环保领域的应用
  - 蛋白质分子设计的发展趋势

蛋白质是遗传信息的表现形式，是生命活动的最终执行者。在漫长的自然进化过程中，自然界已经筛选出了数量众多、功能各异的蛋白质。然而，天然蛋白质在活性、稳定性（如pH稳定性、温度稳定性和溶剂耐受性）及底物专一性等方面都无法完全满足人们生产的需求。因此，需要对蛋白质进行改造和分子设计，从而提高其应用价值。蛋白质分子设计属于交叉领域，需要生物学、化学、物理学、计算机科学等多学科知识的融合。作为一门新兴的研究方向，蛋白质分子设计已被广泛应用于多个领域，其在医药、农业、能源等领域的应用对于国家的科技进步和经济发展具有重要意义。

第一节 概 述

作为一种新兴技术，蛋白质分子设计要求具备较强的科学探索和技术创新的精神。通常，蛋白质分子设计的目的包括改变蛋白质的结构、功能及结构-功能关系的研究等。

一、蛋白质分子设计的基本概念

蛋白质分子设计是一种有目的的蛋白质改造过程，设计过程中主要依赖于蛋白质结构-功能关系及蛋白质分子模型的建立，综合运用生物信息学、计算生物学和基因工程等学科的技术手段，获得比天然蛋白质性能更加优越的目标蛋白。

（一）蛋白质分子设计的原理

蛋白质分子设计的重要理论基础之一是蛋白质一级结构（氨基酸序列）决定蛋白质高级结构。自然界存在的蛋白质由20种常见天然氨基酸和2种不常见氨基酸组成，不同氨基酸具有其各自特定的侧链，每种侧链基团的理化性质和空间大小各不相同。当20种氨基酸按照不同的顺序组合构成一级结构后，蛋白质会根据一级结构的特点自然折叠和盘曲，形成一定的空间构象。而蛋白质特有的空间构象是其功能活性的基础，空间构象发生变化，其功能也随之改变。

（二）同源蛋白质

一级结构相似的蛋白质，其基本空间构象及功能也相近。蛋白质根据序列同源性（sequence homology）可以分成不同的家族，一般认为序列同源性大于30%的蛋白质可能由同一祖先进化而来，称为同源蛋白。同源蛋白具有相似的结构，在不同生物体内行使相同或相近的功能。以胰岛素为例，不同哺乳动物的胰岛素均由51个氨基酸组成，其中24个氨基酸为保守氨基酸，6个半胱氨酸形成3对二硫键，这导致不同来源的胰岛素的A链和B链之间具有共同的连接方式和空间构象，从而保持降低血糖的功能。

（三）蛋白质结构

蛋白质分子是由氨基酸残基首尾相连而成的共价多肽链，蛋白质的分子结构主要包括一级结构、二级结构、超二级结构、结构域、三级结构和四级结构。决定一个蛋白质分子高级结构的全部信息都包含于一级结构，即多肽链的氨基酸序列中。蛋白质的一级结构决定了蛋白质的高级结构。对蛋白质结构信息的分析是蛋白质设计的基础，有关蛋白质理化性质（如等电点、电荷分布、疏水区域和跨膜区域等）的分析和预测在蛋白质设计中也至关重要。

二、蛋白质分子设计的基本流程

蛋白质分子设计是一门实验性科学，是理论设计与实验相互结合的产物，其中计算机模拟技术和基因工程技术是两个必不可少的工具。蛋白质分子设计的过程一般包括：待研究蛋白质的结构和功能相关信息的收集、待研究蛋白质分子模拟模型的建立、基于结构-功能关系提出蛋白质分子设计方案、通过基因工程或化学合成得到所期望的蛋白质、设计蛋白质功能的实验验证、根据实验结果重新修正设计方案。如此循环往复，一般要经过多次反复试验才能获得成功（图5-1）。

（一）收集待研究蛋白质的相关信息

蛋白质相关结构的信息可以从蛋白质数据库（Protein Data Bank，PDB；http://www.rcsb.org/pdb）获得。该数据库包括蛋白质、核酸、蛋白质-核酸复合物及病毒等生物大分子的结构数据，主要是蛋白质结构数据，提供蛋白质晶体结构分析数据、蛋白质序列分析数据、蛋白质序列相似度分析数据、蛋白质晶体结构等。若待研究蛋

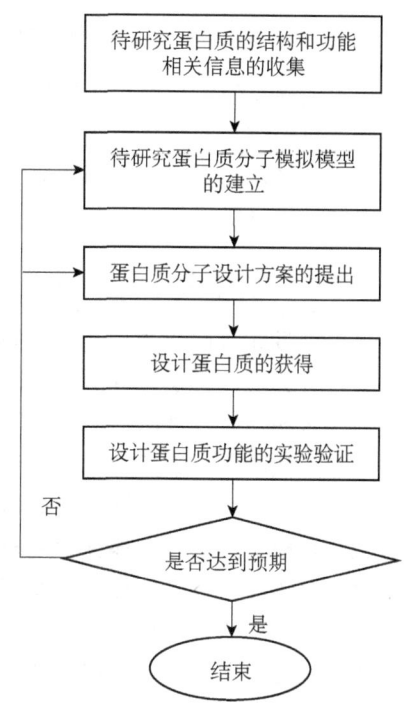

图 5-1　蛋白质分子设计一般流程

白质的晶体结构无法在 PDB 中查询到，则需要通过蛋白质 X 射线衍射晶体技术及核磁共振（NMR）等方法测定该蛋白质的三维结构。另外，研究者通常还选择预测方法来研究目标蛋白的三维结构，主要包括同源建模、折叠识别和从头设计等方法，相关内容在第四章"蛋白质结构预测"中有详细讲解。

（二）待研究蛋白质分子模拟模型的建立

分子模拟（molecular simulation）又称计算机模拟，是一种根据实际体系，在计算机上进行的实验，主要包括量子力学法、分子力学法、分子动力学法和蒙特卡罗法。量子力学法（quantum mechanics）以量子力学为基础，借助计算分子结构的微观参数，如电荷密度、键序、轨道和能级等，研究原子、分子和晶体的电子层结构、化学键理论、分子间作用力、化学反应理论等，可分为从头计算法和半经验法。分子力学法（molecular mechanics），又称力场方法（force field method），主要通过表征键长、键角和二面角变化及非键相互作用的位能函数来描述分子结构变化所引起的分子内部应力或能量的变化。分子动力学法（molecular dynamics）是指对于原子核和电子构成的多体系统，利用牛顿运动方程确定系统中粒子的运动，通过求得粒子动力学方程组的数值解，决定系统中各个粒子在相空间中的运动规律，按照统计物理和热力学原理得到系统相应的宏观物理特性。分子动力学法是目前最为被广泛采用的一种蛋白质模型建立方法，相关软件包括 Amber、Gromacs 等。蒙特卡罗法（Monte Carlo），又称统计实验方法，其利用统计学方法，抓住问题的某些特征，利用数学方法建立概率模型，然后按照这个模型所描述的过程通过计算机进行数值模拟实验，以所得的结果作为问题的近似解。

（三）蛋白质分子模拟结果的分析

对所建立的蛋白质分子的结构模型进行详细分析，评估模拟结果的准确性和稳定性，同时分析三维结构的特点、功能活性区域的分布、二硫键及氢键的数目和分布、分子间作用力及分子内部作用力等，为蛋白质设计提供依据。一般的分子动力学模拟软件都包含键、角、力等的计算分析模块。

（四）蛋白质设计方案的确定

根据设计蛋白质的功能或性质，认真分析所要求的功能或性质的影响因素，逐一对各个因素进行分析，确定关键的氨基酸位点或区域。蛋白质设计时，一方面要尽可能使蛋白质具有所要求的功能或性质，另一方面要充分考虑氨基酸残基形成特定结构的倾向性。例如，Leu、Glu 等易于形成 α 螺旋，Val、Ile 等易于形成 β 折叠片，以 Pro-Asn 残基对为中心易于形成转角等。同时，蛋白质设计时还要考虑到疏水相互作用、螺旋的偶极稳定作用，以及残基侧链的空间堆积等，尽可能地使序列有利于形成预期的结构，展现预期的功能特性。此外，蛋白质设计时还应充分考虑保守氨基酸在生物进化中的重要性。同源蛋白结构比对和分析是蛋白质设计的一种有效途径。通过同源蛋白结构比对，将具有目标功能/特性的同源蛋白的关键氨基酸直接拷贝至待研究蛋白质中，从而赋予待研究蛋白质新的功能/特性。

（五）设计蛋白质的获取

对蛋白质分子进行计算机理论设计之后，还需要在实验室中付诸实践，以检验设计的成功与否。通常通过基因工程技术，人为合成或改造基因，再进行基因表达，分离纯化获得所设计的蛋白质，为进行新蛋白质功能的检验提供材料。此外，利用化学方法合成多肽，特别是固相合成技术，也是合成新设计的蛋白质分子的有效途径。

（六）设计蛋白质功能的实验验证

对于获取的蛋白质分子，需要检测其结构和功能，确定蛋白质分子设计成功与否，如蛋白质的空间构象与预期的是否吻合、新蛋白质的功能活性是否达到设计目标等。

（七）蛋白质设计的完成

通过实验验证设计的蛋白质分子是否符合要求，若没有达到，则依据设计得到的结果，进行反复设计修正和试验，直到达到预期的设计目标。

第二节 蛋白质分子设计的类型

根据蛋白质分子设计对象的不同，其可分为两类，即基于天然蛋白质结构的分子设计及全新蛋白质的分子设计。

一、基于天然蛋白质结构的分子设计

基于天然蛋白质结构的分子设计包括两类：一是进行蛋白质修饰或基因定位突变，即蛋白质分子的"小改"；二是进行蛋白质分子的裁剪拼接，即蛋白质分子的"中改"。

（一）蛋白质分子的"小改"

基于天然蛋白质结构的蛋白质分子的"小改"是指对已知结构的蛋白质进行少数几个残基的修饰、替换或删除等，这是目前蛋白质工程中使用最广泛的方法，主要分为蛋白质的化学修饰和基因定点突变。所谓蛋白质的化学修饰，这里主要是指残基侧链基团的化学修饰，即通过选择性试剂或亲和标记试剂与蛋白质分子侧链上特定的功能基团发生化学反应而使蛋白质的共价结构发生改变。基因定点突变是指从基因水平上进行蛋白质分子的改造，对编码蛋白质的基因进行核苷酸密码子的插入、删除、置换或改组。基因定点突变多采用体外重组 DNA 技术或 PCR 技术。

在蛋白质分子的"小改"中，最关键的问题之一是如何准确地选择突变残基，不仅要借助已有的蛋白质三维构象或分子模型，还要认真分析残基的性质如残基的体积、疏水性等给蛋白质结构带来的变化。例如，在通过引入二硫键来提高蛋白质稳定性的过程中，必须考虑到蛋白质中的二硫键不仅具有一定的结构特征，随机引入二硫键也会给整个分子带来不利的张力，这样反而会降低蛋白质的稳定性。蛋白质分子的"小改"主要集中在对具有明显生物学功能的天然蛋白质分子的改造上，目前已对核糖核酸酶 T、T_4 溶菌酶、胰蛋白酶和水解酶等多类蛋白质成功进行改造。同时，在长期的科研实践中，科研工作者总结了一系列规律，用以快速地定位突变残基（表 5-1）。

表 5-1 蛋白质定位突变的设计目标及解决方案

设计目标	解决方案	设计目标	解决方案
热稳定性	① 引入二硫键 ② 增加内氢键数目 ③ 改善内疏水堆积 ④ 增加表面盐桥	pH 稳定性	① 替换表面荷电基团 His、Cys 及 Tyr 的置换 ② 内离子对的置换
对氧化的稳定性	① 把 Cys 替换成 Ala、Ser ② 把 Met 替换成 Gln、Val、Ile、Leu ③ 把 Trp 替换成 Phe、Tyr	蛋白质活性、底物专一性、对映体选择性	① 替换底物或配体结合口袋氨基酸残基 ② 替换底物或配体进出通道氨基酸残基
对重金属的稳定性	① 把 Cys 替换成 Ala、Ser ② 把 Met 替换成 Gln、Val、Ile、Leu ③ 替换表面羧基	蛋白质-蛋白质相互作用研究	替换蛋白质间接触面氨基酸

核糖核酸酶 T1（RNase T1）含有 104 个氨基酸残基，这个天然酶有两对二硫键（Cys2—Cys10、Cys6—Cys103）(图 5-2)。为了能够在保持活性的基础上增加它的热稳定性，Nishikawa 等（1990）在 Tyr24 和 Asn84 位点引入第三个二硫键。从核糖核酸酶 T1 晶体结构可以看出 Tyr24 和 Asn84 这两个残基是远离催化位点的，经过分子动力学计算发现这两个残基的 C_α 之间的距离是 6.0Å，满足二硫键形成要求（二硫键 C_α 的平均距离是 4.5~6.8Å）。Nishikawa 等从核糖核酸酶 T1 的复合物晶体结构出发，采用分子力学和动力学方法建立核糖核酸酶 T1 突变体（RNase T1S）模型，将 Tyr24 和 Asn84 两个残基的侧链消除（保留 C_β 和 C_γ），将 C_γ 转变为 S_γ，经检查发现结构模型中没有不合理的键长、键角和二面角，因此从设计的角度看这个突变体是合理的。随后采用盒式诱变基因表达技术得到了突变体，实验证明突变体在保持天然酶活性的基础上大幅度提高了酶的热稳定性，RNase T1S 在 55℃条件下保留了

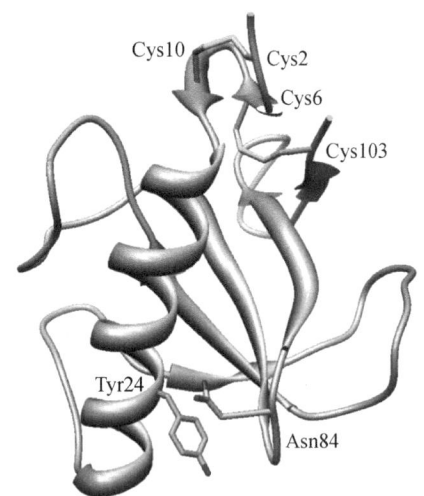

图 5-2 核糖核酸酶 T1 的结构示意图

约 70% 的活性，而野生型酶在此温度下的活性只有 10%。

酶蛋白作为生物催化剂，催化的反应具有反应条件温和、副产物少、环境友好等优点，被广泛应用于各行各业。然而，经过上亿年的自然进化后，天然酶蛋白催化的底物相对比较专一，因此提高酶蛋白对非天然底物的活性具有重要的意义。其中一种重要的酶蛋白是来自南极假丝酵母（*Candida antarctica*）的脂肪酶 B（CALB），该酶由 317 个氨基酸组成，是 α/β 水解酶。Takwa 等（2011）为提高 CALB 对 D,D-丙交酯的开环聚合反应速率，对该酶进行了设计。通过对 CALB-底物复合物的分子模拟，发现蛋白 CALB 的底物结合口袋及其入口的氨基酸残基与底物之间存在空间位阻（图 5-3）。于是，研究人员有针对性地除去酶蛋白与底物之间的这些位阻，挑选了三个氨基酸 Q157（Gln157）、I189（Ile189）和 L278（Leu278），将其突变成小体积氨基酸 Ala（A），其中两个设计蛋白质（Q157A、Q157A/I189A/L278A）对 D,D-丙交酯的开环聚合反应的速率提高了 90 倍。

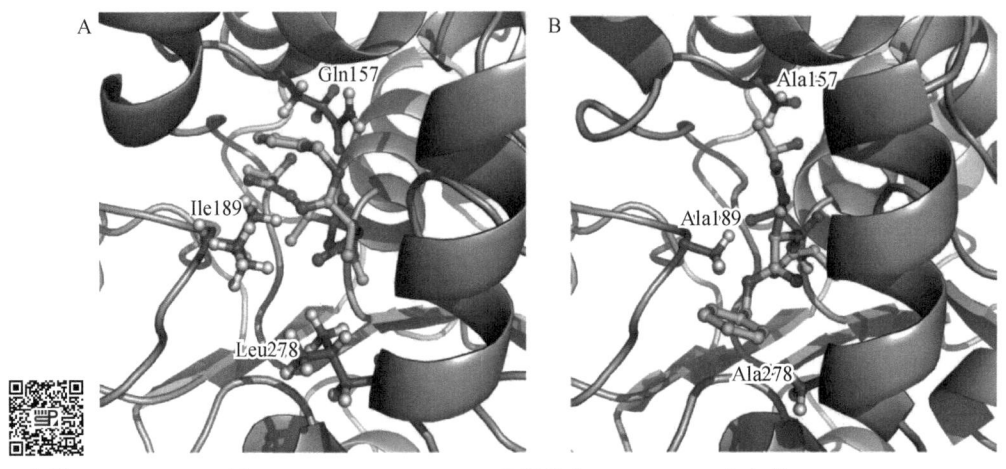

彩图

图 5-3 *Candida antarctica* 的脂肪酶 B（CALB）突变前（A）、突变后（B）与底物 D,D-丙交酯的结合图（Takwa et al., 2011）

（二）蛋白质分子的"中改"

蛋白质分子的"中改"是指将不同蛋白质分子中的特定序列、结构元件甚至结构域进行组装，将优秀的功能集中在一种蛋白质上，改变蛋白质特性，从而创造出新型蛋白质。蛋白质分子的"中改"通常应用蛋白质剪接技术实现。蛋白质剪接是由蛋白质内含肽介导的在蛋白质水平上翻译后的加工过程，能将两个多肽以一个天然肽键相连，形成成熟的有活性的蛋白质。其中，蛋白质内含肽（intein）是指前体蛋白质中的一段插入序列，在蛋白质翻译后的成熟过程中能自我催化，使自身从前体蛋白质中切除，并将两侧称为蛋白质外显肽（extein）

的多肽片段以肽键连接，形成成熟蛋白质。"嵌合抗体"和"人源化抗体"等大多采用的均是这种方法。免疫球蛋白呈"Y"形，由两条重链和两条轻链通过二硫键连接构成。每条链分为可变区（N 端）和恒定区（C 端），每个可变区有三个部分在氨基酸序列上是高度变化的，在三维结构上是处于 β 折叠顶端的互补决定区（CDR），是抗原的结合位点（图 5-4）。不同种属的 CDR 结构是高度可变的，利用这一特点，Winter 等利用分子剪接技术成功地将小鼠抗体分子重链的 CDR 嫁接到人的抗体分子上，达到与人的单抗分子同样的效果，解决了人的单抗难以制备的医学难题，具有重大的医学价值。

二、全新蛋白质的分子设计

全新蛋白质的分子设计，也称为蛋白质分子从头设计，是以人们对蛋白质结构的了解、蛋白质结构-功能关系的认识为基础，从蛋白质一级结构出发，设计制造自然界不存在的蛋白质，使其具有特定的空间结构或功能。

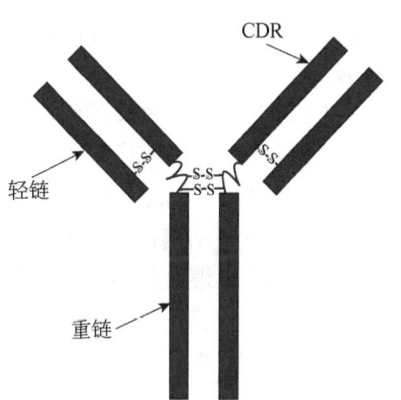

图 5-4 抗体的结构示意图

（一）全新蛋白质分子设计的关键问题

全新蛋白质的分子设计是一种从无到有的过程，设计过程的复杂性和难度要高于天然蛋白质结构的分子设计，虽然其设计步骤遵循一般的蛋白质设计，但设计中有一些关键问题特别需要关注，包括侧链残基的选择和构象优化、空间搜索算法和能量评价函数等。

1. 侧链残基的选择和构象优化 　无论是蛋白质的结构设计还是功能设计，其设计目标最终都是以一定的三维结构给出，设计中均涉及在给定主链构象的情况下，侧链残基的选择和构象优化的问题。一方面，针对不同的设计目标，对侧链构象预测和优化有不同的要求。另一方面，研究者又希望在尽可能短的时间内通过对优化的侧链构象进行能量计算或者打分，评估特定序列，在有限时间内搜索更大的序列空间。为尽量减小蛋白质设计中的构象库的容量，通常对每种氨基酸侧链的自由度进行处理，主要是统计蛋白质结构中每种氨基酸的每个侧链二面角的分布情况，构建每种氨基酸在蛋白质结构中可能存在的几种状态。

2. 空间搜索算法 　即使对氨基酸侧链的转动子进行特殊处理，过大的构象搜索空间仍是蛋白质设计面临的主要问题之一。因此，还必须对空间搜索进行一定的算法优化，使设计过程在有限的时间内得到尽可能好的结果。优化的方法主要有死端消除法、蒙特卡罗＋模拟退火优化及遗传算法等。

3. 能量评价函数 　进行蛋白质设计，在巨大的可能性空间中寻找正确的或较优的结果，这就如同自然进化，需要一个进化的方向。该进化的方向就是设计中的能量评价函数。如果能量评价函数抓住了影响蛋白质功能/特性的关键因素，那么由能量评价函数所引导的设计结果就可以达到目标。

（二）全新蛋白质分子设计的类型

根据设计目的的不同，全新蛋白质分子设计可分为结构的从头设计和功能的从头设计两类。

1. 蛋白质结构的从头设计　　蛋白质结构设计的主要思路是：首先选取某种主链骨架作为目标结构，随后固定骨架，寻找能够折叠成这种结构的氨基酸组合，即所谓的"逆折叠"方法。一般通过两种途径实现：一种是完全通过分子中原子的交互作用而设计出蛋白质分子链；另一种是氨基酸可以随机排列组合，认为只要进行足够的组合最终就能得到想要的目标蛋白。近年来，还出现了一种新的蛋白质结构设计方法，该方法不需要事先固定主链骨架，能够设计任意目标蛋白。该方法基于不断地依次进行蛋白质序列优化和结构调整，以具有最低自由能的序列-结构作为设计蛋白质的最终结构。Baker 等（2003）运用该方法成功设计出在 PDB 中不存在的蛋白质折叠模式，这个由 93 个氨基酸残基组成的 α/β 结构蛋白质 Top7，具有全新的序列和拓扑结构，极大地增强了人们通过蛋白质设计得到较复杂结构蛋白质的信心。

（1）蛋白质结构设计的原则　　蛋白质结构设计的核心问题是如何设计一段能够形成稳定、独特三维结构的序列。目前，可以比较有把握地设计合成 α 螺旋束、β 折叠片及 ββα 模块。以下将分别概述各级结构设计的一些基本原则。

1）α 螺旋结构简单，在溶液中比较稳定，根据经验对 α 螺旋的设计应尽量考虑：①选择倾向于形成 α 螺旋的氨基酸，如 Leu、Glu 和 Met 等；②在设计两亲性的 α 螺旋时，应使结构中形成一个亲水面和一个疏水面，疏水性氨基酸残基应按 3 或 4 的间隔排列；③为稳定 α 螺旋，常常需要在其 N 端加一个 N 帽，形成 N 帽的氨基酸残基有 Gly、Asn、Ser、Met 等，在 C 端加一个 C 端帽，形成 C 端帽的氨基酸有 Gly、Arg、Ser、Gln 等；④设计 α 螺旋时，常使带正电荷的氨基酸残基靠近 C 端，带负电荷的氨基酸残基靠近 N 端，因为 α 螺旋中所有的氢键指向同一方向，沿螺旋轴积累总的效果是形成一个由 N 端指向 C 端的偶极矩。

2）β 折叠片的设计比 α 螺旋困难，主要是因为 β 折叠片结构中的氢键在不同的 β 折叠股间形成，另外由于单个氨基酸残基平均形成的氢键数较 α 螺旋中少，因而结构稳定性较差，且单个 β 折叠片结构不能稳定存在。β 折叠片的设计原则主要是选择形成 β 折叠片倾向性较大的氨基酸残基，以及使亲水性氨基酸残基和疏水性氨基酸残基相间排列。

3）转角对蛋白质各种二级结构空间位置的确定和稳定蛋白质的三级结构起着重要的作用，转角设计的关键是选择合适的转角类型，因为转角对每个位置的氨基酸残基的二面角有一定的要求，而这些二面角决定了连接的两个二级结构的空间关系。Pro 和 Gly 是 α 螺旋的中断者，Glu 是 β 折叠的中断者，设计时应充分利用这些氨基酸残基来终止和分隔不同的二级结构。

4）超二级结构和三级结构的设计一般在二级结构设计好的基础上进行，并考虑疏水中心的形成。α 螺旋的卷曲螺旋（coiled-coil）的序列有周期性重复的七肽，用 abcdefg 来表示，其中 a 和 d 位置处于螺旋间的界面，因而设计时应选择疏水性氨基酸残基，而其他位置为暴露的表面，应选择亲水性氨基酸残基。β 发夹是另一种常见的超二级结构，其设计的关键之一是 β 转角类型的选择。

（2）蛋白质结构从头设计实例　　蛋白质结构设计最著名的实例之一是四螺旋束的设计。四螺旋束是自然界中广泛存在的结构类型。例如，细胞色素 b_{562}、烟草镶嵌病毒外壳蛋白等许多蛋白质都含有相连的四螺旋束。这些蛋白质的同源性很小，但都具有相似的三维结构，这显示了这类结构的稳定性，因此四螺旋束结构类型成为从头设计蛋白质的首选目标。四螺旋束结构可以作为一个独立的折叠单位，易于独立研究，最早由 Betz 等（1997）应用"设计循环"的策略完成了一个四螺旋束的设计（图 5-5）。该四螺旋束共有 74 个氨基酸残基，4 段螺旋的序列完全相同，分别由 16 个氨基酸残基组成，螺旋之间的环区由三个氨基酸残基组成。该四螺旋束的一级序列如下。

螺旋（helix）：Gly-Glu-Leu-Glu-Glu-Leu-Leu-Lys-Lys-Leu-Lys-Glu-Leu-Leu-Lys-Gly。

环区（loop）：Pro-Arg-Arg。

肽链：NH₂-Met-helix-loop-helix-loop-helix-loop-helix-COOH。

选择螺旋的一级序列时，Betz 等着重选择了 Leu、Lys 和 Glu 三种氨基酸残基。仅使用 Leu 作为疏水残基，放在螺旋的内侧；Lys 和 Glu 是带电荷残基，作为极性残基置于螺旋的外侧，作用是使螺旋稳定。在每个螺旋的两端各加上一个 Gly 结束，目的是中断螺旋，又为将来加环区奠定基础。之后，研究者在两个反平行的螺旋间加了环区，并根据第一步的结果对螺旋进行了一些修改。环区开始是用单个 Pro 与两个螺旋的终结者 Gly 构成 Gly-Pro-Arg-Gly 的连接区，结果发现产物成了三聚体（含 6 个螺旋）而不是期望的二聚体（4 个螺旋），后来将连接的环区改成 Gly-Pro-Arg-Arg-Gly 才得到二聚体。然后在二聚体之间加了第三个连接体，用的仍是 Pro-Arg-Arg，这个肽共含 74 个氨基酸残基。最后，他们合成了该多肽的基因，在大肠杆菌（*Escherichia coli*）中实现了表达。整个四螺旋束结构

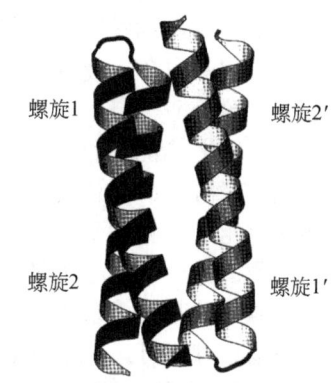

图 5-5 典型的四螺旋束结构示意图（Bctz et al., 1997）

具有对称性，相邻螺旋反平行，螺旋轴夹角大约为 18°，疏水性氨基酸残基在内部，极性氨基酸残基在表面，整个螺旋呈两性。由于四螺旋束中 4 条链的相互制约，每段螺旋的末端都向外张开，创造了一个潜在的结合位点。这项工作被誉为蛋白质分子设计的第一个里程碑。

2. 蛋白质功能的从头设计 除了设计出具有目标结构的蛋白质，人们也希望设计出具有目标功能的蛋白质，如能结合特定的配体、催化新的反应。根据设计蛋白质的大小，将蛋白质功能的从头设计分为蛋白质功能元件的设计及功能蛋白质的设计。

（1）蛋白质功能元件的设计 该类设计一般是在蛋白质结构设计成功的基础上进行的，主要是指在设计出的一些结构简单、分子质量较小的蛋白质框架中纳入辅酶（如金属离子、铁硫簇、血红素），从而构成蛋白质功能元件。血红素蛋白是一大类以原卟啉 Ⅸ（血红素）作为辅基的金属蛋白质，在生命体系中执行着重要的生物学功能，如氧载体功能（血红蛋白、肌红蛋白）、电子传递功能（细胞色素 b₅）。因此，设计的血红素功能元件可以被不同的蛋白质分子所利用，从而执行不同的生物学功能。一般而言，人们会根据氨基酸残基的疏水性差别设计出可以形成 α 螺旋的肽链，然后利用疏水作用结合血红素，同时肽链中的 His 或 Met 等形成血红素的轴向配体。例如，DeGrado 等（1994）首先构建了由 62 个残基组成的双 α 螺旋的肽链，通过肽链的两个 His 结合了两个血红素基团，随后该肽链自聚集形成四螺旋二聚体，其中 4 个平行的血红素基团在光谱和电化学性质方面与天然的血红素非常相近（图 5-6）。

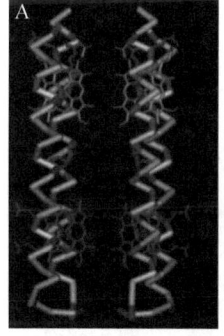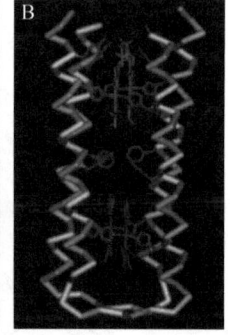

图 5-6 四螺旋二聚体（Robertson et al., 1994）

A. 前视图；B. 侧视图

 彩图

（2）功能蛋白质的设计　　与蛋白质功能元件的从头设计思路有所不同，美国华盛顿大学的 David Baker 课题组提出了功能蛋白质从头设计的一般流程，创造出了多种自然界不存在的酶分子，用于催化自然界无法发生的反应：首先应用量子力学，设计能有效稳定底物过渡态的理论酶活性中心，称为 theozyme；然后应用软件 Rosetta Match 在现有的蛋白质结构库中寻找能容纳 theozyme 的蛋白质；寻找到合适的宿主蛋白后，运用 Rosetta Design 软件，对 theozyme 周围的氨基酸残基进行突变和优化，保证设计的酶能在立体结构和电子分布上都与过渡态相互吻合；最后应用 Rosetta Energy 经验标准对设计的酶进行打分，挑选出合适的酶进行实验验证。

以催化逆醛醇缩合反应的酶蛋白分子的设计为例，底物为 4-羟基-4-（6-甲氧基-2-萘基）-2-丁酮，产物为 6-甲氧基-2-萘甲醛和丙酮。这是一个有机化学中非常经典的反应。反应中需要两个供电子的碱性基团参与，其中一个对羰基碳进行亲核攻击，以引发反应，促进碳-碳键的断裂；另一个通过夺取羟基氧上的质子氢，促进羟基上的氧形成双键变为羰基。其中进攻羰基碳的残基要求亲核性足够强，同时有很好的离去性，为此选取了 Lys，而另一个残基只需路易斯碱即可，备选的氨基酸有 His、Tyr 等。根据人们对有机化学的了解和酶催化机制的经验，Baker 等设计了 4 个候选的活性中间体（图 5-7）。4 个中间体分别通过 Lys、Asp、His、水分子等形成氢键网络，稳定中间体，达到催化的目的。对 4 个中间体模型分别进行量子化学计算和优化，得到了所谓的 theozyme；然后用 Rosetta Match 对蛋白质骨架（scaffold）和侧链残基进行搜索，得到能够容纳 theozyme 的蛋白质。其中，蛋白质骨架本身形成的催化活性中心口袋大小要合适，口袋过小，则不能完整地放置设计好的活性中心模块；口袋过大，则设计的活性中心不能很好地与蛋白质构象的其他原子接触，从而不能形成稳定的结构。然后通过催化残基的侧链，找到中间体构象和蛋白质主链骨架之间的相对位置，利用 Rosetta Design 软件对其余侧链进行空间搜索和优化，以得到较好的填充结果。最后应用 Rosetta Energy 挑选出基于 4 种催化模型设计出来的最佳蛋白质（图 5-8），并进行表达和测定其催化反应活性，发现基于其中两个模型设计的酶蛋白具有酶活性。

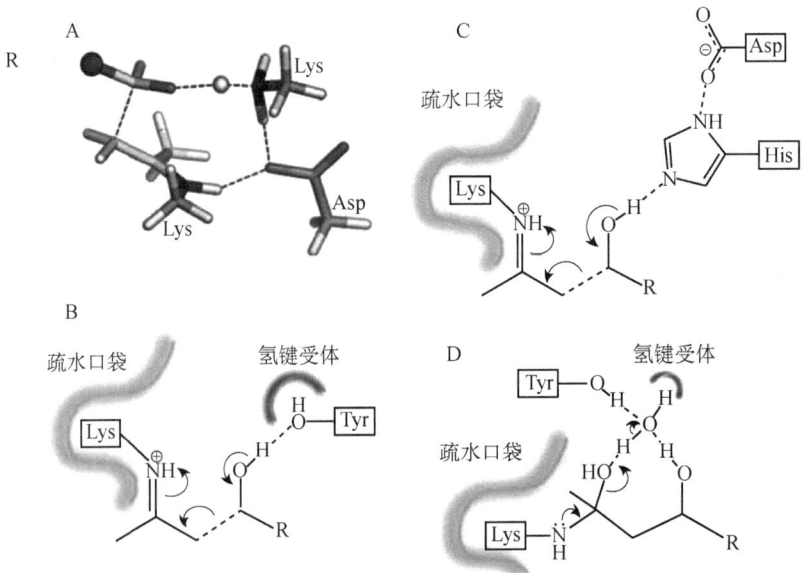

图 5-7　4 个候选的活性中间体（Jiang et al., 2008）

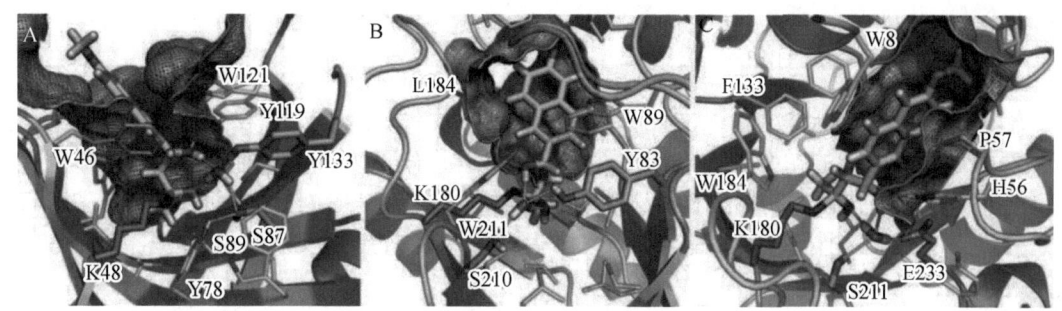

图 5-8 以 MotifIV 为基础设计筛选出的三个蛋白质（Jiang et al., 2008）

彩图

（三）全新蛋白质分子设计的软件

常见的全新蛋白质分子设计软件有 Rosetta Design、Foldit 和 AlphaFold2，均是由美国华盛顿大学的 David Baker 课题组开发的。

1. Rosetta Design　　Rosetta Design（http://rosettadesign.med.unc.edu）可用于蛋白质全序列设计、蛋白质-蛋白质相互作用界面设计、蛋白质-分子相互作用界面设计及酶功能设计等。

2. Foldit　　Foldit 是 David Baker 课题组开发的蛋白质折叠游戏软件（https://fold.it），也有网页版。其可让人们对设计的中间结构进行手工的修饰和改造，普及人们对蛋白质设计的认识。

3. AlphaFold2　　AlphaFold2 是迄今为止准确度最高的蛋白质三维结构预测平台。AlphaFold2 将 1D 序列和 3D 结构联系起来，利用深度神经网络的新范式，其设计成功率至少提升了 10 倍。

第三节　蛋白质分子动力学模拟

分子动力学模拟（molecular dynamic simulation）是分子模拟中最常用的方法。该方法中将每个原子都视为遵守牛顿第二定律的经典粒子，通过求解数值的积分运动方程式来解析每个原子的运动轨迹，表明系统内原子的位置与速度随时间发生变化的情况。目前常用的分子模拟软件有 Gaussian、Gromacs、Amber、CHARMM、Discovery Studio 和 NAMD（Nanoscale Molecular Dynamics）等。分子动力学模拟的一般步骤如下。

一、分子动力学模拟基本流程

（一）模拟体系评估

首先需要对所要模拟的系统做一个简单的评估，必须明确模拟的目的、原因及实施方法。

（二）选择合适的模拟工具

此步骤主要是指分子力场和模拟软件的选择。力场是以简单数学形式表示的势能函数，用于描述分子体系内原子间的相互作用。软件的选择通常和软件主流使用的力场有关，而软件本身也具有一定的偏向性。通常，蛋白质体系采用 Gromacs、Amber、NAMD 等均可，DNA 或 RNA 体系则首选 Amber。

(三) 模拟输入文件的获取

输入文件主要包括结构输入文件和力场参数输入文件。通过实验数据或者某些工具得到体系内的每一个分子的初始结构坐标文件，随后将这些分子按照一定的规则或随机排列在一起，从而得到整个体系的初始结构输入文件。结构输入文件一般为 PDB 文件，包含了一级结构、二级结构、原子坐标等相关信息，每一个做模拟的研究者必须对 PDB 文件各个参数的意义有相应的了解（表 5-2）。

表 5-2 PDB 文件各个参数的注解

记录类型	注解	记录类型	注解
	标题部分		一级结构
HEADER	分子类，公布日期、ID 号	DBREF	其他序列库的有关记录
OBSLTE	注明此 ID 号已改为新号	SEQADV	PDB 与其他记录的出入
TITLE	说明实验方法类型	SEQRES	残基序列
CAVEAT	可能的错误提示	MODRES	对标准残基的修饰
COMPND	化合物分子组成		二级结构
SOURCE	化合物来源	HELIX	螺旋
KEYWDS	关键词	SHEET	折叠片
EXPDTA	测定结构所用的实验方法	TURN	转角
AUTHOR	结构测定者		杂因子
REVDAT	修订日期及相关内容	HET	非标准残基
SPRSDE	已撤销或更改的相关记录	HETNAM	非标准残基的名称
JRNL	发表坐标集的文献	HETSNY	非标准残基的同义字
REMARK	注解	FORMOL	非标准残基的化学式
	连接注释		坐标部分
SSBOND	二硫键	MODEL	多亚基时示亚基号
LINK	残基间化学键	ATOM	标准基团的原子坐标
HYDBND	氢键	SIGATM	标准差
SLTBRG	盐桥	ANISOU	温度因子
CISPEP	顺式残基	SIGUIJ	各种温度因素导致的标准差
	晶胞特征及坐标变换	TER	链末端
CRYST1	晶胞参数	HETATM	非标准基团原子坐标
ORIGXn	直角-PDB 坐标	ENDMDL	亚基结束
SCALEn	直角-部分结晶学坐标	CONECT	原子间连通性有关记录
MTRIXn	非晶相对称		簿记
TVECT	转换因子	MASTER	版权拥有者
		END	文件结束

(四) 系统边界条件的处理

正确处理边界效应对分子模拟至关重要。最常用的是周期性边界条件，基本思想是选择合适的盒子，将系统所有原子放入盒子中，盒子周围都是与自身相同的复制体，这样对整个系统来说就没有边界了。分子模拟常用的边界条件有立方体盒子周期性边界条件、单斜盒子周期性边界条件和去头八面体盒子周期性边界条件等。

(五) 体系能量优化

在进行模拟之前，需要对体系进行充分的能量优化。能量优化即用分子力学法寻找分子体系能量极小的构象状态,以减少研究体系中空间位置不合理的地方。常用的能量最小化方法为最陡下降法和共轭梯度法。

(六)分子模拟

分子模拟必须在一定的系统下进行,常用的系统包括微正则系统、正则系统、等温等压系统和等温等焓系统。其中,等温等压系统是最常见的系统,许多分子动力学模拟都要在此系统下进行。

(七)结果分析

模拟结束后,通过一些可视化软件如 VMD,得到轨迹动画,同时需要对模拟数据进行分析,挖掘深层次的信息,如相互作用能、氢键分布和二硫键分布等。

二、分子动力学模拟实例

以 Amber 为例,进行分子动力学模拟讲解,软件版本采用 Amber18。

首先确保已安装 Amber,若未安装,可打开 Amber 主页(https://ambermd.org),这里可以下载 Amber 最新版本,一般 Amber 安装采用 Linux 系统。特别需注意的是 Amber 是一款收费软件,使用时需注意版权问题。同时在主页可以查看教程(Tutorials)、手册(Manual)等,其中 Tutorials 内含丰富的动力学模拟范例。

(一)PDB 文件获取

在进行分子动力学模拟之前,预先获取蛋白酶 PDB 文件及小分子 PDB 文件。可以直接从 PDB 下载目标蛋白的 PDB 文件。若目标蛋白的晶体结构未得到解析,则需要进行蛋白质结构预测,并对预测的结构进行评估,评估合格后可用。蛋白质结构预测的具体步骤和原理已在第四章进行叙述,这里不再讲解。小分子 PDB 文件可由软件 Chemoffice 制作得到,命名为 lig.pdb。

(二)蛋白质预处理

用 Chimera 或 PyMOL 等软件打开蛋白质 PDB 文件,删除无关分子,包括离子、非催化相关溶剂分子、结晶配体等。要注意一些特殊氨基酸,如 Cys 有自由态、二硫键、金属配位等三种不同形态(CYS、CYX、CYM),His 根据咪唑环上两个 N 的质子化状态也有三种不同形态(HID、HIE、HIP),需根据实际酶催化特性对蛋白质 PDB 文件进行修改,随后保存为 pro.pdb。

(三)小分子预处理

调整小分子坐标。在模拟中,小分子应位于活性中心。可通过查阅文献,获取相关催化氨基酸信息后,直接采用 Chimera 或 PyMOL 等软件手动将小分子配体置于活性中心。若蛋白质催化中心未知,则可采用 Autodock 等软件自动寻找配体最佳结合位点。最后保存调整位置后的小分子 PDB 文件(lig.pdb)。

(四)制备小分子力场参数文件

小分子和蛋白质标准残基不同,有各种形式,现流行的 Amber、Gromacs 等软件都没有小分子相关参数。为了进行动力学模拟，首先需要获取小分子的力场参数，包括小分子的键长、键常数、夹角、二面角、电荷、原子半径等。Amber 中小分子参数化使用的是 GAFF（general Amber force field）参数，GAFF 参数涵盖了大部分药物分子的力场参数，并且能与 Amber 力场进行兼容。相关命令如表 5-3 所示，可获得小分子力场参数文件 lig.frcmod 和 lig.prep。

表5-3 小分子力场参数文件生成相关命令

命令	备注
chamber -i lig.pdb -fi pdb -o lig.mol2 -fo mol2	将 PDB 文件转换成 mol2 文件
antechamber -i lig.mol2 -fi mol2 -o lig.prep -fo prepi -c bcc	生成分子力场文件（prep 文件）
parmchk2 -i lig.mol2 -f mol2 -o lig.frcmod	检查补充所生成的分子力场文件缺失的参数，生成 frcmod 文件

注：因软件版本问题，实际命令可能会有少许差异

（五）制备复合体坐标和拓扑文件

Amber 分子动力学模拟需要制备复合体的坐标和拓扑文件，这些文件包含了模拟对象的关键物理和化学信息，是模拟能够顺利进行的基础。采用 Amber 自带 tleap 模块制备蛋白质-小分子复合体坐标文件（.inpcrd）和拓扑文件（.prmtop），相关命令如表 5-4 所示。

表5-4 复合体坐标和拓扑文件生成相关命令

命令	备注
source oldff/leaprc.ff03	读入 amber03 力场参数，用于处理大分子的力场
loadamberparams lig.frcmod	读入小分子参数
loadamberprep lig.prep	读入小分子参数
source leaprc.gaff	读入 GAFF 参数，用于处理小分子的通用力场
lig=loadpdb lig.pdb	读入小分子 PDB
pro=loadpdb pro.pdb	读入蛋白质 PDB
com=combine { pro lig }	生成复合物文件
loadamberparams frcmod.ionsjc_tip3p	读入离子参数
addions com Na+ 2	向复合物中添加抗衡离子，保持模拟体系电中性。添加 Na^+ 或 Cl^- 及添加数量，根据实际体系而定
solvateoct com TIP3PBOX 10.0	为复合物添加消角八面体的周期边界溶剂盒子
saveamberparm com com_wat.prmtop com_wat.inpcrd	保存加入抗衡离子和溶剂盒子的复合物拓扑文件与坐标文件

注：因软件版本问题，实际命令可能会有少许差异

（六）分子动力学模拟

对蛋白质-小分子复合体进行动力学模拟，包括能量最小化、升温、正则系综（NVT）下的平衡、等温等压系综（NPT）下的平衡、最后 MD 模拟等几个步骤，基本均为以下运行命令：Sander.MPI -O -i xxx.in -o xxx.out -p com_wat.prmtop -c xxx.rst -r xxx.rst -ref xxx.rst -x xxx.mdcrd。其中-O 表示强行覆盖；-i 表示输入文件；-p 表示拓扑文件；-c 表示坐标文件；-ref 表示参考坐标文件；-r 表示 rst 文件，存储模拟最后一帧的坐标和动量数据信息；-o 表示 out

文件，存储模拟过程中每一帧的能量等信息；-x 表示轨迹文件，存储模拟过程中每一帧的坐标信息。

（七）模拟结果分析

模拟结束后，根据 Amber 自带模块进行分析，部分分析命令见表 5-5。

表 5-5　分子模拟结果分析相关命令/模块

命令/模块	备注
angle	计算角度
ambpdb	将 Amber 坐标文件转成 PDB 文件
distance	计算距离
energy	计算某一结构的能量
hbond	计算氢键
MMPBSA	计算复合物的结合能、能量分解
RMSD	计算构象差异程度或轨迹稳定程度

第四节　蛋白质分子设计的应用及发展趋势

自从 1997 年 Stephen Mayo 等报道了第一个针对特定结构设计的氨基酸序列以来，人们对蛋白质分子设计已经取得了突破性进展，包括对人工非天然折叠类型的设计、蛋白质-小分子结合界面设计、蛋白质相互作用界面的设计及酶催化反应的设计。

一、蛋白质分子设计的应用

蛋白质分子设计可以应用在很多方面，以下将重点介绍蛋白质分子设计在大健康领域、化工领域和环保领域的应用进展。

（一）在大健康领域的应用

胶原蛋白是人体含量最多的蛋白质，具备物理支撑性、生物相容性、组织可吸收性、凝血性等特性，被广泛应用于专业护肤、医疗美容、生物医学材料及食品领域。Grand View Research 针对胶原蛋白市场分析出 2023 年全球胶原蛋白市场规模为 97.6 亿美元，预计 2024～2030 年将以 9.6%的复合年增长率（CAGR）增长，其中Ⅰ型胶原蛋白在 2023 年以超过 35%的收入份额主导市场。Ⅰ型胶原蛋白的超分子结构是其发挥生理功能的前提条件，其三个链形成三重螺旋，数百个三重螺旋自发组装，形成具有凹凸条纹的蛋白质纤维。江南大学、美国罗格斯大学及同济大学相关科研人员（2022）采用模块化、分层级的计算设计策略，合作完成了胶原蛋白的人工设计。首先，通过构建胶原分子界面的相互作用模型，优化结合自由能，设计了一系列可驱动超分子组装的黏性模块。然后，将黏性模块置于功能模块的两端，促使胶原蛋白分子以首尾衔接的方式组装。通过扩散限制性聚集的粗粒化模型，模拟了从纳米级分子到微米级纤维的组装过程。冷冻电子显微镜成像显示，设计的胶原蛋白形成了与天然Ⅰ型胶原纤维类似的、带有凸凹条纹的纤维结构（图 5-9）。同时，细胞学实验初步验证了设计的胶原蛋白可促进成骨细胞分化。该研究中制备的重组胶原蛋白，未来不仅可作为一种新型的骨缺损修复材料，还将为研究成骨不全症等胶原相关疾病提供一个可定制、可调控的纳米平台。

2019 年开始,新冠病毒在全世界蔓延。新冠病毒的表面有许多刺突蛋白,刺突蛋白通过其受体结合域(RBD)与人体细胞表面的 ACE2 受体相互作用,然后进入细胞。干扰刺突蛋白与 ACE2 受体的相互作用,成为阻止新冠病毒感染细胞的一种重要策略。基于上述原理,Baker 教授的研究团队(2020)采用了两种设计策略:一种是先用计算机生成小蛋白质骨架结构,以此为基础整合 ACE2 受体的片段,提高亲和力;另一种则是在蛋白质骨架上对接病毒 RBD,识别全新的结合模式,从头开始设计完全合成的蛋白质。研究团队在计算机上设计了超过 200 万个候选的结合蛋白,随后生成了 118 000 多个新蛋白质,在实验室中进行了测试,其中有 10 种设计蛋白质可以在 100pm~10nm 内结合新冠病毒 RBD,在体外细胞实验中显示出良好的抑制活性(IC_{50} 为 24pm~35nm)。其中活性最强的一种抗病毒蛋白由第二种策略产生,研究人员将其命名为 LCB1,其 IC_{50} 为 0.16ng/mL。按质量计算,LCB1 的效力是迄今为止报道的最有效的单克隆抗体的 6 倍。

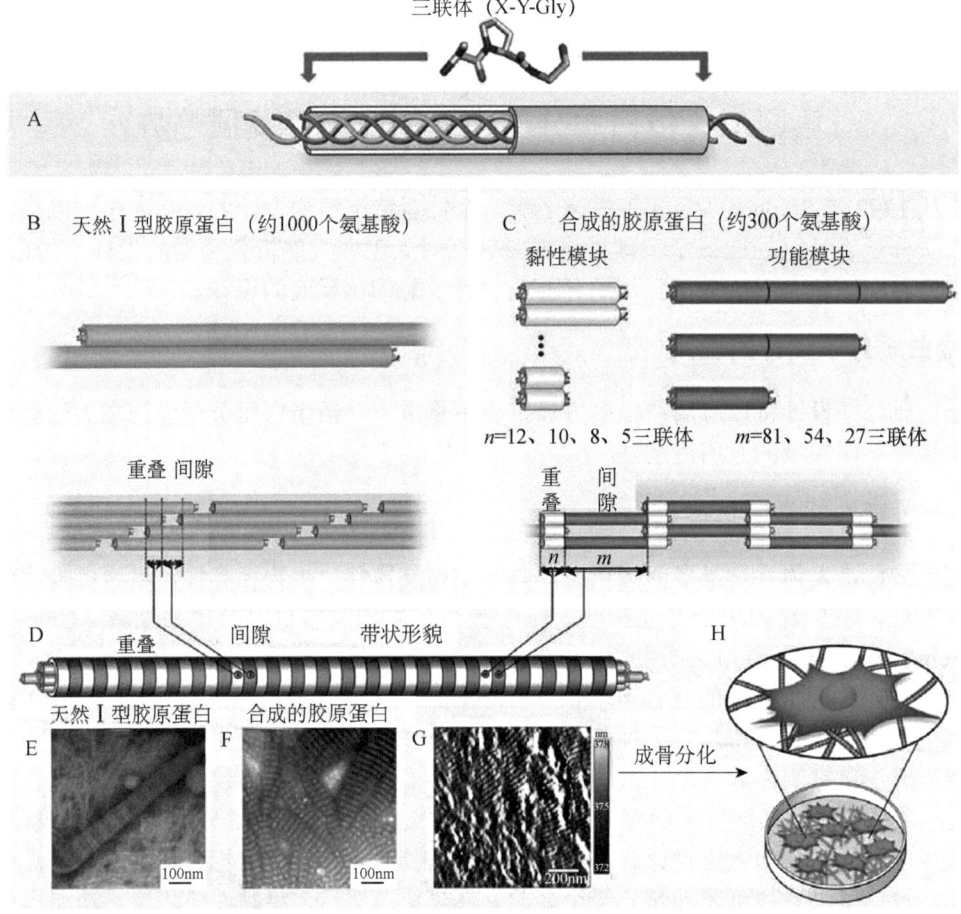

图 5-9 天然胶原蛋白与计算设计的胶原蛋白的自组装机制(Hu et al., 2022)

(二)在化工领域的应用

无论是基于天然蛋白质结构的蛋白质设计还是全新蛋白质设计,在化工领域均发挥着重要作用。基于蛋白质分子设计的酶种类繁多,包括脂肪酶、酯酶、裂解酶、转氨酶、氧化还原酶等，涉及的催化反应也包括水解、转酯、缩合和氧化等。Baker 课题组则开发出 Rosetta Design 软件，成功设计了催化自然界无法发生的三种反应的新酶，分别为催化逆醛醇缩合反应的酶分子 retro-aldolase（2008 年）、催化 kemp 消除的新酶（2008 年）和催化狄尔斯-阿尔德（Diels-Alder）反应的新酶（2010 年）。荷兰格罗宁根大学的 Gerard Roelfes 教授课题组（2024）通过遗传密码拓展技术在蛋白质骨架中引入含硼酸的非天然氨基酸（pBoF），创造了以硼酸为催化中心的人工酶（BOS），实现了首例酶促不对称的硼催化反应，实现了安息香类化合物的不对称动力学拆分。Ema 等（2012）为提高来自洋葱伯克霍尔德氏菌（*Burkholderia cepacia*）的脂肪酶对 1-苯基-1-己醇及其类似物的对映体选择性，模拟酶与底物过渡态的结合过程，成功设计得到突变体 I287F/I290A，其对映体选择性大于 200，具有很好的工业应用前景。

手性氟代 β-内酰胺是抗生素碳青霉烯核心。天津大学张发光与中国科学院孙周通团队（2024）合作实现了酶催化氟代 β-内酰胺母核的立体多样性合成，通过半理性组合活性位点饱和试验/迭代饱和突变（CAST/ISM）策略显著提高了羰基还原酶 BgADH 的立体选择性、活性和热稳定性，扩展了氟烷基底物谱。研究中利用指纹图谱分析选取了 BgADH（PDB ID：8IJ6）催化口袋内 5Å 范围内 F148、A140、I139 等 11 个氨基酸位点进行单点饱和突变（SM）筛选，获得了能够催化底物 1a 得到单一目标构型（2*S*,3*S*）-2a 的突变体（图 5-10），其中单突变体 A140K 的催化效果最佳，产率和对映体过量值（*e.e.*值）分别为 94%、94%，非对映体过量值（dr 值）为 99∶1。随后以 BgADH-A140K 为模板，继续提高该酶的活性和热稳定性。借鉴聚焦理性迭代位点特异性突变（focused rational iterative site-specific mutagenesis，FRISM）的策略选取酶催化口袋外侧 G92、L203 等 8 个氨基酸残基，设计 DYA/KGC 简并引物覆盖小位阻氨基酸，进行饱和突变（SM）筛选和迭代后得到突变体 G92A/L203T。在此基础上，根据 B-因子（B-factor）策略选取酶表面 B-因子较高的 4 个氨基酸位点 A10、A24、V84、A230 进行 SM 筛选，最终得到了手性、活性和热稳定性同时提高的四点突变体 M5（BgADH-A140K/G92A/L203T/V84I）（图 5-11）。100mL 反应体系中加入 15g/L 底物 1a 和 0.3g/L 突变体 M5 的冻干细胞，在 40℃条件下反应 0.5h，底物完全转化，产物（2*S*,3*S*）-2a 的分离产率超过 90%，dr 值为 99∶1，*e.e.*值为 99%，时空产率（STY）为 648g/（L·d）。

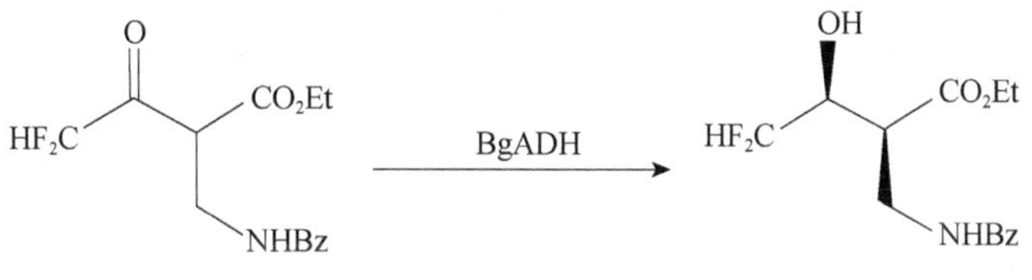

图 5-10 反应示意图

Et. 乙基；Bz. 苯甲酰基

（三）在环保领域的应用

随着资源与环境问题的日益严峻，废弃塑料的有效回收与再利用已成为全球性研究热点。2023 年 11 月 15 日，中美两国发表《关于加强合作应对气候危机的阳光之乡声明》，表示"决心终结塑料污染"。聚对苯二甲酸乙二醇酯（PET）是一类在全球被广泛使用的聚酯型塑料，设计稳定高效的 PET 降解酶用于生物降解 PET 废弃物是一种绿色环保的塑料污染治理途径。随着相关工艺流程的发展，PET 水解酶的降解活性和热稳定性已显著提升。2023 年，亚琛工业大学的 Yu Ji 和 Ulrich Schwaneberg 团队使用 MutCompute 深度学习模型，对 PET 水解酶 TfCut 进行重新设计，最佳变体 L32E/S113E/T237Q 的 T_m 值提高了 5.7℃，同时对无定型 PET 膜的降解活性提高了 2.9 倍，对高结晶 PET（结晶度高于 40%）的降解活性提高了 5.3 倍。日常生活中使用的 PET 饮料瓶结晶度通常为 30%～50%，属于高结晶 PET，降解难度更高。2023 年，中国农业科学院田健团队借助机器学习的方法，对 PET 水解酶 LCCICCG[LCC（叶枝堆肥的热稳定角质酶）的突变体 F243I/D238C/Y127G]进行了重新设计，获得的优良变体 LCCICCG-I6M 的热稳定性显著提高，可在 75～80℃条件下解聚高结晶度的商业 PET 塑料，活性较 ICCG 提高了 3.64 倍。2023 年 7 月 13 日，韩国庆北大学 Kyung-Jin Kim 团队发现了一种兼具嗜温和嗜热特性的新型 PET 水解酶 CaPETase，该酶兼具 PETase 和源自叶枝堆肥的热稳定角质酶（leaf-branch compost cutinase，LCC）的优点，在环境温度下具有较高的催化活性，同时具有较高的热稳定性。在获得了该酶的高级结构以后，经过合理的蛋白质工程设计，变体 CaPETaseM9 在 60℃条件下的活性比野生型提高了 41.7 倍。

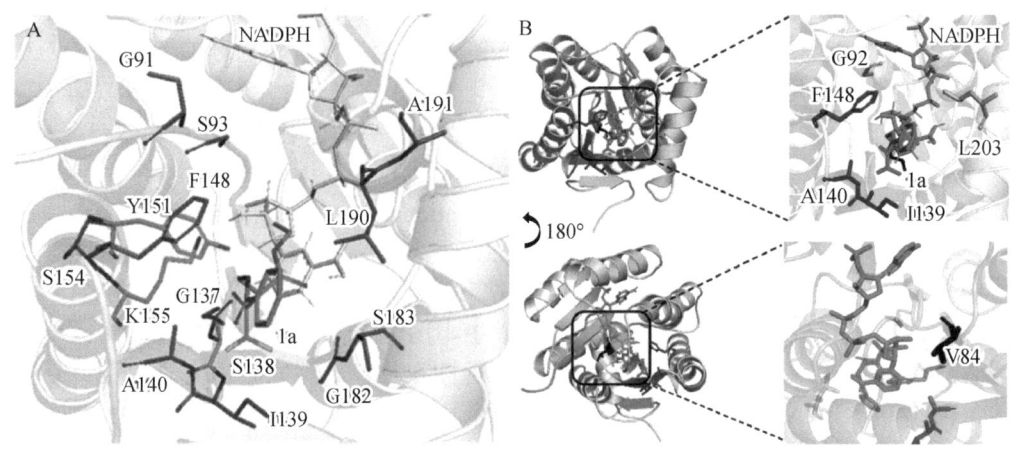

彩图

图 5-11　BgADH 分子改造中的关键氨基酸（Mei et al., 2024）

A. 显示了 11 个控制立体选择性的潜在关键氨基酸的分布，这些位点是通过 BgADH 与底物的蛋白质-底物相互作用指纹分析（IFP）识别出来的；B. 蓝色标记的 I139、A140 和 F148 代表可以控制立体选择性的关键氨基酸位点，黄色标记的 G92 和 L203 代表可以控制活性的关键氨基酸位点，黑色标记的 V84 代表可以控制热稳定性的关键氨基酸位点，绿色表示底物 1a

2024 年，山东大学祁庆生教授团队开发了一种基于动态分子对接的底物亲和力分析（ADD）策略，通过引入 PET 降解酶的动态蛋白质构象信息，对底物-酶复合物进行动力学分析，选择与 PET 底物持续相互作用时间超过 20%的热点进行虚拟饱和突变，计算突变体的亲和力变化并选择高亲和力突变体进行实验验证，经过三轮理性蛋白质工程改造，筛选到三个 PET 降解活性显著提高的突变体 LCC-A2、LCC-A3 和 LCC-A3-2。突变体 LCC-A2 在 3.3h 内降解超过 90%的 PET 废弃物，99%以上的产物为完全降解的末端单体，是目前报道的最高效的 PET 降解酶突变体（图 5-12）。

二、蛋白质分子设计的发展趋势

尽管蛋白质分子设计的现状距离其最终目标还是很遥远，设计中采用的方法也有自身局限，如空间搜索算法、建立模型评价函数、模拟能量函数等。但很多实例都已证明，蛋白质分子设计应用于蛋白质工程能极大地减少设计的盲目性。相信随着计算机技术的不断发展，以及人们对蛋白质结构-功能关系的理解日益深入，蛋白质分子设计的应用前景会越来越广。

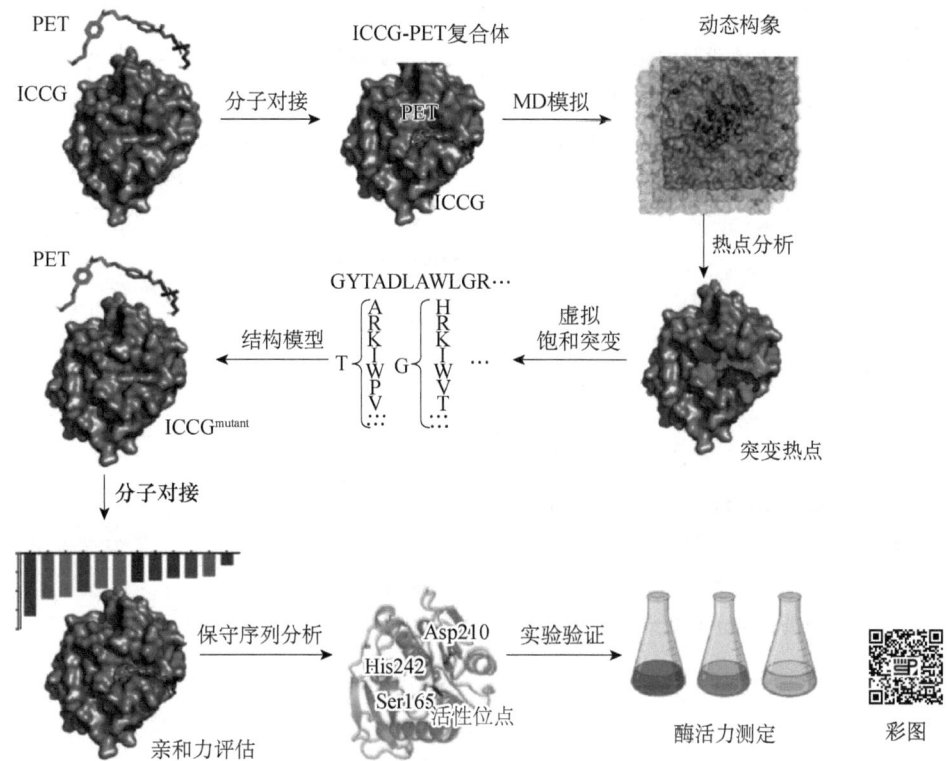

图 5-12　ADD 策略示意图（Zheng et al.，2024）

步骤 1，分子对接以获得 ICCG-PET 复合体；步骤 2，MD（分子动力学）模拟以提取 100 帧动态构象；步骤 3，使用动态构象进行突变热点分析，以准确识别 PET 结合的关键残基；步骤 4，将动态构象进行聚类，并选择 5 帧代表性构象进行虚拟饱和突变；步骤 5，通过聚类获得的代表性构象用于模拟突变体的结构；步骤 6，进行亲和力评估以筛选出比 ICCG 具有更低亲和能的潜在突变体；步骤 7，保守氨基酸分析，避免在高度保守的残基上进行突变设计；步骤 8，实验验证。PET. 聚对苯二甲酸乙二醇酯；ICCG. PET 水解酶；ICCG^{mutant} ICCG 突变体

趣味阅读

　　提到蛋白质从头设计，华盛顿大学戴维·贝克（David Baker）博士的大名可谓是无人不知。这位学术达人常年顶着一头蓬松的乱发，嘴角挂着孩子气的微笑，永远像年轻人那般活力四射。在追求知识和科学的心态上，戴维也总是像孩子般充满好奇，让人感受到他内心那份对未知世界探索的热情。

　　不过，可能很少有人知道，在走上生物化学研究的道路前，戴维的专业是哲学。1983 年，在哈佛大学学习哲学的戴维·贝克在一堂生物学课程上了解到蛋白质折叠问题。这些复杂的蛋白质只由 20 种简单的氨基酸经过排列组合拼接而成，氨基酸序列就包含了它能形成蛋白质的所有结构和活性信息。一条氨基酸序列可以自发折叠成唯一的三维结构，然后在细胞内发挥特定的功能——有的可以结合 DNA，控制基因的开关；有的可以识别病原体，启动免疫反应。在这些现象背后，一个巨大的问题随之浮现：一条氨基酸序列从理论上来说可以有无数种折叠方式，那为什么它能够自发折叠成唯一的三维结构呢？

　　自那堂课后，戴维对这个数十年来困扰了无数科学家的难题产生了极大的兴趣，甚至不惜转换专业在生物学领域从头开始学习。从此，戴维的人生轨迹彻底改变了。1993 年，戴维获得了华盛顿大学生物化学系助理教授的职位。1996 年，他与研究生开始编写一个叫作 Rosetta 的程序用来预测蛋白质折叠。2005 年，戴维团队启动了一个 Rosetta@home 的项目来解析蛋白质结构，并开发了一款名为 Foldit 的游戏。一些游戏的高级玩家还曾通过这款 Foldit 游戏破解了一种逆转录病毒的蛋白质结构，并将成果发表在了《自然》杂志子刊上。

作为蛋白质从头设计的先驱者，戴维希望通过"蛋白质设计革命"开启一个全新的时代，人类将学会使用一种前所未有的方式来操控生物分子，如从头设计出全新的药物、疫苗、疾病疗法等，拓展新药研发的边界。现在，年过 60 岁的戴维依然有自己的课题，并坚持自己做实验、展示工作成果。就像他所说的，如果想要像他一样充满创造力，"选择重大的科学问题，享受工作的每分每秒就好"。

复习思考题

1. 蛋白质分子设计的定义是什么？
2. 简述蛋白质分子设计的一般流程。
3. 蛋白质分子结构设计一般遵循的原则有哪些？
4. 列举蛋白质分子设计中的关键技术。
5. 什么是同源建模？其一般流程如何？
6. 分子模拟的方法有哪些？
7. 蛋白质分子设计的应用领域还有哪些？举例说明。
8. 你认为蛋白质分子设计目前所面临的挑战是什么？其发展前景如何？

第六章
蛋白质的表达

- 蛋白质的表达
  - 蛋白质的原核表达
    - 大肠杆菌表达系统
      - 大肠杆菌表达系统的组成
      - 影响外源基因在大肠杆菌系统中表达的因素
    - 枯草芽孢杆菌表达系统
      - 枯草芽孢杆菌表达系统的组成
      - 影响外源基因在枯草芽孢杆菌系统中表达的因素
  - 蛋白质的真核表达
    - 酵母表达系统
      - 酿酒酵母表达系统
        - 2μm质粒的筛选标记
        - 表达载体
        - 酿酒酵母表达载体的优缺点
      - 甲醇酵母表达系统
        - 外源基因的表达
        - 载体选择
        - 外源基因的表达翻译
      - 毕赤酵母表达系统
        - 表达载体
        - 信号肽
        - 外源基因表达的影响因素
      - 多形汉逊酵母表达系统
      - 裂殖酵母表达系统
        - 表达载体
        - 裂殖酵母表达系统的应用
        - 影响酵母表达外源基因的因素
    - 昆虫杆状病毒表达系统
      - 昆虫杆状病毒表达系统的特点
      - 杆状病毒表达载体
      - 重组杆状病毒的构建及纯化
      - 昆虫杆状病毒表达系统的优缺点
      - 外源基因表达的影响因素
      - 昆虫杆状病毒表达系统的应用
    - 哺乳动物细胞表达系统
      - 表达载体
        - 表达载体的类型
        - 表达载体的结构元件
        - 哺乳动物细胞高效表达载体的构建
      - 宿主细胞的改造
        - 抗凋亡工程
        - 细胞周期调控工程
        - 糖基化工程
        - 代谢工程
        - 细胞增殖控制工程

蛋白质表达是一种利用原核表达系统、真核表达系统等来进行外源基因表达的分子生物学技术，具体指用模式生物表达外源基因蛋白。常见的模式生物有细菌、酵母、动物细胞或者植物细胞等。最早进行蛋白质制备和研究的表达系统是原核表达系统，这也是目前人们掌握得最成熟的表达系统。其中原核表达系统主要包括大肠杆菌表达系统和枯草芽孢杆菌表达系统，以大肠杆菌最为常用，原因是人们对大肠杆菌的遗传学、生物化学和分子生物学研究已经积累了大量知识。真核表达系统由于具有翻译后加工修饰的功能，表达的蛋白质在结构和功能方面更接近于天然蛋白质。目前，基因工程研究中常用的真核表达系统主要有酵母表达系统、昆虫杆状病毒表达系统和哺乳动物细胞表达系统。下面将分别对上述表达系统的组成、影响外源基因表达的因素作简要介绍。

第一节 蛋白质的原核表达

蛋白质的原核表达是指利用基因工程技术将需表达的外源目的基因通过构建表达载体，导入原核表达宿主细胞进行表达的方法，使其在特定原核生物或细胞内表达。该项技术主要是将目的基因片段克隆入载体，载体再转化细菌，通过诱导、表达、纯化等步骤，得到所需的目标蛋白。目前，原核表达系统主要包括大肠杆菌表达系统和枯草芽孢杆菌表达系统。

一、大肠杆菌表达系统

1977 年，Itakura 等在大肠杆菌（*Escherichia coli*）中成功表达了一种哺乳动物肽类激素——生长激素抑制素，首次实现了外源基因在原核细胞中的体外表达。这被认为是基因工程发展史上的一座里程碑。

大肠杆菌是一种革兰氏阴性菌，是第一个被用于生产重组蛋白的宿主菌。大肠杆菌因具有培养条件简单、培养周期短、易于高密度发酵，而且其表达外源基因产物的水平远高于其他表达系统，生产重组蛋白成本低等诸多特点而被广泛用作重组蛋白的表达宿主。据统计超过 30%的重组蛋白药物和 50%重组蛋白是使用大肠杆菌作为表达宿主制备的，目标蛋白量甚至能超过细菌总蛋白量的 30%，因此大肠杆菌是目前应用最广泛的蛋白质表达系统。

（一）大肠杆菌表达系统的组成

大肠杆菌表达系统主要包括表达载体、外源基因、表达宿主菌株三部分。其中表达载体的最基本元件包括复制起始位点、外源基因插入的多克隆位点、选择性筛选标记、启动子（通过活化 RNA 聚合酶开启 DNA 的转录）、转录终止子在内的目的基因序列和核糖体结合位点（RBS）。

1. 表达载体 构建的表达载体通常符合如下要求：①具有稳定的遗传、复制和传代能力，在无选择压力下能存在于大肠杆菌细胞内；②具有显性的转化筛选标记；③具有能控制转录、产生大量 mRNA 的启动子，如 P_{lac}、P_{tac} 等，且启动子的转录是可以调控的，抑制时本底转录水平较低；④有适合外源基因插入的多克隆位点；⑤启动子转录的 mRNA 能够在适当位置终止，避免转录过长，可以合理设计强终止子。目前常用的商业原核表达载体有 pET-30a（＋）（Novagen 公司），pACYCDuet-1 和 pTrcHis A、pTrcHis B、pTrcHis C（Invitrogen 公司），pQE-1（Addgene 公司），如图 6-1 所示。

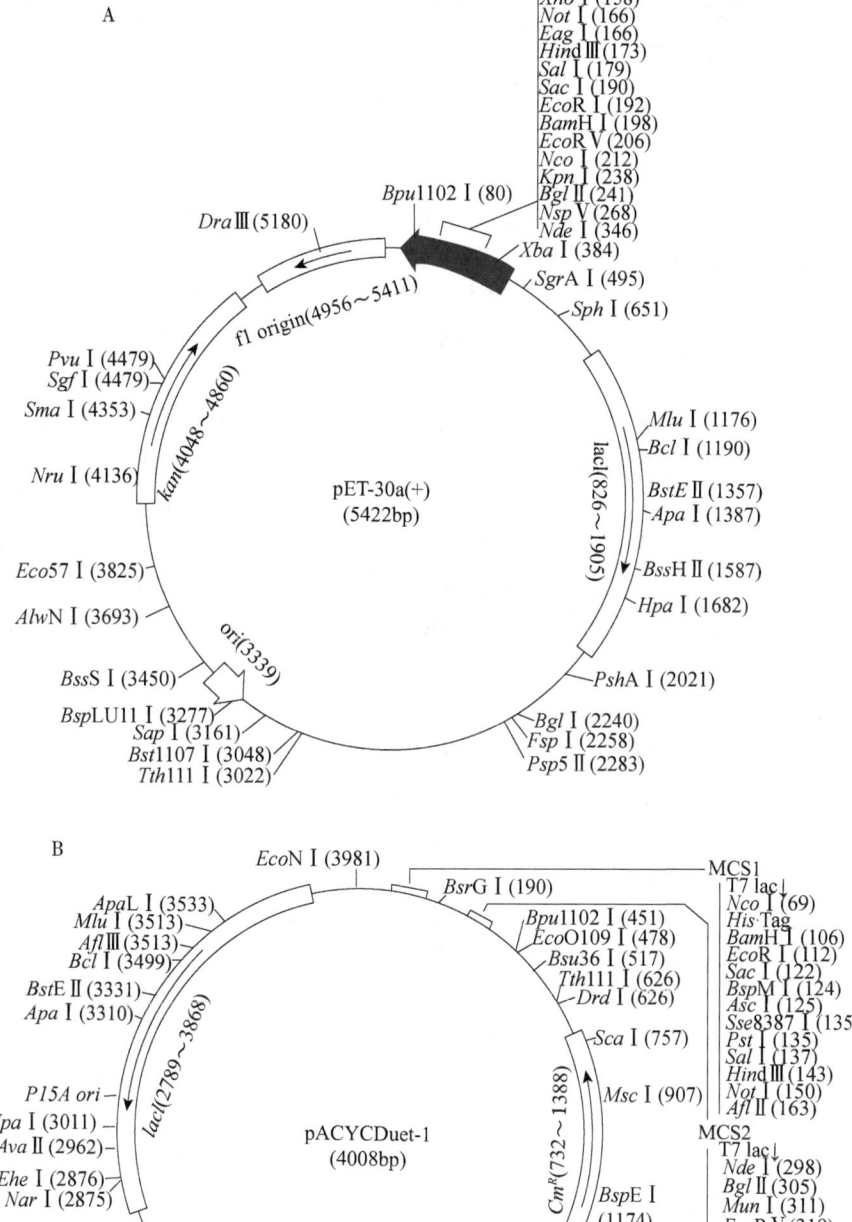

图 6-1 两种常用的商业原核表达载体图谱
ori. origin, 原点; terminator. 终止子

（1）启动子（promoter） 是 DNA 链上 RNA 聚合酶的识别与结合位点。它包括 −35 区的 TTGACA 和 −10 区的 TATAAT, 其决定转录的起始位点和转录的起始效率, 是影响外源

基因表达水平的关键因素。由于外源基因的表达往往会影响宿主细胞的自身生长代谢，有些表达产物甚至对宿主细胞有毒害作用。因此，目前原核表达系统中选用的启动子多为可控制表达启动子，主要包括温度诱导和 IPTG（异丙基硫代-β-D-半乳糖苷）诱导表达两种类型。常用的启动子有 P_L、P_R、P_{trp}、P_{tac}、P_{lac} 等，还有后来出现的几种高效和特异性的启动子如 T7 启动子、Ara 启动子、Cad 启动子等。

（2）复制子　　通常表达载体都会选用高拷贝的复制子。pSC101 类质粒以严谨方式复制，拷贝数低，pCoE1 和 pMBI（pUC）类的复制子（复制起始部位）的拷贝数高达 500 以上，是表达载体常用的。通常情况下，质粒拷贝数和表达量呈非线性正相关，当然也不是越多越好，超过细胞的承受范围反而会损害细胞的生长。如果需要两个质粒共转化，就要考虑复制子是否相容的问题。

（3）SD 序列　　即核糖体结合位点，它位于起始密码子 ATG 上游 3~10bp 处，是一段由 3~9bp 组成的富含嘌呤核苷酸序列。这段序列可与 16S rRNA 3'端的富含嘧啶核苷酸序列互补结合而起始蛋白质的翻译过程，于 1974 年由 Shine 和 Dalgarno 发现而命名为 Shine-Dalgarno 序列，简称 SD 序列。在原核生物中，核糖体受 SD 序列引导从而识别 AUG 起始密码子，保守区为 5'-UAAGGAGGUGA-3'。SD 序列的结构及其与起始密码子 AUG 之间的距离决定了 RBS 的结合强度，从而对翻译的效率产生影响，一般认为 SD 序列与 AUG 之间的距离一般以 4~10 个核苷酸为佳。

（4）转录终止子（transcription terminator）　　即给予 RNA 聚合酶转录终止信号的 DNA 序列。在原核细胞中，转录终止子根据其作用机制可分为两类：依赖 ρ 因子的终止子和不依赖 ρ 因子的终止子。两类终止子有共同的序列特征，即在转录终止点前有一段回文序列。两类终止子的不同点是：不依赖 ρ 因子的终止子的回文序列中富含 GC 碱基对，在回文序列的下游方向又常有 6~8 个 AT 碱基对（在模板链上为 A，在 mRNA 上为 U）；而依赖 ρ 因子的终止子中回文序列的 GC 碱基对含量较少，在回文序列下游方向的序列没有固定特征，其 AT 碱基对含量比前一种终止子低。转录终止子具有的重要功能：可以阻止基因的连续转录，避免不必要的能量和原料损耗；此外，其可以形成稳定的茎-环结构，从而增加 mRNA 的稳定性，以提高重组蛋白的产量。

2. 外源基因　　外源基因是指在大肠杆菌表达系统中所要表达的目标基因，包括原核基因和真核基因两种类型。其中原核基因可以在大肠杆菌中直接表达，而真核基因是断裂基因，内部含有内含子序列，大肠杆菌对转录出的前体 mRNA 不能进行剪切形成有功能的成熟 mRNA，故真核基因不能在大肠杆菌中直接表达，而只能以 cDNA 的形式在大肠杆菌中表达。

3. 表达宿主菌株　　表达宿主菌株的选择也是在原核蛋白质表达过程中所必须要综合考虑的重要因素。当菌株内源的蛋白酶过多时，可能会使外源表达产物不稳定，BL21 系列（Lon 和 OmpT 蛋白酶缺陷型）菌株就可以作为理想的起始表达宿主菌株。而 BL21（DE3）溶源菌株则是添加 T7 聚合酶基因，为 T7 表达系统而设计的。Rosetta 2 系列是携带 pRARE2 质粒的 BL21 衍生菌，补充大肠杆菌缺乏的 7 种稀有密码子（AUA、AGG、AGA、CUA、CCC、GGA 及 CGG）对应的 tRNA，提高外源基因，尤其是真核基因在原核系统中的表达水平。当要表达的蛋白质需要形成二硫键以形成正确的折叠时，可以选择 K-12 衍生菌 Origami 2 系列，该宿主细胞是硫氧还蛋白还原酶（thioredoxin reductase，TrxR）和谷胱甘肽还原酶（glutathione reductase，GR）两条主要还原途径双突变菌株，可显著提高细胞质中二硫键形成概率，促进蛋白质可溶性及活性表达。Rosetta-gami™2 则综合了上述两类菌株的优点，既能补充 7 种稀有密码子，又能够促进二硫键的形成，帮助需要借助二硫键形成正确折叠构象的真核蛋白质的表达。

（二）影响外源基因在大肠杆菌系统中表达的因素

目前人们运用基因工程技术已在 *E. coli* 中成功地表达了许多重要的生物活性蛋白基因，但由于目的基因结构的多样性，以及其与大肠杆菌基因的差异，不同外源基因在表达效率上有很大的差异。影响外源基因在 *E. coli* 中表达效率的因素主要包括：载体（启动子）和宿主菌的选择，密码子的选用，mRNA 结构的稳定性，培养条件的控制和表达产物的后加工处理等。

1. 外源基因的表达效率　①启动子的强弱。有效的转录起始是外源基因能在宿主细胞中高效表达的关键步骤之一，也可以说，转录起始的速率是基因表达的主要限速步骤。因此，选择强的可调控启动子及相关的调控序列，是组建一个高效表达载体首先要考虑的问题。

最理想的可调控启动子应该是：在发酵的早期阶段表达载体的启动子被紧紧地阻遏，这样可以避免出现表达载体不稳定、细胞生长缓慢或由于产物表达而引起细胞死亡等问题。当细胞数目达到一定的密度时，通过多种诱导（如温度、药物等）使阻遏物失活，RNA 聚合酶快速起始转录。②核糖体结合位点的有效性。SD 序列是指原核细胞 mRNA 5′端非翻译区同 16S rRNA 3′端的互补序列。按统计学的原则，一般 SD 序列至少含 AGGAGG 序列中的 4 个碱基。SD 序列的存在对原核细胞 mRNA 翻译起始至关重要。③SD 序列和起始密码子 AUG 的间距。AUG 是最首选的起始密码子，GUG、UUG、AUU 和 AUA 有时也用作起始密码子，但不是最佳选择。另外，SD 序列与起始密码子之间的距离以 9±3 为适宜。④密码子的组成。尽量避免使用稀有密码子如 AGG、AGA（Arg）、CUA（Leu）等。

2. 表达载体的选择　表达系统中最重要的元件是表达载体，表达载体应具有表达量高、稳定性好、适用范围广等特点。大肠杆菌中的表达载体主要包括融合型和非融合型表达载体两种，其中融合型表达载体包括带纯化标签的表达载体、带分子伴侣的表达载体、分泌型表达载体和表面呈现型表达载体。

非融合型表达是将外源基因插入表达载体的启动子和核糖体结合位点下游，表达的非融合蛋白与天然状态下存在的蛋白质在结构、功能及免疫原性等方面基本一致。

融合型表达便于纯化、利于翻译起始，而分子量小的蛋白质以融合形式表达，可增加 mRNA 的稳定性。目前成功应用的融合表达载体包括：GST（谷胱甘肽-*S*-转移酶）系统、MBP（麦芽糖结合蛋白）系统、蛋白 A 系统、纯化标签融合系统、半乳糖苷酶系统等。

3. 外源基因中密码子的使用　带有相应反密码子（anticodon）的 tRNA 将氨基酸引导至 mRNA 上，进行蛋白质的翻译合成。在原核生物中，由于不同 tRNA 含量不同而产生了对密码子的偏爱性。对应的 tRNA 丰富或稀少的密码子，分别称为偏爱密码子（biased codon）或稀有密码子（rare codon）。

如果外源基因含有较多的稀有密码子，其表达效率往往不高。在此情况下，应针对密码子的偏爱性采取措施，如提高转运稀有密码子相应氨基酸 tRNA 的浓度或者采用非连续多核苷酸定点突变方法对外源基因中稀有密码子进行同义突变等。

4. mRNA 结构的稳定性　外源蛋白 mRNA 的稳定性也是影响表达效率的一个很重要的条件。mRNA 的降解方式有外切和内切，可在 5′端和 3′端进行。某些 mRNA 的 SD 序列上游 20 多个核苷酸处有一段富含 U 的区域，易受核酸内切酶的作用，但它对翻译很重要。当合成蛋白质时,核糖体及起始因子的结合对这一区域起保护作用,避免被核酸内切酶降解。mRNA 的 3′端结构也影响 mRNA 的稳定性,在 *E. coli* 中,约有 1000 个拷贝的基因外重复回文序列(repetitive extragenic palindrome,REP)存在于染色体上,它在 mRNA 的 3′端出现时,可以避免 3′→5′核酸外切酶的作用。

5. 发酵工艺的控制　　为了获得高浓度的工程菌菌体和高表达的外源基因表达产物,基因工程菌通常采用高密度细胞培养技术(high cell density culture,HCDC),也称为高密度发酵技术。高密度发酵一般是指菌体干细胞质量(dry cell weight,DCW)达 50g/L 以上,通过发酵工艺控制来延长工程菌对数生长期、相对缩短衰亡期,提高菌体的发酵密度,最终提高外源蛋白的产率,降低生产成本。针对大肠杆菌表达系统,发酵工艺控制通常考虑如下方式。

(1)培养基组成　　根据菌体对营养的需求,培养基包括水分、碳源、氮源、无机盐和生长素等五大类物质。为了达到高密度发酵,通常在合成培养基(缓冲盐溶液、葡萄糖、甘油及氨水等)的基础上,添加少量酵母粉、蛋白胨、无机盐和氨基酸,以促进菌体生长和外源蛋白表达。实验过程中可采用正交设计、响应面分析等方法对培养基各组分进行优化,从而得到适合高密度发酵的培养基。

(2)温度　　温度对工程菌发酵的影响体现在多个方面,如影响发酵基质的理化性质、细胞的生长及代谢调控,目标产物的生成等。一般情况下,工程菌菌体生长最适温度较高,而外源蛋白表达温度要低,因此工程菌发酵分为菌体生长阶段和外源基因蛋白表达阶段。

(3)pH　　在发酵过程中,细胞代谢产生的 CO_2、乙酸、乳酸等产物不断积累,引起发酵基质 pH 的改变。pH 的变化会影响细胞内 H^+ 或 OH^- 的浓度变化,进而影响酶蛋白的解离度及酶的活性,因此对菌体生长、目标蛋白表达和活性等具有非常明显的影响。

(4)溶氧　　在发酵过程中,溶氧浓度(DO)的高低会影响菌体生长、乙酸生成和外源质粒丢失,从而对外源蛋白的产量产生影响。由于采用高密度发酵,需要消耗大量的氧气,因此溶氧浓度降低。溶氧浓度过低就会抑制菌体生长,溶氧浓度过高会导致菌体中毒而影响其代谢。控制溶氧主要是通过调整搅拌速度和通气量实现的,发酵前期,增大搅拌速度和通气量使溶氧增加,发酵后期细胞浓度较高时,可通入纯氧满足其对氧的需求。

(5)诱导条件　　工程菌为了获得高产量的表达产物,载体构建时常常插入启动子,因此发酵时需要诱导剂诱导表达外源基因。通常在菌体对数生长期后期诱导,此时菌体生长和蛋白质合成能力都比较旺盛,有利于蛋白质表达量的提高。大肠杆菌表达系统采用乳糖基因(*lac*)及其衍生的启动子,以 IPTG 为诱导剂,但 IPTG 价格比较高,其毒性对人存在潜在的危害,不适于工业生产,有人尝试用乳糖代替 IPTG,并取得了不错的效果。

(6)发酵方式　　高密度发酵的培养方式主要有补料分批培养、透析培养和固定化培养等,其中以补料分批培养应用最多。补料分批培养是在发酵过程中,间歇或连续地补加新鲜培养基,使菌体进一步生长的培养方法。该发酵方式能延长对数生长期,保持较高的菌体浓度,且不断地补料稀释,可以解除底物抑制,稀释有毒代谢产物,降低遗传不稳定性,因此在高密度发酵中应用最多。

二、枯草芽孢杆菌表达系统

枯草芽孢杆菌(*Bacillus subtilis*)为革兰氏阳性菌,是一种重要的工业微生物,细胞壁不含内毒素,人们对其遗传背景和生理特性的了解仅次于 *E. coli*,已被美国食品药品监督管理局(FDA)给予"GRAS"(generally regarded as safe)的称号。该菌能直接将细胞外酶分泌到培养基中，且表达产物可溶、可正确折叠，并具有生物活性，同时表达产物与胞内蛋白质分离，不需要破碎细胞，利于分离纯化，是极具潜在应用前景的基因表达宿主。自从1958年Spizizen首次发现 B. subtilis 168 菌株可作为可转化菌株以来，B. subtilis 已成为芽孢杆菌属的模式菌种，其菌株168的全基因组序列已于1997年在 Nature 上发表。截至2014年8月，已有16种 B. subtilis 菌株的全基因组序列公布于NCBI（表6-1）。在全基因组测序的基础上，B. subtilis 的基因组学、分泌表达组学与分子生物学等各领域的研究得以迅速发展。

表6-1　*B. subtilis* 全基因组序列NCBI公布的情况

菌株	大小/Mb	GC 含量/%	基因	蛋白质
Bacillus subtilis BSn5	4.09	43.8	4258	4145
Bacillus subtilis QB928	4.15	43.6	4234	4031
Bacillus subtilis subsp. spizizenii TU-B-10	4.21	43.8	4475	4297
Bacillus subtilis subsp. spizizenii str. W23	4.03	43.9	4170	4062
Bacillus subtilis subsp. subtilis str. 168	4.21	43.5	4421	4175
Bacillus subtilis subsp. subtilis str. RO-NN-1	4.01	43.9	4257	4101
Bacillus subtilis subsp. subtilis str. AG1839	4.19	43.5	4355	4231
Bacillus subtilis subsp. subtilis str. JH642 substr. AG174	4.19	43.5	4227	4350
Bacillus subtilis subsp. subtilis 6051-HGW	4.21	43.5	4337	4187
Bacillus subtilis BEST7003	4.04	43.9	4133	4011
Bacillus subtilis BEST7613	7.59	45.7	7430	7270
Bacillus subtilis PY79	4.03	43.8	4278	4138
Bacillus subtilis XF-1	4.06	43.9	3957	3853
Bacillus subtilis subsp. subtilis str. BAB-1	4.02	43.9	4119	4003
Bacillus subtilis subsp. subtilis str. OH 131.1	4.04	43.8	4061	3885
Bacillus subtilis subsp. subtilis str. BSP1	4.04	43.9	3948	3847

枯草芽孢杆菌表达系统的优点有：①安全无毒。在自然界中广泛存在，长期被用于食品发酵工业中，不产生毒素和致敏蛋白。美国食品药品监督管理局将其评为GRAS菌株。②蛋白质分泌能力强，能被直接分泌至胞外的蛋白质多达300余种，相比于大肠杆菌，可以大大简化目标蛋白的纯化步骤。③蛋白质无密码子偏爱性，不易形成包涵体，分离和纯化比较简单。④发酵工艺成熟，不需要制造无氧环境，培养基配方简单，生长周期短，易实现产业化应用。

但是，枯草芽孢杆菌表达系统的研究起步较晚，也存在很多不足之处：①启动子转录水平低，某些目标蛋白不能大量表达，重组蛋白折叠不完全，部分没有活性。②菌株感受态细胞持续时间短，转化率低，转化方法通用性较差。③内部存在限制性修复系统，使重组质粒不稳定，易丢失。④会产生胞外蛋白酶，表达产物分泌后容易被降解。⑤启动子的复杂性高，已知的 σ 因子多达14种且兼容性差。这些因素限制了枯草芽孢杆菌表达系统在工业化生产中的应用，因此构建新的表达系统仍是研究枯草芽孢杆菌的重点。

（一）枯草芽孢杆菌表达系统的组成

在设计重组表达系统时，有许多主要的元件是必需的。对于一个完整的表达载体来说，除了插入的基因片段，还应该包括多sigma（σ）因子、启动子、mRNA的核糖体结合位点（RBS）及转录终止子。

（1）多sigma（σ）因子　　原核基因的转录主要由RNA聚合酶完成。该酶由5个亚基组成，即两个α亚基、一个β亚基、一个β′亚基和一个σ因子。5个亚基组成全酶，除去σ

因子为核心酶（E）。σ因子的主要功能是帮助核心酶识别特定的启动子而结合到转录的起始部位，转录开始后σ因子就不起作用了。迄今，在枯草芽孢杆菌中发现了14个σ因子，如$σ^A$（营养生长）、$σ^E$、$σ^F$、$σ^G$、$σ^K$（生孢特异性）、$σ^B$、$σ^D$、$σ^H$（平台期）、gp28和gp33~34等；这种多σ因子与营养体的繁殖和芽孢形成有关，也与重叠启动子、非重叠启动子有关。

（2）启动子　　每个RNA聚合酶识别不同的启动子，这些启动子的不同主要表现在保守区域。枯草芽孢杆菌$Eσ^A$识别的启动子－35区和－10区与大肠杆菌相似，保守序列分别为"TTGACA"和"TATAAT"；而带其他σ因子的RNA聚合酶识别的启动子的保守区域与$Eσ^A$的存在很大差异。例如，$Eσ^B$启动子的－35区和－10区分别为"AGGATT"和"GGAATTGTTT"，$Eσ^D$的分别为"CTAAA"和"CCGATAT"等。

迄今发现枯草芽孢杆菌的启动子主要有两种方式：一种为单个启动子，具有单个启动子的基因，大多数在快速生长时期表达；另一种为复合启动子，它包括串联启动子和重叠启动子。重叠启动子具有如下特征：①不同类型的两个启动子重叠；②两个启动子有不同的转录起始位点或相同的起始位点；③启动子可能受时序调节。这类启动子在枯草芽孢杆菌感知外界环境的变化、时序调节、孢子形成和萌发等诸多生命现象中发挥着重要作用。

（3）mRNA的核糖体结合位点（RBS）　　与其他原核生物一样，枯草芽孢杆菌的RBS也涉及SD序列、SD序列与起始密码子的间隔区及起始密码子。枯草芽孢杆菌中最常见的典型序列是"GGAGG"，而大肠杆菌的为"AAGGA"。在枯草芽孢杆菌中，SD序列与起始密码子的间距有时对基因的翻译效率有明显的影响。一般情况下，"GGAGG"的最后一个G和起始密码子的间距为7~9个碱基。间隔区的碱基组成也影响翻译效率，通常富含AT的间隔区比富含GC的翻译效率高15~50倍。

（4）转录终止子　　在大肠杆菌中根据转录终止是否依赖ρ因子而分为两类，而在枯草芽孢杆菌基因转录的终止方面，只有少数几个基因如 *spoOA*、*gnt* 和 *trp* 操纵子等得到了很好的研究。它们的终止区都有一个富含GC的对称序列，基因转录是在一串T碱基前终止的。有证据表明，枯草芽孢杆菌使用的终止子在结构和序列特征上与大肠杆菌相似。

（二）影响外源基因在枯草芽孢杆菌系统中表达的因素

1. 表达载体的选择　　①选择分子量小，有唯一的酶切位点和较高的拷贝数，适合筛选的抗性标记。②选择可在菌体中进行穿梭的质粒来进行起始的克隆工作，方便基因操作。③选择稳定性好的质粒载体。目前，在枯草芽孢杆菌中已有三种表达载体：质粒、噬菌体及整合载体。应用最多的质粒载体是pUB110、pE194、pC194、pHB201、pWB980等载体。其主要特征是分子量小，酶切位点唯一，拷贝数多，易于进行抗性分子标记的筛选。整合载体的优点是能够解决表达过程中重组质粒在宿主体内不稳定，容易造成质粒丢失的问题。

2. 蛋白质分泌能力的影响　　枯草芽孢杆菌的蛋白质分泌能力一旦受影响，那么蛋白质的表达量也会随之受到影响，影响因素很多，可归纳为以下5点：①有效分子伴侣的缺乏影响蛋白质的分泌。前体蛋白质分泌之前必须被折叠成适合转运的构象，而折叠过程需要分子伴侣和其他靶因子的参与。②信号肽酶对某些前体蛋白质的加工能力影响其分泌。信号肽的切除是蛋白质从细胞膜释放的必要条件，而一些信号肽酶的合成受到时序调节，使得某些外源蛋白的分泌量受时序控制。③连接在膜外促蛋白质折叠因子PrsA的数量影响外源蛋白的高分泌。④蛋白酶的降解导致外源蛋白的产率低。⑤细胞壁成为某些蛋白质的分泌屏障。

第二节　蛋白质的真核表达

虽然已有数千种蛋白质基因在原核表达系统达到高效表达，但由于原核表达系统在表达真核基因时，因系统本身不能识别真核转录和翻译元件，不具有翻译后加工修饰功能，会导致真核基因的转录效率不高和表达蛋白活性降低。为了克服原核表达系统的不足，科学家进行了真核表达系统的研究。真核表达系统主要分为三大系统，即酵母表达系统、昆虫杆状病毒表达系统和哺乳动物细胞表达系统。

一、酵母表达系统

酵母是单细胞低等真核生物，安全可靠，生长繁殖快，培养周期短，且在表达真核基因方面能够弥补原核表达系统的不足。酵母表达系统拥有转录后加工修饰功能，操作简便，成本低廉，适合于稳定表达有功能的外源蛋白，而且可大规模发酵，是最理想的重组真核蛋白质生产制备用工具，近年来被广泛应用于工业生产中。酵母表达系统主要包括酿酒酵母、甲醇酵母、毕赤酵母、多形汉逊酵母和裂殖酵母等表达系统，下面对上述 5 个表达系统作简要介绍。

（一）酿酒酵母表达系统

酿酒酵母（*Saccharomyces cerevisiae*）是一种单细胞真核微生物，长久以来被称为真核生物中的"大肠杆菌"，最早被应用于酵母基因的克隆和表达。作为真核生物的模式菌，酿酒酵母是目前人们了解得最完全的真核生物，其全序列的测定已于 1996 年完成。20 世纪 70 年代，酿酒酵母的 2μm 质粒被发现，酿酒酵母基因工程表达系统开始建立。1981 年，Hilzeman 等在酿酒酵母中表达了人 α-干扰素，开始将酿酒酵母表达系统推向了应用开发。此后，很多具有应用价值的基因在酿酒酵母表达系统中得到成功表达，如乙肝表面抗原和核心抗原、淀粉蛋白酶、凝乳蛋白酶及许多细胞因子。目前，酵母等大多数真核生物基因启动元件所共有的结构模式已得到普遍认可，如图 6-2 所示，包括上游启动子和核心启动子两部分，其中位于转录起始位点上游的 TATA 区与原核生物 Pribnow 区类似，是富含 TA 的保守序列；TATA 区的中心位置一般位于 $-30 \sim -20\text{bp}$ 处，主要负责转录起始位点的确定；而 $-110 \sim -40\text{bp}$ 处的 CAAT 区、GC 区属于上游激活序列，主要控制转录起始的频率；增强子则能使连锁基因转录频率明显增加。但并不是所有真核基因的启动子区都包含上述所有保守序列，且不同基因的转录条件有所差异，故不同基因来源的启动子在功能上参差不齐。

图 6-2　真核生物基因启动元件结构示意图

1. 2μm 质粒的筛选标记　2μm 质粒作为克隆载体，大小合适，为 6kb；在酵母细胞内有着相当大的拷贝数，有 70～200 个拷贝，它的复制依赖于一个质粒的起始位点，复制酶由

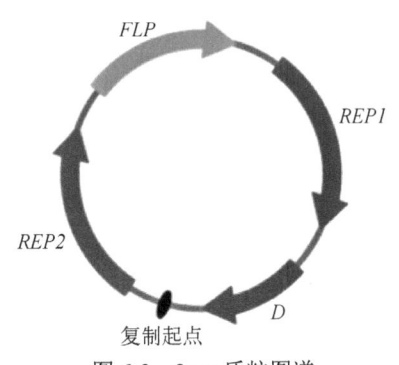

图 6-3　2μm 质粒图谱

宿主提供，还有编码蛋白质的 *REP1* 和 *REP2* 两个基因由质粒本身携带（图 6-3）。

然而，用 2μm 质粒作克隆载体并非完美无缺，还存在筛选标记等问题。有一些酵母克隆载体携带的基因可对某些抑制剂如氨甲基叶酸和铜有抗性，但大多数常用的酵母载体使用一套完全不同的选择系统，如引入与氨基酸生物合成相关的酶基因（*LEU2* 基因）。*LEU2* 基因编码的 β-异丙基苹果酸脱氢酶在催化从丙酮酸到亮氨酸的转化过程中起作用。用 LEU2 作筛选标记，寄主必须是一个营养缺陷型突变体，即含有一个无功能的 *LEU2* 基因。这种 LEU2 缺陷型酵母，不能自己合成亮氨酸，必须在加入亮氨酸的培养基中才能存活。这样筛选就得以顺利进行了，因为转化体从质粒处获得了一个有功能的 *LEU2* 基因，它们的生长不再依赖于亮氨酸的供应。在实际操作上，把酵母细胞培养在不添加任何氨基酸的基本培养基上，只有那些成功转化了的细胞能够存活，并形成菌落（图 6-4）。

2. 表达载体　酿酒酵母表达系统的载体主要分为以下三种。

（1）游离质粒载体　即带有染色体自主复制序列（antonomously replicating sequence，ARS）的复制型质粒和带有酵母内源质粒 2μm 环的衍生质粒载体，该载体通常用于表达胞内的或胞外的重组蛋白，但不稳定，传代易丢失，它又可细分为酵母附加体型载体（YEp）、酵母复制质粒（YRp）和酵母着丝质粒（YCp）三类。

（2）整合载体　是指不含酵母自主复制序列，因而不能在酵母中独立复制的一种载体，这种载体必须在整合到酵母染色体之后才能使其中包含的基因得到稳定表达，它源于酿酒酵母中的可转移的遗传因子 Ty。

（3）酵母人工染色体（YAC）　是一种线状载体，最早由酵母复制质粒 pSZ213 衍生而来，其中含有选择性标记 Leu2、自主复制序列和端粒序列，现在已有多个酵母人工染色体载体问世；YAC 可用于克隆大片段 DNA（>100kb），它高度稳定，已被应用于生物体的基因组 DNA 物理图谱等方面。

3. 酿酒酵母表达载体的优缺点　酿酒酵母系统表达外源基因具有很多优点：①酿酒酵母被长期广泛地应用于食品工业，不产生毒素，安全性好，已被美国 FDA 认定为 GRAS 生物，其表达产物不需经过大量宿主安全性实验。②酿酒酵母是真核生物，可以对蛋白质进行翻译后加工。③表达产物可分泌表达，易于纯化。④酿酒酵母生长迅速，工艺简单，成本低。⑤遗传背景清楚，易进行操作。但也有不足：①对真核基因产物的翻译后加工与高等真核生物有所不同，重组蛋白常发生超糖基化，每个 *N*-糖基链上都含 100 个以上的甘露糖，是正常蛋白质的十几倍。②酿酒酵母大规模发酵过程中会产生乙醇，使其不易进行高密度发酵。③整合型载体不含自主复制序列，被整合到酵母宿主菌的染色体上后，它的稳定性好，但它的拷贝数很低；附加体型载体由于含有来自酵母天然质粒 2μm 复制起点序列，能够独立于酵母染色体外自主复制，拷贝数通常可达 30 个拷贝以上，但在非选择条件下多不稳定，发酵生产过程中的质粒易丢失仍是一个问题。④分泌效率低，一般不能高效分泌分子质量大于 30kDa 的外源蛋白（在酵母双杂交系统中酵母可低水平分泌 α-半乳糖苷酶，它的分子质量约为 51kDa）。

（二）甲醇酵母表达系统

甲醇酵母表达系统是应用最广泛的酵母表达系统，是指能在以甲醇为唯一碳源和能源的培养基上生长的一类酵母。1983年，美国Wegner等最先发展了以甲基营养型酵母（methylotrophic yeast）为代表的第二代酵母表达系统。甲基营养型酵母（甲醇酵母）包括多形汉逊酵母（*Hansenula polymorpha*）、巴斯德毕赤酵母（*Pichia pastoris*）、白假丝酵母（*Candida albicans*）等。以 *P. pastoris* 为宿主的外源基因表达系统近年来发展最为迅速，应用也最为广泛，已被认为是最具有发展前景的蛋白质生产工具之一。

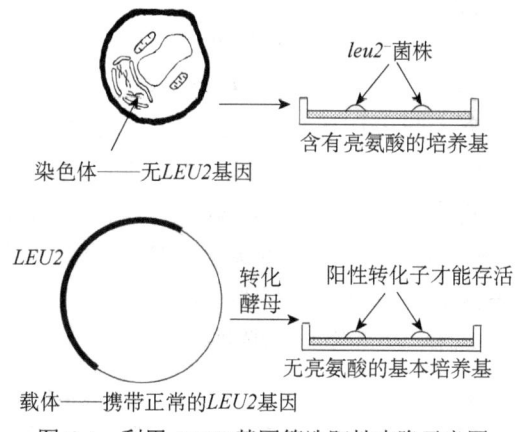

图 6-4 利用 *LEU2* 基因筛选阳性克隆示意图

1. 外源基因的表达　　甲基营养型酵母表达外源基因分为胞内表达和分泌到胞外两种形式。相比 *S. cerevisiae* 而言，它们本身的分泌蛋白较少，分泌的外源蛋白可占总分泌蛋白的90%以上，有利于产品的分离纯化。甲基营养型酵母一般不能利用外源基因本身的信号序列来引导产物分泌，要使外源蛋白分泌需要给外源基因接上一段信号肽序列。*S. cerevisiae* 的A交配因子的引导序列或 *S. cerevisiae* 的 *GAM1* 基因的信号肽序列与外源基因融合，均能有效地指导外源基因产物转移到胞内分泌的亚细胞结构中去，最终分泌出具有正确N端的成熟蛋白。

2. 载体选择　　甲基营养型酵母一般采用整合载体。典型的 *P. pastoris* 载体含有AOX1启动子和转录终止子片段，它们被多克隆位点分开，外源基因在此插入。此外还含有组氨酸脱氢酶基因（*HIS4*）选择标记及3cAOX1区。在 *P. pastoris* 中，AOX1启动子受甲醇诱导，因而不适用于食品工业。为此研究开发了 *P. pastoris* 的组成型甘油醛-3-磷酸脱氢酶GAP启动子，此启动子能在以葡萄糖、甘油或甲醇为碳源的培养基中高效表达外源基因，但不能调控外源基因的表达，仅适用于表达那些对菌体生长不产生负担的外源基因，而典型的 *H. polymorpha* 载体通常利用其本身的AOX1启动子和FMD启动子，后者受甲醇与甘油混合物或甘油的诱导调控。用FMD启动子对外源基因的表达进行调节，可以使重组子在甲醇与甘油混合物或甘油培养基中生长，避免了两次发酵，提高了发酵速度。*H. polymorpha* 载体通常通过非同源重组整合到染色体上。外源基因的整合拷贝数变化较大，少到1个，多至上百个，以头尾相接整合在染色体上。

3. 外源基因的表达翻译　　从20世纪80年代起，甲基营养型酵母就被用于外源基因的表达。它们可用来表达6~150kDa大小的外源蛋白，尤其是 *H. polymorpha* 更适于表达大分子蛋白质。

（三）毕赤酵母表达系统

目前利用的毕赤酵母表达宿主是由野生菌株NRRL-Y11430（Northern Regional Research Laboratories，NRRL，USA）改良的，且都属于组氨酸脱氢酶基因缺陷型（*His4*），这样有利于含有 His4 的质粒转化后快速筛选阳性克隆子。常用的毕赤酵母菌株有组氨酸缺陷型、腺嘌呤缺陷型和蛋白酶缺陷型。PMAD11 和 PMAD16 属于腺嘌呤缺陷型。SMD1163、SMD1165 和 SMD1168 为蛋白酶缺陷型，其基因组中缺失编码蛋白酶 A（Pep4）或编码蛋白酶 B（Prb1）的基因，减弱了蛋白酶对外源蛋白的降解作用，适用于分泌型表达。由于毕赤酵母中一个或两个 AOX 基因的缺失，其对甲醇的利用能力不同，毕赤酵母菌株分为三种表现型。GS115、SMD1163、SMD1165 和 SMD1l168 菌株含有完整的 AOX1 和 AOX2，在甲醇为唯一碳源时，强烈诱导启动子使外源基因大量表达，为甲醇快速利用型 Mut^+。其中以 GS115 应用最广泛。KM71 菌株无 AOX1 但是有 AOX2，利用甲醇的效率较低，为甲醇慢速利用型 Mut^s。MC100-3 菌株中的 AOX1 和 AOX2 均被敲除，不能利用甲醇，为甲醇不能利用型 Mut^-。常见的毕赤酵母菌株、基因型和表现型如表 6-2 所示。

表 6-2　毕赤酵母表达菌株

菌株名称	基因型	表现型
Y11430		野生型
GS115	his4	Mut^+ His^-
SMD1163	his4 pep4 prb1	Mut^+ His^- pep4$^-$ prb1$^-$
SMD1165	his4 prb1	Mut^+ His^- prb$^-$
SMD1168	his4 pep4	Mut^+ His^- pep4$^-$
KM71	his4 AOX1 Δ	Mut^s His^-
MC100-3	his4 AOX1 Δ AOX2 Δ	Mut^- His^-

1. 表达载体　毕赤酵母中没有稳定的天然质粒，通常利用整合型穿梭质粒作为外源基因的表达载体。携带外源基因的表达载体先在大肠杆菌中复制扩增，然后导入宿主细胞中与酵母细胞染色体基因组整合，表达外源蛋白。典型的毕赤酵母表达载体含有 5'AOX1 启动子、3'AOX1 终止子、his4 营养缺陷型筛选标记、多克隆位点、大肠杆菌 Amp^r 和 ori 序列。图 6-5 为 Invitrogen 公司构建的一种商品化表达载体 pAO815，它和 pPIC9、pPIC9 K 等表达载体一样含有强诱导表达的启动子 P_{AOX}、筛选标记基因 His4 及整合到宿主菌染色体靶位点的 3'AOX1 序列；此外，pAO815 还有多个插入位点，而且可以控制目的基因的拷贝数。表 6-3 是巴斯德毕赤酵母常用的表达载体，根据表达载体的表达方式可以分为分泌型表达载体（如 pPIC9K）和胞内型表达载体（如 pAO815），这两种表达载体的基因组件虽然各有特点，但还是具有一些共同的序列，如这些载体都包括一个表达盒（casette）和一个多克隆位点，表达盒由 900bp 的 5'AOX1 序列和约 300bp 的 3'转录终止序列组成。

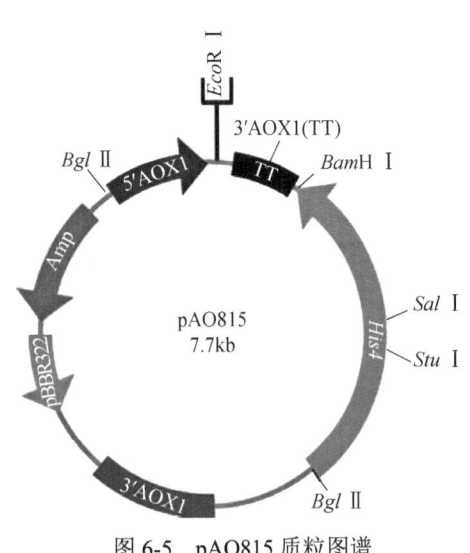

图 6-5　pAO815 质粒图谱

Amp. ampicillin，氨苄西林

表 6-3　几种常见的巴斯德毕赤酵母表达载体

表达载体	表达类型	标记基因
pPICZ	胞内	ble^r
pPIC6	胞内	bla^r
pAO815	胞内	$his4$、amp^r
pPICZα	分泌	ble^r
pPIC9K	分泌	$his4$、kan^r
pPIC6α	分泌	bla^r

毕赤酵母表达载体中没有酵母复制起点，它依靠 $AOX1$ 或 $HIS4$ 基因的位置同源重组整合进入酵母染色体中。质粒整合到毕赤酵母染色体有单交换插入和双交换两种方式。含有外源基因的载体通过单交换方式插入宿主染色体的 $HIS4$ 位点或者 $AOX1$ 的上游或下游，$AOX1$ 基因仍能正常表达，得到的为多拷贝转化子，其表型为 Mut^+。含有外源基因的载体通过双交换方式插入到染色体 $AOX1$ 基因位点，不能正常表达 $AOX1$ 基因，但是可以表达 $AOX2$ 基因，形成单拷贝转化子，其表型为 Mut^s。

（1）启动子　毕赤酵母中最常用的表达外源蛋白的启动子是醇氧化酶基因启动子（P_{AOX1}），其是目前已知最强且调控机制最为严格的真核生物启动子，但是该启动子也存在一定的缺陷，如甲醇有毒、易挥发，诱导时需连续添加甲醇，不适用于食品生产，大量甲醇积累可能会引发火灾。3-磷酸甘油醛脱氢酶基因启动子（P_{GAP}）是组成型启动子，经葡萄糖诱导能提供与 P_{AOX1} 启动子相当的表达水平，而且培养过程中不需要更换碳源，但 P_{GAP} 启动子不适用于表达对酵母有毒性作用的蛋白质。谷胱甘肽依赖性甲醛脱氢酶基因（$FLD1$）编码毕赤酵母甲醇诱导途径中的一种关键酶，导致该基因可被甲醇和甲胺诱导表达，也可被用作毕赤酵母启动子（P_{FLD1}）。当利用甲胺诱导外源蛋白表达时，可以利用葡萄糖或甘露糖取代甲醇作为碳源，或者甲醇既是碳源又是诱导剂。

（2）选择标记　表达载体上的选择标记基因可用于筛选阳性转化子和高拷贝转化子。营养缺陷型基因如 $His4$、$Suc2$、$Arg4$、$Ura3$ 等已经被用到营养缺陷型的宿主菌株上，用于筛选阳性转化子。抗生素抗性基因如 Zeocin（博莱霉素）、Kan^r（卡那霉素）、G418（geneticin，遗传霉素）等都能在毕赤酵母中表达，常用于筛选高拷贝的阳性转化子。一般是先筛选出阳性转化子，再筛选出高拷贝阳性转化子。

2. 信号肽　毕赤酵母表达的外源蛋白可通过细胞内和细胞外两种方式表达。细胞外表达外源蛋白优于细胞内表达，由于毕赤酵母分泌很少的自身蛋白，而细胞外表达可避免从细胞内分离蛋白，更有利于对外源蛋白的分离纯化。将外源蛋白分泌到细胞外需要在表达载体上添加信号肽序列连接到分泌途径。目前应用较成功的信号肽有酿酒酵母交配因子信号肽、酸性磷酸酶信号肽、蔗糖酶信号肽等。酿酒酵母交配因子信号肽是目前应用最广泛也是最成功的信号肽，在一些情况下优于外源蛋白的天然信号肽。

3. 外源基因表达的影响因素　毕赤酵母中外源基因的表达受到多种因素的影响，主要包括外源基因的性质和毕赤酵母培养条件两个方面。外源基因的性质主要包括 UTR 序列、A＋T 含量、密码子和基因拷贝数等。毕赤酵母培养条件主要包括培养基、温度、pH、通气和甲醇诱导等。经过研究发现可以通过改变外源基因的性质和优化培养条件，使外源基因在毕赤酵母中高效表达。

（四）多形汉逊酵母表达系统

多形汉逊酵母表达系统是一种极为理想的外源基因表达系统，它具有很多特殊的优点：①是一种耐热酵母，最适生长温度为 37~43℃，最高生长温度可达 49℃，生长范围较宽，易于操作控制。②含有特殊的甲醇代谢途径，含甲醇氧化酶（MOX）、甲醇脱氢酶（FMD）和二羟丙酮合成酶（DHAS）几种特殊的酶；甲醇代谢途径关键酶的表达受阻遏/解阻遏机制调控，乙醇、高浓度的甘油和葡萄糖阻遏基因表达，甲醇、低浓度的甘油和葡萄糖解除阻遏。③此酵母中，MOX、DHAS 和过氧化物酶贮存于过氧化物酶体，表达外源蛋白时可以在外源蛋白 C 端加上一固定氨基酸序列：S/A/C-K/R/H-L，从而将其定位于过氧化物酶体，避免对细胞产生毒害且免受蛋白酶降解。④此酵母目前已构建了多种营养缺陷株，如 *Ura3*、*His3*、*Leu2*、*Trp3* 和 *Adel1* 等，筛选方便。⑤可以通过非同源重组整合多拷贝基因，拷贝数可达 100 以上，也可通过同源重组，利用葡萄糖/胆碱或葡萄糖/甲醇/硫酸铵完成表达。

多形汉逊酵母的载体目前已经发展出了许多种，包括强启动子、MOX 终止子、用于在细菌中复制的序列和抗生素抗性序列、用于在酵母中自主复制的 ARS 或 HARS 序列及在酵母中筛选转化子的标记基因等几部分。针对多种营养缺陷型宿主，载体上的筛选标记基因也有多种，如内源的 *Leu1*、*Ura3*、*Trp3* 和 *Adel1* 基因，源于酿酒酵母的 *Leu2* 和 *Ura3* 基因，源于假丝酵母的 *Leu2* 基因等。另外，载体上还有一些不同的抗生素抗性基因，如抗 G418、抗 phleomycin（腐草霉素）或抗 Zeocin 的基因。分泌型表达载体还含有一段分泌信号来引导外源蛋白分泌到胞外。

（五）裂殖酵母表达系统

裂殖酵母是一类不能出芽生殖而只能以分裂和产孢子的方式繁殖的一类酵母。与前面几种酵母相比，它具有更多的与高等真核生物相似的特性，如线粒体结构、启动子结构、转录机制和对蛋白质 N 端酰基化功能均更接近于哺乳类细胞，因而正逐渐成为研究真核细胞分子生物学的模式生物，它作为外源基因表达系统也开始受到人们的关注。目前，已经有多种蛋白质利用此系统进行了表达，如人蛋白凝血因子Ⅷa、细胞色素 P450、人白细胞介素 IL-6 等。

1. 表达载体　裂殖酵母的表达载体可粗略地分为整合型和游离型两种，更多采用的是游离型载体。这些表达载体中，特别值得一提的是高效表达载体 pTL2M，其含有高效启动子——人巨细胞病毒（hCMV）启动子，其表达基因的强度为 SV40 启动子的 10 倍，它不含有复制起点和营养缺陷型标记，所以必须与转导载体一同使用。转导载体中含有复制起点和筛选标记：arsl/stb 和 Leu2/Ura3。两种载体进行共转化进入裂殖酵母后，在细胞内发生同源重组，成为一个载体，在细胞内复制。在此表达载体中，外源基因的表达受启动子和 G418 抗生素浓度的调控。在合适的条件下，每个宿主细胞中的载体可达 200 个以上，使外源基因大量表达。

2. 裂殖酵母表达系统的应用　裂殖酵母表达系统可以表达胞内蛋白，也可以表达膜蛋白和分泌蛋白，如人抗凝血酶Ⅲ、人胃脂肪酶等。已有人利用可在裂殖酵母中分泌表达的蛋白质序列，将其与目标蛋白基因序列相连接，进行共表达，再将目标蛋白从中分离，但是方法较为烦琐。还有人将分泌信号序列 P3 引入表达载体 pTL2M，构建了分泌表达载体 pSL2P3M。但总体上讲，裂殖酵母表达系统还需进一步探索与完善，尤其是它的分泌表达部分。

3. 影响酵母表达外源基因的因素 转入酵母中的外源基因所表达的蛋白质水平的高低与许多因素有关,如菌株的类型、载体的拷贝数和稳定性、外源基因序列的内在特性、培养条件等。只有对这些因素进行全面了解和优化,克服影响酵母表达外源蛋白水平不确定性的因素,减少试验的盲目性,才能提高酵母外源基因表达产量。

(1) 外源基因特性 主要涉及外源基因 mRNA 5′端非翻译区 (5′-UTR)、A+T 组成和密码子的使用频率。分述如下: ①一个适当长度的 5′非翻译区可极大地促进 mRNA 有效地翻译。UTR 太长或太短都会造成核糖体 40S 亚单位识别的障碍。另外,5′-UTR 中应避免 AUG 序列,以确保 mRNA 从实际翻译起始位点开始翻译。起始密码子 AUG 周围不应形成二级结构,这可以通过密码子的替换来达到目的。②许多高 A+T 含量的基因常会由于提前终止而不能有效转录。因此,对 A+T 含量丰富的基因,最好是重新设计序列,使其 A+T 含量为 30%~55%。③如果外源基因中含有稀有密码子,则在翻译过程中会产生瓶颈效应而影响表达。

(2) 启动子的影响 一般来说,外源基因在酵母中的表达和基因的转录水平有密切的关系,所以选用强启动子对高效表达就十分重要。例如,目前酿酒酵母组成型的强启动子 PGK、ADH1、GPD 等,诱导型强启动子 GAL1、GAL7 等,巴斯德毕赤酵母启动子 AOX1 已被克隆用于外源基因的表达。最近在巴斯德毕赤酵母中克隆到的一个组成型三磷酸甘油醛脱氢酶启动子 P_{GAP},在它的控制下,*β-LacZ* 基因表达率比甲醇诱导下的 P_{AOX1} 驱动的产量更高,由于该组成型启动子不需要甲醇诱导,发酵工艺更简单,同时其产量更高,所以成为代替 P_{AOX1} 最有潜力的启动子。

(3) 外源基因拷贝数和稳定性 表达载体在酵母细胞中的拷贝数对外源基因的表达有明显影响。酿酒酵母和一些其他的酵母有多拷贝的内源质粒,这是建成高拷贝表达载体的基础。例如,以 2μm 环为基础构建的酵母附加体型质粒 YEp 常为 30 或更多拷贝数,但其稳定性差。如果外源基因克隆进入 2μm 质粒上的 *Hpa* I 位点,可使外源基因稳定高效表达;酵母核糖体 RNA 的基因 rDNA 在染色体中具有 100~200 个重复,是提高外源基因拷贝数的最佳整合位点之一。Lopes 等构建的以 rDNA 为整合位点的质粒 pMIRY,大大提高了外源基因拷贝数,且稳定高;一般情况下,毕赤甲醇酵母中外源基因整合的拷贝数愈高,则蛋白质的表达量愈大。

(4) 翻译后修饰 酵母表达系统能进行与高等真核细胞相似的许多翻译后修饰,包括二硫键形成、信号序列加工、折叠、脂类添加、*O*-连接糖基化和 *N*-连接糖基化等,通过翻译后修饰,表达蛋白才具有生物学活性。

(5) 表达条件的优化 表达条件的优化主要包括通气量、培养基、摇菌密度、蛋白酶、诱导剂的含量等。对这些表达条件需要综合考虑,整体优化: ①充足的通气量对于诱导阶段外源蛋白的表达是极其重要的。试验中采取多种措施如培养基体积不超过摇瓶体积 10%~30%、提高摇床转速、用几层纱布等以提供充足的通气量。②有多种培养基,如 BMGY/BMMY、BMG/BMM、MGY/MM 等都可用于毕赤酵母表达系统。BMGY/BMMY 中含有酵母膏和蛋白胨,可作为富营养物,使菌体更好地生长,从而增加生物量。③通过调整培养基的 pH,在培养基中添加 1%酪氨酸蛋白水解物等措施来抑制蛋白酶活性,使降解程度降至最低。④理论上来说,OD 值越高,生物量越大,则总的表达量也越大。但是 OD 值越高,培养基中的氧和营养供给越受限制。⑤诱导期间培养基中定期补充诱导剂,对于诱导表达外源蛋白十分重要。

二、昆虫杆状病毒表达系统

昆虫杆状病毒表达系统（insect baculovirus expression vector system，IBEVS）是一个利用杆状病毒作为载体，在昆虫培养细胞或虫体中表达外源蛋白的真核表达系统。自 Smith 和 Summers 于 1983 年首次利用苜蓿丫纹夜蛾核型多角体病毒（AcNPV）成功表达人 β-干扰素以来，经过 40 多年的发展，昆虫杆状病毒表达系统已经成为当今基因工程四大表达系统（杆状病毒、大肠杆菌、酵母、哺乳动物细胞表达系统）之一。

（一）昆虫杆状病毒表达系统的特点

杆状病毒是一种 DNA 双链病毒，基因组大小为 80~160kb。杆状病毒是节肢动物门的专性寄生病毒，目前已报道有 600 种以上的昆虫被杆状病毒所感染，包括鳞翅目、膜翅目、双翅目等 7 目。根据包涵体的形态和病毒诱导的细胞病理学特征，杆状病毒分为核多角体病毒属（*Nucleopolyhedrovirus*，NPV）和颗粒体病毒属（*Granulovirus*，GV）。

昆虫杆状病毒表达系统具有安全性高、真核修饰环境、容量大和表达量高等特点。杆状病毒的基因组较大，不易通过常规酶切连接载入外源基因，所以通常是将外源基因连接到转移载体上，此类转移载体含有病毒的两个同源臂，一个或多个杆状病毒启动子，将外源目的基因插入启动子下游之后，与杆状病毒重组，获得重组病毒，将重组病毒纯化，感染昆虫细胞或虫体，外源基因随着病毒的复制而获得表达。杆状病毒表达系统作为一种真核表达系统，在外源基因表达方面具有糖基化、磷酸化和蛋白质切割加工修饰过程，表达产物的生物学特性与天然产物相似，产量高。据报道，在感染细胞中，重组蛋白的表达水平最高可达到细胞总蛋白的 50%。

（二）杆状病毒表达载体

杆状病毒表达载体按启动子的多少可以分为单启动子载体和多启动子载体；根据调控基因表达时空顺序又可分为晚期基因启动子和早期基因启动子。杆状病毒的表达载体多数基于单一启动子，最为常用的启动子为 PH 和 P10，它们是晚期基因启动子。应用单一启动子可确保表达蛋白以正确的方式被修饰或使蛋白质的提取纯化更容易。但有时为了提高外源基因的表达量和生物活性，常采用双启动子或复合启动子。

（三）重组杆状病毒的构建及纯化

最早的重组病毒构建使用的是野生病毒，当病毒与转移载体发生重组之后，病毒的多角体蛋白基因受到破坏，不能形成多角体，感染这种重组毒株的细胞在显微镜下形成空斑，通过多次重复筛选，可以对重组病毒进行纯化，但此过程费时费力，效率很低，是杆状病毒应用中一个重要的限制因素。因此，近年来开发了多种技术，大大优化了杆状病毒的构建和筛选过程。

1. 杆状病毒的线性化　　1990 年，Kitts 等在 AcMNPV 的多角体蛋白（polyhedrin）基因所在位置引入一个唯一的限制性酶切位点（*Bsu*36Ⅰ），使亲本病毒线性化，降低了野生型病毒背景，使重组病毒的比率达到 25% 以上，提高了重组病毒的筛选效率，随后在杆状病毒 DNA 中的必需基因 *orf1629* 外再加入一个 *Bsu*36Ⅰ位点，经 *Bsu*36Ⅰ酶切后 orf1629 失活，只能通过与携带外源基因的转移载体重组，补齐这一个病毒结构基因后方可复制，使重组率提高到了 90%。

2. 体外重组表达载体（Cre-loxP 系统） 利用传统的体内同源重组获得重组病毒，效率很低，为了解决这一问题，1992 年 Perkman 等根据噬菌体 p1 编码的 Cre 重组酶能够催化特异位点 lox 发生酶促交换反应的原理，分别在杆状病毒体多角体基因及重组载体上引入了 loxP 位点，借助空斑及载体携带的 β-半乳糖苷酶活性，筛选得到重组病毒。

3. 酵母-昆虫细胞穿梭质粒载体 Patel 等构建了酵母-昆虫细胞穿梭质粒载体，他们将啤酒酵母的自主复制序列（autonomous replicating sequence，ARS）和有丝分裂着丝粒序列（centromeric sequence，CEN）引入杆状病毒基因组的多角体基因上，使杆状病毒能够在酵母体内进行复制，并能够和相应的转移载体发生重组。此方法最快可以在 10 天内得到重组病毒，而且免除了烦琐的空斑筛选。

4. 大肠杆菌-昆虫细胞穿梭质粒载体系统（Bac-to-Bac 系统） 1993 年，Luckow 等根据 F 因子载体的原理，在杆状病毒基因组中引入了一个细菌复制子，构建了一种新型杆状病毒穿梭载体，取 baculovirus 的字头和 plasmid 的字尾命名为 bacmid，此质粒既能在大肠杆菌中复制，也能感染昆虫细胞。在 bacmid 中，在多角体蛋白基因位置加上 attTn7 位点、卡那霉素抗性基因及作为筛选标记的 *LacZ* 基因。此法与传统方法相比，操作简单，耗时短，整个重组病毒筛选过程都能够在细菌中完成，所以周期可以缩短至 7~10 天，而且不易出现假阳性，是一个便捷的系统。

5. 杆状病毒-S2 系统 2000 年，Lee 等构建了杆状病毒-S2 系统，与其他的系统不同，该系统的反应器是果蝇的 S2 细胞。此系统中，杆状病毒的多角体基因启动子被果蝇的热激蛋白 70 基因（*hsp70*）、肌动蛋白 5c 基因（*actn5c*）和金属硫蛋白基因等启动子代替，和转移载体重组后，它们能驱动外源基因的高水平表达。另外，该系统的最大优点是，病毒感染及表达外源蛋白并不引起细胞的裂解，因此它是一个非常优越的杆状病毒表达系统。

6. Gateway 技术 Gateway 克隆系统是美国 Invitrogen 公司开发的一项新颖的克隆表达系统，该系统利用 K 噬菌体位点特异重组的原理，进行酶促反应而得到所需要的重组病毒，其核心是两次重组反应：BP（attB×attP）和 LR（attL×attR）。通过第一个反应，可以将外源基因片段（含有 attB）整合到供体质粒（donor plasmid，含有 attP）上，得到入门载体（entry vector，含有 attL），第二个反应将入门载体上的外源基因转移到目的载体（destination vector，含有 attR）上，得到表达载体（expression vector）。该表达系统省去了在细菌中完成修复缺口的步骤，转染细胞到杆状病毒的分离大约 8h 即可完成，是目前最快的系统。该系统还有重组效率高、表达不受限制性酶切位点限制等特点。

（四）昆虫杆状病毒表达系统的优缺点

杆状病毒作为外源基因表达的宿主，由于其可以对真核蛋白进行翻译后加工等过程而被广泛地用于真核基因的体外表达。目前，已经有近千种异源蛋白在此系统中得到高效表达，而且杆状病毒还可以用于生产疫苗、基因治疗及制备杆状病毒杀虫剂等。由于昆虫是杆状病毒的自然宿主，且每种杆状病毒都只能感染一种或几种昆虫，不会感染其他动物、植物及人类，因此认为在应用杆状病毒进行研究时不需考虑其安全性问题。

但是，昆虫杆状病毒表达系统也存在着一定的缺陷。例如，随着感染宿主的多角体病毒的死亡，异源蛋白不能连续表达。每一轮新蛋白的合成都需要重新感染宿主细胞。此外，虽然昆虫杆状病毒表达系统能够对目标蛋白进行翻译后修饰，但这种修饰存在着一定的限度；

虽然其糖基化位点与在哺乳动物细胞中一样，但寡糖链的性质有所不同，无法产生复杂的糖基侧链，这可能是由于昆虫细胞不能将成熟的糖链加工成哺乳动物细胞中类似的形式。

（五）外源基因表达的影响因素

影响外源基因在 IBEVS 中表达的因素主要有：①病毒的稳定性，杆状病毒在细胞中传代多次后，可能引起基因组发生变化。②在昆虫细胞内表达与幼虫体表达，一般在幼虫体内的淋巴液中，蛋白质含量要比细胞培养基中高 10 倍以上，这可能是由于细胞培养基中含有的蛋白酶使之降解了。另外，培养昆虫幼虫远比培养细胞简单、便宜，更适合大量生产。③启动子类型，杆状病毒的表达载体最为常用的启动子为多角体蛋白 PH 和 P10 启动子，当外源蛋白为分泌类蛋白时，使用 P10 启动子的效果更好。④外源基因本身的序列，Kozak 提出（GCC）GGCA/GCCAUGG 是高等真核基因起始密码附近的保守序列，其中－3 处 A 最为保守。如果－3 处的 A 被嘧啶替代，翻译水平就下降为原来的 1/10～1/5。

（六）昆虫杆状病毒表达系统的应用

昆虫杆状病毒表达系统主要被应用于三个方面：一是被应用于农业生产中，即作为生物杀虫剂。二是被应用于生物分子的研究中，其中具有代表性的是重组蛋白的表达，这也是目前昆虫杆状病毒表达系统应用最多的领域。三是由于这一表达系统操作简便且安全，已越来越多地被应用于医学研究之中，可用于生产疫苗及进行基因治疗。

三、哺乳动物细胞表达系统

1986 年，美国 FDA 批准了世界上第一个来源于重组哺乳动物细胞的治疗性蛋白质药物——人组织纤溶酶原激活剂（human tissue plasminogen activator，t-PA），这标志着哺乳动物细胞作为治疗性重组蛋白的工程细胞得到美国 FDA 认可。对于需要糖基化以保持活性的复杂蛋白，哺乳动物细胞表达系统由于具有与人相似的糖基化模式优势而受到人们的重视。与其他系统相比，哺乳动物细胞表达系统的优势在于能够指导蛋白质的正确折叠，发挥复杂的 N 型糖基化和准确的 O 型糖基化等多种翻译后加工功能，因而表达产物在分子结构、理化特性和生物学功能方面最接近于天然的高等生物蛋白质分子。

（一）表达载体

1. 表达载体的类型　根据进入宿主细胞的方式，可将表达载体分为病毒载体与质粒载体。病毒载体是以病毒颗粒的方式，通过病毒包膜蛋白与宿主细胞膜的相互作用使外源基因进入细胞内。常用的病毒载体有腺病毒、腺相关病毒、逆转录病毒载体等。表 6-4 比较了几种常用于制备重组蛋白的病毒载体的特性。

表 6-4　几种常用于制备重组蛋白的病毒载体

载体类型	宿主细胞	启动子	细胞内拷贝数	表达量/%
SFV 载体	广泛	病毒 26S 启动子	200 000	10
腺病毒载体	293 细胞	病毒主要晚期启动子	100 000	10～20
牛痘病毒载体	广泛	病毒晚或早期启动子	5 000	10

注：SFV 载体.Semliki 森林病毒表达载体

质粒载体则是借助于物理或化学的作用导入细胞内。依据质粒在宿主细胞内是否具有自我复制能力，可将质粒载体分为整合型和附加体型载体两类。整合型载体无复制能力，需整合于宿主细胞染色体内方能稳定存在；而附加体型载体则是在细胞内以染色体外可自我复制的附加体形式存在。整合型载体一般是随机整合入染色体，其外源基因的表达受插入位点的影响，同时还可能会改变宿主细胞的生长特性。相比之下，附加体型载体不存在这方面的问题，但载体 DNA 在复制中容易发生突变或重排。

附加体型载体在细胞内的复制需要两种病毒成分：病毒 DNA 的复制起始点（ori）及复制相关蛋白。根据病毒成分的来源不同，附加体型载体主要分为四大类，表 6-5 对这几类附加体型载体进行了简要的概括。

表6-5　几种主要的附加体型载体及其复制特点

载体类型	所需病毒成分	复制允许细胞	载体 DNA 的复制
SV40 载体	病毒复制起始点，大 T 抗原	CV1，293 细胞	复制无节制，转染 48h 后可达 10^5 个拷贝/细胞
BKV 载体	病毒复制起始点，微染色体	HeLa、293 等人源细胞	与染色体 DNA 复制同步，可达 20～120 个拷贝/细胞
BPV 载体	病毒复制起始点，微染色体维持元件，E1 及 E2 蛋白	C127 等鼠源细胞	与染色体 DNA 复制同步，可达 10～15 个拷贝/细胞
EBV 载体	病毒复制起始点及核抗原 1	人、猿等灵长类来源的多种细胞	与染色体 DNA 复制同步，可达 10～15 个拷贝/细胞

2. 表达载体的结构元件　　哺乳动物细胞表达载体的必要元件包括：一个高活性的启动子、转录终止序列、一个有效的 mRNA 翻译信号、标记基因、复制起始点序列、内部核糖体进入位点等。因为启动子是表达载体中最重要的元件，这里对它进行介绍。

目前常用的强启动子包括人巨细胞病毒早期启动子（CMV-IE）、人延伸因子 1-α 亚基启动子和劳斯肉瘤（Rous sarcoma）长末端重复序列（LTR）。构建杂合的启动子是获得新启动子的一个重要途径。例如，由 UbiquitinC 启动子序列与 CMV 增强子组成的杂合启动子，由 SV40 早期启动子和人 I 型 T 淋巴细胞病毒 LTR 中的增强子序列（R-U5 片段）组成的 SR-α 启动子的活性均与 CMV-IE 相当；而由鸡 β-肌动蛋白启动子和 CMV 增强子序列构成的杂合启动子不仅活性比 CMV-IE 高，而且具有更为广谱的宿主细胞范围。

3. 哺乳动物细胞高效表达载体的构建　　构建高效表达载体被认为是提高重组蛋白表达水平的主要手段。一个高效表达的哺乳动物细胞表达载体构建应从表达载体在染色体上整合位点的优化、转录翻译效率的提高及目的基因拷贝数的增加等方面综合考虑。下面分别从转录水平、翻译水平、整合位点的优化及增加目的基因拷贝数等方面作简要介绍。

（1）转录水平　　在目的基因拷贝数一定、整合位点固定的情况下，转录作为基因表达的第一步，提高转录效率对一个高效表达载体的构建来说显得尤为重要。启动子及其相应增强子、转录终止信号及多聚腺苷酸加尾信号对转录水平的高低及 mRNA 的稳定性有很大的影响，其中强启动子、强增强子是提高转录水平的关键因素。因此，人们希望通过寻找转录起始效率高、适用范围广的启动子、增强子来提高目的基因转录水平的表达效率。目前常用的病毒源性和细胞源性的强启动子有 mCMV、hCMV、hEF1a、人 c-fos 等启动子。研究表明，CMV 启动子在细胞处于 S 期、细胞生长迅速时，转录活性最高。与之相比，hEF1a 启动子的转录起始效率更强，并且其转录活性不受细胞周期影响，更适合大规模生产重组蛋白。除寻找强启动子、强增强子之外，用含有不同启动子、增强子的组成元件构建转录效率更高的杂合启动子或杂合增强子也是提高转录效率的一种途径。

（2）翻译水平 除了转录水平的调控，翻译水平的调控（如 mRNA 寿命、mRNA 的翻译起始效率）和翻译产物加工修饰的效率等也会对目的基因的表达产生重要影响。poly（A）的存在不但能影响 mRNA 稳定性，而且能部分起 "翻译增强子" 的作用，提高 mRNA 的翻译水平。内部核糖体进入位点（internal ribosome entry site，IRES）能使同一 mRNA 中除第一个基因之外的其他基因得到有效表达。

（3）整合位点的优化 目的基因在中国仓鼠卵巢细胞（CHO 细胞）染色体上整合位点的状态对于目的基因的表达与否、表达高低及目的基因在宿主细胞中的稳定性起着决定性作用。只有那些整合位点处于染色体转录活跃区的细胞形成的克隆才可高水平表达目的基因，通常利用同源重组实现。较为常用的两个定点重组系统是 Cre/loxP 系统和 Flp/FRT 系统。其中，Cre 重组酶来自 P1 噬菌体，特异性识别 loxP 序列；Flp 识别 FRT 序列。Cre 和 Flp 两系统的缺陷在于整合酶识别位点使系统具有可反转性，可能会造成基因阅读框的颠倒。而 φC31 整合酶由于可识别 attP 和 attB 两段不同的序列，具有不可反转性。

（4）增加目的基因拷贝数 单拷贝或低拷贝目的基因，无论表达载体调控元件如何优化、整合的染色体位点多么合适，其外源基因表达量都是有限的。因此，通过增加目的基因拷贝数来获得高表达重组药物的 CHO 工程细胞株是基因工程药物研究中不可或缺的重要环节。目的基因的扩增常采用目的基因和选择标记基因共扩增的方法，如二氢叶酸还原酶（DHFR）和谷氨酰胺合成酶（GS）的基因是常用的扩增基因。CHO-*dhfr* 扩增系统常采用 *dhfr* 基因缺陷的细胞株（CHO-*dhfr*$^-$），可使目的基因的拷贝数扩增至 1000 余倍。

（二）宿主细胞的改造

随着对细胞代谢途径和调控机制的深入了解，越来越多的研究集中在对细胞本身进行改造的代谢工程来达到优化细胞生长状态，提高产品产量和质量，延长生产周期的目的。目前哺乳动物细胞的代谢工程包括抗凋亡工程、细胞周期调控工程、糖基化工程、代谢工程和细胞增殖控制工程等。

1. 抗凋亡工程 哺乳动物细胞对外部环境较为敏感，各种不良环境均会诱导细胞凋亡（apoptosis）的发生。细胞在大规模培养初期，目标蛋白的表达与细胞的增殖速率呈正相关，但当反应器中细胞的密度达到饱和后，细胞继续增殖会导致养分和氧的大量消耗，以及乳酸、氨等有毒代谢产物的大量积累，细胞逐渐凋亡，重组蛋白表达量逐渐降低。为防止细胞培养过程中的细胞凋亡，一般可采用如下三种重要措施：①通过培养基和氧的优化供应防止营养和氧的缺乏。②用化学添加剂如抗氧化剂等阻断细胞凋亡过程。③采用抗细胞凋亡基因改造工程细胞。

2. 细胞周期调控工程 理想的生产过程必须同时维持细胞活性状态及产物蛋白的表达，即首先使细胞快速增殖到高密度，在细胞凋亡发生之前，控制细胞增殖速率并诱导其进入一个增殖静止期，即产物形成期，此时细胞将获得的代谢能量从用于细胞增殖转为用于产物分泌，细胞维持在活性相对较低的存活状态。通过控制细胞增殖速率，产物分泌量得以大大提高。

3. 糖基化工程 蛋白质的糖基化可影响蛋白质的药理活性、生理生化特性及药代动力学性质。因此，有必要采用基因工程手段对工程细胞进行糖工程改造，以优化重组蛋白。比如，过表达半乳糖基转移酶、唾液酸转移酶、*N*-乙酰葡萄糖胺转移酶Ⅲ可以提高目标蛋白糖基化水平；目前用 CHO 细胞表达的糖蛋白，其类型与人的尽管近似，但也不是完全相同。CHO 细胞缺少 α-2,6-唾液酸转移酶的功能，因此缺少唾液酸化的糖基。为此，一方面尽量寻找能用以生产糖蛋白类药物的人类细胞。另一方面，人们正打算采用 "糖基化工程"

（glycosylation engineering），即应用基因工程手段，人为地改变肽链结构、增加某些酶基因及改进和控制某些培养条件等，以达到正确糖基化的目的。

4. 代谢工程 目前的哺乳动物细胞培养，常以葡萄糖和谷氨酰胺作为主要能源，但会导致乳酸和氨的大量积累，不利于细胞生长和蛋白质表达。因此，采用代谢工程方法调整细胞代谢途径，促进细胞快速生长和产物合成，减少代谢抑制物的积累也有其必要性。在低乳酸/葡萄糖值的细胞中，糖酵解酶和乳酸脱氢酶的表达均有所下调，提示下调相关酶的表达可能会降低乳酸积累并最终增加产物合成。

5. 细胞增殖控制工程 工业化大规模细胞培养中，常采用无血清/无蛋白质培养基[serum free medium（SFM）/protein free medium（PFM）]来降低细胞培养和产品纯化的成本。但 SFM/PFM 缺乏生长刺激因子、黏附因子、扩展因子及其他细胞生长存活所必需的成分，在培养过程中常表现出细胞活力降低、贴壁性差等现象，细胞增殖能力下降，进而导致分泌目标蛋白的能力下降。在培养基中添加胰岛素和成纤维细胞生长因子可使细胞恢复增殖能力，同时细胞内的细胞周期调控因子周期蛋白 E（cyclin E）的表达也增加。周期蛋白 E 能使细胞周期的 G_1 期延长，S 期缩短，提示人们可通过表达周期蛋白 E 的方法来增加细胞的增殖能力。

趣味阅读

每个细胞都是一座繁忙的工厂，而基因则是工厂里的设计蓝图。但你知道吗，这些蓝图不会一直平铺展开、随时开工，它们有着自己的"开工计划"，这个计划的执行过程就是基因表达。基因表达就像是一场精心编排的舞台剧。想象一下，细胞核是舞台的幕后操控室，DNA 就是那写满剧情的剧本，每个基因都是剧本里的一个小片段。当细胞接收到需要生产某种蛋白质的信号时，就像导演喊了一声"开始"，基因表达这场演出正式拉开帷幕。首先登场的是转录过程。RNA 聚合酶这位"抄写员"，会沿着 DNA 剧本缓缓移动，把基因的信息准确无误地转录到一条叫作 mRNA 的"临时剧本"上。这就好比把剧本里的关键段落复印下来，方便后续使用，而且复印的过程还会进行一些小小的"校对"，确保信息不出差错。mRNA 带着复印好的信息离开细胞核，来到细胞质这个广阔的舞台上。在这里，核糖体这位"工匠大师"闪亮登场。它会沿着 mRNA 临时剧本，一个密码子一个密码子地"解读"，按照上面的指示，把一个个氨基酸像串珠子一样连接起来，最终形成一条长长的多肽链。这就像是按照设计图，把各种零件组装成一台精密的机器。基因表达可不是随心所欲的，它受到严格的调控。就像一场演出要有灯光、音效等各种配合一样，细胞里有很多调控因子，它们就像舞台监督和技术人员，决定着哪些基因什么时候表达，表达的程度有多高。奇妙演出，时刻演绎着生命的奥秘，从我们的外貌特征到身体的各项功能，都离不开它的精心编排。随着科学的不断进步，我们对这场演出的了解也越来越深入，或许在不久的将来，我们能更精准地调控这场演出，为人类健康带来更多的福祉。

复习思考题

1. 简述常用的蛋白质原核表达系统及其优缺点。
2. 简述影响大肠杆菌表达系统效率的因素。
3. 简述常用的蛋白质真核表达系统类型及其优缺点。
4. 影响酵母表达外源基因效率的因素有哪些？
5. 昆虫杆状病毒表达系统的特点及影响其高效表达的因素分别有哪些？
6. 构建高效的哺乳动物细胞表达载体应该考虑哪些方面的因素？
7. 哺乳动物细胞表达系统的宿主细胞改造方式有哪些？

第七章
蛋白质的分离纯化与鉴定

本章数字资源

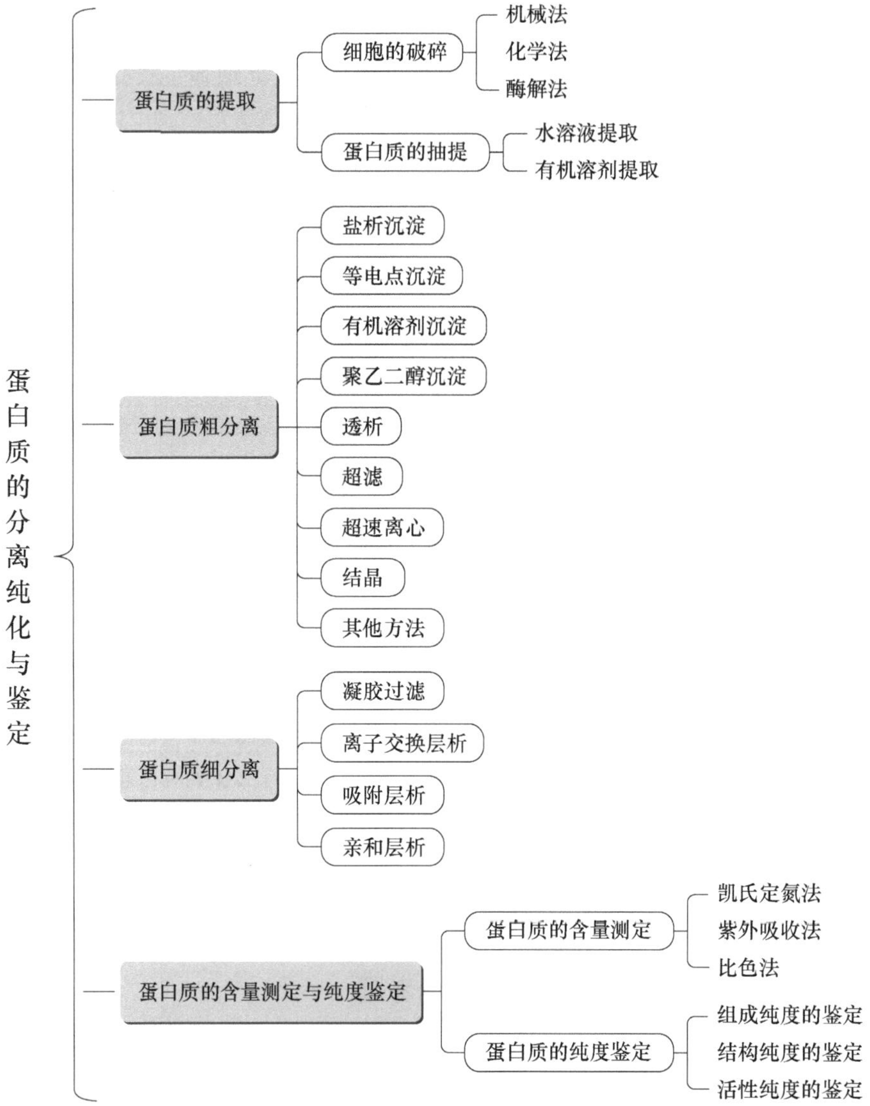

```
                              ┌── 机械法
                  ┌── 细胞的破碎 ─┼── 化学法
                  │              └── 酶解法
      ┌── 蛋白质的提取 ┤
      │           └── 蛋白质的抽提 ┬── 水溶液提取
      │                          └── 有机溶剂提取
      │
      │              ┌── 盐析沉淀
      │              ├── 等电点沉淀
      │              ├── 有机溶剂沉淀
      │              ├── 聚乙二醇沉淀
蛋白质的 ┼── 蛋白质粗分离 ┼── 透析
分离纯化 │              ├── 超滤
与鉴定  │              ├── 超速离心
      │              ├── 结晶
      │              └── 其他方法
      │
      │              ┌── 凝胶过滤
      ├── 蛋白质细分离 ┼── 离子交换层析
      │              ├── 吸附层析
      │              └── 亲和层析
      │
      │                              ┌── 凯氏定氮法
      │              ┌── 蛋白质的含量测定 ┼── 紫外吸收法
      │              │                  └── 比色法
      └── 蛋白质的含量测定与纯度鉴定 ┤
                     │              ┌── 组成纯度的鉴定
                     └── 蛋白质的纯度鉴定 ┼── 结构纯度的鉴定
                                        └── 活性纯度的鉴定
```

蛋白质作为遗传信息最终的高效执行者，在生命系统中发挥着重要作用，参与了生命体内的物质转运、信号转导、催化代谢反应和生长发育等生命过程（Zhang and Wang，2023）。蛋白质科学的研究是生命科学的重要组成部分，随着后基因组时代的到来，以及结构生物学和蛋白质组学研究的飞跃发展，蛋白质科学的发展进入一个全新的阶段，在对蛋白质研究的过程中分离得到大量高纯度、有活性的蛋白质显得尤为重要（Labrou，2021）。组织细胞里除了待研究的蛋白质，还有数以千计的杂质蛋白与核酸、脂类和糖类等生物大分子混杂在一起，从成分如此复杂的大分子混合物中分离出待研究的蛋白质是很有挑战性的工作，除了要了解待研究蛋白质的分子量、等电点、溶解性和稳定性等基本性质，同时还要熟悉分离纯化过程中所涉及的一系列理论与技术（梅乐和等，2011）。本章将对分离、纯化、鉴定构成生物体最重要的大分子即蛋白质所用到的技术进行简单阐述。

第一节 概 述

在分离蛋白质之前，需要对目标蛋白的性质有所了解，不同的蛋白质有其特定的氨基酸组成和排列顺序，连接蛋白质多肽链上的氨基酸可以是极性的或非极性的、疏水的或亲水的、带正电荷的或带负电荷的，这些肽链可以通过氢键形成特定的二级结构（α螺旋、β折叠、各种转角和无规卷曲），这些二级结构再进一步通过次级键盘旋折叠成三级结构或四级结构，形成蛋白质独特的分子形状、大小和表面电荷分布。利用蛋白质之间性质上的差异，选择合理的检测手段并制定出纯化流程，即可从蛋白质混合物中分离纯化出目标蛋白。蛋白质的分离纯化与鉴定包括以下几个主要实验步骤：前处理、粗分离、细分离、蛋白质的鉴定。纯化分离过程中所涉及的主要步骤在后面的章节中还将做详细的介绍。

1）前处理：首先要选择实验材料，对于含量比较丰富的蛋白质相对要容易些，而对于低丰度的蛋白质，需要斟酌其来源（如细胞、组织及器官），各种不同来源的材料都应该尝试，随着基因操作技术的显著进步，可以尝试利用细菌、真菌或昆虫细胞等表达系统过量表达目标蛋白（Gräslund et al.，2008）。选择好实验材料之后，要把蛋白质从生物组织或者细胞中以溶解的状态释放出来，以便进一步分离纯化。对于目标蛋白在生物体中的定位和存在状态的差别，往往采用不同的提取方法。对于胞内蛋白质或者细胞骨架，需要破碎细胞之后再进行提取；而对于分泌于胞外或者组织外的蛋白质，提取要方便一些，可通过离心或者过滤的方法除去固体杂质，上清液中就含有目标蛋白。在提取过程中，缓冲液的pH和离子强度等都对蛋白质的稳定性起重要的作用，对于不同的蛋白质可以根据需要在提取时加入不同的还原剂[如 β-巯基乙醇（β-mercapto-ethanol）、二硫苏糖醇（dithiothreitol，DTT）等]、蛋白酶抑制剂和去污剂等。

2）粗分离：蛋白质粗提液中目标蛋白的浓度往往较低，可采用盐析、有机溶剂沉淀等方法使目标蛋白从粗提液中分离出来，同时最大可能地把杂质除去。

3）细分离：通过凝胶过滤、吸附层析、离子交换和亲和层析等方法对蛋白质的粗分离产物进行进一步的分离纯化，得到高纯度的蛋白质样品，供结构与功能方面的研究使用。

4）蛋白质的鉴定：在整个蛋白质分离纯化过程中都需要对蛋白质的含量和纯度进行鉴定。通常利用紫外吸收法、考马斯亮蓝染色法等对蛋白质的含量进行鉴定。此外，电泳法也是有效判定蛋白质的等电点、分子量、浓度和纯度最常用的方法。

第二节 蛋白质的提取

生物体中的蛋白质种类众多，功能各异，所在的宿主细胞结构也存在差别，细胞裂解方法和提取物制备技术存在很大不同。通常情况下，强力的机械方法能够降低提取物的黏度，但是产热和氧化作用会导致一些不稳定蛋白质的变性失活；而温和的处理方法很可能使目标蛋白无法从细胞中释放出来，并且所得到的提取物黏度很高。早期标准的细胞裂解的方法和设备在20世纪七八十年代之前没有发生根本性的改变，随着结构和基因组学发展的需要，一些新的试剂和自动化的方法使得蛋白质纯化的技术得到较快速的发展。

一、细胞的破碎

（一）机械法

机械法是指通过机械力作用使组织细胞破碎的方法。其中超声和高压裂解已被广泛地应用于微生物、植物和动物细胞的裂解。超声裂解是利用超声波（15~25kHz）的机械振动，产生空化作用引起冲击波和剪切力而促进细胞破碎，如果连续超声，样品温度会升高，因此通常超声30s~1min即停止，待样品温度降低后继续超声。高压匀浆机和压力挤出机通过强制加压后，细胞悬液通过狭窄的径口阀时，借助在被挤出喷嘴时的压力差和剪切力来裂解细胞。研磨法也是实验室经常采用的裂解细胞的方法，如玻璃珠研磨机和玻璃珠匀浆机，利用玻璃珠研磨悬液中的细胞，细胞裂解的程度与细胞浓度、珠子的直径、珠子在悬浊液中的比例和处理时间等都有关系，这种方法对于一些难裂解的细胞如酵母、孢子等效率很高，已经被成功应用于细菌、植物、动物细胞的裂解中。

传统的机械法裂解细胞不易于处理小体积的样品，并且过度的产热和氧化作用也是利用这种方法裂解细胞时常见的问题。近些年利用机械法裂解细胞的器械经历了功能上的革新，出现了许多新的设备。SonicMan高通量超声系统采用96孔板和其他型号微孔板专用的多孔超声探头，可以高通量、小体积地裂解细胞。BioSpec生产的无线手持Sonozap超声波匀浆机，配有小尺寸的自动超声探头，可以处理0.3~5.0mL小体积的样品。Avestin提供的EmulsiFlex高压匀浆机采用气泵或电动活塞泵，不仅能够提供很高的压力，还配有为细胞提取物降温的热交换设备。此外，Glas-Col公司生产的BioNeb细胞裂解系统利用气压喷雾来裂解细胞，不会产生热量。

（二）化学法

有些有机溶剂（丙酮、氯仿和甲苯等）、去污剂、变性剂等化学药品可以改变细胞壁或细胞膜的通透性，从而使细胞内含物释放出来。以去污剂为基础的试剂的发展和高通量自动化处理样品的方式使得采用化学法裂解细胞在简化方面取得了重大进步。例如，改进后的试剂和方法可以不收集细胞，从全部培养基中提取目标蛋白，使得细胞培养、蛋白质提取和纯化能够在一个试管中完成。利用去污剂裂解细胞对细胞外膜的渗透化处理非常有效，但是由于去污剂的使用可能会对蛋白质的溶解性产生影响，而且去污剂和去污剂中的杂质也可能会干扰下游的纯化过程和最终结构鉴定，因此，以去污剂为基础的裂解试剂仍然被广泛地应用于现代结构和基因组学研究中。

（三）酶解法

利用外源的溶菌酶、纤维素酶、核酸酶和脂肪酶等，在一定条件下作用于细胞而使细胞壁破碎，释放出内含物。利用酶解法裂解细胞时作用条件温和，对细胞的细胞壁成分有高度的特异性，裂解过程中不需要专门的器械，但在使用过程中水解酶本身及酶制剂中所含有的其他成分可能会干扰下游的纯化步骤，并且大多数水解酶在应用上的限制性和昂贵的价格也妨碍了它们大规模的应用（Burgess and Deutscher，2015）。

二、蛋白质的抽提

细胞破碎之后需要抽提蛋白质，抽提的目的是最大限度地使目标蛋白溶解出来。由于大多数蛋白质能够溶解于水、稀酸、稀碱、稀盐溶液或有机溶剂，所以采用适当的溶液就可以把目标蛋白抽提出来。抽提主要包括水溶液提取和有机溶剂提取。

（一）水溶液提取

蛋白质分子的疏水性氨基酸常常埋藏在分子内部，而极性氨基酸分布在分子表面，与水有很强的亲和性，在分子表面可以形成一层水化层，同时这些颗粒还带有相同的电荷，在水溶液中不容易聚集，所以稀盐溶液和带有缓冲能力的水溶液对于稳定蛋白质能起到较好的效果，是提取蛋白质最常用的溶剂。在蛋白质提取过程中，溶液的 pH 和盐浓度会对提取效率有较大的影响。

1. pH　　蛋白质是两性电解质，具有等电点（pI）。其在等电点时溶解度最小，而在偏离等电点一个 pH 单位后，溶解度大大增加，因此提取液的 pH 应选择在蛋白质等电点之上或者之下至少一个 pH 单位。一般来说，pI 在碱性范围内的蛋白质在酸性 pH 条件下较易溶解，pI 在酸性范围内的蛋白质在碱性 pH 条件下较易提取。用稀酸或稀碱提取时，不能用太极端的 pH，以防止蛋白质变性失活。例如，pH 在 9.0 以上时，可能会发生谷氨酰胺和天冬酰胺侧链的脱酰胺作用；此外，在较高 pH 条件下，肽键可能会发生部分水解。另外，在选用缓冲液时，也要仔细考虑缓冲液的种类。首先，所选用的缓冲液能覆盖所需 pH 的有效缓冲范围。例如，如果想使用 pH 为 7.0 的缓冲液就不能选用 Tris-HCl 缓冲液，因为这正好处于它缓冲范围的边缘。其次，所选的缓冲液不能影响后续实验处理，如果下一步用阳离子交换柱就不能用含有伯胺的缓冲液，类似地，磷酸盐缓冲液会干扰后续阴离子交换柱的使用。

2. 盐浓度　　低浓度的中性盐如氯化钠、硫酸铵等会增加蛋白质分子表面的电荷，增强蛋白质分子和水分子之间的相互作用，从而使蛋白质在水溶液中的溶解度增大，这种现象称为盐溶（salting in）。此外，低浓度的中性盐溶液还具有保护蛋白质不易变性的优点，因此通常在蛋白质提取液中加入低浓度的中性盐，盐溶液浓度一般在 0.05~0.2mol/L 为宜，另外提取液中缓冲液的使用浓度一般为 20~50mmol/L。

3. 添加剂的使用　　在蛋白质提取液中添加防止蛋白质降解、提高蛋白质稳定性的物质是非常有必要的，这包括蛋白酶抑制剂、还原剂、辅因子和甘油等。水溶性的三（β-氯乙基）磷酸酯[tris（β-carboxyethyl）phosphine，TCEP]和三（3-羟基丙基）膦[tris（3-hydroxyprophl）phosphine，THP]是非常稳定的还原剂，比大多数通常使用的 β-巯基乙醇和二硫苏糖醇对保持还原状态的二硫键更加有效。另外，添加非离子型和两性的去污剂可以增加疏水蛋白质的溶解度，但还原剂、蛋白酶抑制剂和去污剂的使用可能会干扰后续的纯化过程和对纯化结果的检测。

（二）有机溶剂提取

一些和脂质结合比较牢固或者分子中非极性侧链比较多的蛋白质，不溶于水、稀酸、稀碱中，这时可以尝试在低温搅拌下用乙醇、丙酮和丁醇等有机溶剂溶解。在利用有机溶剂提取蛋白质时，丁醇是利用率较高的一种有机溶剂，适用于动植物及微生物材料。首先，它对提取与脂质尤其是磷脂结合紧密的蛋白质特别有效；其次，它的水溶性也较强，在溶解度范围内不会引起蛋白质变性；另外，利用丁醇法提取蛋白质时可选择的pH和温度范围比较广。但是需要指出的是利用有机溶剂提取蛋白质常常会导致蛋白质发生不可逆的失活，甚至完全变性，所以提取之后应立即把目标蛋白转移到适当的缓冲液中。

第三节 蛋白质粗分离

经过细胞破碎及溶液抽提之后，获得了目标蛋白和其他可溶于提取液的杂质的复杂混合物。用适当的方法使目标蛋白从粗提液中分离出来并将目标蛋白与其他杂质分离就是蛋白质的粗分离。通常利用一些沉淀技术将粗提物先分离出来，这样既可以使目标蛋白和其他成分分开，又可以对目标蛋白进行浓缩（Englard and Seifter，1990）。蛋白质的粗分离常用的方法包括盐析沉淀、等电点沉淀、有机溶剂沉淀和聚乙二醇沉淀等。

一、盐析沉淀

对于一般低浓度的中性盐，随着盐浓度的升高，蛋白质的溶解度增大，称为盐溶；而高浓度的中性盐则会使蛋白质发生沉淀，发生盐析（salting out）。其基本原理是高浓度的盐离子有很强的水化力，与蛋白质分子争夺水化水，减弱蛋白质的水化程度（破坏水化膜），使蛋白质溶解度降低。同时盐离子所带电荷也会部分中和蛋白质分子所带电荷，使蛋白质分子易于聚集产生沉淀。蛋白质盐析常用的中性盐有硫酸铵、硫酸镁、氯化钠等，一般来说高价离子对盐析的影响要比低价离子强，但高价离子本身的溶解度欠佳，难以配成高浓度的中性盐溶液，应用最多的是硫酸铵 [$(NH_4)_2SO_4$]，因为它易溶于水且温度系数小（25℃时饱和溶解度为4.1mol/L，即767g/L；0℃时饱和溶解度为3.9mol/L，即676g/L）。另外，为了计算方便，在实际操作中常用饱和度（saturation）所达到的比例来表示硫酸铵的浓度，即用饱和硫酸铵溶液所达到的百分数来表示它的浓度，例如100%代表全饱和，而不用它的克分子浓度来表示。表7-1列出了把1L硫酸铵溶液从一个饱和度升到另外一个饱和度需要加入硫酸铵的质量。由于不同蛋白质的分子量和等电点不同，盐析时所需要的中性盐的浓度也不同，因此可以通过调节盐的浓度使不同蛋白质分段析出而加以分离，这就是分段盐析。硫酸铵的分段盐析效果要比其他中性盐好，不易引起蛋白质变性，所以最有产出效果的方案是逐级增加硫酸铵的浓度，级间插入离心步骤。应用盐析法沉淀的蛋白质，经过透析除盐之后，仍能保持蛋白质的生物活性，所以在蛋白质分离纯化上应用较为广泛。

表7-1 硫酸铵饱和度换算表（25℃）

硫酸铵的起始浓度（饱和度）/%	硫酸铵的最终浓度（饱和度）/%															
	10	20	25	30	33	35	40	45	50	55	60	65	70	75	80	90	100
0	56	114	144	176	196	209	243	277	313	351	390	430	472	516	561	662	767
10		57	86	118	137	150	183	216	251	288	326	365	406	449	494	592	694
20			29	59	78	91	123	155	189	225	262	300	340	382	424	520	619
25				30	49	61	93	125	158	193	230	267	307	348	390	485	583
30					19	30	62	94	127	162	198	235	273	314	356	449	546
33						12	43	74	107	142	177	214	252	292	333	426	522
35							31	63	94	129	164	200	238	278	319	411	506

续表

硫酸铵的起始浓度（饱和度）/%	硫酸铵的最终浓度（饱和度）/%																
	10	20	25	30	33	35	40	45	50	55	60	65	70	75	80	90	100
40								31	63	97	132	168	205	245	285	375	469
45									32	65	99	134	171	210	250	339	431
50										33	66	101	137	176	214	302	392
55											33	67	103	141	179	264	353
60												34	69	105	143	227	314
65													34	70	107	190	275
70														35	72	153	237
75															36	115	198
80																77	157
90																	79

注：表中数据为加到 1L 溶液中的固体硫酸铵克数。

二、等电点沉淀

蛋白质是两性电解质，当溶液的 pH 达到蛋白质的等电点时，蛋白质所带的静电荷为零，分子间的静电斥力最小，而溶解度也最小，容易聚集沉淀出来。不同蛋白质的等电点也不同，可以通过调节溶液的 pH 到目标蛋白的等电点，使目标蛋白沉淀出来，但利用等电点沉淀法通常沉淀不完全，常与其他沉淀方法联合使用，以提高沉淀能力。

三、有机溶剂沉淀

有机溶剂（如甲醇、乙醇、丙酮等）与水的亲和性要大于其与蛋白质分子的亲和性，抽提液中加入有机溶剂，一方面会降低水的介电常数，另一方面可以与水分子缔合，破坏蛋白质分子表面的水化膜，使蛋白质稳定性降低，进而聚集析出形成沉淀。有机溶剂沉淀的分辨率比盐析沉淀要高，即在很窄的有机溶剂浓度下目标蛋白就可以沉淀，并且不用脱盐，有机溶剂可以挥发除去，但沉淀的蛋白质分子容易变性失活，必须在低温下操作。

四、聚乙二醇沉淀

聚乙二醇（polyethylene glycol，PEG）是一种无电荷的直链大分子，具有极强的亲水性，可非特异地引起蛋白质沉淀（Atha and Ingham，1981）。PEG 的聚合度愈高，沉淀蛋白质所需要的浓度愈低，但聚合度过高，溶液的黏度太大，操作不方便，目前多采用 PEG6000 来沉淀蛋白质（Withanage et al.，2024）。

五、透析

在蛋白质粗分离过程中，除去盐、有机溶剂和生物小分子等常常会用到透析这种方法。例如，经过硫酸铵分级沉淀得到的蛋白质含有较高浓度的硫酸铵，为了进行后续的细分离，就需要用透析法除去硫酸铵。透析是利用蛋白质的分子量比较大、不能透过半透膜，而其他小分子可以自由通过半透膜的性质，使蛋白质与以无机盐为主的小分子有效分开。另外，透析也在更换蛋白质缓冲液组分方面起着主导作用，常用的透析装置见图 7-1。透析过程的动力来源于扩散压，扩散压是由透析袋半透膜两边的浓度梯度形成的（Waters et al.，2008）。如果透析袋中样品与透析袋外缓冲液之间的溶质浓度梯度大，就会使样品中的盐类在较短的时间内除去。使用时透析袋经处理后一端用橡皮筋扎紧或者用透析袋夹子夹紧,加入待透析溶液后,另外一端封闭时,通常要留三分之一至一半的空间,并且挤瘪不能留有空气,以防透析过程中透析袋外的缓冲液进入透析袋将袋子胀破。透析膜可用玻璃纸、火棉纸和其他改性的纤维素材料,一般截留性能由材质的孔径等级即截留分子量(MWCO)表示,截留分子量是以假定的平均球蛋白的大小为基础标定的,它允许分子量小于这一限度的分子双向自由通过,而大分子物质则被截留,一般推荐使用的膜的截留分子量为欲截留物质分子量的一半。过去的几年里,透析的原理没有改变,用于透析的技术和工具却得到了很好的改良,透析膜和透析管的机械设计增加了处理样品体积的灵活性,改进了的透析膜形态可减少蛋白质的吸附和损失。例如,Pierce Biotec 公司提供的 SnakeSkin®透析管采用褶状的再生纤维素膜(3.5~10kDa MWCO),可以简化大体积样品的透析;Pierce 提供的 Slide-A-Lyzer®微型透析器(10~100μL)和透析盒(0.1~30mL)可以处理小量的生物样品。

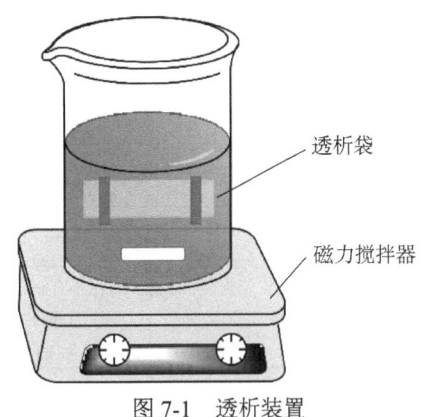

图 7-1　透析装置

六、超滤

超滤与透析的分离原理基本相同,两种技术都采用半透膜将样品从溶液中分离出来。超滤是利用离心力或者压力(氮气压或者真空泵压)使溶液中的小分子和溶剂通过一定截留分子量的滤膜,而蛋白质分子截留在滤膜的另一侧,从而达到浓缩和更换缓冲液的目的。超滤与透析相比主要有三点不同:首先,超滤主要应用于样品的浓缩或更换缓冲液,而透析则主要应用于除去小分子化合物或者缓冲液的更换;其次,超滤主要是膜两边的压力差驱动传质作用而进行的,而透析是通过膜两边的浓度差所引起的扩散力而起作用;最后,由于两种技术进行溶质或溶剂转移的驱动力不同,超滤膜的机械强度要比透析膜的大。超滤膜通常被固定在支持物上,制成多种体积和不同截留分子量规格的超滤装置(图 7-2)。超滤膜常用的材料有聚砜、聚醚砜、聚丙烯氰、醋酸纤维等,聚砜和聚醚砜高分子膜具有抗碱的能力,但更容易被含有生物制品的溶液所污染,传统的纤维素型膜在碱性次氯酸盐溶液中一般会降解,新型纤维素复合膜(如 Millipore 公司的 Ultracel®)具有污染小和蛋白质的结合能力低的优点,从而可实现优良的产物截留和更高的产率。

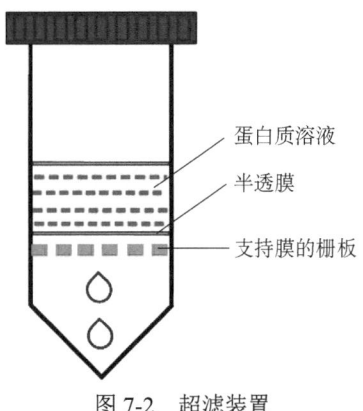

图 7-2　超滤装置

七、超速离心

离心是蛋白质分离纯化过程中最常用的实验手段之一,离心力可以用相对离心力(relative centrifugal force,RCF)和每分钟转数(revolution per minute,r/min)来表示,两者之间通过公式可以进行换算,如果用 r/min 表示离心力大小时,必须指定出离心机的转头半径,而相对离心力与离心机的半径无关，可以在不同的离心机上通用，应用起来更方便。超速离心是利用强大的离心力来分离和制备物质常用的方法。超速离心机的离心力最高，可达500 000～600 000g，可以分离蛋白质、核酸、多糖等物质，装有制冷和真空系统，制冷系统可以使离心过程在低温条件下进行，真空系统则可减少离心机转头和空气的摩擦，减少热量的产生。在操作技术上，最常用的是差速离心和密度梯度离心，差速离心是交替使用低速和高速离心，在不同强度的离心力下使具有不同质量的物质进行分级分离，适用于混合样品中沉降系数差别比较大的各组分的分离。密度梯度离心是使用一种密度能在离心管中形成从上到下连续升高的梯度，又不会使待分离的物质凝聚或者失活的溶剂系统，离心后各物质颗粒能按照各自的相对密度在相应的溶剂中形成区带，常用于形成密度梯度的溶剂是氯化铯或蔗糖溶液（图7-3）。

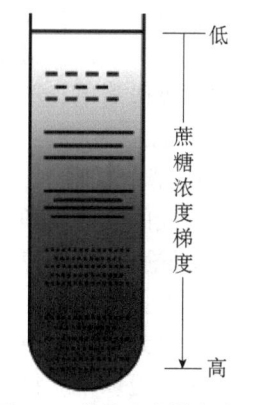

图 7-3 蔗糖密度梯度离心

八、结晶

结晶作为另外一种纯化技术，可同时对蛋白质进行纯化、浓缩和脱盐。结晶是蛋白质在溶液中由于溶剂挥发达到过饱和状态而析出晶体，结晶的过程受蛋白质浓度、沉淀剂浓度、溶液pH和温度等条件的影响。结晶类似于沉淀，都是从溶液中形成固体颗粒，沉淀所形成的颗粒比较小且没有规则的形态，而结晶所形成的颗粒比较大且是高度有序的。常用的结晶方法是气相扩散法，包括悬滴法和座滴法，扩散装置见图7-4。商业化的结晶试剂盒、多孔结晶板及高通量的筛选技术的研发，使得对纳升级样品进行较宽范围内结晶条件的筛选成为可能，但在实际操作中，对蛋白质进行结晶要比沉淀困难许多，在对蛋白质进行纯化的过程中，沉淀技术往往是一种更常用的方法。

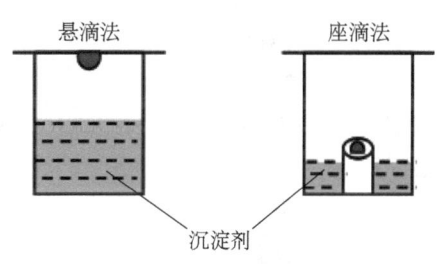

图 7-4 气相扩散结晶装置

九、其他方法

在蛋白质粗分离过程中，除了上述常用的方法，还有一些其他的方法。例如，利用冷冻干燥法可以对蛋白质溶液进行浓缩或者将其制备成固态利于保存，操作过程主要包括蛋白质溶液的冻结和冻结固体在真空状态下的干燥（Kupke and Dorrier，1978）。三氯乙酸（TCA）沉淀法也是一种将蛋白质从稀溶液中沉淀出来的非常有效的方法。研究表明，当TCA浓度为15%左右时蛋白质沉淀效果最佳。此外，聚乙烯亚胺（PEI）沉淀法、加热变性沉淀法、免疫沉淀法等都可以用于蛋白质的粗分离。

第四节 蛋白质细分离

目标蛋白仅经过粗分离，纯化程度仍停留在初步阶段，如果要得到纯度高、均一性强的样品，还要根据蛋白质分子量的大小、形状和表面电荷性质等对粗分离得到的样品进行进一步纯化，其中涉及各种层析技术和电泳技术。

一、凝胶过滤

凝胶过滤（gel filtration）又称分子筛层析、分子排阻层析或凝胶渗透层析等，是一种液体柱层析技术，根据样品各组分分子大小的不同，依次从色谱柱流出而达到分离的目的。凝胶过滤操作简单、分离条件温和、样品回收率高，对生物物质的分离和分析十分有效（Seelert and Krause，2008）。

1. 基本原理　　凝胶过滤所用的介质凝胶是大分子惰性聚合物，其内部是多孔的网状结构，凝胶的交联度和孔度决定了所能分离蛋白质的分子量的范围，最常用的有葡聚糖凝胶、聚丙烯酰胺凝胶和琼脂糖凝胶等。不同分子大小的蛋白质混合物通过凝胶柱时，比凝胶颗粒孔径大的蛋白质分子不能进入多孔凝胶颗粒内部，只能随着洗脱剂沿着凝胶颗粒之间的孔隙流动，受到的阻滞作用小、流程短，最先流出凝胶柱；而比凝胶颗粒孔径小的蛋白质或其他小分子，可以不同程度地渗透到凝胶颗粒内部，受到的阻滞作用大、流程长，后流出色谱柱（Jungbauer，2005）。因此，根据生物分子大小的不同，所走的路径不同，可以实现分离。如图 7-5 所示，多孔凝胶颗粒像分子筛一样，大小不同的生物分子按照大分子物质先被洗脱出来，小分子物质后被洗脱下来的顺序，有效分离不同分子大小的蛋白质混合物。

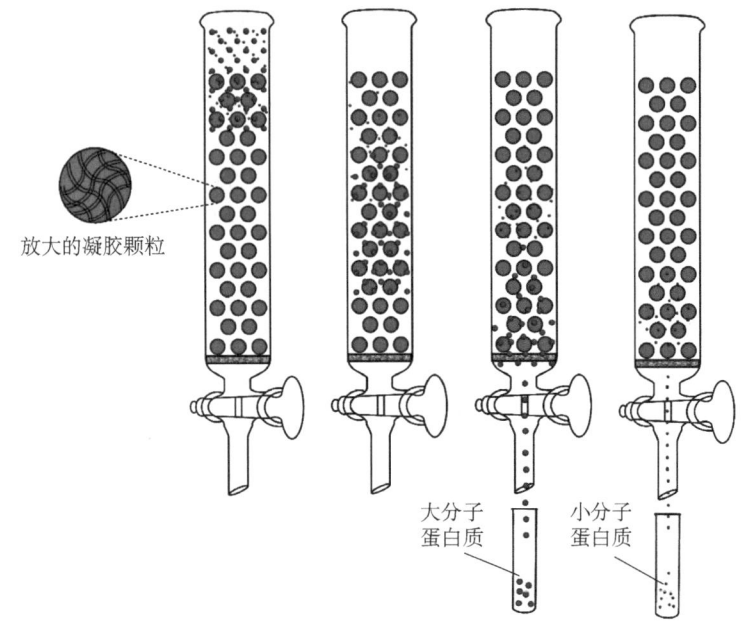

图 7-5　凝胶过滤的基本原理

2. 几种主要的凝胶介质

（1）**交联葡聚糖凝胶**　　交联葡聚糖凝胶（Sephadex G）是以右旋糖酐与 1-氯-2,3-环氧丙烷交联制备而成的具有网状结构的凝胶颗粒，通过调节环氧氯丙烷的配比便可控制凝胶的交联度，进而控制凝胶孔径的大小。交联度越大，凝胶孔径越小，适合分离物的分子量范围越窄。目前市售的商品葡聚糖凝胶主要有 G-10、G-15、G-25、G-50、G-75、G-100、G-150 和 G-200，其型号为该凝胶的得水值乘以 10。得水值（Wr）是指 1g 干凝胶充分溶胀时所吸收水的克数。例如，葡聚糖凝胶 G-200 的得水值为 20。G 后面的数字越大，得水值越高，凝胶的孔径就越大，适合分离蛋白质的分子量就越大。表 7-2 列出了不同型号凝胶适合分离的分子量范围。葡聚糖凝胶的化学稳定性较好，工作 pH 为 2～12，不与常用的生化试剂及有机溶剂反应。

表7-2　常用葡聚糖凝胶（Sephadex）的性能参数

品名	最适分离的分子量范围	得水值
Sephadex G-10	<700	1.0±0.1
Sephadex G-15	<1 500	1.5±0.2
Sephadex G-25（粗/中/细/超细）	1 000～5 000	2.5±0.2
Sephadex G-50（粗/中/细/超细）	1 500～30 000	5.0±0.3
Sephadex G-75	3 000～80 000	7.5±0.5
Sephadex G-75（超细）	3 000～70 000	7.5±0.5
Sephadex G-100	4 000～150 000	10±1.0
Sephadex G-100（超细）	4 000～100 000	10±1.0
Sephadex G-150	5 000～300 000	15±1.5
Sephadex G-150（超细）	5 000～150 000	15±1.5
Sephadex G-200	5 000～600 000	20±2.0
Sephadex G-200（超细）	5 000～250 000	20±2.0

（2）聚丙烯酰胺凝胶　聚丙烯酰胺凝胶（Bio-Gel P）是由丙烯酰胺和甲叉双丙烯酰胺交联而成的，控制单体的浓度可以获得不同孔径的交联物。商品聚丙烯酰胺凝胶有 P-2、P-4、P-6 和 P-300 等 10 种，聚丙烯酰胺的型号为凝胶排阻限度除以 1000。排阻限度是指不能渗入凝胶颗粒内部的最低分子量界限。例如，P-2 的排阻限度为 2000，即分子量大于 2000 的分子不能渗入凝胶颗粒内部。聚丙烯酰胺凝胶的工作 pH 为 1～10，同样不与常规的生化试剂反应，能耐高浓度的尿素和盐酸胍溶液。

（3）琼脂糖凝胶　琼脂糖凝胶（Sepharose，Bio-Gel A）是线性多聚糖，由 D 型半乳糖和 L 型半乳糖交替组成，依靠糖链之间的氢键维持网状结构，网状结构的孔径由琼脂糖的浓度来调节。琼脂糖凝胶的物理刚性较好，可以得到很高的流速，但只有在 pH4～9 才稳定，并且高浓度的尿素和盐酸胍也会影响它的寿命。另外，琼脂糖凝胶还不耐高温，温度在 40℃以上时还会融化。琼脂糖凝胶的分辨率要比葡聚糖凝胶差，通常情况下琼脂糖凝胶在凝胶过滤时应用很少。

（4）其他改进型凝胶介质　Sephacryl 凝胶是在葡聚糖凝胶的基础上改进而来的，由丙烯葡聚糖和 N,N'-亚甲基双丙烯酰胺共聚交联而成，具有很好的刚性，机械强度大，流速快，化学稳定性好，工作 pH 为 3～12，分离范围广。

Superose 凝胶是由琼脂糖交叉连接形成的，流速快，分辨率高，在低离子强度洗脱液中，可以利用疏水相互作用改变 Superose 凝胶对一些脂类和肽类等物质的选择性。

Superdex 凝胶是一种新型的凝胶过滤介质，具有葡聚糖和琼脂糖复合基架，把交联葡聚糖凝胶所具有的卓越凝胶过滤特性和琼脂糖凝胶的物理化学稳定性有机结合起来，是目前分辨率和选择性最高的凝胶过滤介质，分为 Superdex 30、Superdex 75 和 Superdex 200 三种型号。其物理和化学稳定性好，机械强度大，流速高，是目前应用率非常高的一种凝胶介质。

3. 实验操作　凝胶过滤按照实验目的可以分为组别分离和分段分离。组别分离是分离样品中分子量差别比较大的两类物质。例如，硫酸铵分级沉淀之后进行脱盐处理就属于组别分离。选择凝胶时可以选择大分子被排阻而小分子能渗入的凝胶。分段分离适合分离分子量差别不是太大的待分离样品，选择凝胶介质时需要考虑不同型号凝胶的分段分离范围。在选择层析柱时,对于组别分离,柱长和柱直径比为（5∶1）~（15∶1）,而对于分段分离,柱长和柱直径比为（20∶1）~（100∶1）,柱长增加会提高分辨率,但是流速降低,柱压增大。

（1）凝胶的溶胀　　市售的交联葡聚糖凝胶或聚丙烯酰胺凝胶为干粉状,可用洗脱缓冲液进行溶胀。凝胶溶胀时要轻轻搅拌,得水值高的凝胶容易破碎。另外,得水值高的凝胶所需的溶胀时间比较长,沸水浴溶胀可以缩短时间,凝胶溶胀之后悬浮的细小颗粒需要除去。购买的琼脂糖凝胶都是溶胀好的,使用之前只需除去细小颗粒即可装柱,不能用沸水加热,因为琼脂糖凝胶在40℃以上便开始溶解。

（2）装柱　　装柱前柱子要绝对垂直,固定在稳定的支架上。先向柱子里面加入洗脱缓冲液,检查是否渗漏,打开柱子下端出口排出气泡后,关闭下端出液口,使柱子里缓冲液体积大概占柱子总体积的15%,将溶胀好的凝胶与缓冲液配成1∶1的稀液体缓慢加入柱体,避免产生气泡,待凝胶自然沉降在柱子下端出现2~3cm夯实的凝胶界面时,打开柱子下端出液口,调节合适的流速,使凝胶继续沉集,排出过量的洗脱缓冲液,但凝胶柱上层界面要保留2~3cm的洗脱缓冲液。装好的层析柱要求均匀、无气泡、无界面、无裂痕。

（3）样品的分离过程　　对于凝胶过滤,样品的体积往往会影响分离效果。对于组别分离,样品体积可以为柱床体积的10%~30%；对于分段分离,样品体积只能为柱床体积的1%~5%。上样前要用洗脱缓冲液平衡1~2个柱体积,柱床表面要求平坦均匀,上样时柱子凝胶表面的洗脱液既不能留存也不能流干,加样要十分小心,可用胶头滴管加样,不能破坏胶面,待样品完全渗入凝胶后,加2~3cm高的洗脱剂,使柱床与洗脱瓶连接进行洗脱。洗脱时可以借助重力或者蠕动泵,或者购买一些商品化的预装柱直接连接到低压或者中压层析系统上进行洗脱,同时监测层析柱流出液在紫外280nm波长处的吸收值,收集洗脱峰,进一步用电泳等手段鉴定目标蛋白。

（4）层析柱子的维护　　分离纯化后可用洗脱缓冲液清洗层析柱2~3个柱体积,使用多次后,可以用0.2mol NaOH进行在位清洗,然后分别用蒸馏水和缓冲液平衡。如果长时间不用,可以将凝胶介质保存在20%的乙醇或者0.02%的叠氮化钠水溶液中。

二、离子交换层析

离子交换层析（ion exchange chromatography）是根据蛋白质分子所带电荷的不同而进行分离的一种方法,目前已被广泛用于生物大分子的分离纯化。

1. 基本原理　　通过化学键合的方法,在惰性支持物上连接可解离的化学基团,同时可人为地选择使其带上正电荷或者负电荷,这就是离子交换剂。蛋白质分子在一定pH条件下所带电荷的多少和电荷的排布不同,它们与带电荷的凝胶颗粒（即离子交换剂）的电荷相互作用也不同。当它们通过带电荷的凝胶介质时,与所带电荷相同的介质之间的作用力小,先流出,而与所带电荷相反的介质作用力大,后流出,从而使不同的蛋白质得到分离,这种层析技术称为离子交换层析。如果离子交换剂是带正电荷的（即阴离子交换剂）,那么带负电荷的蛋白质可通过相反电荷之间的静电吸引与之结合；如果离子交换剂是带负电荷的（即阳离子交换剂）,则带正电荷的蛋白质可与之结合。

蛋白质与凝胶介质通过不同种电荷之间的静电吸引相互结合,可通过改变溶液的离子强度或pH来洗脱蛋白质。增加溶液的离子强度,可以增加离子间的竞争作用,降低离子交换剂和蛋白质所带电荷之间的静电引力；另外,改变溶液的pH,使待分离物质的解离度降低,静电荷减少,从而降低与离子交换剂的亲和力。所以使用阴离子交换剂时可以通过增加盐浓度或者降低 pH，而使用阳离子交换剂时可以增加盐浓度或者升高溶液的 pH（Pabst and Carta，2007）。图 7-6 为离子交换层析的原理，蛋白质分子所带电荷中与离子交换剂所带相反电荷越多的，结合能力越强，越是后面被洗脱下来；反之结合能力越弱，越先被洗脱下来。

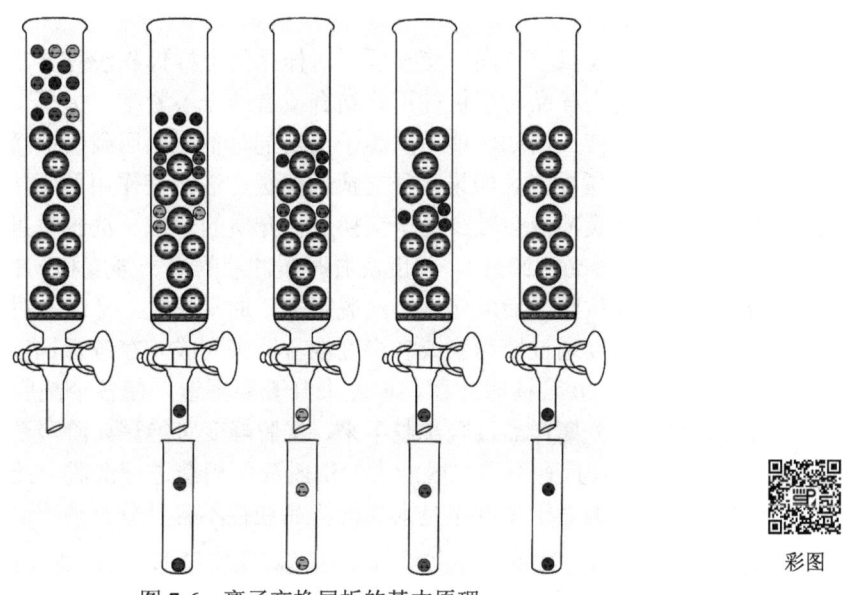

图 7-6 离子交换层析的基本原理

2. 凝胶介质　　离子交换剂分为阳离子交换剂和阴离子交换剂两类，通过化学键和的方法把带电基团共价连接在惰性支持物上。阳离子交换剂的电荷基团带负电荷，可以交换阳离子。根据电荷基团的解离度不同，阳离子交换剂分为强酸性、中等酸性和弱酸性三类，而强与弱的区别不是离子交换剂与蛋白质分子结合能力的强弱，而是在于电荷基团完全解离的 pH 范围。强酸性离子交换剂是在较大的 pH 范围内解离，而弱酸性的完全解离 pH 范围很小，常用的带电基团 CM 为羧甲基（—CH_2COO^-），它属于弱酸性阳离子交换剂；另外一种常见的带电基团 SP 为磺丙基（—$C_3H_6SO_3^-$），它属于强酸性阳离子交换剂。为了使蛋白质吸附于阳离子交换剂上，pH 应低于蛋白质的等电点，而高于惰性支持物上可解离基团的 pK_a 值。阴离子交换剂的电荷基团带正电荷，可以交换阴离子。同样根据带电基团的解离度不同，阴离子交换剂分为强碱性、中等碱性和弱碱性三类，常用的带电基团 DEAE 为二乙氨基乙基[—$C_2H_4N^+$(C_2H_5)$_2$H]，它属于弱碱性阴离子交换剂；另外一种常见的带电基团 QAE 为二乙氨基乙基-2-羟丙基[—$C_2H_4N^+$(C_2H_5)$_2CH_2CH$（OH）CH_3]，它属于强碱性阴离子交换剂。

3. 实验操作

（1）离子交换剂的处理　　离子交换剂在使用前都要经过处理，如果购买的凝胶是液态保存的，一般不需要特殊处理，可直接用蒸馏水或者缓冲液平衡；如果购买的是干粉，在用缓冲液溶胀前要经过酸、碱处理。对于阳离子交换剂，采用碱—酸—碱的顺序进行洗涤，先将干粉浸泡在 0.5mol/L 的 NaOH 溶液中半小时，可用砂芯漏斗进行抽滤，用水洗至中性，再用 0.5mol/L 的 HCl 浸泡半小时，用水洗至中性，最后用 0.5mol/L 的 NaOH 溶液洗，充分水洗至中性，此时平衡离子为 Na^+，带正电荷的蛋白质可与之进行离子交换。对于阴离子交换剂用类似的方法，采用酸—碱—酸的顺序进行洗涤，洗涤之后平衡离子为 Cl^-，带负电荷的蛋白质可与之进行离子交换。

（2）装柱　　将溶胀平衡好的离子交换介质配成稀胶浆易于装柱子，装柱时的操作方法类似凝胶过滤柱子，对于离子交换纤维素介质，必要时可以采用加压装柱法，即在柱子上口连上加压装置。装好的柱子要求没有气泡，柱床顶端要平坦，同时要均匀，但它的均一度没有凝胶过滤要求得高。

（3）样品的分离过程　　离子交换层析对样品的上样体积没有要求，但要求缓冲液的离子强度不能太高，否则样品与层析柱不能结合或者结合不紧密。另外，不应选择与离子交换介质相互作用的缓冲液。例如，使用阴离子交换剂时不能选用磷酸盐缓冲液，使用阳离子交换剂时不能选用 Tris 缓冲液。如果离子交换剂与缓冲液相互作用的话，离子交换剂会降低缓冲液的缓冲能力，而缓冲液会减少离子交换层析介质的容量。洗脱时可以采用梯度洗脱和阶段洗脱两种方式（Janson，2011）。梯度洗脱时缓冲液的离子强度和 pH 是逐渐连续改变的，使得混合物中的样品按照先后顺序逐一洗脱下来。通常来说，梯度洗脱的分辨率要比阶段洗脱高，梯度的实现可以通过蠕动泵或者梯度混合器来完成。在进行梯度洗脱时，洗脱体积要足够大，一般要达到 20 倍柱床体积，梯度上升既要平缓，使各个洗脱峰能够分开，还要有一定的陡度，以免待分离样品过晚洗脱下来，洗脱峰变宽拖尾。阶段洗脱是通过提高离子强度或者调节 pH 来配制具有不同洗脱能力的洗脱液而相继进行洗脱，此法操作简单、洗脱体积小、样品浓度高，但对于差别不是太大的样品往往不容易分开。

三、吸附层析

吸附层析（adsorption chromatography）是根据固定相中的吸附剂对物质的吸附强弱不同从而实现对混合物中样品进行分离的。不同的蛋白质具有不同的氨基酸排列顺序，在折叠成高级结构之后，表面的氨基酸往往具有不同的极性或者极性与非极性氨基酸的分布区域不同，利用它们的这些性质，选择合适的吸附剂，从而实现对蛋白质的分离纯化。最常用的吸附层析包括羟基磷灰石吸附层析和疏水层析。

1. 羟基磷灰石吸附层析　　羟基磷灰石的化学成分为结晶磷酸钙，分子内含有 Ca^{2+} 和 PO_4^{3-}，酸性和中性蛋白质可以与 Ca^{2+} 结合而碱性蛋白质可以与 PO_4^{3-} 结合，通过提高磷酸盐缓冲溶液的浓度可以把吸附作用不同的蛋白质洗脱下来（Bernardi，1971）。由于蛋白质与吸附剂羟基磷灰石主要是通过离子键和氢键相互作用的，因此蛋白质样品在上样之前的离子强度不能过高，低盐有利于吸附，在洗脱时可以通过提高离子强度或溶液的 pH 来实现。另外，羟基磷灰石对核酸的吸附能力很强，经常用于除去蛋白质中的核酸成分。

2. 疏水层析　　疏水层析是利用吸附剂中的疏水配基与蛋白质分子表面的疏水基团的吸附作用不同来实现分离纯化的，蛋白质分子表面所含疏水性基团越多，其与疏水性介质结合得越紧密。常用的疏水性吸附剂包括固定化的芳香族化合物（如苯基-琼脂糖）和固定化的烷基部分（如辛基-琼脂糖和丁基-琼脂糖等），不同的蛋白质分子，其表面的疏水性质不同，与吸附剂的疏水相互作用也是不同的。在实验操作时与离子交换层析正好相反，溶液中高的离子强度可以增强蛋白质分子表面的疏水区与疏水性介质的吸附作用，所以对于疏水层析，通常在较高的离子强度下使蛋白质样品吸附在层析柱上，然后通过降低盐浓度将样品洗脱下来，疏水作用弱的样品在高离子强度下先被洗脱下来，疏水作用强的样品后被洗脱下来。高浓度的盐溶液也会通过表面疏水区域导致蛋白质与蛋白质的相互作用而使蛋白质沉淀，如盐析，所以疏水层析柱加样时的盐浓度一般要低于引起沉淀的盐浓度，但这必须通过经验来确定。一般常用 1mol/L 的硫酸铵或者 2mol/L 氯化钠、氯化钾溶液，可使溶解性很好的亲水蛋白质与疏水介质相结合。

四、亲和层析

亲和层析（affinity chromatography）利用蛋白质与配基能专一性地识别并结合来实现对蛋白质的分离纯化，目前已被广泛应用于分离蛋白质等生物大分子。根据分离对象的性质选择合适的配基共价偶联在固相支持物上，当含有目标蛋白的混合物流过此支持物时，只有目标蛋白能特异性地与配基识别并结合，而其他的蛋白质分子不能和配基结合。当用含有自由配基的溶液洗脱时，即可把目标蛋白洗脱下来，从而实现对蛋白质的分离纯化（Ostrove，1990）。图 7-7 为亲和层析的基本原理。亲和层析往往经过一步纯化就可以得到纯度较高的样品，但对于不同的蛋白质往往需要选择不同的配基。目前应用较多的是采用分子生物学的方法把蛋白质分子构建到带有融合蛋白标签的表达载体上，目标蛋白经过原核或真核表达系统表达之后往往在 N 端或者 C 端带有融合蛋白标签，如多聚组氨酸标签（His-tag）、谷胱甘肽-S-转移酶标签（GST-tag）和麦芽糖结合蛋白标签（MBP-tag）等，可以通过使用商品化的镍柱、GST 标签纯化柱等较方便地纯化得到目标蛋白，这些亲和标签除了可以帮助蛋白质纯化，其中一些蛋白质结构域标签还可以增加目标蛋白的可溶性（Mishra，2020）。

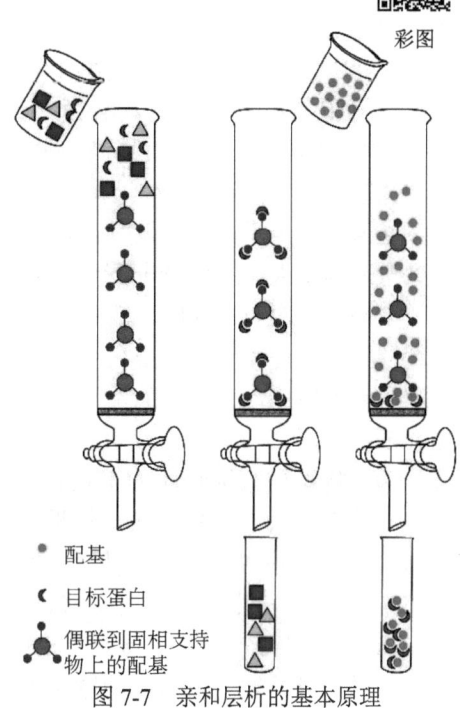

图 7-7　亲和层析的基本原理

第五节　蛋白质的含量测定与纯度鉴定

无论是在蛋白质分离纯化的过程中还是后续的蛋白质结构与功能研究中，都需要对蛋白质进行定性鉴定和定量测定。蛋白质含量的测定方法较多，如凯氏定氮法、双缩脲法、紫外吸收法和考马斯亮蓝比色法等；对于蛋白质的纯度鉴定，目前应用最多的是电泳法。

一、蛋白质的含量测定

蛋白质的含量是在纯化过程中需要检测的一项重要指标，在计算样品得率或测定目标蛋白的比活时都要涉及，下面就针对传统的凯氏定氮法及实验室经常使用的紫外吸收法和比色法进行逐一介绍。

1. 凯氏定氮法　凯氏定氮法是一种比较经典的测定蛋白质含量的方法，根据蛋白质中氮元素的含量相对恒定（平均占 16%），通过测定氮元素的含量，然后乘以 6.25 即可得到蛋白质的含量。在测定时，蛋白质样品中的氮首先要通过硝化转化为无机氮，再经过几步化学反应最终转变为 NH_3，最后通过化学滴定的方法测定出氮元素的含量。利用凯氏定氮法测定蛋白质含量比较准确，但由于这种方法操作步骤烦琐，目前已不经常采用。

2. 紫外吸收法　蛋白质分子的共轭双键能在 190～220nm 和 250～285nm 波长内有吸

收峰，其中远紫外区的吸收峰是肽键本身也是共轭双键所引起的，但是在远紫外区的吸收峰不是特征性的，因为许多其他的有机化合物也有类似的吸收峰，如甲酸、乙酸和三氟乙酸等。蛋白质分子的特征性吸收峰出现在近紫外区，分子中的酪氨酸、色氨酸和苯丙氨酸含有共轭双键，其中色氨酸的最大吸收在274.8nm处，酪氨酸的最大吸收在280.4nm处，以色氨酸的吸收峰为主。另外，苯丙氨酸会在247nm、252nm、258nm和264nm处产生一组4个小峰，其中264nm处的峰值稍高一些，但苯丙氨酸的这组小峰常被酪氨酸280nm处的吸收峰所掩盖。

通常在测定蛋白质含量时都是检测280nm处的吸收峰，各种蛋白质分子中这几种氨基酸的含量差别不大，并且280nm处的吸光值与蛋白质的含量成正比，所以常常通过测定紫外吸收值来测定蛋白质的浓度。紫外吸收法操作比较简便、快速，样品可回收，低浓度盐和大多数缓冲液不干扰测定。但是在用标准曲线法测定蛋白质含量时，对于与标准品中的芳香族氨基酸含量差别比较大的样品，误差较大；另外，如果样品中含有紫外吸收的物质（如核酸类）也会干扰测定。

为了排除核酸类物质的干扰，紫外吸收法常常被用来测定蛋白质含量。蛋白质分子在280nm处有最大的紫外吸收，核酸类物质在260nm处有最大的紫外吸收，分别测定样品在280nm和260nm波长下的吸光值，然后按照经验公式：蛋白质浓度（mg/mL）=$1.45A_{280}$－$0.74A_{260}$，计算出蛋白质浓度（Marshak et al.，2000）。目前市售的超微量紫外分光光度计（NanoDrop、NanoVue等）测定蛋白质浓度操作非常方便，样品用量少（1~2μL），测定时加入样品后，只需输入蛋白质的摩尔消光系数，程序就会根据比尔-朗伯定律直接计算出蛋白质的浓度（Coligan，2007）。

3. 比色法 比色法也是被广泛采用的测定蛋白质含量的方法，该方法首先是将蛋白质与特定的试剂反应，由于反应产物在特定波长下的光吸收值与蛋白质含量成正比，因此对照标准曲线即可查得蛋白质的浓度。比色法根据与蛋白质反应试剂的不同分为不同的方法，如双缩脲法和考马斯亮蓝比色法等，其中考马斯亮蓝比色法是许多实验室所普遍采用的测定蛋白质浓度的方法，该方法具有灵敏度高、快捷方便和干扰物少等优点。考马斯亮蓝G-250在酸性溶液中的最大吸收峰在465nm处，当它与蛋白质中的碱性氨基酸（特别是精氨酸）和芳香族氨基酸结合后，最大吸收峰位置从465nm变为595nm，并且该处的光吸收值与蛋白质的含量在一定范围内呈线性关系，由此可以测定蛋白质的含量（Bradford，1976）。

二、蛋白质的纯度鉴定

经分离纯化得到某种蛋白质样品后，常常需要测定它的纯度，了解蛋白质样品是否还含有其他杂质，以及所得到目标蛋白的纯度是否能满足后续研究的需要。衡量蛋白质"纯度"的指标包含多种，最直观和简单的鉴定方式是对它的组成纯度进行鉴定，即蛋白质样品中是否只含有一种蛋白质；进一步的指标是结构纯度，蛋白质的结构和构象是否均一，即蛋白质性质方面的鉴定；更进一步的指标是活性纯度，样品中蛋白质分子是否有相同的生理活性，即功能方面的鉴定。

1. 蛋白质组成纯度的鉴定 大多数实验室对组成纯度的鉴定常常通过凝胶过滤色谱检测是否只有一个洗脱峰，或者通过观测电泳图谱是否只有单一条带等。通常单一的鉴定方法不能提供准确的信息，往往需要结合多种方法进行综合分析。下面对蛋白质组成纯度的鉴定方法进行逐一介绍。

（1）凝胶过滤色谱　　凝胶过滤色谱是检测与目标蛋白分子具有不同分子量的杂质的最简单方法之一。如果目标蛋白中含有杂质，杂质在色谱图中可能表现为独立于蛋白质样品的其他峰，或者使目标蛋白的洗脱谱变宽。在实验操作过程中，凝胶过滤色谱对所鉴定的蛋白质样品没有破坏性，但它所需要的样品量比较大，而且检测的灵敏度要低于电泳法。

（2）电泳　　聚丙烯酰胺凝胶是由单体丙烯酰胺（acrylamide，Acr）和交联剂 N,N'-亚甲基双丙烯酰胺（N,N'-methylene bisacrylamide，Bis）在催化剂的作用下交联聚合而形成具有三维网状结构的凝胶，凝胶聚合可以通过化学聚合和光聚合两种催化途径实现，其中化学聚合以过硫酸铵为催化剂，以四甲基乙二胺（N,N,N',N'-tetramethylethylenediamine，TEMED）为加速剂来完成，是目前配制聚丙烯酰胺凝胶最主要的催化途径；光聚合以核黄素为催化剂，日光灯为光源，比较适合催化大孔径凝胶的聚合。通过调节单体丙烯酰胺的浓度或者单体和交联剂的比例可以得到不同孔径大小的凝胶，可用于不同分子量蛋白质的分离。通常凝胶孔径为样品颗粒容积的一半时，在电场的驱动力较大，分子量比较小的蛋白质可以选择丙烯酰胺浓度高一些的凝胶，反之亦然。

在聚丙烯酰胺凝胶电泳时，为了提高分辨率，常常采用不连续凝胶电泳系统，即凝胶孔径大小不连续、缓冲液组成及 pH 不连续及在电场中形成不连续的电位梯度，进而在这个不连续的体系中形成三个物理效应来提高凝胶的分辨率：①浓缩效应；②分子筛效应；③电荷效应。浓缩效应是指在不连续电泳系统中，样品在进入分离胶被分离之前被浓缩成一狭窄的区带，这有利于提高电泳的分辨率。样品之所以被浓缩，是因为在不连续电泳系统中，浓缩胶和分离胶的浓度不同，而且上下层凝胶缓冲液的 pH 也不相同。蛋白质分子进入浓缩胶时，它的解离度正好介于电极缓冲液中全部解离的快离子和部分解离的慢离子之间，而且快离子在电场中快速移动时，其后面形成了一个电导较低的区域，造成电位梯度的不连续，导致蛋白质分子和慢离子移动加快，使蛋白质分子在快离子和慢离子之间移动。另外，浓缩胶的孔径较大，对样品分子没有阻滞作用，而分离胶的浓度很高，孔径较小，进入分离胶时蛋白质分子在快慢离子之间被浓缩为一极窄的区带，使分辨率大大提高。分子筛效应是指对于聚丙烯酰胺凝胶，其胶浓度越大则所形成的胶的网孔越小，对蛋白质分子有一定的阻滞作用，而且蛋白质分子越大所受到的阻滞作用就越大。电荷效应是指不同蛋白质分子所带电荷的种类和数量不同，电泳时从负极向正极的移动速度也不一样，因此可以通过电泳把不同的蛋白质样品分开。由于这三种物理效应，聚丙烯酰胺凝胶电泳的分辨率大大提高，电泳装置见图 7-8。

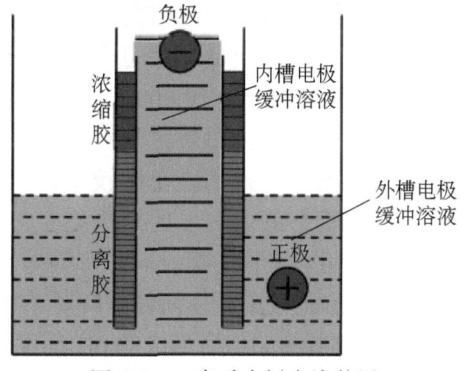

图 7-8　双向垂直板电泳装置

聚丙烯酰胺凝胶电泳是一种非变性的凝胶电泳，蛋白质在凝胶上的迁移率不仅和蛋白质的分子量大小有关，还和蛋白质的形状及所带的电荷有关。而 SDS 聚丙烯酰胺凝胶电泳是在聚丙烯酰胺凝胶系统中加入 SDS，成为一种变性的聚丙烯酰胺凝胶电泳，这时蛋白质在凝胶中的迁移率只与蛋白质的分子量大小有关系。SDS 为十二烷基硫酸钠，是一种阴离子型去污剂，在强还原剂存在下，能按照一定比例与蛋白质结合，形成 SDS-蛋白质复合物。由于 SDS 带有负电荷，蛋白质结合大量的 SDS 后就会掩盖不同蛋白质分子所固有的电荷差异，因此电泳时蛋白质分子在凝胶上的迁移率只与蛋白质分子大小有关系，并且在一定的分子量范围内，蛋白质的迁移率和分子量的对数呈线性关系。

（3）等电聚焦（isoelectric focusing，IEF） 蛋白质分子具有不同的氨基酸组成及不同的排列顺序，在不同的 pH 时，往往带有不同性质和不同数量的电荷，因此不同种蛋白质分子因所带电荷的差别在电场中的泳动呈现很大不同。等电聚焦是在电泳槽中加入载体两性电解质，电泳时从阳极向阴极形成 pH 逐渐增加的梯度。蛋白质分子移动并在等电点时停留下来，聚集在一个狭长的区域，因此等电聚焦可以依据等电点的不同将蛋白质分子彼此分开，同时也可以测定蛋白质的等电点，对蛋白质加以鉴定（基本原理见图 7-9）。用作等点聚焦的两性电解质分子量要小，不与被分离的物质发生反应，并且在等电点处有较高的

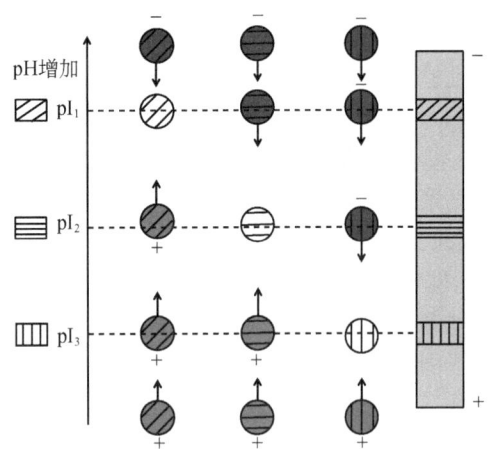

图 7-9 等电聚焦的基本原理

缓冲能力和电导。等电聚焦的分辨率和灵敏度非常高（0.01 pH 单位），重复性好，但是要求在无盐的溶液中操作，蛋白质在无盐的溶液中可能会发生沉淀，另外也不适用于在等电点不溶或者发生沉淀的蛋白质的纯化。

（4）双向电泳（two dimensional electrophoresis） 双向电泳是由两个单向的 PAGE 组合而成的，第一向电泳结束之后可以在与其垂直的方向进行第二向电泳。为了得到更好的分离效果，往往使组合的两个方向的电泳在分离原理上差别比较大。例如，目前常用的双向电泳，第一向是根据蛋白质的等电点不同进行的等电聚焦电泳，第二向是按照蛋白质的分子量大小不同进行的 SDS-PAGE，这种类型的双向电泳比任何类型的单向电泳分辨率都要高（基本原理见图 7-10）。随着技术的飞速发展，如差异凝胶电泳的发展，即应用两种不同的荧光染料标记样品，双向电泳之后可在纳克级上进行检测，并且可检测分离 10 000 个左右蛋白质组分。双向电泳技术在蛋白质组学中是除质谱技术之外的另一项核心技术，在比较不同组织类型、不同生理状态的蛋白质的分离鉴定方面起了很重要的作用。操作时第一向进行等电聚焦电泳，传统的方法是采用载体两性电解质，电泳时在胶内建立 pH 梯度，但所形成的 pH 梯度不够稳定，重复性差。目前常采用商品化的固相 pH 梯度（immobilized pH gradient，IPG）胶条，把载体两性电解质共价偶联到凝胶上，得到固相 pH 梯度，具有很高的重复性。电泳结束后将其横卧在第二向垂直板凝胶上部，进行变性聚丙烯酰胺凝胶电泳，最终经染色得到的电泳图是一个二维分布的电泳图。

（5）蛋白质印迹法鉴定 蛋白质印迹法

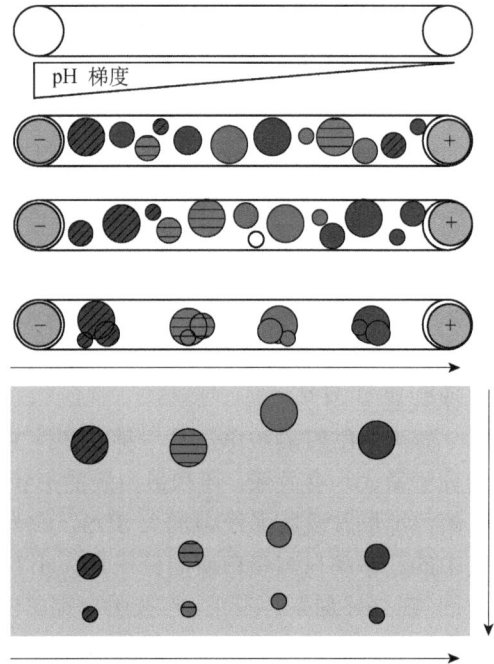

图 7-10 双向电泳示意图

（Western blotting）是根据抗原和抗体的特异性结合来检测样品中某种蛋白质的方法。利用低压、高电流的直流电场，将电泳分离得到的样品转移到固相纸膜上产生印迹，然后利用特定的抗体检测特定抗原等检测方法对印迹进行鉴定分析。

应用蛋白质印迹法对目标蛋白样品进行鉴定分为三个阶段。第一阶段是进行凝胶电泳，包括非变性聚丙烯酰胺凝胶电泳（native-PAGE）、变性聚丙烯酰胺凝胶电泳（即 SDS-PAGE）和等电聚焦电泳（IFE）。第二阶段是进行转膜。凝胶电泳结束之后，将带有蛋白质区带的凝胶与膜、滤纸紧贴于三明治式的印迹转移装置中，在低压、高电流的直流电场中，以电驱动的方式使凝胶上的蛋白质区带转移到膜上。可用于印迹转移的固相纸膜具有能与大分子结合、质地的强度和韧性高、经得起印迹检测过程中的各种物理和化学方法的处理等特点，包括硝酸纤维素膜、尼龙膜和聚偏氟乙烯滤膜等（Antharavally et al., 2004）。其中硝酸纤维素膜（nitrocellulose membrane, NC 膜）最为常用，具有价格便宜、蛋白质吸附量大、背景低和使用方便等优点。第三阶段是对印迹进行检测。印迹转移之后的硝酸纤维素膜相当于是抗原，依次与特异性的抗体和标记的第二抗体相互作用，其中对特异性相互作用的第二抗体可进行各种标记，如放射性同位素标记、荧光标记、化学发光标记、特异性的染色标记和酶标记等，能够精确地检测出被印迹转移到固相纸膜的抗原。蛋白质印迹法不仅可以对已知表达的蛋白质应用相应的抗体作为一抗进行检测，还可以对新基因表达的产物，通过对新基因构建融合蛋白标签，利用融合部分的抗体进行检测。

（6）蛋白质氨基酸组成鉴定　　对蛋白质氨基酸组成进行分析的第一步是将蛋白质进行水解，使其形成游离的氨基酸。水解的方法包括酸水解、碱水解和酶水解。通常采用盐酸在真空状态下于 110℃水解，也可在 150℃条件下加快水解，酸水解不会使氨基酸发生消旋，但是会使色氨酸全部遭到破坏，水解时间长会部分破坏羟基氨基酸（丝氨酸、苏氨酸和酪氨酸），还会使天冬酰胺和谷氨酰胺发生水解。蛋白质经碱水解后氨基酸会消旋，但色氨酸稳定，常用于色氨酸的鉴定。酶水解作用条件温和，对天冬酰胺、谷氨酰胺和色氨酸均无破坏作用，但成本较高，酶水解往往不完全。蛋白质水解后的氨基酸混合物可以通过氨基酸分析仪或高效液相色谱进行测定。氨基酸分析仪的结构同普通的高效液相色谱类似，但对氨基酸的分析进行了细节优化，它根据水解产生的各种氨基酸的结构、酸碱性、极性的不同，利用经典的阳离子交换柱进行分离，通过改变缓冲液的 pH 将各种氨基酸依次洗脱下来，再逐个与茚三酮试剂混合进行显色反应，最后与标准样品氨基酸进行比较，即可对蛋白质水解产生的各种游离氨基酸进行种类和含量的分析。

（7）沉降速率测定法　　沉降速率测定法能够简单、快速地对蛋白质纯度进行判定，是在恒定的离心力场下测定样品颗粒的沉降速度。这种方法对分子质量和分子大小的比值非常灵敏，利用沉降速率测定法能够测定的材料范围非常广，但是对于分子质量相差小的样品的灵敏度不如电泳技术。

2. 蛋白质结构纯度的鉴定　　可以利用荧光光谱法、圆二色谱法、光散射法等对蛋白质的结构和构象进行分析。组成蛋白质的酪氨酸和色氨酸都具有产生荧光的能力，因此蛋白质常常能产生内源荧光，根据其中酪氨酸和色氨酸组成的不同而具有不同的荧光光谱。因此，可以根据蛋白质的荧光光谱对蛋白质进行鉴定，而且荧光光谱能反映蛋白质的构象特征。圆二色谱法可以测定蛋白质的二级结构，对蛋白质进行折叠、蛋白质构象研究，利用近紫外圆二色谱作为光谱探针，可以反映蛋白质中芳香族氨基酸残基、二硫键微环境的变化。利用静态或动态光散射可以对蛋白质的大小和表观分子量进行测定，是鉴定蛋白质样品的单体和聚集形式常用的一种方法。

3. 蛋白质活性纯度的鉴定　　不同的蛋白质具有不同的生物学功能，因此有不同的测定方法。通常判断蛋白质活性纯度的方法是直接测定蛋白质的比活性，根据比活性的高低来判断样品的纯度。另外，通过基因工程的手段，可以一方面将目标蛋白的基因在生物体内过表达，另一方面在生物体内将该基因沉默，通过观察比较它们与野生型生物体的表型差别，从而推测蛋白质的功能。

趣味阅读

胰腺兼具内分泌和外分泌的功能。外分泌部分产生消化酶，帮助我们分解食物中的营养成分。而其内分泌部分尤其是胰岛细胞，可以合成和分泌胰岛素，对血糖的调节起着决定性的作用。胰岛素是由胰腺中的胰岛 β 细胞分泌的一种蛋白质激素。胰腺和胰岛素的关系紧密而复杂，它们共同维持着人体的代谢平衡。在 1921 年以前，医生用研磨胰腺的方法来提取胰岛素。但这相当于把胰腺里的消化酶和胰岛素混合在一起了，而胰岛素本质就是蛋白质，正好能被消化酶分解，这还怎么提呢？直到有一天，加拿大生理学家和外科医生班廷受到一个病例的启发，患者因为慢性结石而导致胰腺中的消化腺全部萎缩，消化功能很差，但却没有糖尿病的症状。通过这个病例，班廷一下子找到了思路，即通过让消化腺萎缩来提取胰岛素。班廷在得到多伦多大学生理学系主任麦克劳德支持后立即投入实验，他先给狗结扎胰管，等 6~8 周消化腺萎缩后切下胰腺，研磨后加生理盐水，注射给患糖尿病的狗，其中有两条狗被证明成功治愈，这便验证了班廷的思路。然而，后来进一步研究证明此方法提取的胰岛素杂质较多，不能用于人类糖尿病的治疗。随后在化学家的帮助下，用乙醇提取胰岛素的方案获得成功，并将胰岛素提纯到可供人类使用的水平，胰岛素从此成为糖尿病患者的救命药。之后在漫长的国际竞争中，中国科学家于 1966 年首次人工全合成了具有生物活性的人工胰岛素结晶！为了治疗糖尿病，科学家不断努力探索。从早期的动物胰岛素提取，到如今的基因工程合成人胰岛素类似物，治疗手段也在不断进步。在糖尿病的治疗中，通过研究与胰岛素作用相关的蛋白质的表达和变异，能够区分 1 型糖尿病（胰岛素绝对缺乏）和 2 型糖尿病（胰岛素抵抗或相对缺乏），为制订个性化的治疗方案提供依据。例如，某些微 RNA（miRNA）被证实能够调节胰岛 β 细胞中胰岛素的合成和分泌，这为开发针对性的药物干预靶点提供了新的思路。此外，对蛋白质组学的研究可以监测糖尿病患者治疗过程中蛋白质表达量的变化，评估治疗效果，及时调整治疗方案，提高治疗的有效性和安全性。总之，对胰岛素及相关蛋白质的深入研究有助于为糖尿病的治疗提供更多有效的策略。

复习思考题

1. 蛋白质分离纯化的一般步骤包括哪些？
2. 凝胶过滤分离蛋白质的基本原理是什么？
3. 离子交换层析的基本原理是什么？
4. 为什么聚丙烯酰胺凝胶电泳具有较高的分辨率？

第八章
蛋白质的修饰

本章数字资源

蛋白质的修饰
- 侧链基团的化学反应
  - 氨基的化学反应
  - 羧基的化学反应
  - 巯基的化学反应
  - 二硫键的化学反应
  - 羟基的化学反应
  - 其他侧链基团的化学反应
- 蛋白质的标记
  - 蛋白质的生物素标记
  - 蛋白质的荧光标记
  - 蛋白质的放射性标记
  - 蛋白质的代谢物标记
  - 蛋白质的毒素标记
- 蛋白质的化学修饰
  - 蛋白质的聚乙二醇修饰
  - 蛋白质的糖基/去糖基化修饰
  - 蛋白质的脂化/去脂化修饰
  - 蛋白质的泛素化/去泛素化修饰
- 蛋白质的化学交联
  - 交联剂
  - 蛋白质化学交联到固相支持物
  - 蛋白质-蛋白质之间的化学偶联
  - 蛋白质标记转移
  - 蛋白质化学交联质谱
- 蛋白质的分子生物学改造
  - 蛋白质的基因工程改造
  - 定向进化
    - 构建突变文库
    - 突变文库的筛选
  - 基因融合
    - 直接顺序融合
    - 通过连接肽的顺序融合
    - 插入融合
  - 融合蛋白标签
  - 内含肽介导的蛋白质剪接
  - tRNA介导的蛋白质改造

蛋白质是一类重要的生物大分子，是生命活动的主要物质承担者。蛋白质的生物学活性不仅由其特定的化学结构决定，更取决于其特定的空间结构。蛋白质空间结构破坏导致其生物学功能丧失的过程称为蛋白质变性或去折叠。从广义上说，凡通过基团的引入或去除而使蛋白质共价结构发生改变的过程，都可称为蛋白质的修饰。蛋白质的修饰是蛋白质工程的一项重要研究内容，同时也是改造蛋白质性质的一种有力工具。蛋白质修饰能够改进天然蛋白质的物理化学特性、改善其生物学特性，已受到越来越多的重视。蛋白质的修饰是一种重要的生物技术，被广泛应用于蛋白质工程、药物开发、生物化学研究等领域。常见的蛋白质修饰技术包括化学修饰、糖基化/去糖基化修饰、脂化/去脂化修饰、泛素化/去泛素化修饰、交联剂修饰、标签修饰/切割修饰等。

第一节 侧链基团的化学反应

蛋白质侧链基团可以参与多种化学反应，这些反应是蛋白质能够进行修饰的基础，对蛋白质的结构、功能和相互作用有重要影响。每种氨基酸的侧链具有独特的化学特性，使得蛋白质能够进行特定的化学反应。蛋白质侧链上可以发生化学反应的主要功能基团有氨基、羧基、巯基、羟基、胍基、吲哚基等。

一、氨基的化学反应

蛋白质中的氨基（—NH$_2$）基团可以参与多种化学反应，这些反应可以影响蛋白质的结构和功能。蛋白质中 N 端的自由氨基和赖氨酸侧链上的 ε-氨基以非质子化形式存在时很活泼，是蛋白质分子中亲核反应活性很高的基团，可以与各种亲电试剂发生加成反应进行选择性修饰，这些反应被广泛应用于蛋白质的化学修饰和标记中，如图 8-1 所示。蛋白质上的氨基可以与醛基或酮基发生亲核加成反应，生成不稳定的碱亚胺中间体。在还原条件下，该中间体可以进一步转化为稳定的次级胺。这种亚胺化反应常被用于蛋白质与糖类、脂类的偶联修饰。蛋白质上的氨基还可以与酸酐或酯基发生亲核加成反应，生成稳定的酰胺键。这种反应被广泛应用于蛋白质与其他分子（如小分子药物、聚合物等）的共价偶联。氨基可以与异氰酸酯反应，生成新的氨基酰基基团。这种加成反应被用于蛋白质的化学标记和嫁接修饰，引入各种功能性基团。蛋白质上的氨基还可以与环氧化物、酰亚胺、活性酯等亲电试剂发生加成反应，引入不同的取代基。这些反应为蛋白质的化学改造提供了更多可能性。

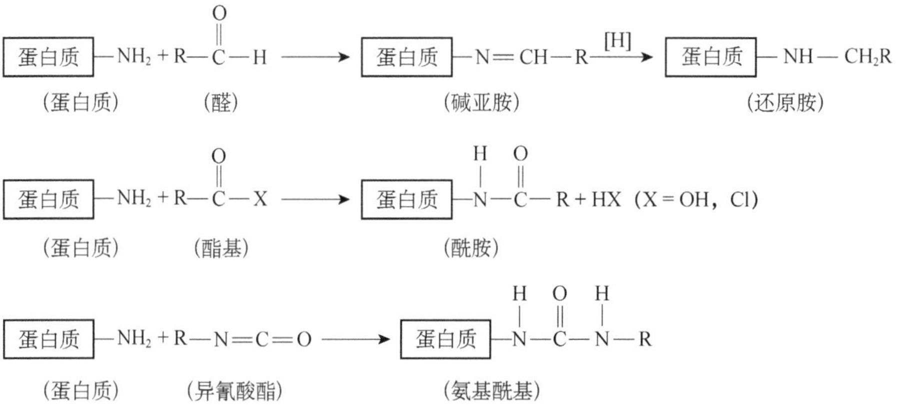

图 8-1 蛋白质表面的氨基发生的亲核加成反应

二、羧基的化学反应

组成蛋白质的谷氨酸、天冬氨酸及蛋白质的 C 端都含有自由的羧基（—COOH）。其可以与其他氨基酸残基或者其他分子发生相互作用，从而影响蛋白质的构象、稳定性和功能。蛋白质表面的羧基可以与其他氨基酸的氨基反应形成酰胺键，这是蛋白质间交联的常见方式。这种交联可以在自然条件下发生，或在实验室中通过交联剂促进，常被用于增强蛋白质复合体的稳定性或生物材料的制备。羧基也可以与醇（包括某些药物分子中的醇基）反应形成酯，这种反应可以用于标记或改变蛋白质的性质，提高其稳定性或改变其活性。在蛋白质工程中应用最为广泛的是羧基活化及缩合反应，这是一种重要的蛋白质修饰和偶联手段。蛋白质中的羧基首先需要通过活化剂转化为亲电性更强的中间体。常用的活化剂是 1-乙基-3-（3-二甲基氨基丙基）碳二亚胺盐酸盐（EDC），其是 N-羟基琥珀酰亚胺（NHS）类交联剂。EDC 可以与羧基发生缩合，生成活化的酰基中间体。随后可以与蛋白质上的氨基、羟基等亲核基团发生缩合反应，形成新的共价键结构，如图 8-2 所示。

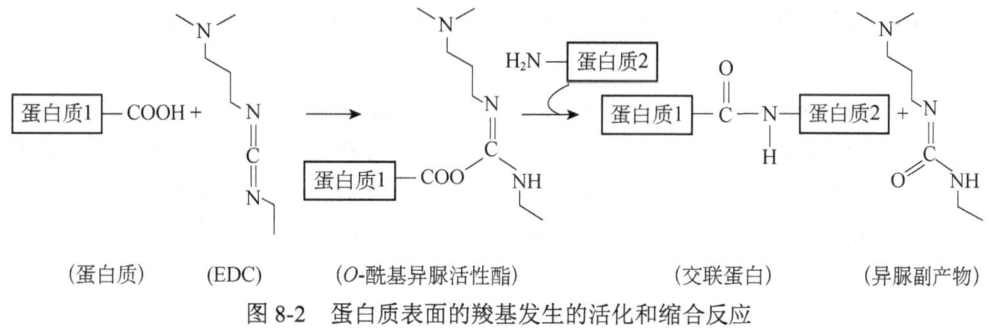

图 8-2 蛋白质表面的羧基发生的活化和缩合反应

三、巯基的化学反应

蛋白质表面的巯基（—SH）是一种高度活性的基团，可以参与多种化学反应。这些反应不仅可以改变蛋白质的化学性质，还可以调节其生物学功能。深入理解巯基的化学反应性，对于研究和设计新的蛋白质工程技术非常重要。

巯基具有很强的亲核性，可以与卤代烷反应，形成稳定的硫醚键。这种修饰可以阻止巯基参与进一步的氧化或其他反应，常被用于保护蛋白质的活性或稳定性。常用的烷基化试剂有碘乙酸和碘乙酰胺，目前已开发出许多基于碘代乙酸的多种荧光试剂。另外，马来酰亚胺类化合物（如马来酰亚胺）可以与巯基特异性反应，形成稳定的硫醚键。N-乙基马来酰亚胺是一种反应专一性较强的巯基修饰试剂，其反应伴随光吸收的变化，反应产物在 300nm 处有最大吸收，因此，可通过光吸收的变化来确定反应的程度。这种反应被用于蛋白质标记或交联，特别是设计荧光标记或其他生物活性分子的结合研究中，如图 8-3 所示。

巯基的氧化也是一种专一性较强的化学修饰试剂。过氧化氢和巯基反应形成二硫键或在较大量时形成磺酸，在一定条件下，过氧化氢与蛋白质巯基反应也可以生成次磺酸。使用巯基特异性的交联剂，如二（异硫氰酸丙基）二胺（DTNB），可以使相邻的巯基形成二硫键。这种方法常用于研究蛋白质的空间结构和相互作用。在实验条件下，使用巯基保护剂，如 N-乙酰-L-半胱氨酸（NAC），可以保护巯基不受氧化或其他化学修饰的影响。这种方法常被用于保护蛋白质中特定的巯基以维持其功能或稳定性。

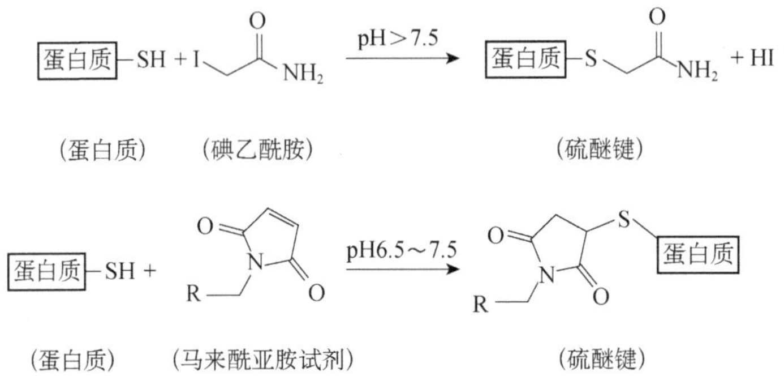

$$\boxed{蛋白质}-SH + I-\overset{O}{\underset{}{\overset{\|}{C}}}-NH_2 \xrightarrow{pH>7.5} \boxed{蛋白质}-S-\overset{O}{\underset{}{\overset{\|}{C}}}-NH_2 + HI$$

（蛋白质）　　（碘乙酰胺）　　　　　　　　　（硫醚键）

（蛋白质）-SH + 马来酰亚胺试剂 $\xrightarrow{pH6.5\sim7.5}$ （硫醚键）

（蛋白质）　（马来酰亚胺试剂）　　　　　　（硫醚键）

图 8-3　蛋白质表面的巯基与碘乙酰胺和马来酰亚胺试剂的反应

四、二硫键的化学反应

蛋白质中的二硫键是非常重要的结构元素，它是维持蛋白质一级结构和三级结构的主要作用力，对于蛋白质的稳定性和功能至关重要。二硫键是两个半胱氨酸残基之间的共价键，形成于氧化环境中，能够将不同的蛋白质结构域连接在一起或在同一结构域内形成内部连接。这种连接对于维持蛋白质的空间构象和功能至关重要。在研究中，通常使用还原剂，如二硫苏糖醇（dithiothreitol，DTT）或 β-巯基乙醇（β-mercapto-ethanol），可以将已形成的二硫键还原为两个巯基。这种方法常被用于在实验条件下打断二硫键连接，为使二硫键充分还原，反应必须用过量的 β-巯基乙醇。由于二硫键在序列分析及蛋白质高级结构研究中具有重要的意义，因此一个蛋白质分子中有无二硫键，是链内二硫键还是链间二硫键，以及确定二硫键的数目尤为重要。

五、羟基的化学反应

羟基（—OH）是蛋白质中氨基酸残基的一部分，如丝氨酸、苏氨酸和酪氨酸，蛋白质表面的羟基可以参与多种化学反应，如图 8-4 所示。通常酯化试剂与蛋白质上的羟基可发生酯化反应，酯化试剂是一种带有酸性基团和活性基团的化合物，能够与蛋白质的羟基发生反应，形成酯键。可以利用酯化反应将脂肪酸引入蛋白质分子中形成脂蛋白。蛋白质表面的羟基与

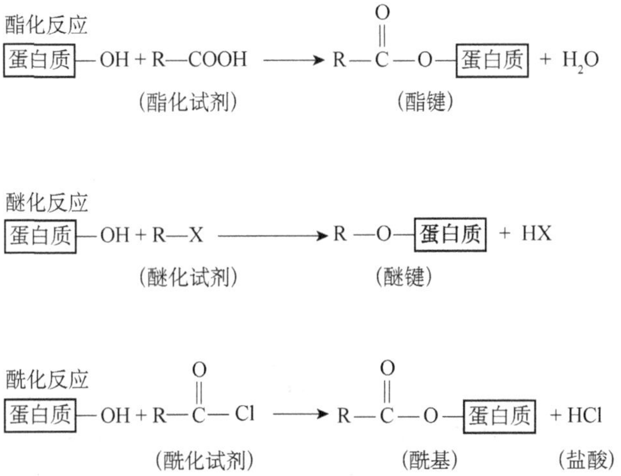

酯化反应
$$\boxed{蛋白质}-OH + R-COOH \longrightarrow R-\overset{O}{\underset{}{\overset{\|}{C}}}-O-\boxed{蛋白质} + H_2O$$
　　　　　　　（酯化试剂）　　　　　（酯键）

醚化反应
$$\boxed{蛋白质}-OH + R-X \longrightarrow R-O-\boxed{蛋白质} + HX$$
　　　　　（醚化试剂）　　　（醚键）

酰化反应
$$\boxed{蛋白质}-OH + R-\overset{O}{\underset{}{\overset{\|}{C}}}-Cl \longrightarrow R-\overset{O}{\underset{}{\overset{\|}{C}}}-O-\boxed{蛋白质} + HCl$$
　　　　　　（酰化试剂）　　　（酰基）　　　（盐酸）

图 8-4　蛋白质表面羟基发生的化学反应

醇或其他带有活性氢的化合物之间会发生亲核取代反应。在反应条件下，羟基的氧原子会攻击醇分子中的一个碳原子，形成氧与碳之间的醚键。可以利用醚化反应将聚合物链引入蛋白质分子中，以改变其溶解性、稳定性和结构。此外，醚化也可被用于设计新型蛋白质纳米复合材料，以及药物输送、成像和诊断等方面。酰化反应是一种常见的修饰策略，用于引入酰基到蛋白质表面的羟基上。酰化反应通常通过酰化试剂与蛋白质上的羟基发生化学反应而实现。典型的酰化试剂是带有酸性官能团和活性基团的化合物，如酰氯、酸酐或酯化试剂。在反应中，酰化试剂中的酸性官能团会与蛋白质表面的羟基发生反应，形成酰化产物，并释放出相应的酸或酸酐。酰化修饰可以改变蛋白质的表面电荷分布，以及蛋白质的性质、功能和相互作用，从而拓展其在生物医学和生物材料领域的应用。

六、其他侧链基团的化学反应

蛋白质表面的精氨酸残基含有胍基，由于其具有强碱性，与大多数试剂很难发生修饰反应。在蛋白质工程中，对胍基常见的化学修饰是 N-羟基琥珀酰亚胺酯（NHS）的酯化反应。活化后的 NHS 与蛋白质表面的胍基发生亲核取代反应。胍基上的氨基亲核进攻 NHS 的羰基碳，取代掉 NHS 基团，从而形成稳定的酰胍基。最终，游离的 NHS 分子被释放出来。生成的酰胍基键相对稳定，不易水解，这使得 NHS 酯化成为一种被广泛应用的蛋白质化学修饰方法。

蛋白质表面的组氨酸残基含有咪唑基，可以通过氮原子的烷基化或碳原子的亲核取代进行修饰，生成烷基化的组氨酸残基。组氨酸残基常位于许多酶的活性中心，咪唑基团可与碘试剂（如碘乙酸）发生亲核取代反应，生成碘代的组氨酸残基。另外，常用的修饰剂还有焦碳酸二乙酯（DPC），在近中性 pH 下对组氨酸残基有较好的专一性，产物在 240nm 处有最大吸收，可跟踪反应和定量。

蛋白质中的色氨酸含有吲哚基，可以与一些试剂发生取代反应或者被氧化裂解。但是色氨酸残基一般位于蛋白质分子的内部，其反应性要比一些亲核基团如巯基和氨基差，所以色氨酸残基一般不与常用的一些试剂反应。N-溴代琥珀酰亚胺（NBS）可以修饰吲哚基，并通过 280nm 处光吸收的减少进行监测。但 Tyr 残基也可与该修饰试剂发生反应，并干扰光吸收的测定。

蛋白质中的酪氨酸残基含有酚羟基，可与四硝基甲烷（TNM）发生反应，这是一个特定的化学修饰过程，常被用于研究蛋白质的结构和功能。这种反应涉及酪氨酸的酚羟基与四硝基甲烷中的碳原子发生亲核加成反应，生成亚硝基修饰的酪氨酸。该反应条件比较温和，可高度专一地与酪氨酸残基反应生成可电离的发色基团 3-硝基酪氨酸衍生物。经过 TNM 标记的酪氨酸在紫外线下具有强烈的吸收，这使得该方法可以被用于蛋白质的定性和定量分析。

第二节 蛋白质的标记

生物学研究通常需要使用能够共价结合至感兴趣蛋白质的分子标记，从而辅助检测或者纯化标记后的蛋白质及其结合对象。标记策略决定了靶蛋白或核苷酸序列上共价结合不同的分子，包括生物素、酶、荧光基团和放射性同位素。虽然具有多种类型的标记物可供选择，但是针对特定的应用依然首选不同的标记物。因此，必须仔细考虑并根据每种应用选择合适的标记物类型和标记方式。

一、蛋白质的生物素标记

蛋白质的生物素标记（protein biotinylation）是指利用物理或化学手段将生物素分子通过共价键方式引入到蛋白质分子中，是一种非常成熟的蛋白质标记方法。生物素，又名维生素B_7，具有良好的水溶性，分子质量只有244Da，大约只有两个氨基酸残基大小，因此与蛋白质结合后不会影响蛋白质的天然功能。另外，生物素的另一个特点是它可以高亲和力地与亲和素（avidin）非共价结合，是迄今为止所知的最强的非共价结合力，亲和力至少比抗原-抗体结合力高百万倍。生物素与亲和素的结合速率非常快，一旦结合不会受环境极端的pH、温度、有机溶剂及其他变性剂的影响。蛋白质被生物素标记后，能够被快速高效地检测、纯化和固定，被广泛用于流式细胞术、荧光成像、蛋白质印迹和酶联免疫检测等实验中。

在实践中，蛋白质的生物素标记有生物酶法、化学法和光催化法。生物酶法是在大肠杆菌体内完成的，需要在大肠杆菌体内表达一个生物素连接酶（BirA），同时表达融合了一段含15个氨基酸的多肽（AviTag）的目标蛋白。AviTag可以通过基因工程的手段连接在目标蛋白的N端、C端或者蛋白质的无规则区域。在大肠杆菌体内，ATP提供能量的情况下，BirA就会识别其底物AviTag多肽，将生物素共价连接在AviTag中赖氨酸侧链的氨基端上，使目标蛋白被生物素化。生物酶法进行生物素标记几乎只对蛋白质的N端和C端进行标记，并且会引入一段含15个氨基酸的多肽，可能会影响蛋白质后续的功能。化学法对蛋白质的生物素标记相对比较简单，标记位点和种类也更多样化，商品化的生物素标记试剂盒也非常丰富。化学法对蛋白质表面赖氨酸的氨基、半胱氨酸的巯基、谷氨酸和天冬氨酸的羧基，以及醛酮基（糖蛋白表面的糖链上的羟基被氧化）进行特异性标记。光催化法对蛋白质的生物素标记是一种非特异性标记方法，利用光敏剂（如玫瑰红、亚甲基蓝等）与生物素衍生物（如生物素-苯基叠氮化物）形成光激发复合物。在可见光照射下，光敏剂被激发产生活性自由基，与蛋白质中的色氨酸或酪氨酸残基发生偶联反应，从而实现对蛋白质特定位点的生物素标记。

二、蛋白质的荧光标记

蛋白质的荧光标记（protein fluorescence labeling）是一种被广泛应用于蛋白质工程中的生物学技术，就如同早期的同位素^{32}P标记核酸、^{35}S标记蛋白质一样。通过将荧光染料或者荧光蛋白与目标蛋白共价结合，在适当的激发波长下，被标记的蛋白质发出荧光信号，可以通过荧光显微镜等设备观察到标记的蛋白质，可实现对蛋白质在细胞内的分布、定位、相互作用和动态变化等研究。蛋白质的荧光标记可以细分为荧光染料标记和荧光蛋白标记，前者需要通过化学交联方法，后者需要通过基因工程技术实现。

通过化学交联法将荧光染料标记在蛋白质上的技术比较成熟，操作简单，商品化的产品种类繁多。根据荧光染料上连接的活化基团分为胺活性染料和巯基活性染料。胺活性染料的活性基团主要包括活性酯、异硫氰酸酯和磺酰氯三大类，这些基团可以特异地与蛋白质中的伯胺基团形成酰胺键共价连接。巯基染料的活性基团主要包括碘代乙酰胺、马来酰亚胺、苄基卤化物和溴甲基酮。它们通过与蛋白质表面半胱氨酸的巯基形成硫醚键而共价连接。后者包括碘乙酰胺、马来酰亚胺、苄基卤化物和溴甲基酮等，可与蛋白质或多肽中的半胱氨酸反应。在实践中，荧光染料的选择也非常重要，主要考虑染料的激发波长和发射波长（Ex/Em），这样才能选择正确的荧光显微镜。常用的荧光染料有荧光素（Ex/Em=495nm/520nm）、罗丹明（Ex/Em=550nm/575nm）、噻吩染料（Ex/Em=500~550nm/520~660nm）和石蕊红（Ex/Em=550nm/570nm）。

荧光蛋白标记目标蛋白需要借助基因工程的手段，简言之，就是需要将目标蛋白的基因利用分子克隆技术插入到含有荧光蛋白基因的质粒中，构建一个重组质粒，表达一个重组融合蛋白。这个融合蛋白在特定的激发光下就会发射荧光信号。目前市场上商品化的荧光蛋白质粒有50多种。根据荧光蛋白发射光的颜色主要包含以下六大类，分别为绿色荧光蛋白（Ex/Em=488nm/507nm）、蓝色荧光蛋白（Ex/Em=383nm/448nm）、青色荧光蛋白（Ex/Em=439nm/476nm）、黄色荧光蛋白（Ex/Em=514nm/527nm）、橙色荧光蛋白（Ex/Em=548nm/559nm）、红色荧光蛋白（Ex/Em=558nm/605nm）。

三、蛋白质的放射性标记

在蛋白质工程研究过程中，通常需要对蛋白质进行放射性标记，以研究它们在生物体内或体外的生理生化特性及功能与作用机制。目前，蛋白质的放射性标记（protein radio-labeling）主要选用 ^{125}I、^3H、^{14}C 放射性标记物。蛋白质放射性标记常用的方法有化学标记法和代谢物标记法。前者是指在收集蛋白质样品后，利用化学反应在蛋白质的特殊位点引入同位素标签。

蛋白质碘标记是将具有放射能力的碘同位素 ^{125}I 与蛋白质特定位点上的氨基酸残基共价结合，从而使蛋白质具有放射性的能力。蛋白质碘化过程常用的方法有氯胺T碘化法、酶促碘化法、乳过氧化物酶-葡萄糖氧化酶碘化法、联结碘化法和固相碘化法等。这些方法的区别在于将 I^- 氧化成 I^+ 的方式不同，以及对蛋白质的破坏程度和碘化蛋白质得率的不同。无论采用哪种碘化方法，首先是需要将 I^- 氧化成 I^+，只有 I^+ 才能够与蛋白质表面的酪氨酸或者组氨酸的侧链发生共价结合。

^3H 和 ^{14}C 标记蛋白质常用的方法有甲基化反应、烷化反应及 ^3H 和 ^1H 的交换反应。甲基化反应的原理是蛋白质中的赖氨酸侧链氨基端和蛋白质的氨基端都可以与甲醛和硼氢化物发生还原甲基化反应。因此，用 ^3H 或 ^{14}C 标记的甲醛或硼氢物可标记蛋白质。烷化反应的蛋白质放射性标记是根据蛋白质的多种残基如半胱氨酸、组氨酸、甲硫酸和赖氨酸的侧链上很容易发生羟化反应，从而引入羟甲基。因此，利用 ^3H 或 ^{14}C 标记的卤酸盐烷化试剂可对蛋白质进行放射性标记。^3H 和 ^1H 的交换反应是利用蛋白质溶液中的 ^3H 可与蛋白质肽键或一级胺上的 ^1H 进行自发可逆交换，利用这一反应可以将 ^3H 标记在蛋白质上。该交换法简单，反应条件温和，不损伤蛋白质。

四、蛋白质的代谢物标记

蛋白质的代谢物标记（protein metabolite labeling）策略是一种细胞体内标记方法，细胞被喂养了化学标记的代谢物，然后这些被标记的物质就掺入到新合成的蛋白质中。最常采用的代谢物标记法对蛋白质进行同位素标记就是在培养基中添加被 ^{15}N、^{15}C 或 ^2H 同位素标记的氨基酸，细胞经过若干代培养后，合成的蛋白质将完全被同位素标记。在蛋白质工程领域较为常见的两种蛋白质代谢物标记分别是硒代甲硫氨酸和叠氮糖通过代谢物标记实现对蛋白质的标记。

叠氮糖代谢标记糖蛋白提供了一种高特异性方法，用于通过体内代谢标记和化学选择性连接来研究糖蛋白，可实现代谢物标记策略中的荧光成像，以及基于生物素分子的检测和亲和纯化。常用的叠氮糖代谢物有 N-叠氮乙酰葡萄糖胺、N-叠氮乙酰半乳糖胺和 N-叠氮乙酰甘露糖胺。

在 X 射线蛋白质晶体学研究过程中，通过代谢物标记方法，在培养基中添加硒代甲硫氨酸，细胞中表达的蛋白质就会被硒代甲硫氨酸标记，利用硒原子的反常散射能力，解决蛋白质结构解析中的相位问题。目前，硒代甲硫氨酸标记蛋白质在大肠杆菌、毕赤酵母、酿酒酵母、杆状病毒及哺乳动物表达系统中都可以完成。其中，由于大肠杆菌表达系统选用了甲硫氨酸缺陷型表达菌 B834（DE3），因此该系统中蛋白质的硒代甲硫氨酸标记可 100%完成。然而，在其余的真核表达系统中，蛋白质的硒代甲硫氨酸标记效率则取决于表达系统类型和所表达蛋白质的性质，一般为 50%~90%。

五、蛋白质的毒素标记

蛋白质的毒素标记（protein toxin labeling）是将毒素或毒性基团与目标蛋白结合，从而使得目标蛋白具有毒性或细胞杀伤能力。这种标记通常被用于研究蛋白质的功能、细胞内定位、细胞杀伤、肿瘤治疗等领域。常见的蛋白质毒素标记方法可以将某些天然毒素（如白喉毒素、砒霜毒素等）或其活性基团与特定的蛋白质结合。通过基因工程技术将毒素或其活性基团与目标蛋白的编码序列进行合成或克隆，然后在合适的表达系统中进行融合表达和纯化，可以使得目标蛋白具有毒性。另外，也可以将毒素的活性部分与靶向特定细胞表面的抗体或配体结合，形成免疫毒素。这种方法可被用于治疗肿瘤等疾病，利用抗体或配体的靶向作用将毒素送达到靶细胞表面，实现细胞杀伤或毒素介导的细胞凋亡。

利用天然或人工合成的细胞毒素，将其与特定蛋白质结合，形成具有细胞杀伤能力的融合蛋白。例如，将具有 RNA 降解能力的核酸酶或 RNA 结合蛋白与目标蛋白融合，形成具有 RNA 降解或调控功能的融合蛋白。这种方法可用于干扰靶细胞的基因表达或 RNA 代谢过程，实现细胞杀伤或调控。这些细胞毒素经过化学修饰，引入特定的功能基团或标记基团，使其能够与目标蛋白发生特异性结合，实现对目标细胞的高度选择性杀伤。这种方法常被用于癌症治疗等领域，利用肿瘤细胞与正常细胞之间的差异性来实现肿瘤靶向治疗。

第三节 蛋白质的化学修饰

蛋白质的修饰是生物学中一个重要的概念，涉及在蛋白质的翻译后阶段对其进行化学和结构上的修改。这些修饰能够影响蛋白质的活性、稳定性、互作伙伴及其在细胞内的定位等。蛋白质的修饰可以在体内自然发生，也可以在体外通过人工方法实施。

一、蛋白质的聚乙二醇修饰

蛋白质的聚乙二醇修饰（protein PEGylation）是指利用物理或化学手段将聚乙二醇（PEG）分子通过共价键或非共价键的方式引入蛋白质分子中，是一种应用最为广泛的蛋白质修饰方式。PEG 是由乙二醇单体聚合而成的线性高分子聚合物，化学式是 $HO\text{-}(CH_2CH_2O)_n\text{-}H$。在蛋白质的聚乙二醇修饰过程中，需要封闭 PEG 一端的羟基基团，通常是对 PEG 进行甲基化处理，生成甲氧基聚乙二醇的衍生物，化学式是 $CH_3O\text{-}(CH_2CH_2O)_n\text{-}H$，可以减少或避免交联或团聚而使其在修饰过程中更具专一性。PEG 是一种非离子型的两亲分子，既可溶于水，也可溶于甲苯、氯仿等大部分有机溶剂中。PEG 进入人体后，不会引起免疫反应，不毒害活性蛋白质和细胞，在体内不残留，是经美国食品药品监督管理局批准的极少数能作为体内注射药用的合成聚合物之一。

在药物研发领域中，蛋白质类药物经过聚乙二醇修饰可以改变蛋白质的物理化学性质，提高蛋白质类药物的稳定性和生物利用度。首先，PEG 作为一种屏障能掩盖蛋白质表面的抗原决定簇，使蛋白质不能与各种细胞表面受体结合，不被机体的免疫系统识别，因而能避免相应抗体的产生，降低蛋白质的免疫原性。其次，PEG 大分子的屏蔽效应不但能阻碍蛋白酶对蛋白质类药物的降解，而且 PEG 与蛋白质相连后使蛋白质的分子量大大提高，能减少肾小球的排出量，延长蛋白质类药物在体内的药效时间，减少药物注射次数，降低毒性和副作用。最后，PEG 修饰可以提高蛋白质类药物的稳定性，降低其在制造、运输和储存过程中的损失。

根据蛋白质与 PEG 的连接方式，蛋白质聚乙二醇修饰分为非共价修饰和共价修饰两种，如图 8-5 所示。非共价聚乙二醇修饰主要依靠 PEG 与蛋白质表面的疏水相互作用、离子键作用、氢键作用及亲和相互作用。该修饰方式早在 20 世纪 70 年代就已被使用，也被称为第一代聚乙二醇修饰。当时，使用最多的聚乙二醇修饰剂通常为琥珀酸基碳酸 PEG、琥珀酸基琥珀酯 PEG 和三氟乙基磺酸酯 PEG。利用这些官能团的负电荷与蛋白质表面带正电荷的氨基基团形成离子键，从而实现非共价连接。第一代聚乙二醇修饰仅局限在低分子量的 PEG，有副反应多、选择性差、存在二醇杂质等缺点，目前已很少使用。

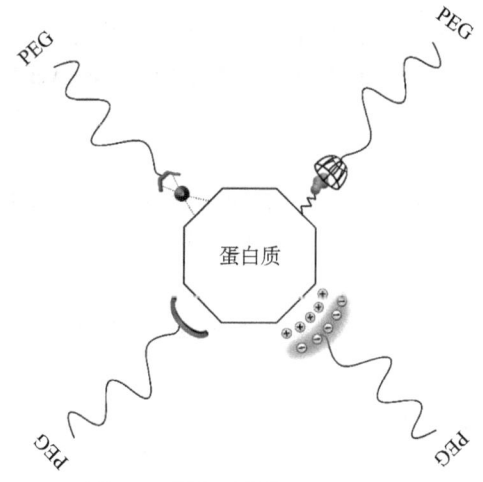

图 8-5 蛋白质的聚乙二醇修饰

共价聚乙二醇修饰得益于高分子量官能化 PEG 技术的发展，并将二醇杂质的含量降低到 5%以下，也被称为第二代聚乙二醇修饰。这些新型官能化 PEG 更具选择性，带有醛基、羧基、氨基、乙烯基、异氰酸基等活性基团，可与蛋白质分子上的羟基、氨基、羧基、巯基等进行选择性的反应，从而完成定向连接。然而，鉴于蛋白质表面通常含有多个可以连接的基团，因此在进行共价聚乙二醇修饰中总会产生不同程度的蛋白质修饰物，产生大量的异构体，均一性很差。

二、蛋白质的糖基/去糖基化修饰

蛋白质的糖基化（glycosylation）是一种重要的翻译后修饰，对蛋白质的结构、稳定性和生物学功能都有重要影响。在实验室中进行蛋白质糖基化的常见方法包括：①酶促糖基化，是利用糖基转移酶将特定的糖基团共价结合到蛋白质的特定位点上。这种方法模拟了生物体内糖基转移反应的过程，可以精确地控制糖基化的位点和程度。常用的糖基转移酶有果糖转移酶、半乳糖转移酶等。②化学糖基化，是通过化学反应直接在蛋白质的氨基酸残基上引入糖基。例如，可以利用亲核的氨基与 α-溴代糖反应，在赖氨酸或半胱氨酸上引入糖基。这种方法操作相对简单，但可能会影响蛋白质的天然构象。③化学选择性修饰，是利用蛋白质上特定官能团的化学反应性，选择性地引入糖基。例如，可以通过氮杂环卡宾与蛋白质的半胱氨酸残基反应，在特定位点上连接糖基。这种方法可实现精准的位点修饰。④糖基化衍生物表达，是将含有糖基化位点的基因序列克隆到表达载体上，在细胞内异源表达糖基化的重组蛋白。这种方法模拟了生物体内的糖基化过程，能获得天然构象的糖基化蛋白。上述体外糖基化技术还需进一步的优化，目前在蛋白质工程中还不能广泛应用，具有很大的局限性。

糖蛋白的去糖基化（deglycosylation）通常是指从糖蛋白分子中移除糖基团的过程，在某些情况下，人们需要获得非糖基化的蛋白质样品来深入研究其本质特性，这就需要用到精确、有效的脱糖方法。目前在蛋白质工程中使用最为广泛的去糖基化方法为酶促脱糖，使用糖水解酶是最常用也是最温和的脱糖手段。酶法去糖基化时，需要根据不同的糖肽链来选择不同的糖苷酶，对 N-连接的糖肽，普遍使用糖苷内切酶 PNGase A、PNGase F、Endo F 或者 Endo H 进行酶切。其中，PNGase F 可去除高甘露糖型、复合型、杂合型糖链，但是不能去除岩藻糖型糖链，而 PNGase A 可以去除岩藻糖型糖链，Endo F 和 Endo H 酶切 N-糖链五糖核心 Manα1-6（Manα1-3）Manβ1-4GlcNAcβ1-4GlcNAc[①]中相邻的两个 GlcNAc 间的糖苷键。对 O-连接的糖肽，先用外切糖苷酶从糖链的非还原末端切割寡糖，剩下蛋白核心 1 和核心 3 时，再用 O-糖苷酶催化移除糖蛋白核心 1 和核心 3 的 O-连接二糖。常用的糖苷外切酶有唾液酸酶、β-半乳糖苷酶、β-N-乙酰氨基葡萄糖苷酶、α-L-果糖苷酶、α-N-乙酰氨基半乳糖苷酶、α-甘露糖苷酶、β-甘露糖苷酶等，通过这些酶的联合作用能专一性地释放糖蛋白的糖基。唾液酸酶和 β-半乳糖苷酶可以缓慢地水解糖蛋白中的唾液酸残基和半乳糖残基，α-甘露糖苷酶是一种高特异性糖苷外切酶。这些酶能高度选择性地识别和水解蛋白质上的糖肽键，实现精准脱糖而不会破坏蛋白质的本征构象。化学脱糖是利用化学反应切断糖基与蛋白质之间的键合。利用三氟乙酸（TFA）、盐酸等强酸可以水解蛋白质上的 N-糖苷键和 O-糖苷键，从而去除糖基。这种酸性条件下的脱糖方法操作简单，但可能会导致蛋白质酸变性。在碱性条件下，利用甲胺处理糖蛋白可以切断天冬氨酸和丝/苏氨酸上的糖基酰胺键。这种脱糖方法相对温和，不会破坏蛋白质的三维结构，但需要注意反应时间和 pH 的控制。亲和层析脱糖是利用糖蛋白与亲和素之间的特异性结合，可以通过亲和层析技术从复杂样品中分离纯化糖蛋白。常用的亲和素包括酪氨酸蛋白酶、小麦胚芽凝集素（WGA）、植物凝集素[如伴刀豆球蛋白 A（Con A）]等，它们能识别并结合不同类型的糖基，可以通过亲和层析实现糖蛋白的分离纯化。随后再采用酶促或化学脱糖方法，即可获得高纯度的非糖基化蛋白。这种方法结合了分离和脱糖的优势，是一种高效可靠的策略。此外，人们还可以通过基因工程手段，构建缺失糖基化位点的蛋白质突变体，在真核细胞表达获得具有天然构象但未糖基化的样品。

三、蛋白质的脂化/去脂化修饰

早在 20 世纪 60 年代首次发现组蛋白的乙酰化调控基因的转录水平以来，成千上万的其他蛋白质就被发现同样可以发生脂化修饰。蛋白质的脂化修饰有巴豆酰化、丙二酰化、琥珀酰化、戊二酰化、β-羟基丁基化、二羟基异丁酰化、苯甲酰化和乳酸酰化等。除了通过上述短链脂肪

[①] Man：甘露糖（mannose），第一个甘露糖（Man）通过 α1-6 键连接至第二个甘露糖；第二个甘露糖（Man）通过 α1-3 键形成分支（括号表示分支结构）。Manβ1-4GlcNAc：甘露糖通过 β1-4 键连接至第一个 N-乙酰葡糖胺（GlcNAc，N-acetylglucosamine）。GlcNAcβ1-4GlcNAc：第一个 GlcNAc 通过 β1-4 键连接至第二个 GlcNAc。

酸酰化修饰蛋白质，也可以对蛋白质进行长链脂肪酸酰化的修饰，如蛋白质的肉豆蔻酰化、棕榈酰化和异戊二烯化。这些脂化作用可以改变蛋白质的稳定性、亚细胞定位、酶活性、转录活性、蛋白质相互作用，以及蛋白质与DNA之间的相互作用。蛋白质的脂化修饰在多种疾病的发生、发展过程中发挥了关键调控作用。值得注意的是，几乎每一种脂化修饰都与肿瘤进展密切相关，不仅会改变肿瘤细胞自身的特性，而且参与抑制性免疫微环境的形成。

尽管蛋白质的脂化（protein fatty acylation）修饰广泛存在，并且赋予蛋白质丰富多样的功能。在实践中，人们还不能可控地对天然蛋白质进行有效的脂化修饰。这主要是因为蛋白质的脂化修饰机制还不是非常清楚，并且水溶性的蛋白质与脂溶性的脂肪酸如何作为底物在同一个反应体系内发生反应还需要新的科学技术来解决。目前，在实践中可以对多肽片段进行脂化修饰，特别是对多肽片段氨基端进行乙酰化修饰的技术比较成熟。该过程并不需要酶促反应的参与，依据的是乙酸的羧基可以和多肽氨基端发生酰胺反应的化学原理。

蛋白质的去脂化（protein fatty deacylation）修饰是一种将脂化修饰从蛋白质分子上移除或减少的过程。蛋白质的去脂化可以通过不同的方法实现，取决于蛋白质上的脂化修饰类型及所需的特定应用场景。使用特定的化学试剂或酶来水解或切除蛋白质上的脂化修饰基团。例如，酸水解可以将脂质基团从蛋白质上去除，使蛋白质恢复到其原始的非脂质化状态。使用特定的脂酶或去脂酶来催化脂化修饰的水解反应，从而去除蛋白质上的脂化修饰。这些酶通常具有对特定类型的脂化修饰特异性，因此可以实现选择性地去脂化。例如，脂肪酶主要用于去除脂肪酰基团（如棕榈酸基团）修饰的蛋白质。这些酶可以特异性地识别并切除与蛋白质氨基酸残基（通常是半胱氨酸）共价结合的长链脂肪酸。巯基化物酶特别用于切除那些通过巯基酯键连接到蛋白质的脂肪酰基团，这种键常见于通过磷脂酰肌醇锚定的蛋白质。巯基化物酶的活性受多种因素影响，包括酶本身的选择性、底物的可及性及细胞内环境。

四、蛋白质的泛素化/去泛素化修饰

在蛋白质工程中，对目标蛋白进行泛素化（ubiquitination）修饰主要的策略有酶促泛素化和化学泛素化。酶促泛素化这种体外蛋白质泛素化修饰的方法模拟了细胞内天然的泛素化过程，是一种更为自然和高效的蛋白质修饰策略。利用泛素活化酶（E1）、泛素转移酶（E2）和泛素连接酶（E3）这三大关键酶系，在体外条件下对目标蛋白进行有效的泛素化修饰。在体外，分别将ATP、E1、E2、E3、泛素及目标蛋白放入同一个体系内。E1激活游离的泛素分子形成泛素-E1中间体，E2接受来自E1的激活泛素，并将其转移到特定的E3上，E3能够识别并结合到目标蛋白的特定赖氨酸残基上，并将泛素共价连接到目标蛋白的Lys残基上。

化学泛素化的基本原理是利用化学反应手段，将泛素分子直接偶联到蛋白质的特定赖氨酸（Lys）残基上。这种方法相比于酶促泛素化，操作更加简单快捷，同时对蛋白质的三维结构也会造成较小的影响。常用的偶联策略首先是要对泛素分子进行化学改造，引入特定的反应基团产生一些活性化的泛素衍生物，如泛素-苯甲酰氯、泛素-乙烯基酮等。其次，将活性化的泛素衍生物与目标蛋白在适当的pH、温度条件下进行反应，泛素分子会通过亲核取代、酰化等方式，与蛋白质的Lys残基发生共价键合。最后，需要采用色谱等方法将泛素化修饰的蛋白质纯化分离，确保所得产物的均一性和纯度，以备后续的功能学研究。另外，也可以利用化学合成技术制备含有泛素样结构的人工肽段。将这些泛素样肽与目标蛋白化学偶联，形成泛素化修饰产物。此外，也可以将泛素基因与目标蛋白基因融合，共同表达成融合蛋白。该方法便于大规模生产，但需要对融合位点进行专业设计。

蛋白质的去泛素化（deubiquitination）修饰也是蛋白质工程中的一项重要技术，目前较为成熟和常用的就是化学还原脱泛素化法。将泛素化的目标蛋白与选定的还原剂混合，常见的还原剂包括二硫苏糖醇（DTT）、β-巯基乙醇、还原型谷胱甘肽（GSH）等。在适当的温度和 pH 条件下反应，还原剂会将蛋白质上的泛素分子还原为游离的 Lys 残基，从而实现去泛素化修饰。反应时间一般为 30min～2h，需要根据实际情况进行优化。化学还原脱泛素化操作简单，不需要专门的酶制剂，且反应条件温和，对蛋白质的三维结构影响相对较小，有利于保留其生物活性。酶促去泛素化是一种非常理想的蛋白质泛素化修饰去除策略。在酶促去泛素化过程中，泛素水解酶（DUB）的选择是一个非常关键的步骤，不同类型的 DUB 具有不同的底物特异性和催化机制。因此，需要根据目标蛋白的泛素化特征进行合理的选择。在选择 DUB 时，需要先了解目标蛋白的具体泛素化状态，包括泛素链的连接位点和类型。根据这些信息，选择相应的 DUB 亚家族成员进行尝试，并进行实验验证。有时也可以考虑联合使用多种 DUB，以提高去泛素化的效果。该方法的反应条件温和，不会对蛋白质的天然结构和功能造成太大破坏。但是，需要事先获得高活性和高纯度的 DUB 制剂，操作相对复杂。去泛素化的位点和效率可能受到蛋白质本身结构的影响。

第四节　蛋白质的化学交联

蛋白质的化学交联（protein chemical crosslinking）是以偶联试剂为桥梁通过共价键在两个或多个蛋白质分子的两个或多个氨基酸残基之间形成稳定的共价键的过程，是一种重要的化学修饰反应。这些氨基酸残基可以来自同一蛋白质分子的不同部分，或者来自不同的蛋白质分子，从而使这些蛋白质在空间结构上稳定地关联起来。化学交联的目的通常是研究蛋白质的三维结构、蛋白质之间的相互作用，以及蛋白质与其他分子（如 DNA、RNA 或小分子）之间的相互作用。通过这种方法，可以捕捉蛋白质在自然状态下或特定条件下的相互作用，为理解它们的功能和调控机制提供有力的工具。

蛋白质的化学交联被广泛应用于蛋白酶固定化、蛋白质-蛋白质复合物、蛋白质-DNA 复合物及蛋白质与其膜受体相互作用的研究中。近年来，随着质谱技术和生物信息学技术的发展，蛋白质的化学交联技术在蛋白质空间结构解析及蛋白质-蛋白质相互作用关键位点的识别上都得到了广泛应用，为深入理解蛋白质化学提供技术基础。蛋白质的化学交联在生命科学研究和检测开发中有多种用途。

一、交联剂

交联剂（crosslinking agent）在结构上由两端的化学反应基团和中间的间隔臂两部分组成。交联剂至少含有两个化学反应基团，它们靶向蛋白质中常见的特定功能基团，如蛋白质表面的氨基、羧基、巯基、羰基、碳水化合物及羧酸等，也可以选用光反应基团进行无选择性的交联。间隔臂是两个反应基团之间的化学链，决定了交联蛋白质之间的分子跨度和柔韧性。间隔臂越长则柔韧性越强，蛋白质之间的空间位阻越小。但是，间隔臂过长也会引入更多潜在的与蛋白质结合的非特异性位点，以及影响蛋白质的溶解度。通常间隔臂的长度为0～10nm，并且会在间隔臂中引入一个二硫键（切割位点），它可以被常见的还原剂β-巯基乙醇或二硫苏糖醇轻易还原，赋予交联剂的可切割性。交联剂的功能基团与蛋白质表面的氨基酸残基之间的化学反应，可以归纳为7种类型，如图8-6所示。交联剂的选择对实验结果十分重要，因为它决定了交联的特异性、交联键的稳定性和可逆性。交联剂可以是同功能性的，即两端具有相同的反应基团，也可以是异功能性的，即两端具有不同的反应基团。这些基团常见的反应位点是蛋白质上的赖氨酸、半胱氨酸、天冬氨酸、谷氨酸等氨基酸侧链。

氨基反应是指交联剂的功能基团可以与蛋白质N端的α-氨基或者蛋白质表面的赖氨酸侧链上的ε-氨基在弱碱性条件下生成酰胺键。羧基反应是指交联剂的功能基团可以与蛋白质C端的α-羧基或者蛋白质表面的天冬氨酸和谷氨酸侧链上的羧基在酸性条件下生成酰胺键。巯基反应是指交联剂的功能基团可以与蛋白质表面的半胱氨酸侧链上的巯基在中性条件下生成二硫键或者硫醚键。醛基反应是指交联剂的功能基团可以与糖蛋白表面糖链上的醛基形成腙键、肟键或仲胺键。光反应催化是一种非特异性交联，最常见的光反应性化学基团是双吖丙啶和苯基叠氮化物。当芳基叠氮暴露于250～350nm的紫外线时，其会形成一个氮烯基团，该基团可以引发与双键的加成反应、向蛋白质表面的C—H和N—H位点的插入或随后的扩环，以与蛋白质表面的氨基反应。

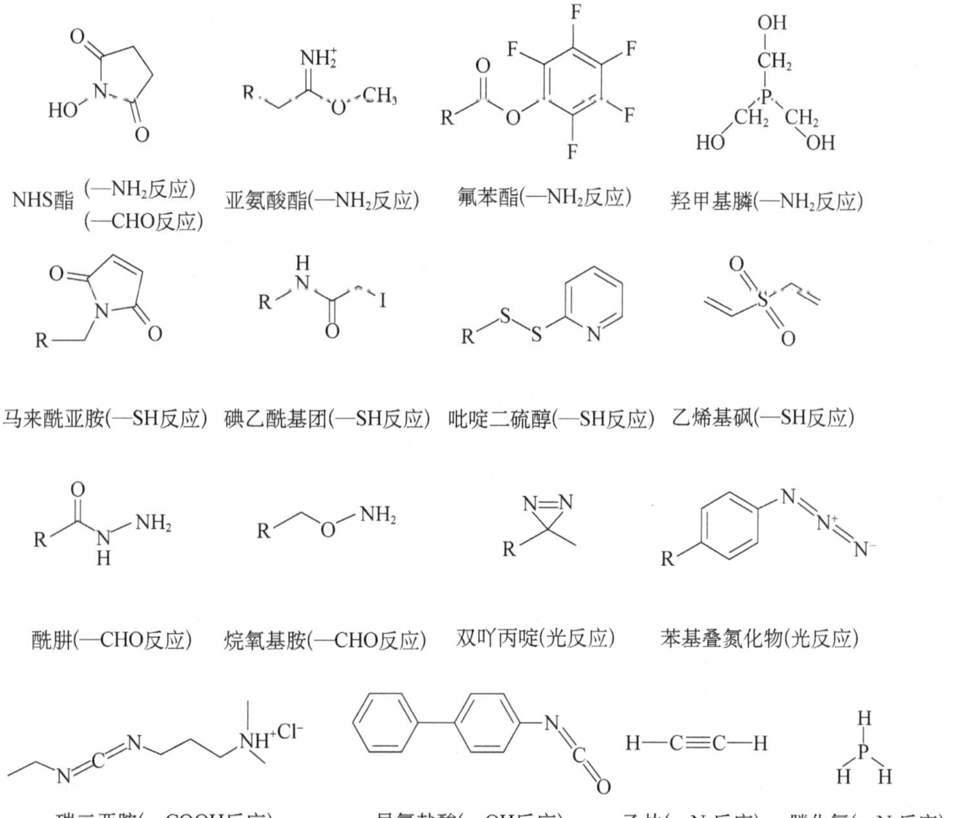

图8-6 常用的交联剂

二、蛋白质化学交联到固相支持物

蛋白质工程中经常需要将蛋白质固定在固相支持物上，以便对蛋白质进行纯化或样本分析。支持物经过活化后通过交联剂与蛋白质相连。例如，我们在利用表面等离子体共振（SPR）技术来定量测定两个蛋白质之间的亲和力大小时，就需要将其中一个蛋白质固定在传感器芯片 CM5 上。CM5 芯片表面涂有一层金膜，金膜表面又共价结合了羧甲基化的二乙烯三胺五乙酸，可以与含有 N-羟基琥珀酰亚胺和碳二亚胺活性基团的交联剂的一端共价连接，交联剂的另一端就可以与蛋白质相连，最终使蛋白质固定在 CM5 传感芯片的表面。

在交联过程中，首先需要激活 CM5 芯片上的羧基。常用的激活方法是使用 N-羟基琥珀酰亚胺盐（NHS）和 1-乙基-3-(3-二甲基氨基丙基) 碳二亚胺盐（EDC）混合物。这些试剂可以使羧基形成活化的酯，从而容易与蛋白质上的氨基反应形成酰胺键。其次，将含有目标蛋白的溶液流过激活的芯片表面。蛋白质的氨基（通常是赖氨酸残基的氨基）与芯片表面的活化酯反应，从而把蛋白质固定在芯片上。这一步骤需要在温和的条件下进行，以保持蛋白质的结构和功能。最后，固定蛋白质后，可能会有一些未反应的活化酯剩余。为了防止非特异性结合，通常使用乙醇胺或其他阻断剂来处理芯片表面，以去活化剩余的活化基团。并且用缓冲溶液清洗芯片以去除未固定的蛋白质，并且稳定化已固定蛋白质的排列。整个固定过程的成功取决于多个因素，包括蛋白质的浓度、缓冲液的组成、pH、流动速率和激活时间。正确的操作可以确保蛋白质稳定地固定在芯片上，同时保持其生物活性，使之适合进行后续的 SPR 分析。

三、蛋白质-蛋白质之间的化学偶联

蛋白质-蛋白质之间的化学偶联是通过化学方法将两个或多个蛋白质分子相互连接起来的过程，是交联剂最常见的应用之一。蛋白质偶联方法主要采用同型双功能交联剂法（双马来酰亚胺法）或异型双功能交联剂法（巯基-马来酰亚胺法）。双马来酰亚胺法是用含有两个马来酰亚胺基团的同双功能试剂对巯基进行连接，特别是当目标蛋白含有可利用的巯基（—SH）时。该方法涉及使用含有两个马来酰亚胺基团的交联剂，含有双巯基反应性的 N,N'-(邻亚苯基) 二马来酰亚胺应用最为广泛。这些基团可以与蛋白质上的自由巯基反应，形成稳定的硫醚键，如图 8-7 所示。

巯基-马来酰亚胺法为异双功能偶联方法，能够更好地控制产物的构成。常用的异型双功能交联剂是磺基琥珀酰亚氨基 4-(N-马来酰亚氨基甲基) 环己烷-1-羧酸酯（sulfo-SMCC）。sulfo-SMCC 的结构包括两个反应性官能团，即磺基琥珀酰亚氨基（NHS 酯）官能团和马来酰亚氨基官能团。NHS 酯能够与蛋白质或其他生物分子上的氨基发生反应，形成稳定的酰胺键。这种反应最适合在近中性或略偏碱性的条件下进行，通常 pH 为 7~9。氨基通常来源于蛋白质的赖氨酸侧链或多肽链的 N 端。马来酰亚氨基官能团具有与巯基特异性反应的能力，形成硫醚键。这种反应在轻微酸性的条件下进行得最好，通常 pH 为 6.5~7.5。sulfo-SMCC 不仅可以对具有各自靶标功能基团的分子进行单步法偶联，而且可以进行顺序（两步法）偶联，最大程度地减少不想要的聚合或自身偶联，如图 8-8 所示。

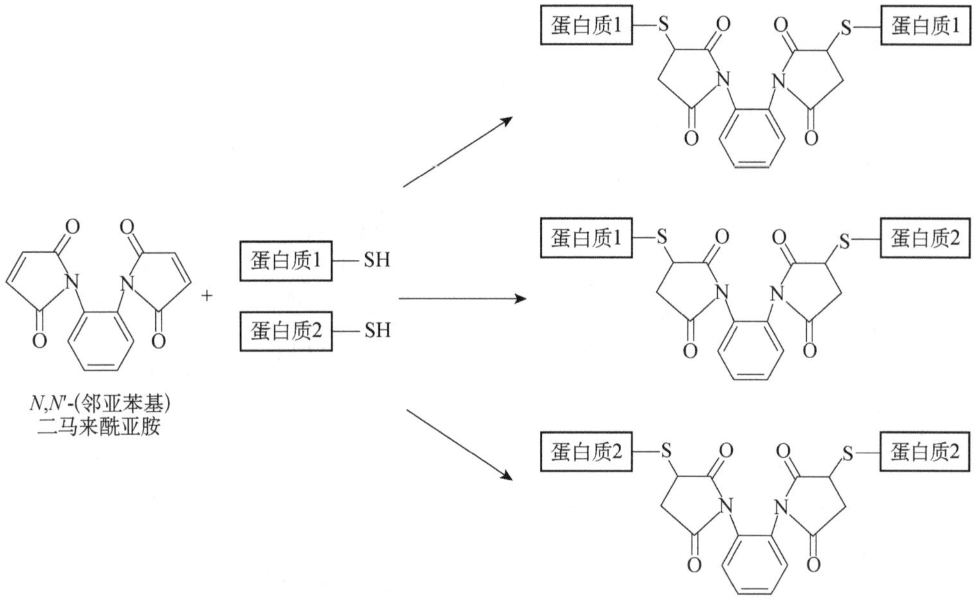

图 8-7 双马来酰亚胺法交联蛋白质

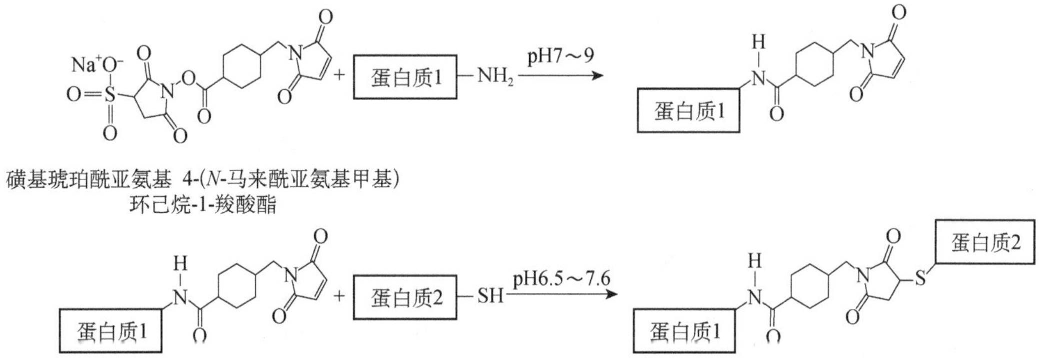

图 8-8 巯基-马来酰亚胺法交联蛋白质

四、蛋白质标记转移

蛋白质标记转移是一种实验技术，用于研究蛋白质间的相互作用、蛋白质与其他生物分子之间的联系或蛋白质在细胞内的定位，是一种将标记从已知蛋白质转移到未知的相互作用蛋白质上的技术。蛋白质标记转移极具价值，可以发现弱的或瞬时的蛋白质相互作用。标记转移方法结合了蛋白质的交联方法。常用的交联剂是磺基-N-羟基琥珀酰亚胺-2-[6-（生物素酰氨基）-2-（对-叠氮基苯甲酰氨基）-己酰氨基]乙基-1,3′-二硫代丙酸酯（sulfo-SBED），是一种三功能交联剂。首先，sulfo-SBED 交联剂的 sulfo-NHS 酯基团与诱饵蛋白的氨基形成共价键。然后，被标记的诱饵蛋白在体外与猎物蛋白相互作用形成稳定或短暂的复合体，然后复合体暴露在 300～366nm 的紫外线下激活交联剂上的苯基叠氮光反应基团会形成一个氮烯基团。该基团可以引发与双键的加成反应、向 C-H 和 N-H 位点的插入或随后的扩环，以与亲核体（如氨基）反应，最终导致与诱饵-猎物蛋白复合物中最近的 C—H 或 N—H 键偶联。最后，利用还原剂 DTT 或 β-巯基乙醇将交联剂间隔臂上的二硫键切割后，标记有生物素的柄仍连接在猎物蛋白上，完成标记转移，如图 8-9 所示。

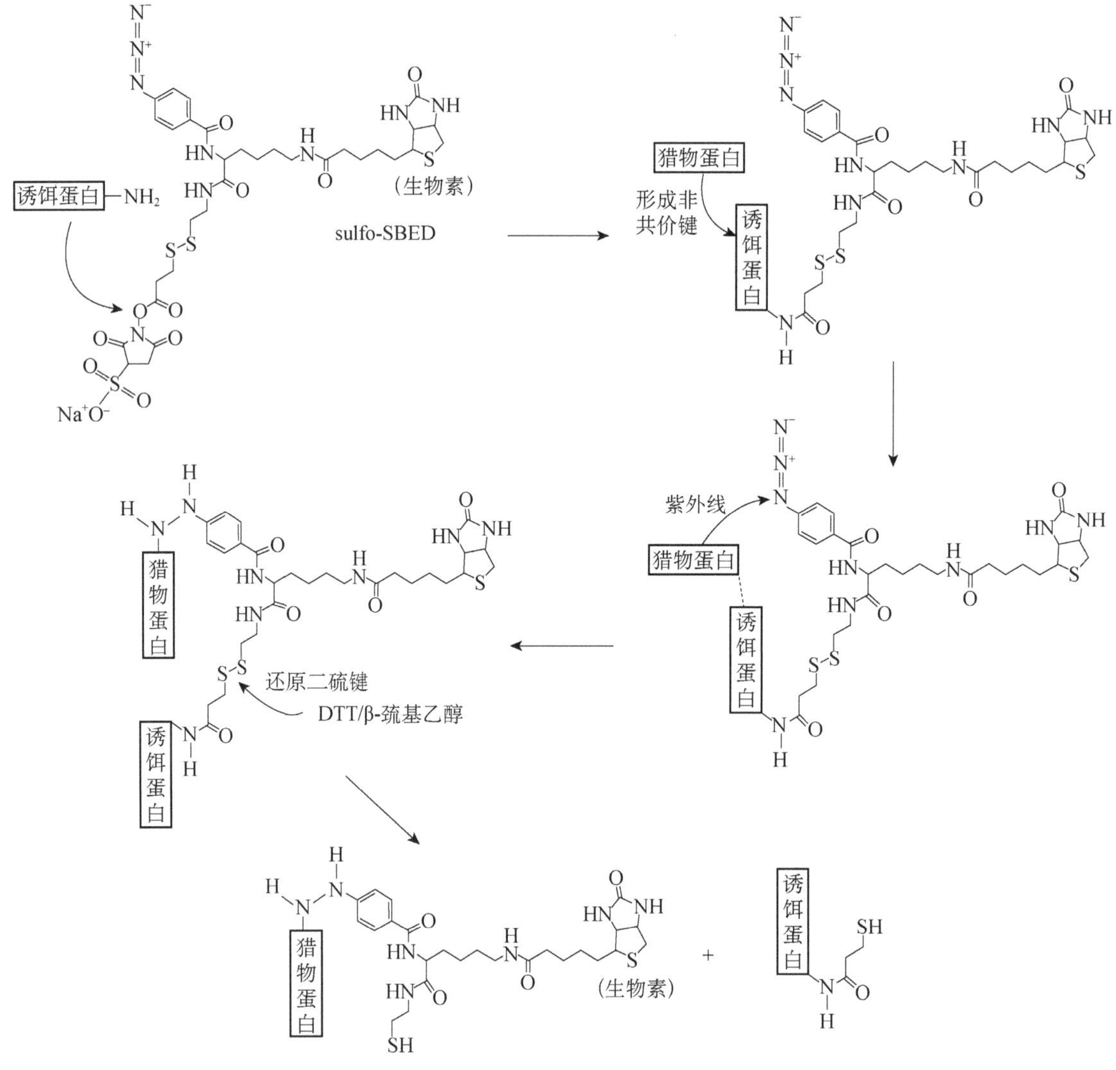

图 8-9　sulfo-SBED 交联剂介导的蛋白质标记转移

五、蛋白质化学交联质谱

蛋白质化学交联质谱（chemical cross-linking mass spectrometry，XL-MS）是一种利用化学交联与质谱技术，研究蛋白质结构和蛋白质-蛋白质相互作用的分析技术。其被广泛应用于全细胞裂解物或完整的单细胞体内研究蛋白质-蛋白质复合体的相互作用及空间结构。只有两个蛋白质相互作用后，其表面邻近的氨基酸才能相互靠近，其间的距离才能在交联剂的交联臂的长度范围内，才能使两个氨基酸之间发生共价交联。也就是说受限于交联剂交联臂的长度，没有结合的两个蛋白质之间不能发生交联作用。交联剂交联臂的长度也是解析蛋白质结构和相互作用的重要条件，如图 8-10 所示。随后，再将发生交联后的蛋白质酶切后进行质谱分析，对被交联的氨基酸残基进行鉴定，利用专门的数据分析软件对质谱数据进行处理，识别出交联的肽段，并推断它们在蛋白质序列中的位置。这可能涉及比对肽段质谱图与理论上可能产生的肽段质谱图之间的匹配。得到的交联信息可以用来推断蛋白质的三维结构或蛋白质复合物的组装方式。通过分析交联点之间的距离约束，可以确定蛋白质的空间结构，有时甚至能够揭示动态变化或相互作用界面。由于 XL-MS 提供了蛋白质间相对距离的信息，它已成为结构生物学和系统生物学不可或缺的工具，特别是对于那些难以通过 X 射线衍射晶体技术或核磁共振（NMR）技术解析结构的大型蛋白质复合物而言。

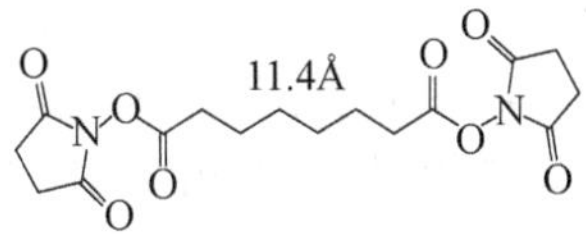

二琥珀酰亚氨基辛二酸酯

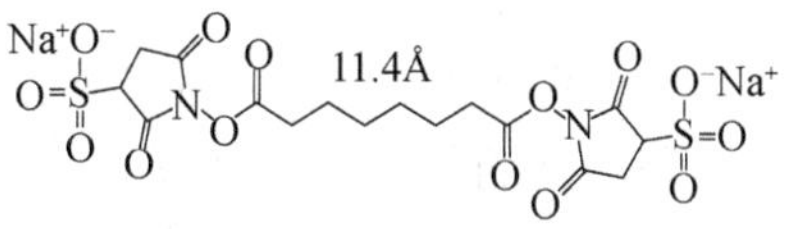

二（磺酸基-琥珀酰亚氨基）辛二酸酯

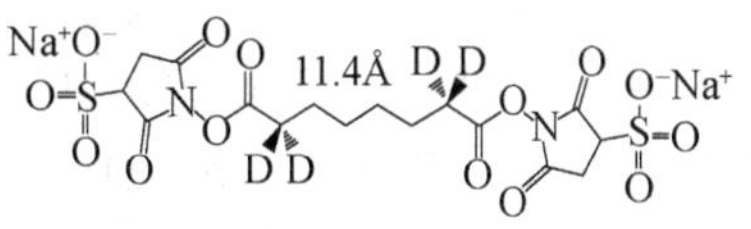

二（磺酸基-琥珀酰亚氨基）-2,2,7,7-辛二酸-d4

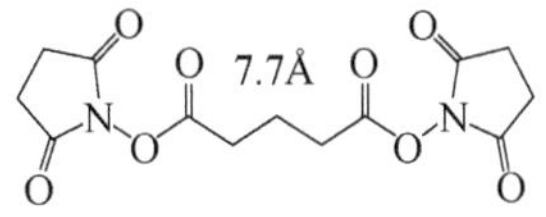

二琥珀酰亚氨基戊二酸酯

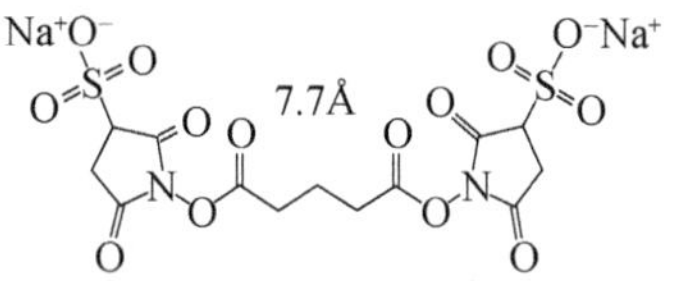

二（磺酸基-琥珀酰亚氨基）戊二酸酯

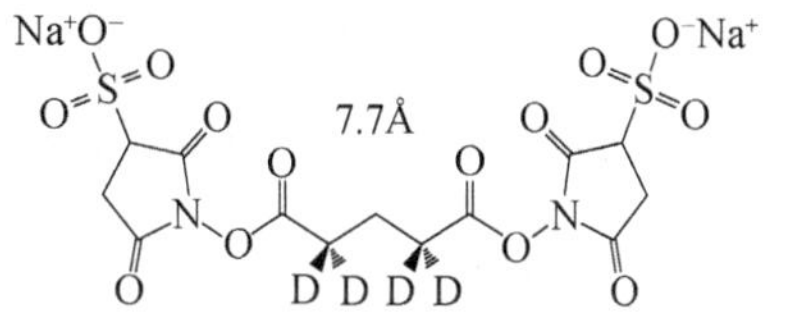

二（磺酸基-琥珀酰亚氨基）-2,2,4, 4-辛二酸-d4

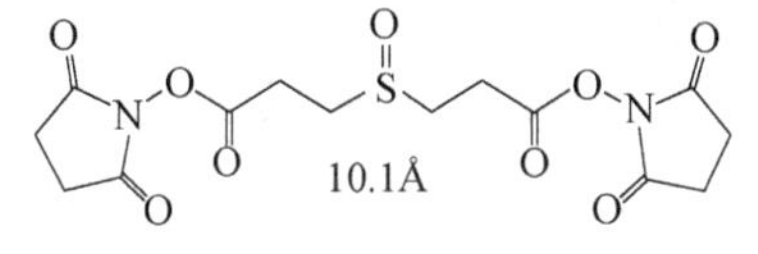

二琥珀酰亚胺基亚砜

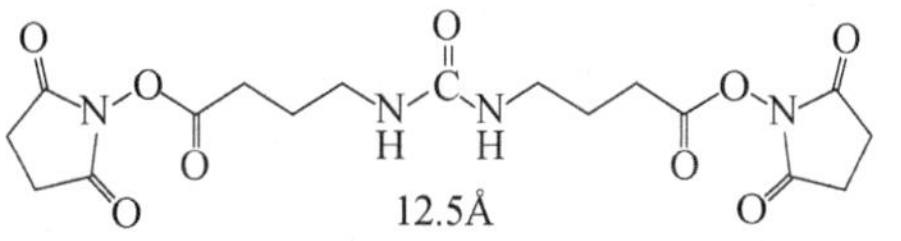

二琥珀酰亚氨基二丁基脲

图 8-10　常用的蛋白质化学交联质谱试剂

第五节　蛋白质的分子生物学改造

蛋白质的分子生物学改造是指通过遗传工程技术有意地修改蛋白质的结构和功能，以满足特定的需求或达到特定的目的。这项技术在许多领域都有广泛的应用，包括药物开发、工业生产、农业和生命科学研究。

一、蛋白质的基因工程改造

通过改变编码目标蛋白的基因序列，可以实现对蛋白质的直接改造。这种方法包括点突变、插入、缺失或重组基因片段，从而导致蛋白质的氨基酸序列发生变化，进而改变其结构和功能。定点突变是在已知 DNA 序列中替换、增添或缺失特定的核苷酸，从而改变蛋白质结构中的个别氨基酸残基。定点突变是在已知结构与功能的基础上有目的地改变蛋白质的某一活性基因或模块，从而产生新性状的蛋白质，又称理性设计。定点突变技术是蛋白质工程中采用的重要技术之一，它能够做到精确定位突变，因而有广泛的应用。例如，可以改变核苷酸序列从而获得突变基因，以研究基因的结构与功能的关系；对启动子和 DNA 作用元件进行改造；还可以改变特定的氨基酸获得突变蛋白质，以研究蛋白质的结构与功能；通过该技术对蛋白质相互作用位点结构进行研究，对酶活性的改造或者酶动力学特性进行改造，以提高蛋白质的抗原性和稳定性等；从微观水平上阐明正常状态下基因的调控机制、疾病的病因和机制；在医药研发领域，基因治疗也是重要的技术手段。常用的定点突变方法主要有寡核苷酸引物介导的定点突变、PCR 介导的定点突变及盒式突变。

二、定向进化

定向进化（directed evolution）是 20 世纪 90 年代初兴起的一种蛋白质工程的新策略，是通过借助实验室手段反复改造遗传多样性，结合文库高通量筛选获得理想性状或者全新功能蛋白质的一种人工进化策略。目前该项技术已被广泛应用于工业、农业及制药业等相关领域。定向进化不需要事先了解蛋白质结构和功能的关系，因此又称为非理性设计。早期的定向进化目标多是单个蛋白质，通过随机或定点插入突变获得突变体。近年来的趋势多是改造代谢途径甚至基因组水平，得到新型细胞催化剂，从而合成有价值的生物产品。蛋白质的定向进化中有两个最关键的环节：一是构建突变文库，产生分子多样性；二是需要一个从突变文库中快速、高效地筛选突变体的方法。

（一）构建突变文库

定向进化首先需要创造基因多样性，导入适当载体构建突变文库。常用易错 PCR、DNA 重组、定点饱和突变等技术创建序列多样的随机突变文库。文库构建是定向进化中的一个关键步骤，它涉及创建包含大量遗传多样性的突变体集合。这些突变体随后会经过筛选，以寻找具有期望特性的蛋白质变体。易错 PCR 技术是利用 *Taq* DNA 聚合酶无校正功能的特点，在扩增过程中不可避免地发生一些碱基的错配。通过改变 PCR 反应体系的条件，如改变 Mg^{2+} 浓度或调整 dNTP 浓度等，使错配率提高，创造序列多样性，构建突变文库。目前在此基础上出现了重叠延伸蛋白域文库法，它避免了突变率低的缺点，可以在预期区域进行随机突变。DNA 改造技术是将一群相关基因经酶切随机产生一系列随机大小的 50~100bp 的小片段，然后这些小片段自身互为模板和引物进行 PCR 重排，最后利用原基因的两个末端引物，扩增出与原基因同长的重排产物。这些重组产物组成突变文库，经筛选得到优势突变体。近年来，出现了新的依赖于同源重组的定向进化方法，有交叉延伸随机引物体外重组技术和随机链交换法（RAISE）等技术。另外，也出现了一些基于非同源重组实现随机突变的技术，如将渐进式切割产生杂合酶和 DNA 洗牌结合起来构建的 SCRATCHY 文库、随机多重 PCR、外显子改组等。

（二）突变文库的筛选

当突变文库建立后，通过适当的筛选系统，快速从突变文库中筛选出符合预期目标的蛋白质，这是蛋白质定向进化能否成功的决定因素。成功的高通量筛选方法需要具备高度的准确性和可重复性，而且操作简单便捷等。目前出现了许多有应用价值的筛选方法。当筛选的蛋白质有可以观察的信号时，可以直接通过简单的表型观察来筛选。常用的方法有琼脂平板和微量滴定孔板，前者利用固体平板上底物产生的颜色或菌落产生的水解圈来筛选。还有一类依据营养缺陷型互补和对细胞毒素的抗性来筛选突变体，如添加一定浓度的抗生素进行平板筛选。也可以利用荧光产物或显色技术的微量滴定孔板筛选突变体。例如，绿色荧光蛋白突变体非常容易通过荧光产物鉴定突变体。在定向进化中最常用的筛选仪器是高通量 96 微孔板酶标仪，根据底物或产物的反应性质，可快速、自动、定量地鉴定酶的底物特异性、热稳定性等性状。

另外，表面展示技术是一种比较成熟的蛋白质文库筛选技术，是将目的基因克隆到特异的表达载体上，其表达产物多肽或蛋白质以融合蛋白的形式将肽段或蛋白质展示在噬菌体或细胞表面，再通过亲和富集筛选出有特异功能的多肽或蛋白质的个体，最后将含有期望功能的多肽或蛋白质的个休从大量突变体中分离出来的筛选方法。表面展示技术属于高通量的筛选方法，在蛋白质定向进化上有极大的应用价值，主要包括噬菌体展示技术、核糖体展示技术、细胞表面展示技术和 mRNA 展示技术等。

三、基因融合

基因融合是指将不同的基因编码区首尾相连，或利用某些连接肽等将功能基因相互连接，置于同一套调控序列（包括启动子、增强子、核糖体结合序列、终止子等）控制之下所构成的嵌合基因。融合基因的表达产物即融合蛋白，融合蛋白具有衍生因子的双重活性。基因融合表达融合蛋白还有如下优点：通过基因融合，可以表达出具有新功能的蛋白质或者提高功能蛋白质的某些生物学特性。通过与一种特异性蛋白质或特异结构域形成融合蛋白，使表达产物能有效回收纯化。外源基因与宿主自身蛋白质的部分序列构成融合基因，产生的融合蛋白会避免被宿主细胞快速降解，从而稳定表达产物的产率。功能基因与报告基因构成融合基因，可实现蛋白质跟踪定位。常见的报告分子有绿色荧光蛋白基因（GFP）和 β-葡糖醛酸糖苷酶基因（GUS）。通过与特异肽段构成融合基因，可将融合蛋白表达定向定位在宿主的特定部位，如与信号肽融合表达，外源蛋白分泌到细胞周质或培养基中。通过融合基因技术构建融合酶，特别是构建具有亲和吸附和荧光的多重融合蛋白，可以实现酶的生产、分离、催化、监测等多个过程的集成，能减少酶制剂的使用成本。融合基因技术目前在新药开发上也有很多报道。构建和设计融合蛋白的策略，主要是在基因水平进行融合，另外也可在蛋白质水平进行融合，如图 8-11 所示。

（一）直接顺序融合

融合蛋白最简单的构建方式是直接把两个不同生物学功能蛋白质的编码基因首尾相连（除去第一个蛋白质的终止密码子），构成融合基因，继而在合适的宿主中进行蛋白质表达得到融合蛋白（也称为顺序融合）。

（二）通过连接肽的顺序融合

连接肽（connecting peptide）是指两个被融合的蛋白质或者结构域之间存在的一段多肽，也称为接头（linker）序列。它具有一定的柔性，能使两侧的分子完成各自独立的功能。连接肽的构成对两功能蛋白质正确行使其功能至关重要。连接肽设计需要考虑以下因素，首先连接肽长度不应小于 3.5nm，这是由于相邻肽键的距离为 0.38nm，因此连接肽一般有 10～15 个氨基酸，长度过长可能造成融合蛋白对蛋白酶比较敏感，使活性融合蛋白产量下降，同时涉及免疫原性的问题，较短的连接肽虽然不会产生分解问题，但可能使两个融合分子相距太近而导致蛋白质功能的丧失。另外，连接肽序列中氨基酸的组成也需要慎重，常见的氨基酸主要有甘氨酸、丝氨酸、脯氨酸、丙氨酸和苏氨酸等，多选择疏水性氨基酸。含有 Gly-Ser 的连接肽是目前所报道文献中用得较多的连接肽之一，其中（Gly$_4$Ser）$_3$ 具有较合适的氨基酸长度，结构简单，同时具有疏水性和伸展性，并能使目标功能蛋白具有较好的稳定性与生物活性，此连接肽已经成为"通用连接肽"并被广泛用于融合蛋白的构建。

连接肽序列中有太多的 α 螺旋和 β 转角结构，会限制融合蛋白的伸缩性，进而影响融合蛋白的生物学活性。利用连接肽连接两段基因，主要有两种方法：一种方法是将连接肽直接设计在表达载体上，两端各有限制性内切酶的作用位点，以供目的基因插入。另一种方法是将连接肽的编码序列设计在引物中，使得两个基因的 PCR 产物间有一段重叠区域，通过重叠 PCR 技术得到融合基因。

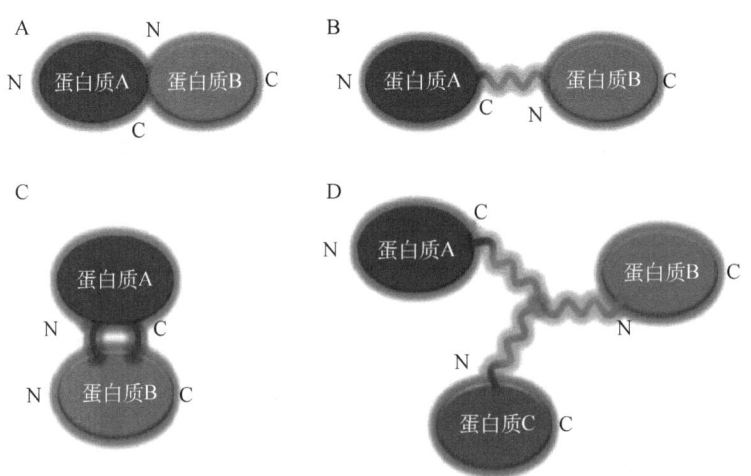

图 8-11 几种融合蛋白的分子设计策略示意图（引自黄子亮等，2012）
A. 直接顺序融合；B. 通过连接肽的顺序融合；C. 插入融合；D. 分枝融合

（三）插入融合

插入融合是融合蛋白的一种模式，其在酶工业上，特别是酶催化的调控上有着其他融合方式所不具备的优势。插入融合蛋白是指一个客体结构域被插入到一个主体结构域内部形成的融合蛋白。它的设计较难，需要考虑融合后两个结构域的相互空间结构。Ehrmann 等将碱性磷酸酶 PhoA 插入到跨膜蛋白 MalF 中，成功获得了同时具有两者活性的插入融合蛋白。

另外还有其他融合方法，如蛋白质水平融合和分枝融合，除了在基因水平进行融合，也可以在蛋白质水平对酶进行直接融合。分枝融合是利用蛋白质-蛋白质融合技术发展出来的一种新的融合方式。

四、融合蛋白标签

融合蛋白标签是指在目标蛋白的 N 端或者 C 端融合一种易于其表达或纯化的"融合蛋白标签"的编码基因，当宿主菌表达时，标签蛋白和目标蛋白基因在载体启动子的作用下依次转录，形成一条完整的 mRNA，然后翻译生成融合蛋白。融合蛋白标签技术最初是为了简化蛋白质的纯化，即通过重组蛋白所含融合蛋白标签同固相介质中配体的特异相互作用来实现重组蛋白的亲和纯化。随着蛋白质组学和基因工程的发展，融合蛋白标签技术被广泛地应用于科研及工业领域，如可以增加重组蛋白的表达量；一些蛋白质加上融合蛋白标签可显著提高溶解性；相反，有的只能作为 C 端标签才能发挥这样的能力，如 SET 结构域标签。另外，这项技术在蛋白质分离纯化、膜蛋白结构研究和蛋白质生理功能研究等方面也有着特别重要的作用。

目前，融合蛋白标签一般根据分子量大小可以分为两类：大的肽类或蛋白质分子和小的多肽片段。对于很小的肽标签，它不会与融合蛋白发生干扰。常见的有多聚精氨酸、多聚组氨酸、Flag、Strep-tag 等。对于某些应用，小标签不需要去除。对于大标签，它们的使用可以增加目标蛋白的溶解性，缺点是对于一些应用如结晶或抗体产生等这类标签必须加以去除。

五、内含肽介导的蛋白质剪接

蛋白质内含肽（protein intein）是一类特殊的蛋白质序列，它们存在于某些蛋白质的成熟形式之中。内含肽可以催化自身从蛋白质前体中断裂切除，并将两侧的多肽片段连接成成熟的蛋白质，这个过程称为蛋白质剪接。两侧的多肽片段称为蛋白质外显肽，位于内含肽 N 端的称为 N 端外显肽，位于内含肽 C 端的称为 C 端外显肽。目前在很多的生物中发现了内含肽，它们分布在单细胞真核生物、古细菌、细菌、噬菌体和病毒的基因组中，但在多细胞生物中尚未发现内含肽。迄今为止已有 500 多种内含肽注册在 NEB（新英格兰生物实验室）网站上。内含肽的发现扩展了人们对基因表达和蛋白质加工的认识。与 RNA 剪接中的内含子类似，内含肽在剪切过程中不需要外部能量或酶的帮助，它们通过一个称为"蛋白质自催化剪接"的过程来实现自我剪切与外显肽连接。

内含肽的蛋白质剪接过程包含 4 个步骤，肽键的断裂和形成是蛋白质剪接的关键反应，包括 N-S 或 N-O 酰基重排反应（图 8-12①）、转酯反应（图 8-12②）、酰胺氨基酸残基环化反应（图 8-12③）、S-N 或 O-N 酰基迁移反应（图 8-12④）4 个基本的亲核反应步骤。首先，N 端剪切点半胱氨酸的酰基重整，将 N 端外显肽转移到蛋白质内含子首位氨基酸残基侧链上形成线性硫/酯中间物。其次，将 N 端外显子转移到 C 端外显子第一个氨基酸残基侧链上，形成分枝型中间体，在此过程中，N 端外显子可能会从肽链上脱落。再者，内含肽 C 端天冬酰胺发生环化，C 端外显肽与内含肽连接的肽键断裂，内含肽和外显肽被释放。最后，酰基重整，两个外显肽之间的酯键发生酰基重排，形成稳定的肽键相连。

天然内含肽可以分为小内含肽和大内含肽两种，两者中大内含肽较为常见，含有 360～380 个氨基酸残基，最大的可以达到 1986 个氨基酸残基，都含有核酸内切酶结构域和自剪接结构域。而小内含肽含有的氨基酸残基数相对较少，一般为 134～198 个氨基酸残基，只含有自剪接结构域。此外，根据天然内含肽的存在形式及结构特征，又可以将内含肽分为标准内含肽、微小内含肽和断裂内含肽三种，其中断裂内含肽是其中较为特殊的一种。断裂内含肽和另外两种内含肽最大的区别在于，它其实可以看作完整内含肽的分裂形式，多数断裂内含肽是从序列的内部断裂形成两个一大一小且独立存在于前体蛋白的内含肽片段。自从 1998 年发现了第一个天然的断裂内含肽为止，已有 16 个天然的断裂内含肽登记在内含肽数据库 Inbase 中。此外，人们通过人工改造内含肽合成基因的方法，构建出了多种非天然的断裂内含肽。

在蛋白质工程中，断裂内含肽可以被用作工具来促进蛋白质的连接和修饰，这是通过所谓的反式剪接来实现的。断裂内含肽由两个独立的内含肽 Int^N 和 Int^C 两个蛋白质片段构成，内含肽 Int^N 和 Int^C 可以相互识别，并通过非共价键结合，使其结构正确折叠，重建活性中心，形成具有功能的内含肽。在反式剪接中，断裂内含肽的 Int^N 与一个蛋白质前体的一侧结合，Int^C 则与另一个蛋白质前体的一侧结合分别构建两个融合蛋白。将这两个融合蛋白混合在一起，就会有 Int^N 与 Int^C 相互结合形成具有活性的内含肽，再由此重建的内含肽介导蛋白质的剪接反应，最后以肽键连接的方式将各自携带的蛋白质连接起来，形成一个新的蛋白质，如图 8-13 所示。

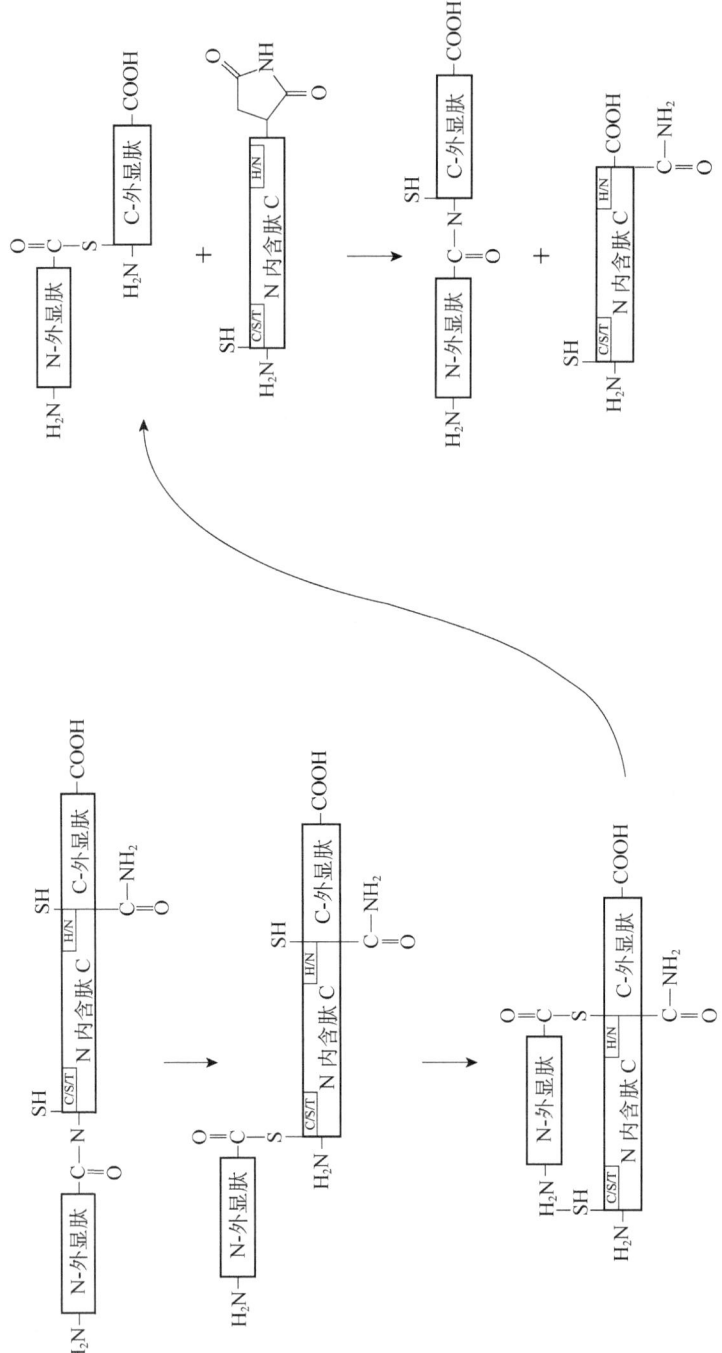

图 8-12 内含肽介导的蛋白质剪接机制
C. 半胱氨酸；S. 丝氨酸；T. 苏氨酸

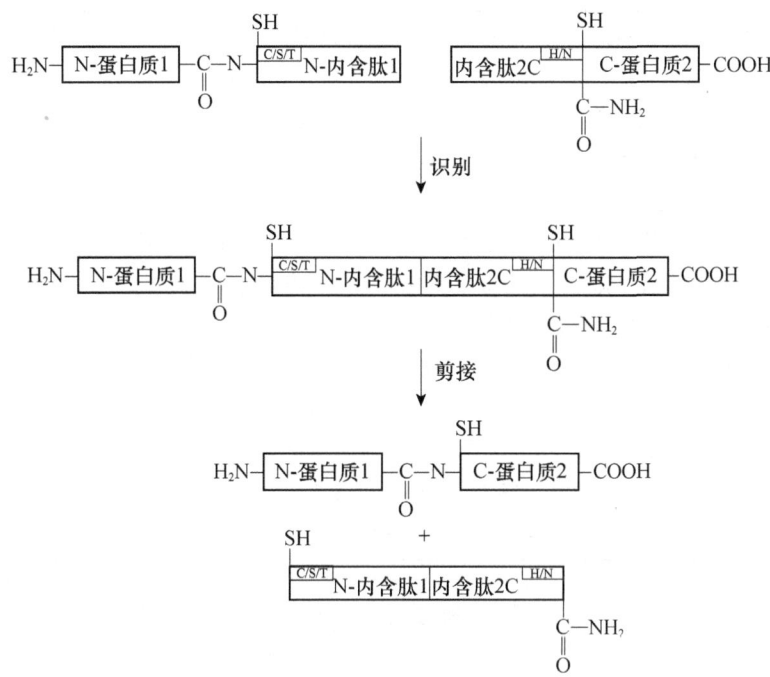

图 8-13　内含肽介导的蛋白质连接

六、tRNA 介导的蛋白质改造

tRNA 介导的蛋白质改造是指利用 tRNA 分子的特性在细胞内直接修改或增加蛋白质的氨基酸序列。这种改造通常涉及将非标准氨基酸（非天然氨基酸或非蛋白质氨基酸）包含到目标蛋白中。实现这一技术的关键在于利用 tRNA 及其相应的氨酰 tRNA 合成酶的工程化。在遗传信息从 DNA 到蛋白质的翻译过程中，tRNA 主要起转运氨基酸的作用，对每个特定氨基酸至少有一种 tRNA，以及一个对应的氨酰 tRNA 合成酶，所以生物体内 tRNA 种类多于 20 种氨基酸。由于 mRNA 和 tRNA 之间存在密码子和反密码子的特异识别关系，将 tRNA 末端连接上所期望的氨基酸，就可在与这种 tRNA 对应的蛋白质序列中引入所期望的氨基酸。例如，在编码蛋白质的 mRNA 上的特定位点引入终止密码子，最后用互补的错氨酰化校正 tRNA 来通读越过此终止密码子，错氨酰化校正 tRNA 携带非天然氨基酸在蛋白质特定位点掺入，再在体外细胞游离合成系统或体内细胞体系中合成含该非天然氨基酸的蛋白质。

利用这一技术将非天然氨基酸引入，赋予了蛋白质很多新结构和新功能。在生物技术领域想提高某些酶的催化活性时可以通过加入非天然氨基酸实现。在蛋白质结构与功能研究方面，利用此技术建立了一个高效、特异性强的蛋白质 N 端标记方法。另外，有人利用酪氨酰 tRNA 合成酶将 50 多个非天然氨基酸引入大肠杆菌及哺乳动物细胞的蛋白质中，为哺乳动物细胞蛋白质分子的改造提供了新途径。利用此技术将荧光指示剂掺入蛋白酶中，获得对荧光高度敏感的突变体，从而可用于酶抑制剂的快速筛选。

──趣味阅读──────────────────────────

海洋细菌的"发光秘密"

在海洋生态系统中，有一些特殊的细菌能够发出微弱的生物光，这是由于它们体内含有一种叫作原红荧光蛋白的特殊蛋白质。原红荧光蛋白是一种能够发光的酶，其活性依赖于一种叫作萤光素（luciferin）的小分子底物。当细菌体内的这两种物质发生化学反应时，就会释放出光子，从而产生微弱的生物发光现象。有趣的是，这种生物发光不仅在细菌体内发生，还常常出现在某些海洋生物的体表、内部或附近的海水中。这是因为这些细菌常常以共生或附着的方式与更大型的海洋生物共存，并将自身的发光功能"转借"给宿主生物。

那么，是什么让这种原红荧光蛋白能够在海洋细菌中发挥出如此独特的功能呢？科学家通过深入研究发现，海洋细菌体内的原红荧光蛋白都会经历复杂的化学修饰过程。首先，这种蛋白质会被细菌酶系统进行特殊的共价糖基化反应，在其表面修饰上各种糖基团。这种糖基化修饰不仅增加了蛋白质的稳定性，还赋予了它独特的共振电子结构。这种特殊的电子结构使原红荧光蛋白能够高效地吸收和发射光子，从而产生持续而稳定的生物发光。此外，海洋细菌还会对原红荧光蛋白进行磷酸化等其他化学修饰，进一步调控这种发光酶的活性和动力学特性，使之更加适应复杂多变的海洋环境。生物发光在海洋生态系统中扮演着重要的角色，可以用于生物体之间的交流、捕食和防御等。同时，这种特殊的蛋白质修饰也为科学研究提供了宝贵的生物探针和工具，在疾病诊断、细胞成像等领域都有广泛的应用前景。

复习思考题

1. 蛋白质化学修饰的反应类型主要有哪些？
2. 蛋白质化学修饰反应常发生在哪些功能基团上？
3. 蛋白质的聚乙二醇修饰有哪些优点？
4. 突变文库的筛选方法主要有哪些？
5. 基因定点突变方法主要有哪些？
6. 基因融合有哪些优势？
7. 常见的融合蛋白标签是什么？
8. 融合蛋白分子设计策略有哪些？
9. 定向进化的关键步骤是什么？
10. 内含肽是如何进行蛋白质剪接的？

第九章
蛋白质结构解析

本章数字资源

```
蛋白质结构解析
├── 蛋白质X射线晶体学
│   ├── X射线晶体学的发展和基本原理
│   │   ├── 发展
│   │   └── 基本原理
│   └── 主要步骤
│       ├── 结晶样品制备
│       ├── 晶体生长与优化
│       ├── 晶体数据收集与处理
│       ├── 模型建立、修正与提交
│       └── 模型可视化分析
├── 核磁共振波谱技术
│   ├── 基础理论
│   │   ├── 核自旋
│   │   ├── 弛豫
│   │   ├── 化学位移
│   │   ├── 耦合常数
│   │   ├── 核奥弗豪泽效应
│   │   ├── 射频场
│   │   └── 峰谱面积
│   ├── 多维核磁共振技术
│   │   ├── 一维核磁共振波谱
│   │   ├── 二维核磁共振波谱
│   │   ├── 三维核磁共振波谱
│   │   └── 测定蛋白质空间结构的步骤和关键环节
│   └── 核磁共振技术的发展方向
└── 冷冻电子显微镜与蛋白质结构研究的其他方法
    ├── 冷冻电子显微三维重构技术
    │   ├── 基本原理
    │   ├── 单颗粒冷冻电镜技术流程
    │   └── 技术发展
    ├── 动态光散射
    ├── 小角散射
    ├── X射线自由电子激光晶体学
    └── 非变性质谱
```

蛋白质结构解析是结构生物学的关键组成部分，它在生物化学与蛋白质工程领域占据核心地位，是分子生物学、生物化学和生物物理学交叉学科的重要研究方向。该领域的研究内容涵盖了蛋白质大分子三级结构的解析、获取这些结构的方法学，以及蛋白质结构与其功能之间的关联性。精确的蛋白质三维结构信息对于医药行业、基础科学研究、农业等生物相关领域具有重要的科学意义和应用价值。例如，在新冠疫情期间，清华大学结构生物学高精尖创新中心运用冷冻电镜断层成像技术（cryo-ET）获取了新冠病毒结构的三维图像，为全球科

学界提供了病毒特性的直观视觉资料，促进了对病毒行为的深入理解。蛋白质结构解析的主要技术包括 X 射线衍射晶体技术、核磁共振波谱技术和冷冻电镜技术。X 射线衍射晶体技术因可以得出高分辨率的结构信息而被广泛应用于蛋白质与配体，特别是小分子化合物与蛋白质复合物的结构测定中。然而，该技术依赖于蛋白质晶体的形成与晶体生长的质量，且通常只能提供静态的结构信息。核磁共振波谱技术能够在溶液中测定蛋白质的动态结构，但受限于蛋白质分子量的大小，适用范围有限。冷冻电镜技术近年来取得了显著进展，尤其是 2013 年华人科学家程一凡博士在《自然》杂志上发表的研究成果，标志着结构生物学领域的一个分水岭，推翻了人们对冷冻电镜技术分辨率较低的传统认知。除此之外，质谱法、小角散射等技术也为蛋白质微观结构的间接分析提供了新的视角。随着科技的不断进步，这些蛋白质结构解析方法正在经历持续的完善与发展，为蛋白质的研究提供了更多的可能性。

第一节　蛋白质 X 射线晶体学

X 射线晶体学是一门通过 X 射线散射现象来揭示晶体内部原子排列的精确科学。这一学科通过分析电子对 X 射线的散射作用，确定晶体中电子密度的分布，进而推断出原子的位置，解析晶体结构。最初，X 射线晶体学主要用于解决化学小分子晶体的几何构型问题，并为物质的物理和化学性质提供基础信息。随着技术的不断进步，这一学科也被广泛应用于生物大分子结构的解析中，尤其是在提供高分辨率、清晰的结构信息方面表现出色。它能够达到原子级分辨率，不仅可以研究水溶性蛋白质，还能研究膜蛋白和大分子组装体，如病毒颗粒和蛋白质复合物。这些详细的结构信息对于理解配体或底物结合处的原子细节至关重要，为基于结构的药物设计和功能研究提供了坚实的基础。

一、X 射线晶体学的发展和基本原理

（一）X 射线晶体学的发展

晶体结构测定技术的历史悠久，始于 19 世纪末德国物理学家伦琴的开创性发现——X 射线，为科学界揭开了探索物质微观结构的新纪元，伦琴因此荣获 1901 年诺贝尔物理学奖，以表彰其对科学界的杰出贡献。为纪念这一重要发现，多个国家和组织将 X 射线也称为伦琴射线。在蛋白质结构中，原子的直径约为 $1.0×10^{10}$m，远小于肉眼可分辨的最小尺寸（约 $1.0×10^{-4}$m），也超出了传统光学显微镜的放大能力。X 射线的波长介于 $1.0×10^{-10}$m 和 $1.0×10^{-8}$m 之间，是位于紫外线和 γ 射线之间的电磁波，其波长与原子尺度相近，具有显著的穿透力，成为探测原子级晶体结构的理想选择。X 射线衍射晶体技术已成为目前解析蛋白质大分子晶体结构的重要手段，它也是最早且最主要研究测定蛋白质三维结构的分支学科。

1912 年，德国物理学家 Laue 提出一个独到的科学预见：晶体能够充当 X 射线的三维衍射光栅。他预测，当 X 射线束穿透晶体时，会发生衍射现象，其中衍射波的叠加导致在特定方向上的射线强度增强，而在其他方向上减弱。这一预见不仅被实验证实，而且为 X 射线晶体学奠定了基础。1934 年，Bernal 与 Crowfoot 首次获得了胃蛋白酶单晶体的 X 射线衍射照片，这标志着蛋白质结构分析的初步探索。然而，由于当时技术限制，蛋白质这种生物大分子复杂的衍射相位问题未能得到有效解决，因此其三维结构未能被成功解析。直至 1953 年，英国晶体学家 Perutz 及其同事通过引入重金属原子到蛋白质晶体中，利用重原子法和多对同

晶型置换法的技术手段成功解决了相位问题。这是蛋白质晶体结构分析中用来处理相位问题较为高效的手段，再加上实验其他技术和结构精修技术的提高，X射线单晶体结构分析技术开始迅速发展。20世纪50年代，生物学领域取得了两项划时代的成就：Watson和Crick基于X射线衍射晶体实验数据，揭示了DNA的双螺旋结构；Kendrew与Perutz解析了肌红蛋白和血红蛋白的晶体结构，奠定了结构生物学的基础。1972年，中国科学院生物物理研究所的科学家解析了亚洲地区的首个蛋白质晶体结构——猪胰岛素三方二锌晶体结构，标志着中国结构生物学研究的开端。80年代，中国科学院福建物质结构研究所解析了天花粉蛋白晶体结构，成为国内第二个被解析的蛋白质结构。90年代，随着分子生物学技术的进步，我国在蛋白质晶体结构分析方面与国际科学界保持同步，通过重组表达和纯化技术，显著提高了蛋白质晶体的获取率。进入21世纪，上海高性能同步辐射设施的建立，进一步提升了晶体数据收集的效率。如今，中国在结构生物学领域的研究已稳步登上国际前沿，正处于一个创新活力迸发的新阶段，大量原创性研究为中国结构生物学的发展揭开了崭新的篇章。

（二）X射线晶体学的基本原理

1. 超越阿贝衍射极限：X射线衍射揭示蛋白质结构 传统的光学显微成像无法测定蛋白质的三维结构。在显微镜下，当一束平行的可见光射向物体时，物体会散射这些光线。物镜随后汇聚这些散射光，形成图像。由于光的衍射效应，光学显微镜存在一个分辨率的极限，通常称为阿贝衍射极限，大约是可见光波长的一半。考虑到蓝紫光的波长最短，约为 4.0×10^{-7} m，光学显微镜的最小分辨率极限因此为 2.0×10^{-7} m。当两个点的距离小于这个距离时，它们无法被光学显微镜区分开。普通的光学显微镜在探究蛋白质内部原子的排列方面显得无能为力。然而，所有原子都含有电子，而X射线的波长介于 1.0×10^{-10} m 和 1.0×10^{-8} m 之间，与成键原子之间的距离相匹配，使得X射线成为研究分子结构的有力工具（图9-1）。尽管如此，目前使用X射线对单个分子进行成像极其困难，因为缺乏能够聚焦X射线的透镜，且单个分子对X射线的衍射信号极其微弱，难以探测。因此，科学家转而关注晶体结构中分子的规则排列。在单晶晶体中，大量方位一致的分子使得X射线的衍射信号得以叠加，产生足够

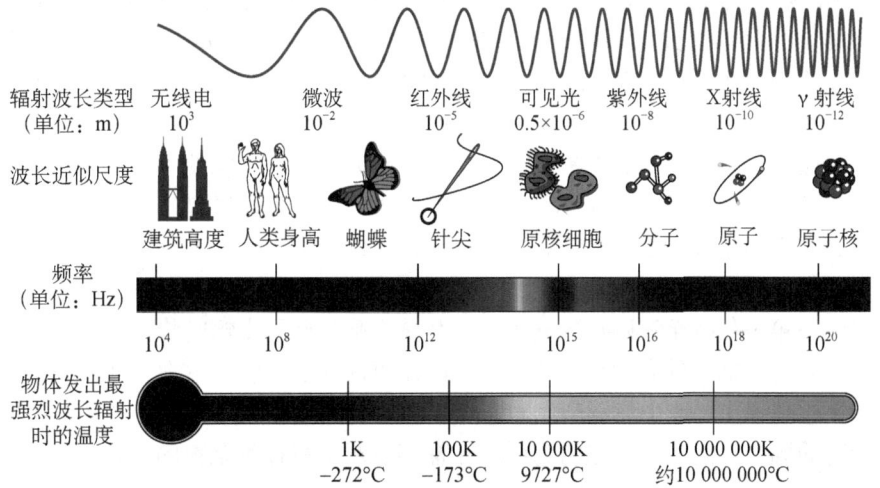

图9-1 不同波长和频率的电磁波及它们在自然界和科学中的应用（NASA，2007）

强的信号以供探测。当连续的 X 射线束照射到晶体上时，晶体中的原子会散射这些 X 射线。由于晶体中原子的周期性规则排列，散射波之间会产生固定的相位关系，从而在空间上形成干涉。这种干涉作用导致在某些方向上散射波相互叠加，而在其他方向上相互抵消，可以观察到许多明暗相间的条纹，在特定方向上会观察到增强的衍射斑点。

2. X 射线的产生　　在蛋白质晶体学研究中，小型 X 射线衍射仪通过阴极射线或电子束轰击金属阳极（如铜靶）来产生 X 射线。当阴极射线撞击金属靶阳极时，会导致原子 K 层的电子被弹出，从而留下一个空轨道。随后，外层电子跃迁至这个空轨道，并在过程中释放出与两个轨道能级差相等的能量，形成 X 射线。这种 X 射线的波长针对被轰击金属的原子类型有特异性，因此被称为特征 X 射线（图 9-2）。特征 X 射线包括从 L 层跃迁到 K 层产生的 K_α 射线，以及从 M 层跃迁到 K 层产生的 K_β 射线。阴极射线轰击铜的 K_α 射线波长是 1.54Å，铜靶产生的 K_β 射线可以被过滤掉。因此，理论上使用波长 1.54Å 的 X 射线可以解析出分辨率高于 2Å 的蛋白质晶体结构。

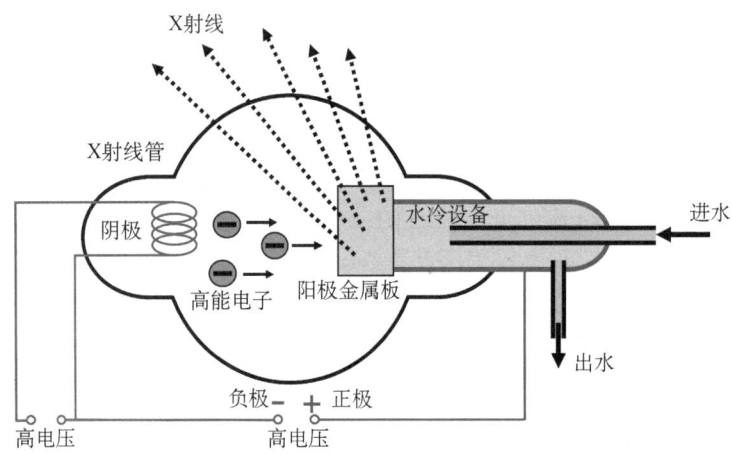

图 9-2　X 射线衍射仪的原理

3. 同步辐射　　同步辐射，也称同步加速器辐射或同步光，是带电粒子在接近光速时在电磁场中偏转产生的沿切线方向的电磁辐射。该现象最初在电子同步加速器中被发现。同步辐射具有以下显著特性：①宽波谱，提供从红外线到硬 X 射线的宽频谱范围的高亮度光源。②高准直性，其准直性可与激光相比拟。③偏振特性，包括线偏振和圆偏振特性。对于蛋白质结构的科学家而言，同步辐射装置提供的 X 射线是研究蛋白质结构的理想光源。同步辐射技术已经发展到第四代。第一代同步辐射装置主要与高能物理加速器共享。例如，1984 年由中国国务院批准的北京同步辐射装置，实际上是北京正负电子对撞机的衍生产物。随着技术的发展，一些商业公司生产的 X 射线衍射仪的光通量已经与第二代同步辐射装置的强度相当。因此，许多国家开始建设第三代甚至第四代的同步辐射装置。第三代同步辐射装置，如上海光源，通过使用多种提高亮度的插入件来优化光源质量，已经成为同步辐射的主力。目前，第四代同步辐射装置正在怀柔建设中。这个装置产生的同步辐射光的亮度比太阳的亮度高 1 万亿倍，被誉为"世界上最亮的同步辐射光"。这将为科学家探测微观世界提供强大的工具。

二、蛋白质 X 射线晶体学的主要步骤

蛋白质 X 射线晶体学的主要步骤包括以下内容（图 9-3）：①蛋白质结晶样品制备，以获

取纯度高、构象一致的蛋白质单体分子或正确折叠的蛋白质复合物。②蛋白质晶体生长与优化，实现蛋白质晶体的生长，并对晶体质量进行优化，以获得适合 X 射线衍射分析的晶体。③数据收集，在同步辐射光源或 X 射线衍射仪上收集蛋白质晶体的衍射数据。④相位信息获取，确定蛋白质晶体的相位信息，这是解析蛋白质结构的关键步骤。⑤电子密度图计算，利用衍射数据，通过计算方法得到蛋白质的电子云密度图。⑥模型构建，根据电子密度图，构建蛋白质的三维分子模型。⑦模型验证，对所构建的蛋白质模型进行验证，以确保其准确性和可靠性。⑧生物学解释，基于蛋白质的三维结构，阐释其在生物学过程中的作用和意义。

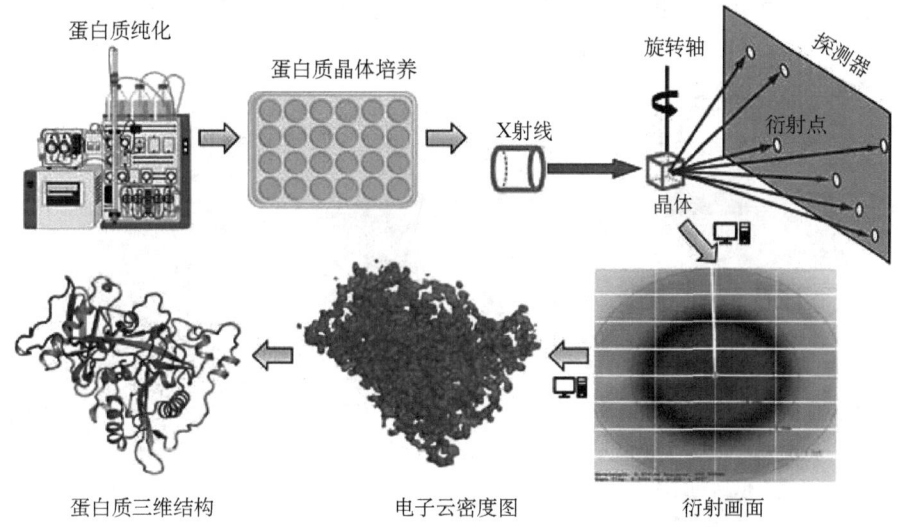

图 9-3　蛋白质 X 射线晶体学的主要步骤

（一）蛋白质结晶样品制备

在蛋白质结晶领域，确保获得高纯度蛋白质是至关重要的。通常，这一目标通过异源表达所需的蛋白质来实现，涉及目标基因的克隆、蛋白质的重组表达，以及后续的纯化过程。为了获得适合结晶的蛋白质样品，需要根据目标基因的特性，设计和优化高效的表达载体，并在多个表达系统中进行尝试。结晶所需的蛋白质通常通过一系列层析技术进行纯化，包括亲和层析、离子交换层析、凝胶过滤层析等层析手段，以确保获得高纯度与高质量蛋白质样品。

在本章中，我们不再详细讨论蛋白质分离纯化过程，因为其他章节已经提供了详尽的描述。然而，需要强调的是，为了实现有效的蛋白质结晶，必须确保蛋白质满足一系列特定的条件，包括其融合蛋白标签、保存条件和纯化策略。例如，在使用镍柱纯化过程中，金属镍从填料上脱落可能会影响蛋白质的稳定性，而 GST 标签可促进蛋白质形成二聚体。此外，在进行溶液交换时，应特别注意维持蛋白质的稳定性。

为了确保蛋白质单体的均一性或蛋白质复合物的正确构象，结晶过程中需要对蛋白质的纯度、异质性进行严格的表征。这通常涉及以下技术：①凝胶电泳，包括 SDS-PAGE、native-PAGE 和 IFE。②分子排阻层析，用于确认蛋白质的分子量和聚合状态。③动态光散射，用于评估蛋白质在溶液中的尺寸和分散性。通过这些方法，可以确保蛋白质样品达到结晶所需的高标准。对于复合物晶体，了解蛋白质与配体间的结合配比至关重要。

(二) 蛋白质晶体生长与优化

1. 蛋白质结晶的原理 在特定的沉淀剂条件下，蛋白质晶体的形成过程与其他有机或无机化合物的晶体结构类似。当蛋白质溶液达到过饱和状态时，相同的蛋白质分子或其复合物会在空间中进行有序排列，以达到一种能量效率更高的物理存在形式。因此，晶体生长本质上是一个熵减的过程。晶体生长始于晶核的形成，随后蛋白质分子以规则且有序的模式在晶核上堆积，逐步构建出完整的晶体（图9-4）。在晶格中有序排列的蛋白质分子，当受到X射线照射时，能产生可测量的衍射强度，此时晶格充当了放大器的角色。

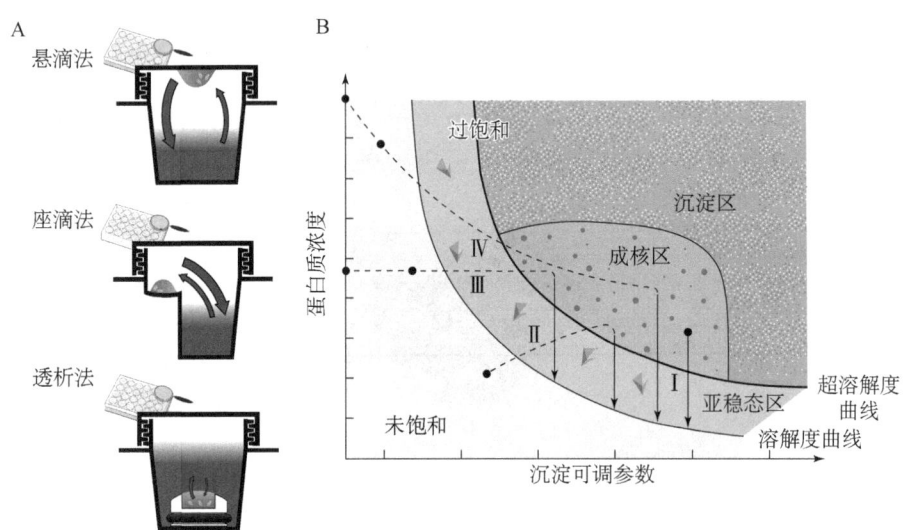

图9-4 蛋白质晶体培养方法

A. 悬滴法、座滴法和透析法（Adenosine, 2010）。B. 蛋白质浓度与沉淀因素的关系；Ⅰ. 批量板法；Ⅱ. 蒸汽扩散法（包括悬滴法和座滴法）；Ⅲ. 透析法；Ⅳ. 自由界面扩散法。此外，该图还可以进一步细分为亚稳态区、成核区（蛋白质晶体成核的区域）和沉淀区。亚稳态区是一种特殊的溶液状态，其中溶质的浓度高于饱和浓度但低于过饱和浓度。在这个区域内，溶液不会自发结晶，但如果有适当的扰动或引入晶种，则可能诱导晶体的形成（Spiliopoulou et al., 2020）

2. 蛋白质结晶的基本方法 在蛋白质结晶的过程中，关键步骤涉及将蛋白质溶液与沉淀剂混合，并添加特定的添加剂。这些沉淀剂在适宜的pH条件下通过盐析作用逐步使蛋白质达到过饱和状态，从而促进结晶。通常使用的沉淀剂包括高浓度的硫酸铵或不同分子质量的聚乙二醇（PEG），而添加剂可能是低浓度的金属盐或其他小分子，这些小分子有助于维持目标蛋白的功能。在结晶过程中，pH通常维持在中性范围内。沉淀剂的选择可以通过商业试剂盒来进行筛选。在进行结晶实验之前，蛋白质溶液通常会被转移到低盐缓冲液中。蛋白质的初始浓度一般设定在 5~10mg/mL，可根据实验结果进一步调整。

3. 蛋白质晶体生长的影响因素

（1）**蛋白质纯度** 高纯度的蛋白质更有可能形成高质量的晶体。结晶学家对蛋白质纯度的要求通常比生化学家更为严格。通常情况下，要想获得高质量的蛋白质晶体，其纯度需要达到至少90%。纯度较高的蛋白质更容易结晶，而杂质的存在可能会干扰晶体的正常形成和生长。蛋白质的成功结晶不仅是其纯度高的标志，也是判断蛋白质是否保持其天然状态的重要指标。

（2）溶液过饱和度　　过饱和度是蛋白质结晶的驱动力，其水平决定了晶核的形成和晶体生长的速率。存在一个临界过饱和度，超过这一水平可能会导致无定形沉淀的生成。

（3）温度　　大多数蛋白质的结晶过程优先选择在 4~22℃ 的温度区间进行，因为在此范围内，蛋白质不易发生变性或降解。温度的变化对蛋白质的溶解度有着直接的影响：在低离子强度的环境中，蛋白质的溶解度随着温度的升高而增加；相反，在高离子强度的环境中，溶解度则会随温度的升高而降低。每种蛋白质都可能有一个最适合其结晶的特定温度点，通过精确控制温度来实现过饱和状态，从而形成坚固的晶格结构。鉴于蛋白质对温度的高度敏感性，容易发生变性和聚集，因此在实验中通常不会选用高温来优化结晶条件。

（4）压力　　不同晶型的蛋白质分子与水的亲疏水性不同，压力变化会导致溶解度的差异。研究表明，压力的增加会使蛋白质的溶解度降低或增加，压力已成为调节蛋白质结晶过程的一个调整参数。

（5）物理环境　　蛋白质晶体的成核与生长受多种物理环境因素的影响。例如：①光照，特别是激光照射，可以提高低过饱和溶液中膜蛋白晶体的质量。②蛋白质作为两性物质，在外加电场中会受到电场力的作用，这可能导致溶液中形成浓度梯度，引发局部过饱和，从而促进晶核的形成。③在微重力环境中，由于缺乏重力，悬浮于溶液中的晶体不易沉降，减少了晶体间的融合，有助于提升晶体质量。

（6）pH　　pH 对蛋白质晶体的形态和稳定性起着至关重要的作用。作为控制蛋白质静电相互作用的关键参数，pH 直接影响蛋白质的溶解度。晶体生长环境中 pH 的变化可以显著改变晶体的形状和大小。通常情况下，在蛋白质的等电点（pI）附近进行结晶操作更有利于获得理想的晶体形态。

（7）沉淀剂类型与浓度　　沉淀剂的类型与浓度对晶体的质量和形成起着决定性作用。沉淀剂的引入能够调节溶液中生物大分子的相互作用力，从而影响其溶解性，并促进生物大分子的有序聚集和结晶：①盐类沉淀剂通过破坏蛋白质的水化层来增强蛋白质间的相互作用；②有机类沉淀剂则通过降低溶质间的静电力和极性作用。精确控制沉淀剂的浓度对于培养高质量的蛋白质晶体至关重要。

（8）其他因素　　此外，蛋白质结晶还受到其他因素的影响，其中包括氧化还原环境、蛋白质配体、氨基酸修饰及蛋白质的聚集状态。为了提高结晶率，除了需要高纯度的蛋白质，还需要确保蛋白质的聚合状态尽可能单一，并考虑聚集过程中的对称性。混合聚集状态往往不利于结晶，而蛋白质的降解和稳定性也是关键因素。

4. 通过分子生物学改造获得蛋白质晶体　　①为确保蛋白质的均一性，可以采用糖基化酶去除位点上修饰的糖基或通过突变该位点来解决这些修饰位点带来的不均一现象。去除纯化标签也有助于提高结晶成功率。如果全长蛋白质难以结晶，可以考虑使用限制性蛋白酶切法来消化目标蛋白，并通过测序确定稳定的结构域边界，从而获得结构稳定的蛋白质片段。②根据稳定蛋白质片段的氨基酸序列或通过结构预测，利用基因工程手段克隆和纯化目标蛋白，去除可能影响结晶的片段，以提高结晶的可能性。对于分子质量较小且难以结晶的蛋白质，可以考虑与易结晶的大蛋白质进行融合表达和纯化，这样不仅增加了结晶的可能性，还可以提高目标蛋白的可溶性和纯化效率，并在结构解析中利用已知结构解决位相问题。③在复合物晶体的制备过程中，还需考虑是否需要辅因子、辅助蛋白或相互作用伴侣，是否有可用的抑制剂，如激酶或磷酸酶，以及是否需要 ATP 的类似物，这些都是提高结晶成功率的重要因素。

5. 蛋白质结晶的方法　　自蛋白质结晶技术出现以来，已经发展了多种结晶方法，包括透析法和液滴气相扩散法等。近年来，随着自动化、高通量及微量化结晶技术和设备的发展，批量板法和结晶机器人成为更常用的方法。现将这些方法进行简要介绍。

（1）**透析法**　　透析法利用半透膜的选择性渗透特性来调控蛋白质溶液中的沉淀剂浓度、pH 和离子强度。通过这种方法，小分子如沉淀剂可以穿过半透膜，而大分子如蛋白质则被截留，从而在蛋白质溶液中逐渐建立起一个过饱和环境，有利于晶核的形成和晶体生长。

（2）**倒置液滴气相扩散法**　　这种方法通过在硅化的盖玻片上混合等体积的蛋白质溶液和沉淀剂溶液来制备液滴。这个液滴随后被倒置并放置在一个含有沉淀剂溶液的小容器凹槽上方。为了防止液体蒸发和污染，凹槽周围会被油脂或其他物质密封。在这个封闭环境中，由于液滴与容器中沉淀液的浓度差异，水分会从液滴中逐渐蒸发至沉淀液中，导致液滴内的蛋白质浓度缓慢增加。当达到适宜的过饱和度时，蛋白质晶体便有可能在液滴中形成。

（3）**正置液滴气相扩散法**　　该方法与倒置液滴气相扩散法的基本原理相似，但在操作上有所不同。在这种方法中，蛋白质溶液与沉淀剂混合后，放置在小容器底部的凹槽中，而不是放置在盖玻片上。这种布局特别适合于表面张力较低的蛋白质，因为它可以有效防止溶液的不必要扩散。在密闭的环境中，待结晶的蛋白质溶液与两种不同浓度的盐溶液共存，通过蒸汽扩散，这些溶液最终达到平衡。随着时间的推移，沉淀剂的浓度逐渐增加，导致蛋白质的溶解性降低。当蛋白质溶液达到适当的过饱和状态时，晶体便开始析出。

（4）**批量板法**　　批量板法是蛋白质结晶领域中的一项创新技术，它允许科研人员同时进行高达 96 种或更多不同条件的结晶实验。这种方法的高通量特性，结合了自动化结晶技术的进步，尤其是结晶机器人的应用，使其成为蛋白质结晶筛选的首选技术。随着技术的不断发展，现代的批量板法已经可以与倒置或正置液滴气相扩散法相结合，进一步加速了结晶条件的筛选过程。

（5）**结晶机器人**　　结晶机器人在蛋白质结晶领域的应用已经非常广泛，其中 Gryphon 和 Mosquito 两家公司的产品具有精确性和高效性的特点与优势。这些设备可精确地处理从纳升到微升级别的蛋白质样品、筛选液和膜蛋白脂立方相（LCP）点样，确保了实验的准确性和可重复性。其加样针的机械定位精度高达 0.1mm，能够适应从纯水到 100%甘油等不同黏度的溶液，不论添加微量化合物、处理化合物还是进行梯度稀释，均能满足蛋白质晶体学实验的多样化需求。新一代结晶机器人在提高工作效率方面也取得了显著进步。例如，96 孔板的加样时间仅需短短两分钟便能完成。部分型号的结晶机器人还配备了加湿罩，即使在干燥的环境中也能维持适宜的湿度，从而提升实验的成功率。

6. 蛋白质晶体的优化方法　　为了实现高分辨率（分辨率至少达到 3Å）的蛋白质晶体结构，培养高质量的蛋白质晶体是关键。在初步筛选结晶条件之后，我们可能会得到一些基本的结晶条件。但是，这些初次形成的晶体往往质量不佳，表现为尺寸小、形态不规则或易碎。由于蛋白质晶体含有超过 50%的水分子，它们比较脆弱，容易破损。提升蛋白质晶体的大小和衍射质量常常是一项挑战。如果能够在晶体生长过程中，根据晶体生长的普遍规律和特定特性，适时地调整生长条件，就有可能在不同程度上改善晶体质量，这一过程通常称为晶体生长优化。蛋白质结晶的初筛条件涉及 4 个关键组分：稳定 pH 的缓冲液、盐离子、沉淀剂和配体。此外，蛋白质溶液的浓度和温度也是影响晶体形成的重要因素。在优化过程中，对这些组分和条件进行精细调整是必要的。人们也总结了一些蛋白质晶体优化的方法：①优化结晶条件，常见的晶体优化策略包括调整已获得晶体的结晶条件，如蛋白质浓度、沉淀剂浓度、添加剂浓度、pH 和温度等。例如，过高的蛋白质或沉淀剂浓度、温度可能导致过多晶核或晶体数量，解决方法包括降低蛋白质和沉淀剂浓度，或选择低温培养晶体。可通过设计正交实验表格来细致优化这些生长条件。②优化结晶方法，改变结晶方法也是一种优化手段，如将倒置液滴气相扩散法改为正置液滴气相扩散法，或者使用透析法优化蛋白质晶体。③添加剂的使用，对于结构松散的蛋白质，与功能相关的分子结合后可能形成更紧密有序的结构，有助于结晶或形成高分辨率晶体。添加剂的引入，如在现有结晶条件中加入特定化合物，可能改善晶体尺寸和质量。若观察到添加剂带来的积极变化，可考虑评估与该添加剂结构相似的化合物。此外，辅酶、底物或抑制剂等添加剂有助于蛋白质稳定，而含有金属阳离子的盐类如钙、锌、镁、钴等，有时也有利于高质量晶体的形成。④晶体种植法，该方法是解决微小蛋白质晶体无法用于 X 射线衍射分析的有效策略。该方法跳过了成核阶段，直接进入晶体生长阶段，允许从已有的微晶体出发，将其转移到新的结晶溶液中。通过调整结晶溶液的条件，可以找到最佳的接种数量，促进在特定条件下生长出大型、适合衍射的单晶体。由于绕过了成核步骤，实验中可以使用比成核时更低的蛋白质浓度。在确定沉淀剂的适宜浓度时，建议从最初结晶实验时使用的沉淀剂浓度的 50%～80%开始尝试。晶体种植法主要分为两种：①微种晶方法（crystal microseeding），当蛋白质溶液中晶核数量过多时，可通过振荡器或枪头将晶体打碎成微小碎片，作为种子。使用猫毛等接种工具蘸取含有晶种的溶液，在新溶液中轻划几下，将晶种转移至液滴中。这些少量的晶核将促使蛋白质围绕它们生长，形成较大的晶体。②宏种晶方法（crystal macroseeding），此方法涉及将一个完整的晶体直接作为晶种转移到液滴中。在晶种的基础上，可能会生长出新的、适合衍射的蛋白质晶体。

7. 蛋白质晶体的挑取与保存 ①晶体的挑选：在优化蛋白质晶体后，可以使用适当大小的晶体样品捕获环工具精心挑选晶体，并将其放入含有防冻剂的溶液中，以便在液氮中安全保存，直到进行 X 射线衍射时使用（图 9-5）。在选择晶体时，应优先考虑那些体积较大、形态规则的单晶，避免选择多晶，因为多晶可能会在 X 射线照射下产生相互干扰的衍射点，这将为数据处理带来不必要的复杂性。挑选晶体的过程需要特别小心，如果操作时间过长，可能会导致晶体部分融化，从而降低衍射的分辨率。因此，熟练和精确的操作对于保持晶体质量至关重要。②防冻剂的选择：在 X 射线长时间和高能量照射下，晶体的内部结构可能会受损，导致无法获取有效的衍射图像。研究表明，在超低温环境中，晶体的衍射寿命得以延长，内部分子的排列更为稳定。因此，选择合适的成晶体防冻剂不仅能稳定蛋白质晶体，还有助于提高晶体结构的分辨率。在晶体保存和数据收集过程中，成晶体防冻剂的选择非常关键。常用的成晶体防冻剂包括甘油、低分子量聚乙二醇（PEG）、蔗糖等。在没有特定蛋白质晶体具体信息的情况下，我们可以尝试在原先晶体生长溶液的基础上添加 10%～20%的甘油溶液作为冷冻保护液。对于在含沉淀剂 PEG 条件下生长的晶体，通过增加 PEG 浓度或者添加高浓度的低分子量 PEG，可以达到防冻效果。此外，混合使用不同的防冻剂成分（如甘油、低分子量聚乙二醇、蔗糖）可能可以最大限度地减少对晶体的损害。在选择防冻剂时，应保持与原结晶条件相同或适当增加的沉淀剂浓度，避免简单地在原溶液中添加防冻剂，以免降低沉淀剂浓度导致晶体溶解。在使用冷冻保护液的过程中，晶体与冷冻保护液混合一段时间（0.5～5.0min）后，需要确保晶体吸收足够的保护剂，并确保晶体未发生破裂或在后期实验中发现其不影响衍射数据的收集。之后，可以使用大小合适的捕获环将晶体捞出并立即冷冻保存在液氮中。在液氮中，晶体的保存状态相对稳定。

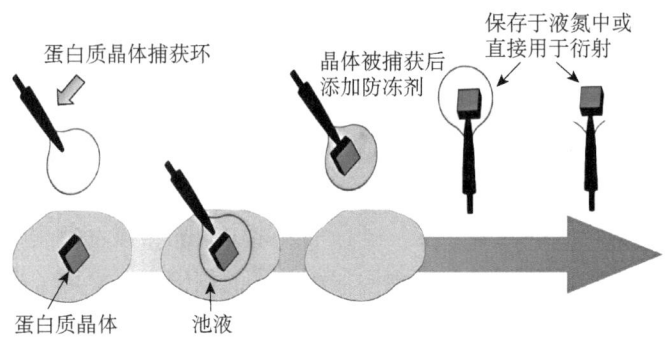

图 9-5 蛋白质晶体的挑取与保存（改自渡边，2018）

（三）蛋白质晶体数据收集与处理

原子周围存在的是电子云。如果我们能观测到蛋白质分子，那么实际上看到的就是蛋白质分子电子云的形状。蛋白质由许多氨基酸组成，要想分辨出氨基酸与氨基酸之间的距离，那么使用的光源的波长就需要小于氨基酸之间的距离。在元素周期表中，原子对 X 射线的衍射能力各不相同，分子量越大的原子对 X 射线的衍射能力越强。蛋白质主要由碳、氢、氧、氮等轻元素构成，其衍射能力比重元素要低很多。因此，照射蛋白质晶体的 X 射线的强度需要足够大。

同步辐射光源的 X 射线的波长可以控制在 1Å 左右，并且强度强。目前，上海同步辐射设施的同步辐射 X 射线束具有高亮度和良好的光束准直性，可以减小由蛋白质晶体的不完整性引起的衍射点展宽，显著提高衍射实验数据的信噪比，从而提高结构测定的分辨率。其光子能量为 5~18keV，覆盖了生物大分子晶体衍射实验常用的波长范围，如适合重原子 Se、Br 的波长，适合同晶置换法，还可以用于晶胞尺寸非常大的超大分子复合物结构的研究。这些特性使得同步辐射光源在蛋白质结构测定中发挥了重要作用。

蛋白质结构的解析过程涉及多个步骤，包括 X 射线衍射数据采集到位相分析，再到模型建立与优化的全过程。最终获得的蛋白质晶体结构应与电子云的电子密度图相匹配。得益于蛋白质结晶学技术和相关软件的持续进步，晶体结构解析变得更加自动化，减少了对深奥晶体学知识的依赖。只要能够获得高分辨率的蛋白质晶体，结构解析过程通常能够顺畅进行。为了帮助生物科学领域的研究人员和学生学习，本书将介绍一些晶体学和数据收集的基础概念，这些概念在实际操作中可能会用到。

1. 晶胞、晶格与空间群　①晶胞：是指晶体结构的基础单元，通过在三维空间中的周期性排列，构成了整个晶体。它们能够完整地反映晶体内部原子或离子在三维空间的分布及其结构化学特征。②晶格：如果将原子比作球体，晶体则由这些球体规律地堆积而成。晶格是通过将原子简化为点，并用假想的线连接这些点，形成一个具有明显规律性的空间格架来表示晶体中原子的排列规律。③空间群：晶体的多样性和复杂性可通过其晶胞的形状和对称性元素的差异来分类，存在 7 种基本晶系：立方、六方、四方、三方、正交、单斜和三斜晶系。每个晶系都有 6 种可能的晶格，根据中心原子在晶胞中的具体位置而变化。这些晶系和晶格的组合理论上可以产生 42（7×6）种不同的结构，但由于某些结构在几何上是等价的，实际上只有 14 种特有的布拉维晶格。在这些晶系的基础上，可以通过分类和穷举法推导出 32 种点群。这些点群与 14 种布拉维晶格的组合遵循特定的规则，从而形成 230 个空间群。然而，并非所有这些空间群都适合蛋白质晶体的结构。在蛋白质晶体学中，虽然可能存在 65 种空间群（表 9-1），但常见的蛋白质空间群数量只有 15~16 种。

表 9-1 蛋白质可能存在的 65 种空间群（CCP4，2020）

晶系（65）	数目	点群	空间群
三斜晶系（1）	1	C_1	P1
单斜晶系（3）	3	C_2	P2, P2$_1$, C2
正交晶系（9）	9	D_2	P222, P222$_1$, P2$_1$2$_1$2, P2$_1$2$_1$2$_1$, C222$_1$, C222, F222, I222, I2$_1$2$_1$2$_1$
四方晶系（10）	6	C_4	P4, P4$_1$, P4$_2$, P4$_3$, I4, I4$_1$
	10	D_4	P422, P42$_1$2, P4$_1$22, P4$_1$2$_1$2, P4$_2$22, P4$_2$2$_1$2, P4$_3$22, P4$_3$2$_1$2, I422, I4$_1$22
三方晶系（11）	4	C_3	P3, P3$_1$, P3$_2$, R3
	7	D_3	P312, P321, P3$_1$12, P3$_1$21, P3$_2$12, P3$_2$21, R32
六方晶系（12）	6	C_6	P6, P6$_1$, P6$_5$, P6$_2$, P6$_4$, P6$_3$
	6	D_6	P622, P6$_1$22, P6$_5$22, P6$_2$22, P6$_4$22, P6$_3$22
立方晶系（13）	5	T	P23, F23, I23, P2$_1$3, I2$_1$3
	8	O	P432, P4$_2$32, F432, F4$_1$32, I432, P4$_3$32, P4$_1$32, I4$_1$32

2. 衍射发生与数据收集的策略

1）在晶体结构分析中，通常将晶体内部的结构称为正空间。正空间描述了晶体中原子、分子或离子的排列方式。而倒易空间则指的是晶体被 X 射线衍射后的情况。这两者之间存在一种傅里叶变换的数学关系。在生物大分子晶体进行衍射时，为了产生更多的反射，倒易晶格必须旋转。当晶体不断转动时，倒易点阵点也随之转动，从而产生衍射。这些衍射图样被投影在电荷耦合器件（CCD）探测器上，并被记录下来。晶体的晶胞大小对衍射图样的特性也有影响。如果晶体晶胞比较大，单位体积内含有的重复越少，那么衍射点的强度越弱，且其衍射点的间距就会变小。同样，如果晶体晶胞比较小，单位体积内所含的重复较多，衍射点的强度则会增强，衍射点的间距就会变大。

2）在生物大分子晶体进行衍射时，以下几个因素对数据收集至关重要：①晶体和探测器之间的距离。较近的距离会提高探测器上记录的晶体衍射数据的分辨率。然而，如果晶胞尺寸过大或出现多晶情况，需要适当拉大距离，以平衡分辨率和数据完整性。②曝光时间与强度。较长的曝光时间和强度可以提高数据的信噪比。对于膜蛋白，往往晶体颗粒比较小，需要小光斑和高通量光束。但是，蛋白质晶体对高强度 X 射线的耐受能力有限，过长的曝光时间可能对晶体造成辐射损伤，导致无法收到完整的一套蛋白质晶体数据。过大的曝光时间或强度还可能导致产生过曝的衍射点，这些过曝的衍射点通常会被衍射数据处理软件去除。如果遇到单个晶体不耐 X 射线照射，还可以收集多套数据进行合并。③旋转角度。通常采集第一个衍射图像，然后每隔 90°采集一次，建议从多个角度对晶体进行对中，以确保不同角度都有晶体的衍射。使用线站的衍射数据软件进行空间群确定，然后采用适当的衍射数据收集策略。④晶体的对称性。晶体的对称性越低，所需的总旋转角度越大，需要收集的数据画面也越多。如果暂时无法确定蛋白质晶体的空间群，可以间隔 1°收集一套完整的 360°晶体衍射画面，然后进行数据处理。⑤波长。室内光源（如铜靶）产生的 X 射线波长有固定值，而同步辐射光束的波长大小可调节，方便用户使用原生（native）波长和单波长异常衍射来收集蛋白质晶体数据。⑥衍射分辨率。如果最外围衍射点分布离中心越远，该晶体的极限分辨率也就越高。

3. 收集数据的处理　　收集衍射数据后，可以通过常用的数据处理软件 HKL、Moslfm 和 XDS 进行数据处理，以确认空间群。如果遇到质量不好的蛋白质晶体衍射数据，可以交叉使用这三种软件进行指标化（index），以确认空间群，然后使用积分（integrate）和标定（scale）完成指标化，进行强度积分、合并及振幅的还原。最后，使用合并 R 因子（rmerge）、完整度（completeness）和冗余度（multiplicity）等指标对蛋白质晶体的分辨率进行分辨率截断（resolution cut）。

4. 相位问题　　衍射数据是通过照射 X 射线到晶体样本而获得的。这些数据由光检测器（如 CCD）捕获，但它们仅记录了不同衍射点的光强度（即振幅信息）。晶体衍射实际上是晶体中每个原子对 X 射线的衍射产生的叠加效应。衍射数据的结构因子实际上是电子密度的傅里叶变换，因此可以通过反傅里叶变换转换为晶胞中的分子电子密度图。正常的 X 射线不仅包含振幅信息，还包括相位信息。但衍射数据并未直接提供相位信息，这就是所谓的"相位问题"。如果相位信息分析不正确，最终的结果可能导致蛋白质结构的错误解析。因此，科学家不断努力推导出蛋白质结构的相位信息，以确保准确解析出蛋白质晶体结构。解决晶体结构相位问题的方法包括分子置换法、同晶置换法和反常散射法等。在实际操作中，这些不同的方法可以联合使用，以获得更准确和完整的晶体结构信息。①分子置换法：当待测蛋白质与已知结构的蛋白质在结构上有至少 40% 的相似度时，这种方法尤其有效。这意味着两种蛋白质的三维结构可能有较小的差异，从而可以利用已知结构作为起点。在实践中，研究者会将已知结构的蛋白质模型进行旋转和平移，以匹配待测晶体中目标蛋白的取向和位置。这一过程通常借助于强大的晶体结构软件，如 Phaser 和 MolRep，这些软件能够处理复杂的计算并提供精确的模型定位。随着蛋白质数据库（PDB）中同源蛋白晶体结构数量的增加，分子置换法的应用变得更加广泛。即便是对于那些没有已知同源结构的目标蛋白，研究者也可以利用同源建模方法，如 Swiss-model、I-TASSER 及谷歌公司的 AlphaFold，来预测其三维结构，并将其作为模型模板。分子置换法的一个显著优势在于其简便性：它不需要制备重原子衍生物，仅需收集原生（native）衍射数据。这大大简化了晶体结构解析的流程。②同晶置换法：在蛋白质单晶的基础上，通过将晶体浸泡在含有散射能力强的重金属原子[如铅（Pb）]的溶液中，将重金属离子浸泡到蛋白质晶体的内部，制备出了含有重原子的晶体衍生物。这个过程基本不影响晶体的晶型和蛋白质的构象。研究人员可以使用帕特森法来确定并推算出重原子的位置。进一步，研究人员利用重原子的振幅和相位信息，可以计算出没有重原子的 native 晶体的相位信息。通常，研究人员会使用不止一种重原子进行置换，以获得多种同晶置换衍生物，这被称为多对同晶置换法。值得一提的是，肯德鲁和佩鲁茨因为使用这一方法分别解析了血红蛋白与肌红蛋白的结构，于 1962 年获得了诺贝尔化学奖。③反常散射法：在同晶置换技术中，重金属离子的添加可能会引起蛋白质晶体的变性。为了规避这一风险，研究者在分子生物学技术的支持下，会在重组蛋白的制备阶段向培养基中加入硒代氨基酸。这一策略使得蛋白质中的硫原子（S）被分子量更大的同族元素硒（Se）所替代。在特定的 X 射线波长下，重金属元素的散射行为会出现异常。研究者首先收集该晶体的 native 衍射数据，然后改变 X 射线波长至这些重金属元素的散射行为出现异常的波长位置，重新收集数据。利用这两组数据，研究者可以确定相位，解决待测物的相角问题。这一过程需要能够灵活调节 X 射线能量的光源，而同步辐射光源正是这样一种理想光源。因此，同步辐射的应用极大地促进了反常散射技术的发展,有效提升了蛋白质晶体学在结构解析方面的能力。

(四)蛋白质晶体模型的建立、修正与提交

1. 蛋白质晶体模型的建立与修正　　在获取目标蛋白晶体的振幅和位相信息后,研究者可以根据反傅里叶变换的公式计算出该蛋白质的电子密度图。它揭示了蛋白质结构原子分布的细节。在初步确定位相之后,我们通常会得到一个较为粗糙的模型,此时模型与实际的电子云之间存在较大的偏差。通过多次迭代修正,我们能够逐渐优化模型,直至达到最佳状态。随着计算机辅助结构解析技术的进步,研究者现在能够利用结构解析系统和相关软件,在屏幕上直观地分析电子密度图,并手动或自动构建晶体的原子级模型。这一过程包括不断地调整原子坐标和修正位相,以对结构模型进行修正。

例如,使用 Phaser 或 MolRep 软件在进行分子置换实验后,若得到的对数似然增益(LLG)或对比度(contrast)较高,这通常表明可能找到了正确的解。在初步确定位相之后,模型通常较为粗糙,与电子密度图的匹配程度有待提高。此时,可以使用 Phenix 中的 AutoBuild 功能来构建蛋白质晶体整体结构。这些自动建模程序能够根据目标蛋白的氨基酸序列,对成功进行分子置换的晶体结构进行重建。在自动构建过程中,程序会将同源模板中的氨基酸序列替换为目标蛋白的序列,并对模型进行修正,以确保其与电子密度图中精确匹配。在重建蛋白质结构之后,任何与目标蛋白不匹配的氨基酸都将被相应地修正。有时,自动构建程序可能只能重建蛋白质晶体的部分结构,但这部分结构也可以用作进一步的分子置换实验。通过多轮分子置换和模型构建,可能得到更好的修正结果。

2. 蛋白质晶体模型质量评估　　在蛋白质结晶学中,模型质量评估参数起着至关重要的作用。这些参数包括:晶体学 R 因子(理想情况下,该值应低于 0.20);键长偏差(通常约为 0.015Å);键角偏差(通常为 3°)。此外,Ramachandran 图的合理性、原子间的碰撞及侧链的合理性也是需要关注的重要因素。在蛋白质结构解析过程中,R 因子是最受关注的一个参数。研究者首先构建一个蛋白质结构模型,然后计算出基于该模型的模拟衍射图,与实验观测到的衍射图进行比对。R 值即这两者匹配程度的度量。典型的可信原子模型的 R 值约为 0.20。然而,仅依赖 R 值评价结构模型质量存在一定的缺陷。由于模型修正过程涉及反复使用原子模型和衍射图计算电子云密度,并根据电子云密度调整原子模型,因此这些过程容易产生过度拟合的情况。为了减少这种偏颇,采用 R-free 值是一种有效的方法。在模型修正前,约 10% 的实验观察值会被从数据集中移除,剩余 90% 的数据用于模型修正。最后,将修正的模型用于计算原来剔除的 10% 的观察值,并计算这个数据集上的 R 值,称为 R-free 值。实际上,R-free 值比 R 值略高。以上模型质量的评估可以使用 Phenix、CCP4、CNS 等软件进行。

3. 蛋白质晶体模型的提交　　在蛋白质晶体结构解析完成后,研究者应将晶体结构数据准确无误地提交至 PDB。许多蛋白质结构有关的研究期刊通常要求,在接受论文投稿前,研究者必须已将蛋白质晶体结构数据提交至 PDB,并提供由 PDB 出具的结构质量报告。为此,研究者需将蛋白质坐标文件及结构因子文件上传至 PDB。上传完成后,PDB 系统将对文件进行全面的验证。在此过程中,系统会标识出需要研究者填写的强制性数据项,这些项通常以红色标记呈现。研究者必须确保所有强制性数据项均已准确无误地填写。完成这些步骤后,研究者将获得PDB提供的蛋白质晶体结构质量报告，该报告在期刊投稿过程中可能会被要求提供以证明数据的准确性和完整性。

（五）蛋白质晶体模型可视化分析

1. PyMOL 在所有已正式发表的科学论文中，大约有1/4的蛋白质结构图像是通过PyMOL制作的。PyMOL是一款蛋白质可视化工具，其名称"PyMOL"寓意深远："Py"代表其基于强大的Python编程语言构建，"MOL"则是"molecule"（分子）的缩写。它被广泛应用于创建高质量的分子三维结构图像，特别是在生物大分子如蛋白质的领域。它包括各种表示法，如球体、表面、网格、线条、棍状，以及用于揭示二级结构和拓扑特征的丝带和卡通表示法。PyMOL 3.0，作为该软件的最新版本，于2024年5月1日更新，集成了Python 3.101。此外，PyMOL还提供了一个由Schrödinger公司维护的开源版本，这使得PyMOL不仅在科研界，而且在教育和工业界都得到了广泛的应用。

2. ChimeraX ChimeraX，也被称为simply ChimeraX，是一款由加利福尼亚大学旧金山分校（UCSF）研发的先进分子可视化应用软件，继承了UCSF Chimera的强大功能。它能够处理包括蛋白质、RNA、DNA和脂质在内的各类生物大分子结构。用户可以通过命令或Python API来操作ChimeraX。该应用支持在Windows、macOS和Linux平台上运行，并为学术和政府用户提供免费许可，而商业用户则需要支付一定的费用。ChimeraX的代码中，约80%是用Python 3编写的，剩余的20%是C++代码。得益于详尽的文档和用户友好的界面，无论是初学者还是经验丰富的专业人士，都能轻松上手学习和使用ChimeraX。

第二节 核磁共振波谱技术解析蛋白质结构

核磁共振波谱（nuclear magnetic resonance spectroscopy，NMR spectroscopy），是一种利用核磁共振现象来测定分子结构的谱学技术。这项技术已被广泛应用于溶液或非晶态物质中大分子三维结构的测定。截至2024年，PDB已收录了超过14 000个利用核磁共振波谱技术确定的蛋白质三维结构信息，其中一些蛋白质结构的分辨率达到了2.0～2.5Å。值得注意的是，许多这样的蛋白质由于难以获得单晶，因此无法进行X射线衍射数据收集。这反映了NMR技术在蛋白质结构解析中的持续进步和应用。随着计算能力的提升和算法的改进，NMR现在能够提供更加精确和详细的生物大分子结构信息。这些进展不仅加深了人们对蛋白质功能和动态的理解，而且在药物设计和生物工程中发挥着关键作用。

1946年，布洛赫和珀塞尔发现，当将原子核置于磁场中并施加特定频率的射频场时，原子核会吸收射频场的能量。他们因这一发现获得了1950年诺贝尔物理学奖。此后，多名科学家因在核磁领域的贡献而获得了诺贝尔奖。在利用核磁共振波谱法研究蛋白质三级结构的过程中，瑞士科学家维特里希教授做出了重大贡献，因此在2002年获得了诺贝尔化学奖（图9-6）。维特里希教授主要是通过比较和解析各种二维核磁共振图谱，根据已发表的蛋白质分子的一级结构，设计了一种将每个NMR信号与生物大分子中的氢原子核（质子）相匹配的分析方法。1985年，他利用这种技术获得了世界上第一幅蛋白质完整的三维结构图像（蛋白酶抑制剂Ⅱa）。如今，这种NMR方法已经成为所有NMR结构分析的基础。

图 9-6 蛋白质核磁的发展
A. 诺贝尔奖获得者库尔特·维特里希教授（引自 The Nobel Prize，2024）；
B. Bruker 公司出品的 1GHz 核磁共振波谱仪（引自 Bruker，2022）

一、核磁共振波谱技术的基础理论

核磁共振（NMR）技术已经发展超过半个世纪，许多优秀的专著、著作和教材已经对这项技术进行了详细的论述。本部分将简要介绍 NMR 技术的一些基础概念和理论。

（一）核自旋的量子特征

核磁共振现象主要是由具有自旋的原子核的磁矩引起的。在外部磁场中，这些原子核会共振吸收特定频率的射频辐射。核自旋量子数（I）是描述原子核自旋特性的参数，它与原子核的质量数和质子数有关。具体来说：①当原子核的质量数和质子数都是偶数时，核自旋量子数为零。②当原子核的质量数是奇数时，核自旋量子数为半整数。③当原子核的质量数是偶数而质子数是奇数时，核自旋量子数为非零整数。能够产生 NMR 信号的原子核通常是那些核磁矩不为零的核。例如，^{12}C 和 ^{16}O 的核磁距等于零，所以它们无法产生 NMR 的信号。而对于核自旋量子数为 1/2 的原子核，如 ^{1}H、^{13}C、^{19}F 和 ^{31}P，它们具有核磁矩并能产生 NMR 信号，是 NMR 波谱研究的主要对象。

（二）弛豫

弛豫（relaxation）的类型主要分为自旋晶格弛豫和自旋-自旋弛豫两种。

1. 自旋晶格弛豫（T1） 也称为纵向弛豫时间，反映了高能态的自旋核将能量传递给周围环境，导致核的总能量降低。在溶液中，T1 与蛋白质大分子的旋转速度有关，也受到分子内部复杂构象的影响。

2. 自旋-自旋弛豫（T2） 也称为横向弛豫时间，它描述了高能态的自旋核与低能态的同类核之间的能量交换，使后者跃迁到高能态。在这一过程中，自旋核的总能量保持不变。T2 的发生依赖于蛋白质内部的动力学，多种因素如蛋白质分子质量、温度、溶液的黏度等都可能对 T2 产生影响。

（三）化学位移

化学位移（chemical shift），当分子中的电子在外部磁场的作用下运动时，它们的轨迹构成了电子云。这些运动的电子产生感应电流，进一步产生了感应磁场，这对分子的磁性特性有重要影响。这个感应磁场与外部磁场的叠加，以及核外电子的屏蔽作用，共同影响原子核的能量跃迁。原子核能量跃迁所响应的感应磁场不单是外部磁场所产生的，核外电子的屏蔽作用对于感应磁场同样至关重要，因此真正影响能级跃迁的磁场是核外电子云产生的感应磁场与外部磁场的综合效果。

由于不同仪器产生的谱图难以进行直接比较，化学位移的测定通常涉及选定一个参照物，并将该标准物的化学位移定义为0。这样做可以提供一个统一的比较基准，使得不同仪器间的结果可比。化学位移的大小不仅取决于原子核所处的化学环境，也与核外电子云的大小密切相关。核外电子云的大小反映了原子核的屏蔽程度，进而影响化学位移的值。因此，化学位移与原子核的种类及其周围化学基团的相互作用有着直接的联系。例如，在生物大分子中，具有大环基团的氨基酸如组氨酸、苯丙氨酸等，它们环周围的氢核的化学位移与烷类化合物上氢核的化学位移存在显著差异。这种差异对于确定溶液中蛋白质氨基酸残基的位置非常重要。

（四）耦合常数

在NMR谱分析中，原子核通过价电子介导的相互耦合引起的谱峰裂分称为自旋裂分。这种裂分反映了相邻原子核之间的相互作用，导致共振谱线的数量增加。谱线峰之间的距离称为自旋耦合常数，也称为自旋-自旋耦合常数，用符号J表示，单位为赫兹（Hz）。J值是NMR中的一个关键参数，它不受外部磁场的影响，并且这种相互作用相对独立。当原子核之间的键数较多时，J值通常较小。因此，自旋耦合常数主要发生在相隔三个或更少化学键的原子核之间。超过三个键的相互作用通常可以忽略不计。

（五）核奥弗豪泽效应

在NMR技术中，核奥弗豪泽效应（NOE）是蛋白质结构鉴定中的一个关键测量参数。当两个原子核在空间上非常接近时，它们之间的弛豫作用增强。通过双共振技术照射其中一个核，当这个核达到饱和状态时，由于偶极相互作用或空间接近性，邻近质子的共振信号会增强，这种现象称为核奥弗豪泽效应。

NOE通常以照射后信号增强的百分比来表示。这一效应的大小随着核间距离的增加而迅速减弱，与核间距离的6次方成反比。NOE的数值大小可以直接反映相关原子核的空间距离，因此可以利用这一效应来确定蛋白质分子中氢原子的数量和它们的空间相对位置。

（六）射频场

在NMR波谱分析中，射频场（radio frequency interaction）通常与核自旋的固有频率相匹配，用以激发样品中的核自旋。射频场的方向垂直于静磁场，并且其强度远小于静磁场。静磁场和射频场的相互作用决定了核磁共振信号的幅值。因此，当射频场的频率较低时，产生的核磁共振信号通常较弱，信噪比低，导致得到的核磁数据质量不高。

（七）峰谱面积

在NMR谱图中，台阶状的积分曲线高度直接反映了相应谱峰的面积。特别是在氢谱分析中，谱峰的面积与样品中相应质子的数量成正比，这一关系为定量分析提供了一种准确且有效的手段。

二、多维核磁共振技术

核磁共振技术根据其复杂性和信息丰富度可以分为一维和多维技术。多维核磁共振技术的类型是根据核磁波谱的共振信号由两个、三个或四个频率变量的函数组成来定义的。具体来说，多维技术包括二维（2D）、三维（3D）和四维（4D）技术。这些技术能够提供比一维核磁共振更加详细的分子结构信息。一维核磁共振技术主要关注单一频率变量，而多维核磁共振技术则通过在多个频率维度上分析共振信号，揭示了原子核之间更复杂的相互作用和空间关系。这些技术在蛋白质结构解析、复杂有机分子鉴定等领域发挥着至关重要的作用。

（一）一维核磁共振波谱

早期的核磁共振波谱分析采用了连续波谱方法，这种方法与其他波谱学技术类似，主要用于寻找和捕捉共振信号。然而，在 20 世纪 60～70 年代，恩斯特等开发的脉冲傅里叶变换核磁共振技术（FT-NMR）极大地提高了 NMR 检测的灵敏度。这种方法使用强脉冲射频信号激发样品中的核，使其对脉冲中的单一频率产生吸收。脉冲结束后，横向磁化会围绕外磁场旋转并由于自旋-自旋相互作用而持续衰减。在这一过程中，检测器捕捉随时间衰减的时间域信号，称为自由感应衰减（FID）。由于化学屏蔽等作用，接收到的信号是各种原子核 FID 信号的复杂叠加。收集的 FID 信号经过傅里叶变换处理后，形成了实际的 NMR 谱图。

（二）二维核磁共振波谱

尽管一维核磁共振波谱技术在分析简单样品时已经取得了质的飞跃，但在复杂的有机化合物和溶液中生物大分子的研究中，峰重叠问题仍然是一个严峻的挑战。依靠单一的一维核磁共振波谱图往往难以提供足够的信息来进行详细的结构解析，特别是在确定化学位移和耦合常数方面。为了解决这一问题，詹纳提出了二维核磁共振波谱，维特里希教授随后将其应用于生物大分子，特别是蛋白质结构的详细解析中。二维核磁共振波谱通过在两个频率维度上展开共振信号，显著减少了信号重叠，并能揭示更多的结构细节，从而为复杂分子的结构鉴定提供了强有力的工具。

1. 二维核磁共振波谱的基本概念 二维核磁共振波谱被定义为两个独立的频率变量 $S(\omega_1, \omega_2)$ 的函数。这与一维核磁共振波谱有所不同，二维核磁共振波谱实际上是指在时间域进行的二维实验。在这个过程中，主要使用连续的脉冲来激发在外磁场下的核自旋，从而得到在时间域上的自由感应衰减信号 $S(t)$。自由感应衰减信号 $S(t)$ 有两个时间变量（t_1 和 t_2），对 $S(t_1, t_2)$ 进行两次傅里叶变换，就可以得到上述的两个独立的频率变量 $S(\omega_1, \omega_2)$。通常将第二个时间变量 t_2 视为采样时间，而第一个时间变量 t_1 是与 t_2 无关的独立变量，它是脉冲序列中的某一个可变的时间间隔。自由感应衰减信号的两次傅里叶变换是二维核磁共振波谱的核心步骤，它将时间域信号转换为频率域信号。二维核磁共振波谱图主要是通过函数 $S(\omega_1, \omega_2)$ 在两个独立的频率上展示化学位移、耦合常数等 NMR 的各项参数。如果其中一个变量是频率，而另一个变量是时间、浓度等参数，那么得到的仍然是一维核磁共振波谱图。二维核磁共振波谱图相比一维核磁共振波谱图的优势在于，它能够减少信号间的重叠，并能突出自旋核之间的相互作用，从而提供比一维核磁共振波谱图更丰富的结构信息。

2. 二维核磁共振波谱的分类和表示方法 二维核磁共振波谱技术是一种强大的分析工具，它可以分为几种主要类型，每种类型都有其独特的应用和优势：①J（耦合分解）谱，这种类型的谱图可以分离化学位移（δ）和自旋耦合（J），使得图谱解析变得更加清晰。虽然它通常不提供比一维核磁共振波谱更多的信息，但在某些情况下，它可以帮助解决一维核磁共振波谱中的重叠问题。②化学位移相关谱，二维化学位移谱（^{2}D-COSY）能够关联相互耦合的原子核，以及具有化学交换和弛豫特性的原子核。这种谱图比 J 谱更为实用，尤其是在水溶液中对蛋白质分子进行 COSY 实验时，能够观察到氨基氢（NH）和 α-氢（HA）质子之间的连接。COSY 谱可以进一步细分为同核和异核两类。例如，在同核化学相关位移谱中比较常见的为 ^{1}H-^{1}H COSY 谱；异核化学相关位移谱常见的为 ^{13}C-^{1}H COSY 谱。③多量子谱，在核磁共振中，通常测量的是单量子跃迁，但通过特定的脉冲序列可以检测到多量子跃迁，从而获得多量子跃迁的二维谱图。④NOESY 二维谱，在核奥弗豪泽增强谱（NOESY）中，它自身的交叉峰空间上相对比较靠近，可以显示空间上接近的两个质子之间的核奥弗豪泽效应信号。这种谱图在生物大分子的研究中尤为重要，因为它可以用来确定质子在空间上的构型位置，如同一氨基酸残基中由共价键相连的质子，在氨基酸一级序列中主链上邻近氨基酸的质子，以及三维空间结构中接近的质子，这样便可获得有关蛋白质二级结构的相关信息。

（三）三维核磁共振波谱

1. 三维核磁共振波谱的基本概念 三维核磁共振波谱技术是在二维核磁共振波谱技术成功应用于研究生物大分子溶液构象之后发展起来的。这项技术是继 X 射线衍射晶体技术确定蛋白质空间结构的又一重要进展。随着研究对象蛋白质分子量的增加，氢原子数量的增多导致重叠峰现象严重，因此迫切需要提高 NMR 的分辨率。于是在 20 世纪 80 年代中后期，三维核磁共振波谱技术开始发展起来。三维核磁共振波谱是在二维核磁共振波谱技术的基础上扩展出来的，对于较大分子量的蛋白质，有时还需要利用 ^{15}N 或者 ^{15}N 和 ^{13}C 标记的相关样品。

（1）在三维核磁共振波谱实验中，有两个演化期和三个独立的频率变量。简而言之，就是在检测期记录时间 t_3 的函数，以及各种质核的横向矢量 FID 的变化。FID 的初始相位和振幅与 t_1 和 t_2 有关。通过逐步改变 t_1 和 t_2，可以得到关于三维时间的信号 $S(t_1, t_2, t_3)$，然后通过傅里叶变换，获得独立的频率 $S(\omega_1, \omega_2, \omega_3)$。从时间段分布来看，三维核磁共振波谱可以视为两个二维核磁共振波谱的结合。通过减去第一个二维核磁共振波谱的检测期，并将剩余时间段加入第二个二维核磁共振波谱的预备期，即可完成合并。在三维核磁共振波谱中，存在三类峰：①对角线峰，是指处于 $\omega_1 = \omega_2 = \omega_3$ 的峰。②交叉对角线峰，是指两个坐标相同（如 $\omega_1 = \omega_2$ 或 $\omega_1 = \omega_3$）的峰。③交叉峰，是指三个坐标都不相等的峰。这些峰的存在进一步提高了 NMR 的分辨率，使得对大分子的研究更为精确。这是核磁共振技术的一大进步。

（2）在 NMR 光谱学中，我们在二维核磁共振波谱图解析的过程中提到的 COSY 和 NOESY 的二维技术可以用于解析蛋白质三维结构。将 COSY 和 NOESY 合并为一个三维实验（COSY-NOESY），可以在单一数据集中同时捕捉到 J 偶合的相干传递和空间接近引起的非相干传递，从而提高了谱图归属的效率。然而，这种同核三维实验可能会遇到两个主要问题：①交叉峰数量的显著增加可能会导致谱图过于复杂，降低 NMR 的灵敏度，使得分析变得更加困难。②线宽的增加，尤其是在大分子量蛋白质中，由于分子运动的减缓，分子的自悬运动放慢，核磁谱线的线宽增大，使得通过 J 偶合的相干传递变得更加困难。为了克服这些挑战，三维实验中有时会引入 TOCSY（全同核旋转相关光谱），或称为 HOHAHA (homonuclear Hartmann-Hahn correlation spectroscopy)。TOCSY 能够揭示整个自旋系统内所有同核原子之间的交叉峰，如果 TOCSY 谱中观察到交叉峰，便可以确认该交叉峰对应的原子属于同一个自旋体系。这种图谱对于识别蛋白质的氨基酸侧链尤为有用。通过以上的这些方式，三维核磁共振波谱实验虽然在数据处理和解析上更为复杂，但它们提供了更丰富的结构信息，对于精确解析蛋白质结构至关重要（图9-7）。

2. 异核多维核磁共振波谱的基本概念 ①为了解决同核三维核磁共振波谱实验中遇到的问题，对于大分子量的蛋白质，有时需要使用 ^{15}N 或者 ^{15}N 和 ^{13}C 双标记的样品。共振分配对于蛋白质结构的解析至关重要。由于额外的自旋 1/2 原子核具有产生核磁距的特性，以及新型脉冲技术的发展，在含有 ^{13}C 和 ^{15}N 的蛋白质中可以观察到异核标量耦合现象。由于 ^{13}C 的天然丰度仅为 1.1%，而 ^{15}N 的天然丰度更低，大约为 0.37%，在这种条件下蛋白质溶液无法有效地进行磁化矢量转移。因此，异核多维核磁共振波谱实验需要在同位素标记的蛋白质样品上进行。上述实验大致可以分为两类：一类是利用异核编辑技术的三维实验，另一类是三共振实验。采用异核 NMR 波谱学方法不仅可以有效地进行相干传递，而且可以利用 ^{13}C 和 ^{15}N 化学位移较大的特点。此外，由于它们的谱峰数量与普通的二维谱基本相同，可以避免相干传递过程中的遗漏。②在异核 ^2D-NMR 谱中，较为简单的方法是利用 ^{15}N 的化学位移与其相连的质子进行关联。在二维谱图中，可以通过氮和氢原子的化学位移将交错峰分开。由于蛋白质上的残基都具有特征的 ^{13}C 和 ^{15}N 化学位移，因此可以根据交错峰来判定残基的类型。虽然二维 COSY、TOCSY、NOESY 的异核 ^2D 谱形式经常被报道，但谱峰重叠是一个难以避免的问题。为了解决这一问题，异核编辑技术的三维实验利用 ^{13}C 和 ^{15}N 核的化学位移差异，通过脉冲序列进一步解决。这种方法将原先在一个平面内重叠的二维 COSY、TOCSY、NOESY 的异核 ^2D 谱峰，根据 ^{13}C 和 ^{15}N 不同的化学位移，分别放入不同的平面内，将多个 ^2D 波谱扩展为一个三维波谱。在三共振实验中，由于异核之间的耦合常数较大，加入异核 J 偶联谱使得信号传递更为有效。这种方法通过较强的单键或二键的 J 耦合将 ^1H、^{13}C 和 ^{15}N 核之间关联起来，指认骨架和侧链原子的共振信号，从而简化了谱图。此外，这样的谱图顺序指认通常比仅依靠 NOE 信号更为可靠。③当研究的目标蛋白分子量较大，含有的氨基酸数量众多，无法进行分段标记时，仅依赖传统的 NMR 研究方法可能会遇到谱峰重叠的问题。在这种情况下，科学家通常会采用特殊的脉冲技术，并可能需要使用到四维核磁共振波谱来解析蛋白质结构。这种方法能够提供更多的维度来分离和识别重叠的谱峰，从而克服了二维和三维技术的限制。科学家会根据研究目标和样品的特性，选择最合适的 NMR 实验策略。

（四）核磁共振方法测定蛋白质空间结构的步骤和关键环节

自从 NMR 技术被应用于结构生物学研究以来，尤其是随着多维核磁共振技术的发展和普及，NMR 的研究范围已经非常广泛。它不仅可以用于研究生物大分子的结构，还涉及生物大分子的相互作用、动力学和热力学等多个领域。核磁共振技术作为一种非侵入性的方法，能够分析某些组分的分布与浓度，这是 X 射线衍射晶体技术和冷冻电子显微术无法做到的。

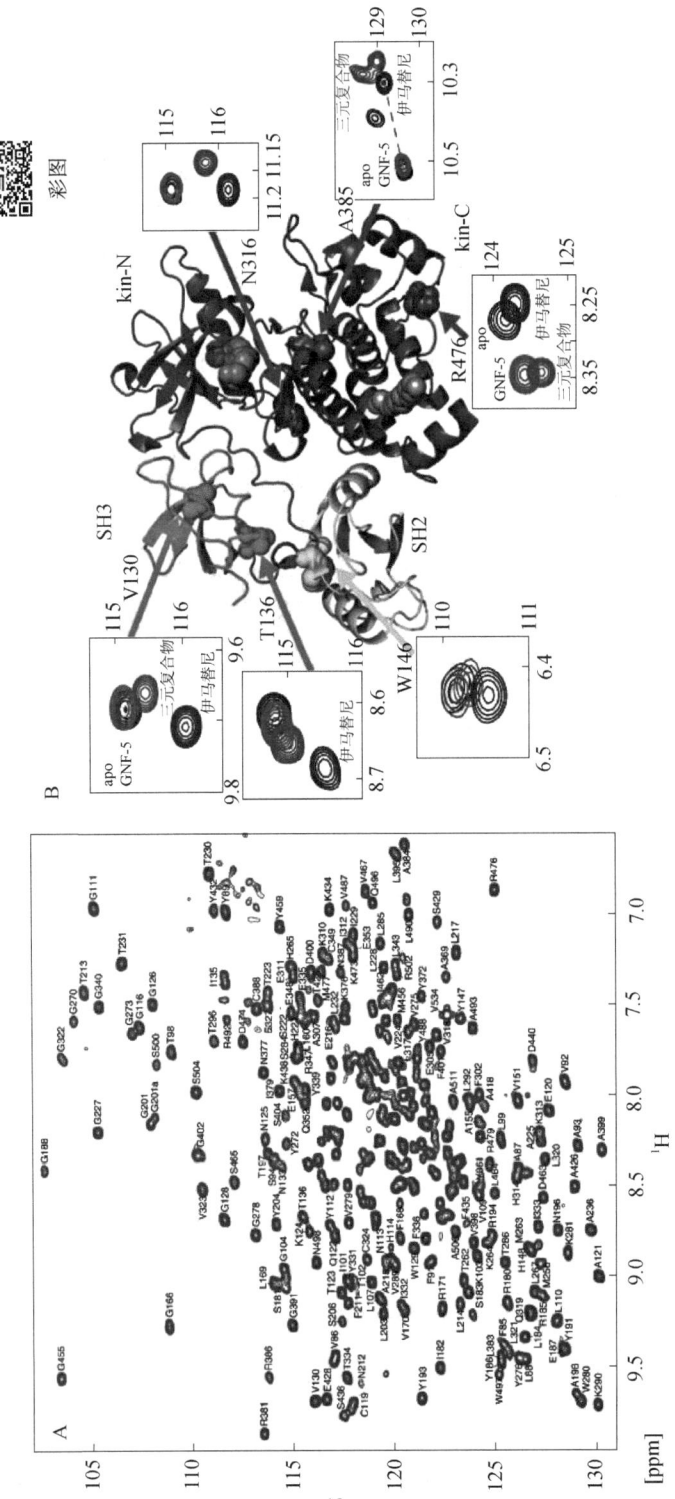

图 9-7 利用 NMR ^1H-^{15}N 相关谱图解析 c-Abl 蛋白与抑制剂复合物结构（Skora et al., 2013）

A. c-Abl 与伊马替尼复合物的 ^1H-^{15}N TROSY（纵向弛豫优化谱）图，序列特异性分配已标明。B. c-Abl 在其不同复合形态下选定残基的 H^1-N^{15} 共振图谱：c-Abl·伊马替尼（蓝色），c-Abl·GNF-5（红色），三元复合物 c-Abl·伊马替尼/GNF-5（洋红色），以及自由状态（黑色）。kin-N. 激酶 N 端；kin-C. 激酶 C 端；kin-N. 激酶 N 端；ppm. 百万分之一；apo. 去配体形式

1. NMR实验样品的制备　　在使用NMR技术测定蛋白质的空间结构时,对样品的要求非常严格。由于多维核磁共振实验时间较长,需要样品具有高度的稳定性。因此,理想的蛋白质分子应具有良好的水溶性和高稳定性,不易降解或聚集,并且可以进行同位素标记,以提高实验的精确度和效率。①重组蛋白的表达和蛋白质的同位素标记:重组蛋白的表达主要依赖于原核表达系统和真核表达系统这两个体系。原核表达系统的优点包括快速的表达速度、高产率、低成本及相对简单的操作流程。然而,它也存在一些局限性,如难以表达对细菌有毒性的蛋白质,或者有些蛋白质在该系统中难以正确折叠(如那些需要正确二硫键构象的蛋白质)。此外,许多真核蛋白在原核表达系统中无法进行翻译后加工。在同位素标记方面,原核表达系统中的重组蛋白同位素标记技术已相当成熟,可以均匀或选择性地将 ^1H、^{13}C 和 ^{15}N 标记到蛋白质分子上。这种标记对于后续的 NMR 实验至关重要,因为它可以显著提高谱图的分辨率和解析度,从而使得蛋白质结构的研究更加精确。②样品缓冲液的选择:为了获得高分辨率的NMR谱图,蛋白质溶液的质量非常重要。理想的蛋白质溶液应避免含有固体颗粒、金属杂质,并且黏度不宜过高。因此,选择合适的缓冲液对蛋白质的溶解度和稳定性具有一定的影响。例如,通常建议将蛋白质溶解在 pH 小于 7.0、盐离子浓度为 10~50mmol/L 的溶液中。此外,为了进一步提高蛋白质的溶解度和稳定性,有时可以在缓冲液中添加适量的甘油、异丙醇、蔗糖及氨基酸等添加剂。

2. 核磁共振波谱仪的选择　　①在研究生物大分子结构与功能的研究过程中,为了提升谱图的分辨率,技术层面的进步,尤其是先进核磁共振波谱仪的支持,发挥着至关重要的作用(图9-8)。近年来,核磁共振波谱仪的技术改进显著提高了谱图的分辨率。例如,采用超低温探头,将探头检测线圈及前置放大器集成到系统中,显著改善了信噪比。此外,一些厂商推出的超屏蔽磁体通过附加磁场消除主磁场中的杂散磁场,减少了外部干扰,从而提供了更高的分辨率和灵敏度。②与小分子 NMR 实验相比,高质子共振频率的核磁共振波谱仪对于提高谱图分辨率尤为有效。北京大学和厦门大学都配备了超过 800MHz 的高频磁场设备。中国科学院合肥物质科学研究院(国家强磁场科学中心)也在建设具有国际先进水平的强磁场实验设施。在国际上,德国哥廷根马克斯-普朗克生物物理化学研究所的 Markus Zweckstetter 教授领导的团队正在使用世界上为数不多的 1.2GHz 核磁共振波谱仪,该设备能够产生高达 28.2T 的均匀磁场。这种高磁场 NMR 设备的高分辨率使科学家能够详细解析复杂蛋白质的结构。他们的研究有助于揭示严重急性呼吸综合征冠状病毒2(SARS-CoV-2)衣壳蛋白的结构和相互作用,并在此基础上确定潜在的药物靶点。

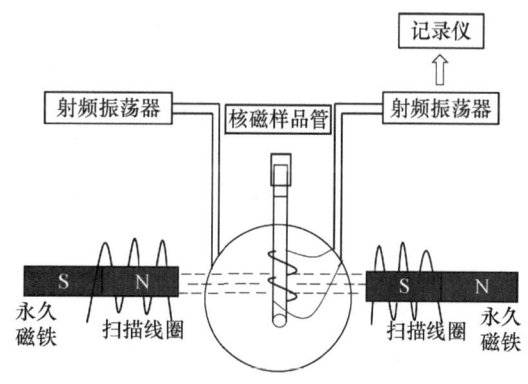

图 9-8　核磁共振波谱仪示意图

3. 从NMR得到信息确定蛋白质结构　　确定蛋白质的空间构象主要涉及两类信息:一类是角度信息,另一类是距离信息。如果能测定蛋白质分子内足够多的原子间角度和距离,就能够确定整个蛋白质分子的空间构象。使用 NMR 测定蛋白质的溶液构象的流程大致包括以下步骤:①蛋白质样品的准备,进行 NMR 实验(一维、二维、三维)采集数据;②NMR 信号的归属(NOE、耦合常数、化学位移等);③确定构象约束(如质子之间的距离约束);

④根据上述分析计算蛋白质的三维结构。大部分蛋白质构象的确定是通过同核、异核NOESY实验，将NOE交错峰转换为两个核之间的距离，这些NOE距离通过限制扭角来确定蛋白质结构。蛋白质分子的主链信号通过使用^{13}C和^{15}N标记的蛋白质样品来记录，然后进行一系列三维三共振实验。侧链的信号则通过^{15}N-HSQC（异核单量子关联谱）TOCSY和HCCH（侧链氢和碳关联谱）-TOCSY实验来测定。通过模拟退火、受限的分子动力学和距离几何学方法获得最初的结构，然后经过精修以获得最终的蛋白质结构。从NMR获得的信息用于确定蛋白质结构的流程，可以用图表来直观表示。

三、核磁共振技术的发展方向

核磁共振技术作为结构生物学领域的一项重要研究工具，已在其发展的几十年中展现出独特的优势。NMR允许样品在接近自然状态的生理环境下进行检测，这对于那些难以形成晶体的柔性蛋白质或膜蛋白尤为重要。传统上，NMR能够处理的蛋白质分子量极限为30～40kDa，而随着同位素标记技术的进步，这一限制正在被突破，最大单链蛋白质的分子量测定已达到数百kDa。这些技术的进步为研究大型蛋白质系统提供了独特的见解，尤其是那些对其他结构技术不利的动态蛋白质复合物，因此NMR技术还涉及了蛋白质功能动力学、相互作用和折叠等领域的研究。此外，结合其他生物物理方法，如X射线衍射晶体技术和冷冻电子显微镜，NMR有助于获得更精确的蛋白质三维结构。与分子建模计算法相结合，NMR能够更便利地解析蛋白质结构。尽管NMR技术在解析蛋白质结构方面已取得多项进展，但在精确解析高分子量蛋白质和多聚体蛋白质的结构时，仍面临信号峰重叠、谱线宽度过宽和分辨率较低等挑战。对这些问题的深入研究将进一步提升NMR在蛋白质结构解析中的应用价值。

第三节 冷冻电子显微镜与蛋白质结构研究的其他方法

在20世纪，蛋白质结构的研究主要依赖于蛋白质晶体学和NMR技术。尽管蛋白质晶体学在解析蛋白质结构方面占据了主导地位，但它的一个重要前提是必须获得稳定的蛋白质晶体。对于分子量较大、结构复杂的生物大分子复合体，适合结晶的样品往往难以获得，而且结晶过程可能引起结构的变化。此外，一些复杂的蛋白质、膜蛋白和蛋白质复合体的晶体结构难以解析。与此同时，NMR技术提供了一种在溶液中研究蛋白质结构的方法，它却通常受到蛋白质分子量的限制。因此，其他结构解析方法，如冷冻电子显微镜（EM）三维重构技术，已成为蛋白质结构研究的重要补充。特别是近年来，电子显微镜三维重构技术的发展速度非常快，为我们提供了更全面的蛋白质结构信息。本节内容将介绍包括冷冻电子显微三维重构技术在内的多种蛋白质结构研究方法。这些方法不仅拓宽了人们对蛋白质结构复杂性的理解，还加深了对生物大分子功能和相互作用的认识。

一、冷冻电子显微三维重构技术

冷冻电子显微三维重构技术（通常称为冷冻电镜）是20世纪80年代发展起来的一种透射电镜技术，它能够揭示生物大分子复合体的三维结构。冷冻电镜的一个显著特点是其能够处理广泛尺度的生物样品，并且与X射线晶体学不同，它不需要样品结晶，因此能够保持样品的近生理状态。随着近年来冷冻电镜硬件和图像处理技术的快速进步，尤其是2012～2013年硬件和软件的重大突破，电子显微镜变得更加灵敏，并且出现了能够将拍摄的图像转换成更高分辨率分子结构的复杂软件。冷冻电镜的三维结构解析分辨率已经从最初的纳米级提升至原子级别。例如，2020 年，冷冻电镜产生了迄今为止最清晰的图像，并首次识别出了蛋白质中的单个原子，这进一步巩固了其作为绘制蛋白质 3D 形状的主要工具的地位。这使得许多之前无法解析的生物大分子复合体的结构变得清晰可见，冷冻电镜因此逐渐成为生物大分子结构解析的主流方法之一。

（一）冷冻电镜技术的基本原理

冷冻电镜（cryo-electron microscope，cryo-EM）是结构生物学中的一项革命性技术，它允许科学家以近原子分辨率观察生物大分子。这项技术的核心在于使用电子显微镜通过样本传递电子束来产生图像。样本被迅速冷冻至液氮温度，以防止水分子结晶化，这种快速冷冻产生的是无定形的玻璃态冰，而非晶体态，从而保持了样本的近生理状态。当电子束穿透样本时，较重的原子会散射更多的电子，从而在探测器上形成投影图像。利用基于傅里叶变换的中央截面定理的计算机图像处理技术，可以将这些二维图像重构成生物大分子的三维结构。中央截面定理是电子显微镜三维重构的数学基础。在电子显微镜中，一个三维物体的二维图像的傅里叶变换相当于该物体三维傅里叶变换的一个中央截面，且此截面垂直于投影方向。如果能够获取物体在全空间中不同方向的投影，并对每张投影图进行傅里叶变换，再将这些变换按投影方向填充到三维傅里叶空间的对应中央截面，只要投影的空间取向足够多且均匀分布，就能使数据点覆盖整个三维傅里叶空间。这样便能构建出物体的完整三维傅里叶变换。随后，通过逆傅里叶变换，可以重建出物体的原始三维结构。这是冷冻电子显微镜技术中重建大分子结构的核心原理。

在电子显微镜的应用中，维持近真空的环境对于减少电子与空气分子或灰尘的干扰作用至关重要，这有助于提升成像的清晰度。但是在真空条件下，由于气压的显著降低，水分子会迅速沸腾并汽化，这可能导致生物结构的破坏。因此，采用冷冻技术来保护样品是解决这一问题的关键。冷冻电镜技术通过将生物样品快速冷冻，形成非晶态的玻璃态冰，从而避免了水分子的沸腾和汽化。这种冰的状态能够在不形成冰晶的前提下，保持样品的原生状态。然而，即使在冷冻状态下，样品也无法承受过量的电子辐照。过度的电子辐照可能会损坏蛋白质结构，引发样品局部加热和膨胀，甚至可能导致玻璃态冰的融化。因此，在冷冻电镜中，精确控制电子束的强度和照射时间是至关重要的。2017 年诺贝尔化学奖表彰了三位科学家在解决冷冻电镜技术中关键难题上的贡献。雅克·杜波切特教授开创了冷冻生物样品的制备技术，乔基姆·弗兰克教授奠定了三维重构计算技术的基础，而理查德·亨德森教授证明了通过冷冻电镜技术实现原子级分辨率的可能性。

（二）单颗粒冷冻电镜技术的流程

1. 样品提取纯化　　对于分子量较小的蛋白质，科学家通常会采用体外重组表达技术来进行过量表达，这样有助于后续的提取和纯化工作。冷冻电镜非常适合用来研究大分子复合物，因此很多研究者倾向于直接从组织中提取这类样品。与 X 射线晶体学研究相似，为了确保数据分析和成像的高质量，蛋白质样品的纯度需要非常高，通常要求达到 90%～95%甚至以上。如果样品难以进一步纯化，那么在数据处理阶段可以采用计算机辅助的方法，通过算法分类来区分样品的不同状态，以优化分析结果。

2. 样品制备　　在冷冻电镜的样品制备过程中，关键是要获得分散性好、均一性高的样品，以便进行有效的数据采集。具体操作如下：将高浓度和纯度的生物大分子溶液以10～100nm厚度均匀地铺设在经过亲水处理的多孔电镜载网上。然后，迅速将载网浸入液氮预冷的液态乙烷中，快速冷冻形成非晶态的玻璃态冰，以此保持样品颗粒悬浮于冰中，维持生物分子接近其天然状态的高分辨率结构。在成像过程中，采用低电子剂量模式，防止电子束对样品的辐射损伤，从而保护样品结构的完整性。

3. 数据收集与处理　①冷冻电镜的数据采集过程中，需要收集大量的粒子图像，特别是对于那些对称性和均一性较差的样品。为了达到高质量的成像和所需的分辨率，通过电子直接探测相机成像，通常需要收集5万～15万个粒子，以实现生物大分子的近原子级分辨率。②冷冻电镜在处理低信噪比图像方面面临挑战。信噪比是指图像中信号与噪声的强度比。在数据处理阶段，通常对提取的样品颗粒图像进行分类，并对同类图像进行平均。当平均多幅相同的图像时，其中的信号获得稳步增强，而噪声维持不变，最终提高了信噪比。③在单颗粒冷冻电镜技术中，精确确定图像的三维投影方向通常涉及以下步骤：①获取初始模型，这通过使用与样品同源的已知结构来实现。如果没有可用的同源结构，可以通过收集样品的倾斜图像来获取。②投影匹配，使用迭代精修的数值算法来确定每个颗粒图像的空间取向和中心位置。③三维重构，将所有确定了空间取向和中心位置的不同类别平均图像合并，进行三维重构。④迭代精修，基于确定的投影方向计算出一个新的模型，然后重新匹配所有颗粒，通过循环迭代，并逐步提高重构的分辨率，直至最后收敛到一个稳定的结构。整体解析流程参考图9-9。

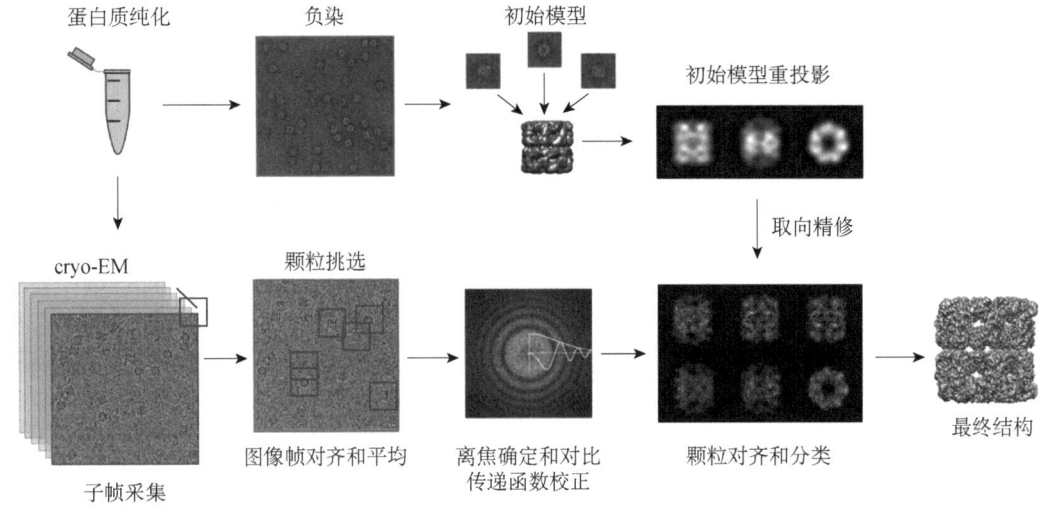

图9-9　单颗粒冷冻电镜工作流程（Carroni and Saibil，2016）

（三）冷冻电镜技术的发展

1. 电子直接探测相机（electron direct detection device，DDD）的应用　①在2013年之前，电子显微镜图像主要通过专用胶片或CCD记录。胶片能提供高分辨率的图像，但其容量有限，需要转换为数字信号才能进行计算机处理。CCD在转换过程中受到点扩散效应的影响，导致分辨率降低。此外，由于生物大分子结构经常存在不均一现象，以及CCD成像速度较慢，样品漂移会造成图像模糊。因此，单颗粒冷冻电镜技术若要实现解析的蛋白质结构达到原子分辨率,需要克服的关键技术问题主要包括:提高图像的信噪比和控制成像时的样品漂移。②DDD 的引入,标志着冷冻电镜技术的一大飞跃(图 9-10)。与传统的 CCD 相比,DDD 能够直接检测电子,不需要转换为光电信号,从而显著提升了图像的信噪比和衬度。这种技术进步使得图像信号更强、信噪比更高、采集速率更快,有效地校正了样品漂移,极大地提高了图像分辨率。通常,要达到原子分辨率,需要收集数十万至百万个蛋白质分子的图像,这是传统胶片难以实现的。而 DDD 的应用,使得这一目标的实现成为可能。尤其是高性能的 DDD,每秒可提供高达 1500 帧图像,使得在最佳条件下,仅需连续几天的数据收集,就能解析出生物分子的结构。自 2013 年以来,冷冻电镜技术因 DDD 的应用而快速进步。程亦凡研究组与 David Agard 研究组的合作,便是一个典型例子。他们首次使用 DDD 收集冷冻电镜图像,成功重构了 300kDa 辣椒素受体蛋白的高分辨率结构。

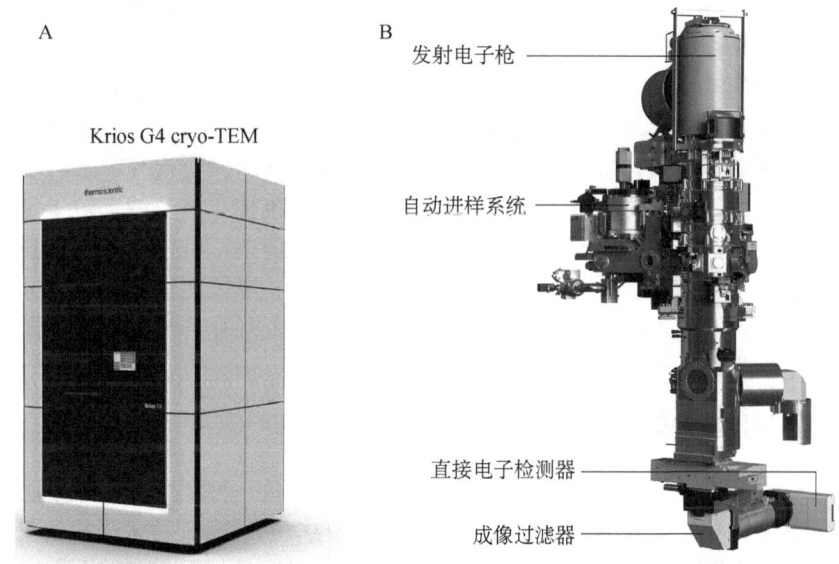

图 9-10　新一代冷冻电子显微镜(引自 Thermo Fisher,2022)
A. 赛默飞出品的新一代冷冻电子显微镜;B. 冷冻电子显微镜内部结构

2. 颗粒图像分选和三维重构法的改进　在使用冷冻电镜进行蛋白质结构解析过程中,关键步骤是通过收集大量样品颗粒的图像来重构样品的三维结构。2013 年之前,常用的图像处理和三维重构软件包括 SPIDER、IMAGIC 和 EMAN 等程序包。这些工具在处理纯化样品中微小构象差异时可能会导致平均图像模糊,影响重构分辨率。自 2013 年以来,新的图像分选和三维重构算法不断发展,最大似然和贝叶斯统计推断算法在三维重构中得到了广泛应用。这些算法将溶液中的颗粒分子按不同构象或复合体分类,并在同一类别中进一步细分,显著提高了同一构象或复合体分子取向的确定精度,使整个计算过程更加自动化与智能化,从而使三维重构的分辨率大幅提升,达到了近原子级分辨率。

二、动态光散射

动态光散射(dynamic light scattering,DLS)的原理基于单色光束(如激光)照射到含有以布朗运动形式移动的球形粒子的溶液中。这些悬浮的微粒会引起多普勒频移,从而改变原始光的波长,并产生散射光。散射光的频率会围绕初始频率进行随机波动,散射光强度也相应地发生随机波动。这种波长的变化与粒子的尺寸直接相关。通常情况下,较小的微粒布

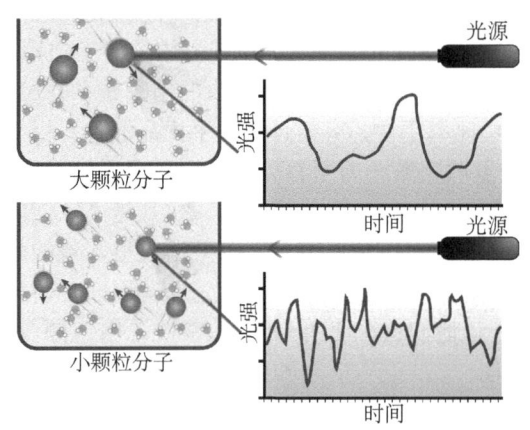

朗运动较快，导致散射光的频率和强度波动较快；而较大的微粒布朗运动较慢，散射光的频率和强度波动较慢。通过强度或光子自相关函数（ACF）分析时间波动，经计算机处理后可以推导出颗粒的粒径及其分布情况（图9-11）。

蛋白质的分子尺寸是其构象的重要指标，其变化能够揭示蛋白质间的相互作用及构象的变化。因此，对蛋白质大分子粒径的精确测量与分析对于理解其功能和相互作用至关重要。动态光散射，也称为准弹性光散

图9-11 动态光散射的原理（Jones，2010）

射，是一种在溶液中确定悬浮体或聚合物颗粒尺寸和半径分布的常用分析技术。DLS技术在研究溶液中生物大分子方面的应用越来越广泛，它能够提供关于生物大分子及其聚合体的大小和分布的有效信息。DLS在探索溶液中分子的聚合行为方面尤其有效，能够提供关于分子或其聚合体的颗粒尺寸、形状和半径分布的详细信息。DLS技术可用于检测蛋白质、肽、核酸及其聚集体，以及纳米粒子和纳米颗粒等多种样品。这一技术的优势在于样品制备简便、设备设置简单，且能够实现全自动化测定，对样品体积的要求也非常低。此外，其还可以无扰、实时、原位地检测细胞内分子水平和细胞整体形态等情况。因此，DLS在检测生物大分子溶液能否具有可结晶性等方面展现出独特的优势，成为结构生物学研究中不可或缺的工具。

三、生物大分子小角散射

X射线小角散射（small angle X-ray scattering，SAXS）是一种利用待测样品在靠近X射线入射线的小角度内的散射图案进行结构分析的技术（图9-12）。这项技术最初用于晶体结构研究，但已经扩展到微晶原子结构乃至液体的研究。SAXS现已成为X射线衍射学的一个重要分支。在SAXS技术中，小角散射的波长一般为0.1~0.2nm，而传统铜靶X射线的波长为0.154nm。同步辐射散射技术以其纯净的光束、高亮度、良好的准直性等特点，提供了高信噪

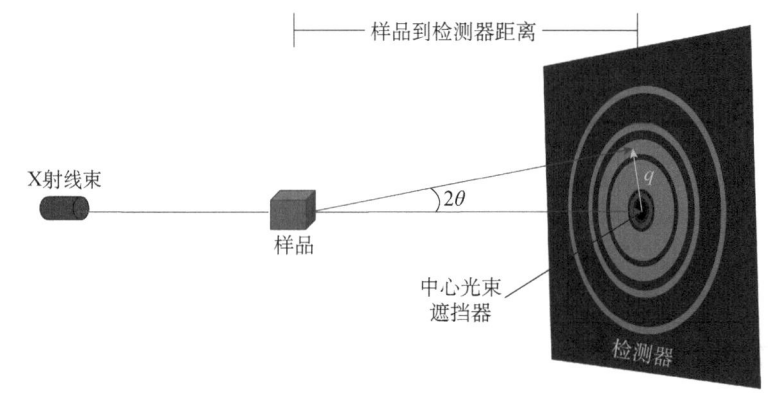

图9-12 X射线小角散射（Londoño et al.，2018）

当X射线束穿透样品时，在接近原始光束方向的小角度区域（散射角2θ通常小于5°）内，会观察到散射现象，且散射强度随角度2θ的增大而递减。SAXS技术的性能和应用范围受到多种因素的影响，包括光子能量、样品到探测器的距离（SDD）、探测器的像素大小与几何布局，以及中心光束遮挡器的尺寸

比的光源，使得样品能够快速曝光，成为 SAXS 实验的理想选择。随着同步辐射光源的快速进步，基于同步辐射的 SAXS 主要用于研究蛋白质等生物大分子或复合物在溶液中的结构动态变化，能够计算出生物大分子的低分辨率三维结构。此外，SAXS 还可以比较蛋白质晶体结构与溶液中生理结构之间的差异。随着同步辐射光源和 SAXS 数据手段的不断进步，SAXS 技术已经可以与其他蛋白质结构测定方法如 X 射线衍射晶体技术、核磁共振和冷冻电子显微镜相结合。这种多技术融合为生物大分子的结构分析提供了一个全面的视角，使 SAXS 成为这些方法的有力补充。SAXS 技术独特的优势在于能够揭示复杂生物系统在自然状态下的动态结构变化，成为理解生物大分子行为的关键工具。这些发展为结构生物学领域带来了新的可能性，特别是在研究多结构域蛋白质和大型生物分子复合物的功能调控机制方面。

四、X 射线自由电子激光晶体学

前文提到的 X 射线衍射晶体技术是一种生物大分子结构解析主要的方法。随着第三代同步辐射光源及其光束线站技术的发展，生物大分子晶体结构的解析变得更加方便。然而，获得高分辨率的蛋白质晶体仍然是 X 射线衍射晶体实验的一个难点。生物大分子的 X 射线散射截面非常小，只有当分子排列得非常整齐时，才能产生清晰的衍射图案，进而获得高质量的 X 射线衍射晶体实验数据。通常情况下，晶体越大，其衍射效果越明显，信噪比也越高。遗憾的是，人们所研究的许多生物大分子，如膜蛋白和蛋白质复合物，难以结晶或形成足够大的晶体。

第四代光源自由电子激光（FEL）以其高亮度、全相干性和飞秒级脉冲时间结构为特点，为串行飞秒晶体学（SFX）的发展奠定了基础。SFX 作为一种革新的晶体结构研究方法，展现出显著的优势：①微米甚至纳米级别的蛋白质晶体可以用于结构分析，这比第三代同步辐射所需的至少 10μm 的晶体尺寸小得多。②SFX 允许在室温条件下进行衍射实验，通过飞秒量级的高能量短脉冲光源照射晶体，能够在生物大分子受到辐射损伤前捕获所需的结构信息。这一点与传统的同步辐射蛋白质晶体衍射有所不同，后者通常需要将晶体样品冷冻以减少辐射造成的损伤，但这同时也会导致样品处理的镶嵌度增加。③利用自由电子激光的飞秒级照射时间，SFX 还能进行时间分辨的动力学研究，比如探索生物大分子的酶动力学过程。④SFX 甚至能够分析生物体内形成的蛋白质微晶，不需要将这些微晶从生物细胞中分离出来，这为生物分子的原位研究开辟了新的道路。

X 射线自由电子激光技术的突破性发展，将蛋白质晶体结构测定的分辨率从微米级扩展至纳米级，这一进步对结构生物学的推动作用堪比同步辐射光源首次应用于该领域时所带来的革命性变革。我国在上海建设的高重复频率硬 X 射线自由电子激光装置，作为中国首个 X 射线相干光源，于 2020 年 11 月顺利通过国家验收，标志着我国在结构生物学领域的竞争力将显著增强（图 9-13）。

五、非变性质谱技术

除了经典的生物物理学方法，质谱（mass spectrometry，MS）已成为蛋白质科学研究中不可或缺的工具。质谱不仅能够鉴定蛋白质序列和翻译后修饰，还能深入探究蛋白质的结构、折叠和动力学机制。特别是近年来发展的电喷雾离子化（electrospray ionization，ESI）技术，它能够在保持蛋白质三级结构和非共价相互作用的前提下，将蛋白质复合物完整地转移到气相中，从而鉴定蛋白质复合物的化学计量和低聚状态，并能分析混合物中的不同组分。这一技术被称为非变性质谱（native mass spectrometry，NMS）（图 9-14）。

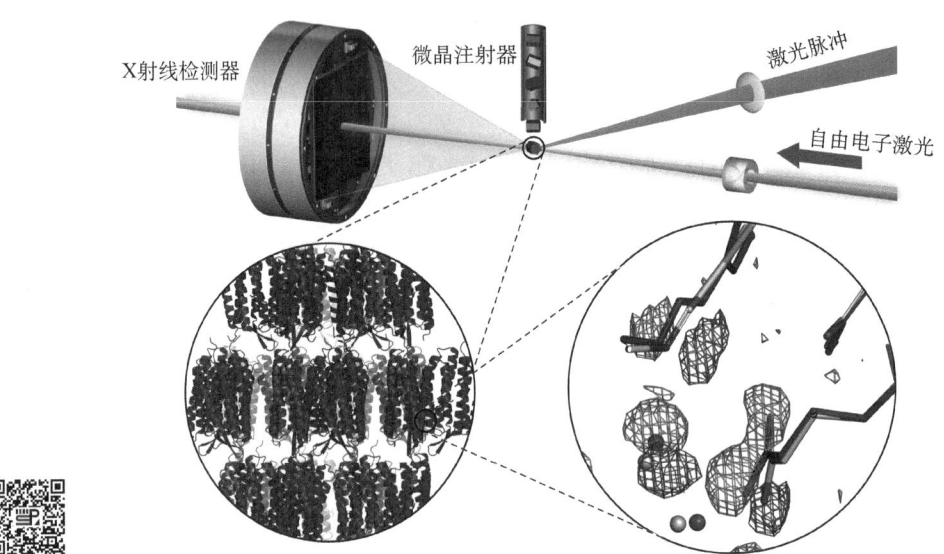

 彩图　　图9-13　时间分辨串行飞秒晶体学示意图（Branden and Neutze，2021）

在自由电子激光（XFEL）设施中，一系列微型蛋白质晶体（紫色）被注入并穿过聚焦的X射线束（橙色）。由于飞秒级的曝光时间限制，晶体无法进行旋转，因此仅能采集到部分衍射强度。利用激光脉冲（绿色）诱导光激活的微晶体所收集的衍射数据，与未经光激活的基准衍射数据进行对比分析。电子密度的变化（插图：正平均电子密度，蓝色；额外电子密度，黄色）被建模为蛋白质结构随激光与X射线脉冲间时间延迟的动态变化，从而提供对生物化学反应过程的结构洞察

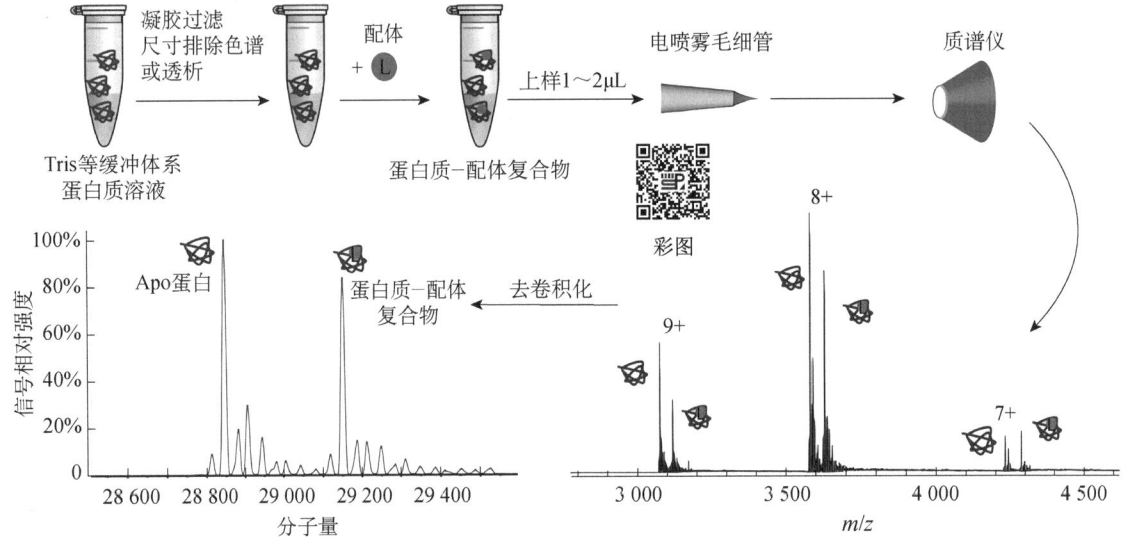

图9-14　非变性质谱技术流程（Gavriilidou，2022）

通过分析非变性质谱中的电荷态分布（charge state distribution，CSD），可以研究蛋白质及其复合物的构象。虽然使用CSD来表征蛋白质三维结构的准确度可能无法与传统的三维结构测定技术相比，但其优势在于几乎不受分析体系的大小和复杂程度的限制，且所需样品量少。质谱还可用于研究膜蛋白、无序蛋白和超大蛋白质复合物等复杂的蛋白质体系，其快速的特点及对样品用量少的优势，使其在研究蛋白质非共价相互作用方面具有显著优势。这些特性使质谱成为蛋白质科学研究中的一个强大工具。

在非变性质谱分析中，样品需从原始缓冲液转移到挥发性溶剂中。此缓冲交换过程可通

过凝胶过滤、尺寸排除色谱（SEC）或透析等方法实现。完成交换后，样品装载至 ESI 或 nanoESI 毛细管，进而喷入气相。在质谱仪中，样品将被进一步分析。实验中，可向样品中加入配体（L）。经过去卷积处理，质谱图将显示两个峰：一个代表 Apo 蛋白，另一个代表蛋白质-配体复合物。

趣味阅读

2019 冠状病毒病（COVID-19）是由严重急性呼吸综合征冠状病毒 2 型（SARS-CoV-2）引起的传染病，它触发了一场全球性的公共卫生危机，也是人类历史上最严重的流行病之一。中国科学家在应对新冠疫情方面取得了显著进展。2020 年 1 月 12 日，饶子和院士和杨海涛教授领导的清华大学与上海科技大学的联合攻关团队，在上海光源 BL17U1 生物大分子晶体学线站，通过第三代同步辐射光源，对新冠病毒的关键药物靶点——主蛋白酶（Mpro）的三维结构进行了深入研究并取得了重大进展。他们成功解析出主蛋白酶的高分辨率三维结构（PDB ID：6LU7），为全球抗病毒药物的研发奠定了坚实的结构生物学基础。2020 年 1 月 26 日，该攻关团队无私地向科研界公开了这一关键蛋白酶的晶体结构，并无偿地向国内外的高校和研究机构提供了数据。随后，这一结构被 PDB 选为 2020 年 2 月的明星分子，相关论文于 2020 年 4 月 9 日在 *Nature* 期刊上在线发表。这是全球首个被解析的新冠病毒蛋白质的三维结构，对于全球科学家共同应对新冠疫情具有重大意义。

复习思考题

1. 蛋白质结构解析的方法有哪些？它们各自的优势和劣势是什么？
2. X 射线衍射晶体技术解析蛋白质结构的基本步骤包括哪些？
3. 蛋白质结晶的基本原理是什么？影响蛋白质结晶的因素有哪些？如何优化蛋白质晶体的质量？
4. 核磁共振技术解析蛋白质结构的基本原理是什么？具体有哪些方法？
5. 冷冻电子显微镜技术在蛋白质结构学中的应用及其原理是什么？
6. 除了 X 射线衍射晶体技术、核磁共振解析和冷冻电子显微镜技术，还有哪些蛋白质结构研究的方法？
7. 蛋白质结构解析方面可以为生物学研究提供哪些帮助？

第十章
现代生物学技术在蛋白质工程中的应用

本章数字资源

现代生物学技术在蛋白质工程中的应用
- 蛋白质分析鉴定技术
  - 蛋白质芯片技术
    - 概念
    - 特点
    - 分类
    - 制备
    - 应用
  - 蛋白质指纹图谱技术
    - 原理
    - 组成
    - 应用
  - 冷冻电镜技术
    - 原理
    - 应用
- 研究蛋白质相互作用技术
  - 表面等离子体共振技术
    - 原理
    - SPR仪的结构
    - SPR仪的应用
  - 酵母双杂交技术
    - 原理
    - 应用
  - 细菌双杂交技术
  - 荧光共振能量转移
    - 原理
    - 应用
  - 双分子荧光互补
    - 原理
    - 应用
- 表面展示技术
  - 噬菌体展示技术
    - 原理
    - 应用
  - 核糖体展示技术与mRNA展示技术
  - 细菌表面展示技术
  - 酵母表面展示技术
- 其他新蛋白质工程技术
  - 定向演化技术
    - 原理
    - 应用
  - 蛋白质打靶技术
  - 蛋白质分子印迹技术
    - 原理
    - 应用
  - 蛋白质截短试验
  - 蛋白质错误折叠循环扩增技术

中国科学技术大学的刘海燕教授和陈泉副教授团队在蛋白质设计领域取得了重大突破。他们基于数据驱动原理,开发了全新的蛋白质从头设计方法,这一创新不仅展示了中国科研人员的自主创新能力,也体现了国家在生物科学领域的战略布局和长远规划。这一成果的取得,是在中国政府对科技创新的大力支持和鼓励下实现的。它不仅提升了中国在全球生物技术领域的竞争力,也为国家的生物医药、工业酶等领域的发展提供了强有力的技术支撑。这一成就体现了中国特色社会主义制度下集中力量办大事的优越性,展现了中国科研人员勇于探索、敢于创新的精神风貌。

第一节 蛋白质分析鉴定技术

随着科学技术的发展,蛋白质分析鉴定技术已经日臻成熟,主要包括电泳、层析、高效液相色谱、质谱等多种技术。蛋白质分析鉴定技术已经开始向高通量和多项技术联合分析方面发展,这里主要介绍两种较为新颖的技术,即蛋白质芯片技术和指纹图谱技术。另外,对冷冻电镜技术进行介绍。

一、蛋白质芯片技术

为了揭示细胞内各种代谢过程与蛋白质之间的关系及某些疾病发生的分子机制,必须对蛋白质的功能进行更深入的研究。蛋白质芯片技术就是为了满足人们对蛋白质的高通量、大信息量、平行分析研究而发明的。

彩图

(一)概念

蛋白质芯片也叫蛋白质微阵列,是将大量蛋白质有规则地固定到某种介质载体上,利用蛋白质与蛋白质、酶与底物、蛋白质与其他小分子之间的相互作用来检测分析蛋白质的一种芯片(图10-1)。

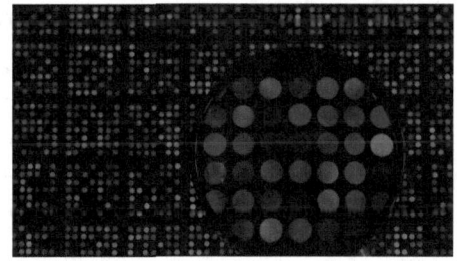

图10-1 典型的蛋白质芯片

(二)特点

蛋白质芯片技术的优点主要体现在:①快速、定量分析大量蛋白质;②使用简单、正确率较高,只需少量血样标本即可进行分析和检测;③采用光敏染料标记,灵敏度高、准确性好;④所需试剂少,可直接应用血清样本,实用性强。

尽管蛋白质芯片对功能蛋白质和检测病变状态下的蛋白质显示出很好的应用前景,但还是有许多需要克服的问题,包括高效表达和蛋白质纯化等技术,而且相对于DNA芯片,蛋白质芯片花费大、费时。在现代蛋白质组学的研究中,蛋白质芯片还不能取代传统的方法,但它具有的高通量、快速、平行、自动化等特点,是其他方法无可比拟的。

(三)分类

根据用途的不同,基于不同的应用和载体材料,蛋白质芯片可以分为以下几类。

1)蛋白质检测芯片:这类芯片主要用于识别和定量生物样品中的目标蛋白或多肽,通过使用具有高亲和力和特异性的探针分子,如单克隆抗体,固定在芯片上进行检测。根据检测方法,蛋白质检测芯片可以进一步分为正相和反相芯片。正相芯片通过荧光标记样品中的蛋白质,而反相芯片使用细胞或组织样品直接点样制成芯片。

2）蛋白质功能芯片：功能芯片主要用于研究蛋白质的活性和分子间的亲和性，通过将天然蛋白质点样在芯片上，来了解它们与已知蛋白质的相互作用。

3）玻片芯片：以载玻片为载体，通过化学修饰或特定的表面处理，将蛋白质固定在玻片上，适用于高通量的蛋白质分析。

4）膜芯片：使用聚偏二氟乙烯（PVDF）膜或硝酸纤维素（NC）膜作为载体，适用于蛋白质的固定和分析。

5）微孔板蛋白质芯片：基于传统微滴定板技术，通过机械手在孔的平底上点样，形成蛋白质阵列，适合于大规模的蛋白质筛选。

6）三维凝胶块芯片：在基片上点布微小的聚丙烯酰胺凝胶块，可用于靶 DNA、RNA 和蛋白质的分析，具有能够分析蛋白质的天然结构和较高灵敏度的优势。

（四）制备

蛋白质芯片的制备是一个精细且系统的过程，它要求高度的精确性和对实验条件的严格控制，主要包括以下步骤。

1）基质材料的选择与处理：制备蛋白质芯片的第一步是选择合适的基质材料，如聚丙烯酰胺胶、聚偏二氟乙烯膜、硝酸纤维素膜或载玻片等。选定材料后，需进行特定的预处理，如化学修饰或表面活化，以确保蛋白质能够有效地固定在芯片上。

2）样品的准备与点样：在基质材料准备好之后，需要准备蛋白质样品库，并使用精密的机械手或微量液体分配系统将蛋白质样品准确地点样到基质上。样品的点样需均匀且重复性好，以保证芯片的质量和实验的可重复性。

3）蛋白质的固定与封闭：点样后，蛋白质需要通过物理吸附或化学交联的方式固定在芯片上。为了防止蛋白质降解，常在点样缓冲液中加入蛋白酶和磷酸酶抑制剂。之后，芯片通常需要在含有小牛血清蛋白（BSA）的缓冲液中封闭，以减少非特异性结合。

4）温育与洗涤：蛋白质芯片在点样和封闭后，需要在特定的温度和时间条件下温育，以确保蛋白质的稳定固定。温育完成后，进行仔细洗涤，以去除未结合的蛋白质和其他杂质。

5）检测与分析：最后使用适当的检测技术如荧光标记和扫描来分析芯片上的蛋白质。这要求使用高灵敏度的设备来检测蛋白质与探针之间的相互作用。

要注意在整个制备过程中，需要避免蛋白质变性和降解，确保实验环境的稳定性，使用高纯度的试剂和清洁的材料，避免交叉污染。此外，操作过程中要严格控制样品的浓度和点样的均匀性，以确保芯片的质量。

（五）应用

蛋白质芯片技术发展到今天，已经开始成熟应用到各个方面。在基础研究方面，除了蛋白质之间的相互作用，还可以应用到核酸和蛋白质的相互作用研究中；在临床上，可以应用到一些疾病的诊断；此外，还可以应用到新药研制、环境监测和食品检验等多个方面。

1. 基础研究

1）蛋白质-DNA 相互作用研究：一种用于筛查结合到启动子 DNA 序列的转录因子的方法已经建成。该方法用生物化学表面芯片 PS20，以 DNA 作诱饵，结合特异蛋白质，用质谱法检测。

2）蛋白质-mRNA 相互作用研究：美国 Duke 大学医学中心报道，通过 mRNA 转录与 RNA 结合蛋白质的内在联系建立了一种高通量的方法，用于鉴定在结构和功能上有关的 mRNA 转录。

2. 临床应用　　蛋白质芯片技术在临床应用中展现出巨大潜力，它通过在固相载体上固定多个蛋白质点，实现了高通量、高灵敏度、高特异性的蛋白质分析。这项技术已被广泛应用于疾病早期筛查、辅助诊断、治疗监测、预后评估及个体化医疗等多个方面。例如，在肿瘤学中，蛋白质芯片能够同时检测多种肿瘤标志物，有助于早期发现和治疗评估；在自身免疫性疾病的诊断中，通过检测患者血清中的特定自身抗体，提高了疾病诊断的准确性；此外，蛋白质芯片技术也在感染性疾病、心血管疾病的诊断和监测中发挥作用。随着技术的进步和应用的深入，蛋白质芯片有望成为未来临床诊断的重要工具，为精准医疗提供强有力的支持。

3. 新药研制　　研制一种新药往往要对上千种化合物进行筛选，低耗、快速、高效地筛选出新药或待选化合物是目前新药开发工作的重中之重。蛋白质芯片具有高通量和平行性的特点，极大地加快了化合物的筛选速度。通过蛋白质芯片观察由于暴露于药物作用之下而诱导的基因表达谱，从而能在药物开发的早期阶段进行各种正确的毒理学检测。毒理学检测借助于药物与特定蛋白质之间的相互作用，一旦该蛋白质被鉴定出来，就可以将它陈列在芯片上，然后用各种待选化合物同时与之反应，观察每一种待选化合物与芯片的反应情况，以筛选感兴趣的化合物。

此外，蛋白质芯片技术还对中药现代化有巨大作用。将中药药性、功效与特定疾病的基因表达调控相关联，在分子水平上诠释传统的中药理论和作用机制，将对我国中药资源的发展影响深远。

4. 环境监测及食品检验　　利用核酸片段可以非共价结合多个荧光染料分子的性质，用核酸片段标记抗体然后加入荧光染料分子，建立了一种新型的抗体多标记方法，大幅度地提高了荧光检测信号，显著地提高了免疫检测的灵敏度，将该信号增强体系应用于蛋白质免疫芯片，实现了对三种常见环境有机污染物多溴联苯醚（PBDE）、多环芳烃（PAH）和环境雌激素（EE）的并行、高灵敏度检测。蛋白质芯片还能被应用于环境监测及食品工业中，以检测环境或食品中微量的有毒化学物质或病原菌（如大肠杆菌）。

二、蛋白质指纹图谱技术

蛋白质指纹图谱技术是由质谱技术发展来的一种蛋白质鉴定技术，也称为表面增强激光解吸电离飞行时间质谱（surface enhanced laser desorption ionization time of flight mass spectrometry，SELDI-TOF-MS），是一种包含层析与质谱的特殊蛋白质芯片技术，用于蛋白质的定量分析。它结合了芯片与质谱技术两者的优点，是继基因芯片之后出现的新一代生物芯片技术。

（一）原理

蛋白质指纹图谱技术是利用高能激光束使芯片中的分析物解吸形成离子，根据不同质核比，这些离子在仪器场中飞行的时间长短不一，由此绘制出一张质谱图。经数据处理后，直接显示样品中各种蛋白质的分子质量和含量等信息。

（二）组成

SELDI-TOF-MS 包含蛋白质芯片、飞行质谱仪和分析软件三部分。蛋白质芯片是核心部分，分为生物表面芯片和化学表面芯片。生物表面芯片是指在固体表面结合抗体、抗原、酶、受体或 DNA 等，作为摄取底物的特异基质，直接或再加上经过化学修饰的二抗作为检测信号，经过激光共聚焦扫描仪、质谱仪等信号检测装置，通过计算机进一步提取、分析、统计处理，从而获取有关信息（图 10-2）。

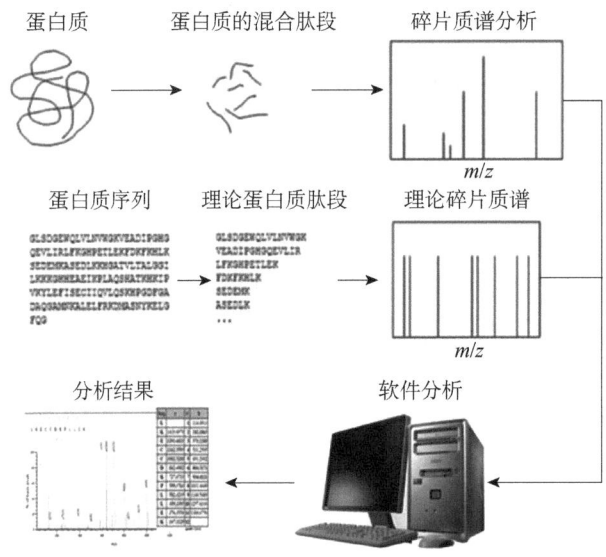

图 10-2　蛋白质指纹图谱技术

（三）应用

将蛋白质芯片和质谱技术相结合，集样品分离、纯化、检测和数据分析为一体，快速和高通量地分析蛋白质图谱，与细胞在正常状态下表达的蛋白质图谱的分析结果比较，能够发现差异表达的蛋白质。应用这种技术，结合生物信息学的分析方法可从大量的蛋白质和多肽中筛选出潜在的生物标记物，建立高特异性和敏感性的蛋白质指纹图谱模型。

蛋白质指纹图谱技术不同于只能针对单一指标进行分析的传统检测技术，它通过对蛋白质动态、全景的分析，探索疾病早期最微小的指标和征兆。可以将患者血清蛋白质成分的变化记录下来，绘制成蛋白质指纹图谱，并显示样品中各种蛋白质的分子质量、含量等信息，将这张图谱与正常人、亚健康状态人群、某种疾病患者的图谱或基因库中的图谱对照，就能最终发现和捕获新的、特异性的疾病相关蛋白质及特征。蛋白质指纹图谱技术是近几年发展起来的实验室诊断新技术，它具有操作较简单、多样本检测、检测快速、灵敏性和特异性高等优点，是实验室诊断技术的革命性进展。蛋白质指纹图谱技术是一项发展前景非常好的诊断技术，具有广阔的临床应用前景。

三、冷冻电镜技术

冷冻电镜作为一项蓬勃发展的现代科学技术，可直接观察液体、半液体及对电子束敏感的样品。冷冻电镜可以分为冷冻透射电镜、冷冻扫描电镜和冷冻蚀刻电镜三种类型。目前，冷冻电镜在多个学科领域已经实现具体的应用。冷冻电镜在结构生物学和生物医学等相关领域应用广泛，由于冷冻电镜与常规电镜相比凸显出极大的优越性，展望未来，随着冷冻电镜技术的快速发展，人类将发现和解决电子显微学领域许多的难题与谜团。

（一）原理

1. 普通冷冻电镜技术及原理 该技术首先需要对生物大分子进行快速冷冻，在低温的环境下使用电镜观察生物大分子的结构并拍照成像，这些关键性的工作完成之后，还要经过精细的图像处理和缜密的重构计算以使研究者对实验观测所得到的图像有一个更加清晰深入的了解，最终得到生物大分子的空间结构。

2. 冷冻透射电镜技术及原理 冷冻透射电镜技术一般是在普通透射电镜上加装样品冷冻装置，将样品冷却到液氮温度来观测某些对温度敏感的样品如蛋白质、生物切片的一种技术。它的原理是通过对样品的冷冻，降低电子束对样品的损伤，减小样品的形变，从而得到更加真实的样品形貌。它具有加速电压高、电子光学性能好、样品台稳定、全自动等优点（图10-3，图10-4）。

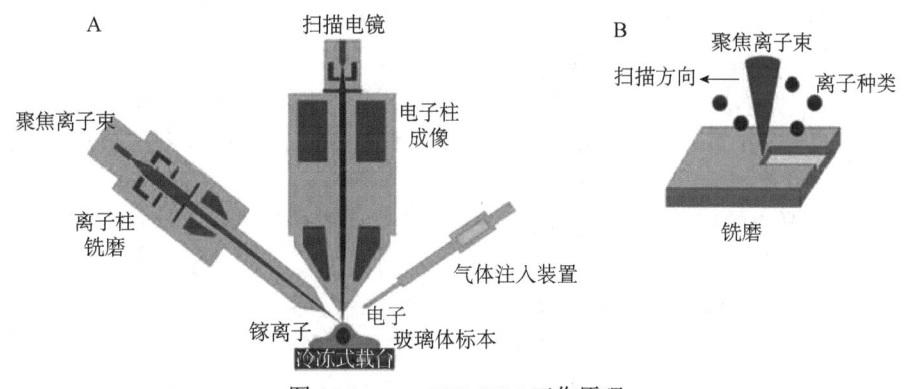

图 10-3　cryo-FIB-SEM 工作原理

A. 聚焦镓离子束铣削样品；B. 镓离子与样品碰撞中的动能转移促使原子克服其表面结合能，作为溅射物质被喷射出来

3. 冷冻扫描电镜技术及原理 一般是在普通扫描电镜上加装低温冷冻传输系统和冷冻样品台装置，它是在扫描电镜的基础上发展起来的一种技术，可以直接观察液体、半液体的样品，不需要对样品进行干燥处理，最大程度地减少了常规的干燥过程对高度含水样品的影响。其基本原理是使水在低温状态下呈玻璃态，从而减少冰晶的产生，获得合适的样品，再通过传输系统送到冷冻样品台上进行观察，具有防止样品水分丢失、制样快、样品可以重复使用等优点。

4. 冷冻蚀刻电镜技术及原理 冷冻蚀刻技术是一种将断裂和复型相结合的制备透射电镜样品技术，利用冷冻蚀刻电镜观察时可以显示细胞、组织微细结构的立体构象。它的原理是将样品置于

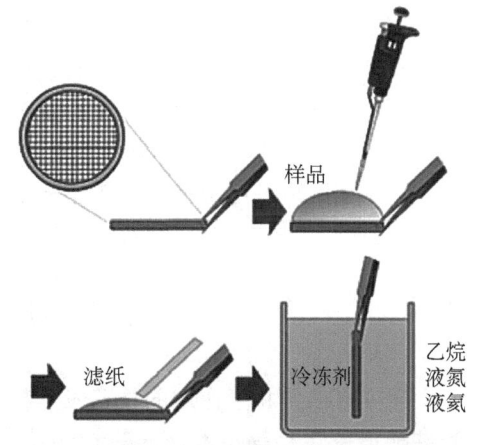

图 10-4　冷冻透射电镜样品制备方法示意图

干冰或液氮中进行冰冻，用冷刀劈开后，在真空中将温度回升到-100℃，使断裂面的冰升华，暴露出断面结构，最终得到可以观察的复膜。它具有使微细结构接近于活体状态，能够观察到不同劈裂面的微细结构，能使样品具有很强的立体感且能耐受电子束轰击和长期保存等优点。

（二）应用

1. 在结构生物学中的应用　　冷冻电镜本身是电子显微镜的一种，主要作用是放大微小物体，使之能被人的肉眼看到，而结构生物学则是运用物理学方法，配合生物化学和分子生物学方法来研究生物大分子结构与功能的学科，因为各个层次的生命活动，都需要在分子水平上进行物质结构和功能的研究才能最终阐明其本质，所以学科的发展离不开高效显微镜的应用。运用冷冻电镜进行生物大分子结构解析时，具有不需要大量样品、不需要结晶的优势，因此受到结构生物学领域研究者的青睐。而三维重构技术的发展使得冷冻电镜能够契合自身的优势来探究物质的结构，对于冷冻电镜在结构生物学上的应用起到了推动作用。中国科学院生物物理研究所生物大分子国家重点实验室的朱平等运用冷冻电镜技术研究了30nm染色质的高级结构，得出了30nm染色质具有一种和DNA右手双螺旋结构类似的左手双螺旋高级结构的研究成果。该研究通过运用冷冻电镜三维重构方法，显示出染色质纤维以4个核小体为结构的基本单元，结构单元之间通过扭曲折叠形成了左手双螺旋的结构，明确了连接组蛋白H1对染色质形成的重要作用，使研究结果具备了可信性，在30nm染色质纤维高分辨率结构精细模型的建立上取得了重要的进展。冷冻电镜中的三维重构技术是探究生物大分子结构的重要方式，目前处于迅速发展的阶段。

2. 在生物医学中的应用　　冷冻电镜技术在生物医学中发挥了很大的作用，利用该技术能够得到生物大分子的原子解析度结构，从而能够对其进行解析，这对于了解生命体的微观活动具有重要意义。利用冷冻电镜技术得到的一系列成果可以进一步被应用到生物医学中，在该领域发挥巨大的作用。具体来说，冷冻电镜主要用于对病毒、细胞及细胞内的微观结构、大分子复合物进行高解析度剖析，如对病毒进行三维重建。对病毒进行三维重建的研究有很多，其中一个范例是利用冷冻电镜对哺乳动物呼肠孤病毒（mammalian reovirus，MRV）MPC/04株进行三维重建。MRV可从很多哺乳动物身体里得到，是无囊膜病毒的范例。对该病毒进行研究，能够对病毒入侵、复制的过程和其致病原理有一个更深入的了解。这类病毒更高频率地作用于幼龄动物。近年来，由于生物科学尤其是冷冻电镜单颗粒重构技术快速成熟，利用其能够得到天然状态下有着超高解析度的病毒的空间结构。有关研究者通过冷冻电镜技术中的单颗粒三维重构的方法剖析了一株分离于果子狸的3型呼肠孤病毒（MPC/04）的空间结构。经过艰苦的工作，研究者得到了具有完整结构、较高纯度和均一性良好的呼肠孤病毒MPC/04株粒子，利用冷冻电镜单颗粒重构的方法第一次得到了该病毒的空间结构，并推断出了该病毒σ1蛋白的二级结构，初次剖析了其N端部分结构。

第二节　研究蛋白质相互作用技术

研究蛋白质相互作用的技术发展日新月异，很多技术已经发展成熟，如酵母双杂交、荧光共振能量转移等技术。一些新的技术随着仪器制造水平的发展（如表面等离子体共振技术），开始崭露头角，发挥出新的优势。

一、表面等离子体共振技术

表面等离子体共振（surface plasmon resonance，SPR）技术是一种简单、直接的传感技术，在检测、分析生物分子间的相互作用等方面得到了广泛应用。SPR 生物传感器的优点有很多：①不需要任何标记或报告基因即可测定生物大分子的相互作用，这不仅节省了纯化和标记工作，还消除了标记物可能对所研究的相互作用的干扰；②SPR 测定是一个逐步分析的过程，而且测定是实时进行的，相互作用的过程可在电脑屏幕上直接显示出来；③该测定是非入侵式的，测定中的光并不直接接触样品，测定的只是光的折射率，因而样品是否混浊或半透明并不影响测定的结果，也不会有光吸收或光散射的干扰。

（一）原理

表面等离子体共振是指在光波的作用下，在金属和电介质的交界面上形成的改变光波传输的谐振波。当光以大于全反射角入射到交界面上时，有一部分光被反射，另一部分光被耦合进入等离子体内，在表面等离子中存在光的消失波。如果入射光的波矢量沿着平行于界面的分量和表面等离子波的波矢量相等，表面等离子在光的作用下发生谐振光波，在传输过程中发生能量的损失，在宏观上表现为光波被强烈吸收，这种现象称为等离子体的谐振（图 10-5）。

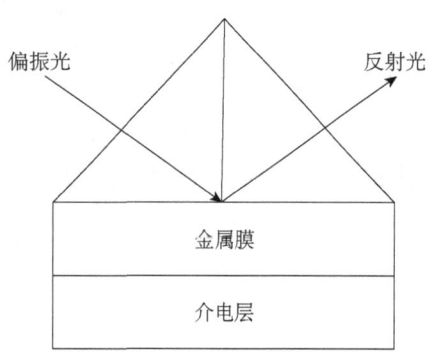

图 10-5　SPR 原理图

（二）SPR 仪的结构

1990 年，BIAcore 公司首先利用 SPR 原理制作了商品化的生物传感器，并不断向市场推出不同型号的该类仪器，成为 SPR 生物传感器的主要生产厂家。BIAcore 的 SPR 生物传感器系统的核心部分是传感片、SPR 光学测定系统和微射流卡盘，图 10-6 为常用的 SPR 仪实物图。

传感片是实时信号传导的载体，也是该测定系统的心脏。芯片是在玻璃片上覆盖了一层金膜（厚约 50nm），金膜的表面连接不同的多聚物以形成不同的表面基质，用于固定不同性质的生物分子。微射流卡盘是一个液体传送系统，通过软件控制自动传送一定体积的样品至传感片表面。通过对管道内微型气阀的控制，形成各种液体流动的回路，将样品或缓冲液连续送到传感片表面的不同通道，并维持分析物于一恒定的浓度内。

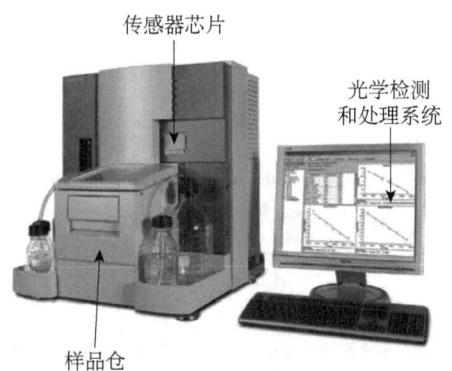

图 10-6　SPR 仪实物图

（三）SPR 仪的应用

基于 SPR 原理的生物分子相互作用分析（biomolecular interaction analysis，BIA）技术在抗体/抗原结合动力学、抗原表位/抗体互补位的鉴定等方面有重要的应用，在不需要纯化和标记抗体、抗原的天然条件下，能实时动态地反映抗体-抗原相互作用时的结合与解离速率及亲和力常数。在临床免疫学中应用 SPR 技术进行免疫诊断有着高效和灵敏的优势，应用 SPR 技术已成功检测了自身免疫神经系统疾病患者体内特异性抗体滴度，并证明 SPR 技术检测特异性抗体相比于传统 ELISA 技术在灵敏度、精确性及检测速度方面皆有优势。

随着 SPR 仪的不断完善和生物分子膜构建能力的不断增强，SPR 的应用前景极为广阔。从 SPR 的发展来看，它将向小型化、自动化、多样性、与相关技术联用的方向发展，在遗传分析方面，也将会使 SPR 进入一个崭新的领域。

目前，科研工作者将 BIA 技术和基质辅助激光解吸电离飞行时间质谱（MALDI-TOF-MS）有机结合起来而形成生物传感芯片质谱（biosensor chip-based mass spectrometry）分析技术，并在蛋白质相互作用研究及鉴定上进行了有益尝试，显示出了巨大的潜力。

二、酵母双杂交技术

酵母双杂交（yeast two hybrid，Y2H）技术以简便、灵敏、高效及能反映不同蛋白质在活细胞内的相互作用等特点得到了广泛的应用。酵母双杂交技术是一种有效的真核活细胞内研究方法，在蛋白质相互作用研究方面得到了广泛应用并取得了许多有价值的发现。作为一个完整的实验系统，它自建立以来经过不断改进与完善，进一步提高了实验结果的可靠性与精确性。

（一）原理

图 10-7 显示了酵母双杂交系统的原理。很多真核生物的特异转录激活因子通常具有两个可分割开的结构域，即 DNA 结合域（DNA binding domain，BD）与转录激活域（transcription activation domain，AD），这两个结构域各具功能，互不影响。但一个完整的激活特定基因表达的激活因子必须同时含有这两个结构域，否则无法完成激活功能。不同来源激活因子的 BD 与 AD 结合后，则特异地激活被 BD 结合的基因表达，基于这个原理，可将两个待测蛋白质分别与这两个结构域构建成融合蛋白，并共同表达于同一个酵母细胞内。如果两个待测蛋白质间

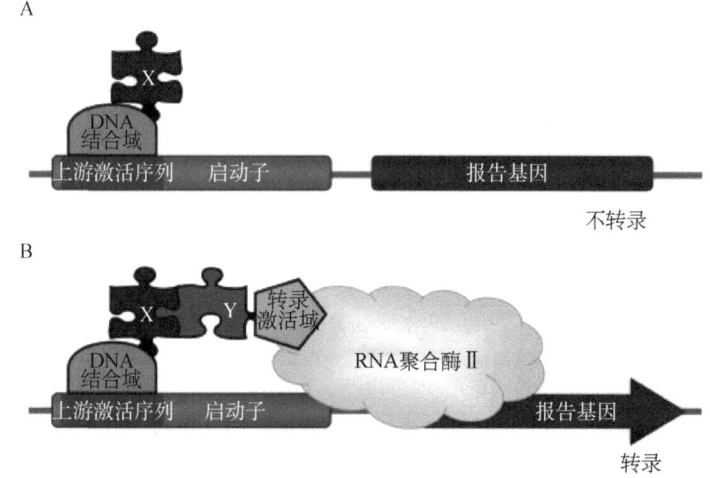

图 10-7 酵母双杂交系统原理示意图（Brückner et al., 2009）

A. DNA 结合域与 X 蛋白形成融合蛋白，DNA 结合域能与上游激活序列（UAS）结合，但在缺少转录激活域时，不能激活报告基因的转录；转录激活域与 Y 蛋白形成融合蛋白，但在缺少 DNA 结合域时也不能激活报告基因的转录。B. X 蛋白和 Y 蛋白之间的相互作用导致 DNA 结合域与转录激活域重组而形成有功能的转录因子

能发生相互作用，就会通过待测蛋白质的桥梁作用使 AD 与 BD 形成一个完整的转录激活因子并激活相应的报告基因表达。通过对报告基因表型的测定，可以很容易地知道待测蛋白质分子间是否发生了相互作用，酵母双杂交系统就是根据这一理论提出的。

（二）应用

酵母双杂交技术主要被应用在以下几方面。

1）确认已知功能蛋白质间的相互作用：通过特定的生物化学或分子生物学方法，验证并深入分析已知功能的一对蛋白质是否在生物体内或体外环境下存在直接的相互作用。

2）探究蛋白质相互作用的关键结构域：为了明确蛋白质间相互作用所必需的具体结构区域，采用定点突变或缺失突变技术对目标蛋白进行改造。这些实验策略结合结构生物学的研究方法，能够显著提升对蛋白质三维结构及其功能关系的理解，从而极大地推动结构生物学领域的发展。

3）利用已知功能蛋白质基因筛选双杂交 cDNA 文库以解析蛋白质互作网络：通过构建包含多种基因序列的双杂交 cDNA 文库，并利用已知功能的蛋白质基因作为"诱饵"，筛选与之相互作用的未知蛋白质基因。这一过程不仅揭示了蛋白质之间相互作用的复杂网络，还进一步阐明了这些相互作用在信号转导或功能调控中的具体途径。

4）新基因功能预测：基于蛋白质相互作用的反向遗传学方法，对于功能尚未明确的新基因，采用将其作为筛选探针去检索已建立的 cDNA 文库的策略。当该新基因能够"钓取"到一系列已知功能的基因时，可以根据这些已知基因的功能特点，通过类比推理的方法，初步推测并预测该新基因可能具有的生物学功能。这种方法为基因功能研究提供了一种高效且创新的途径。

酵母双杂交系统作为一种新兴的体内研究蛋白质之间相互作用及筛选 cDNA 文库的技术手段，自建立以来得到了不断的改进与发展。在此基础上又相继出现了单杂交、三杂交、反向双杂交等多种衍生系统，它们在功能基因组学、蛋白质组学及药物开发研究中发挥了重要作用。

最初，双杂交系统是为了证明两种蛋白质之间的关联而发明的。后来，研究证明该系统可以识别全新的蛋白质相互作用。随着时间的推移，人们越来越清楚地认识到，执行无偏见的大规模文库筛选是该系统最强大的应用。近年来，酵母双杂交已被广泛应用于绘制包括人类蛋白质组和可能存在的致病性传染因子在内的重要模式生物的高质量蛋白质组规模的二元互作组网络图。同样，几个大规模酵母双杂交项目也成功地对大肠杆菌的二元互作组进行了系统绘图。同样，双杂交筛选也可以适应各种相关问题，如识别避免或促进相互作用的突变体，筛选影响蛋白质相互作用的药物，RNA 结合蛋白的鉴定或结合亲和力的半定量测定。该系统还可用于映射结合域，研究蛋白质折叠，或绘制蛋白质复合物内的相互作用，如剪接体、蛋白酶体、鞭毛。

三、细菌双杂交技术

1998 年，科研工作者在大肠杆菌中成功地建立了细菌双杂交系统（bacterial two-hybrid system，B2HS），从而极大地丰富了蛋白质相互作用的研究手段。与酵母双杂交的原理相似，通过将所要研究的蛋白质分别与 DNA 结合域和转录激活域融合，利用相互作用蛋白质提供的桥联功能，使转录激活域与 DNA 结合域结合，从而调控报告基因的表达。

细菌双杂交系统展现出以下几个显著特点。

1）高效快捷的实验流程：该系统依托大肠杆菌作为宿主，利用其生长迅速的特性，极大地缩短了实验所需的时间周期，使得研究人员能够更快速地获取实验结果。

2）卓越的转化效率与高通量筛选能力：细菌双杂交系统拥有更高的基因转化效率，这一特性使得它能够处理更大规模的 cDNA 文库，实现高通量的蛋白质相互作用筛选，有效提升了研究的效率与广度。

3）无核定位信号要求的灵活性："诱饵"与"靶"蛋白在细菌双杂交系统中不需要核定位信号，这一特点简化了实验设计，增加了系统的兼容性和灵活性，使得更多种类的蛋白质可以被用于相互作用研究。

4）降低毒性与减少假阳性：由于真核来源的"诱饵"及"靶"蛋白与细菌中类似物的同源性较低，这一特性显著降低了这些蛋白质在细菌报告菌株中的毒性作用，从而提高了实验的稳定性。同时，也有效减少了自激活现象和假阳性结果的产生，确保了实验结果的准确性和可靠性。

四、荧光共振能量转移

荧光共振能量转移（fluorescene resonance energy transfer，FRET）可作为一种高效的光学"分子尺"，在生物大分子相互作用、免疫分析、核酸检测等方面有着广泛应用。在分子生物学领域，该技术可被用于研究活细胞蛋白质之间的相互作用。

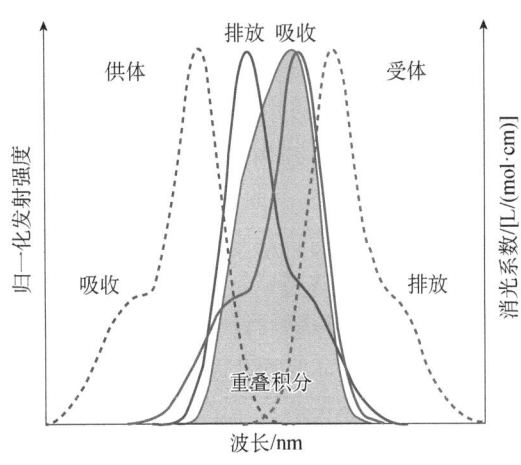

图 10-8　荧光共振能量转移原理示意图（Algar et al.，2019）

（一）原理

荧光共振能量转移是距离很近的两个荧光分子间产生的一种能量转移现象（图 10-8）。当供体荧光分子的发射光谱与受体荧光分子的吸收光谱重叠，并且两个分子的距离在 10nm 范围以内时，就会发生一种非放射性的能量转移，即 FRET 现象，使得供体的荧光强度比它单独存在时要低得多（荧光猝灭），而受体发射的荧光却大大增强（敏化荧光）。

FRET 的发生需要满足以下条件。

1）光谱重叠：供体分子的发射光谱与受体分子的吸收光谱必须有一定的重叠。这是能量转移的前提条件，只有当两者的光谱有重叠时，供体才能将能量有效地转移给受体。

2）空间距离：供体与受体分子之间的距离必须足够近，一般认为在 1～10nm 内。距离过远会导致能量转移效率显著降低。

3）空间取向：供体与受体的偶极子必须具有一定的空间取向，以便能量能够高效地转移。

（二）应用

FRET 技术之所以能够在生物体内广泛应用，与绿色荧光蛋白（green fluorescent protein，GFP）的应用和改造是密不可分的。

GFP 由 11 个 β 片层组成桶状疏水中心，由 α 螺旋包含着的发光基团位于其中。这个发光基团是由三个氨基酸 [丝氨酸 65（Ser65）、酪氨酸 66（Tyr66）、甘氨酸 67（Gly67）] 经过环化、氧化后形成的咪唑环，在钙离子激发下产生绿色荧光。野生型 GFP 吸收紫外光和蓝光，发射绿光。通过更换 GFP 生色团氨基酸、插入内含子、改变碱基组成等基因工程操作，实现对 GFP 的改造，如增强其荧光强度和热稳定性、促进生色团的折叠、改善荧光特性等。

GFP 近年来发展出了多种突变体，通过引入各种点突变使发光基团的激发光谱和发射光谱均发生变化而发出不同颜色的荧光，有蓝色荧光蛋白（blue fluorescent protein，BFP）、黄色荧光蛋白（yellow fluorescent protein，YFP）、青色荧光蛋白（cyan fluorescent protein，CFP）等。这些突变体使 GFP 应用于 FRET 成为可能，为 FRET 技术用于活体检测蛋白质相互作用提供了良好的支持。

GFP 和 YFP 为目前蛋白质相互作用研究中最广泛应用的 FRET 对。GFP 的发射光谱与 YFP 的吸收光谱相重叠。将供体蛋白 GFP 和受体蛋白 YFP 分别与两种目标蛋白融合表达。当两个融合蛋白之间的距离在 5~10nm 时，则供体 GFP 发出的荧光可被 YFP 吸收，并激发 YFP 发出黄色荧光，再通过测量 GFP 荧光强度的损失量来确定这两个蛋白质是否相互作用。两个蛋白质的距离越近，GFP 所发出的荧光被 YFP 接收的量就越多，检测器所接收到的荧光就越少。

有机三氯化物（OTA）能够抑制肾脏内葡萄糖的生成和细胞内蛋白质的合成，具有肾毒性、肝毒性、免疫抑制和"三致"作用，被列为 2B 级致癌物质。由于单壁碳纳米角（single-walled carbon nanohorn，SWCNH）在通常情况下会聚集形成球形结构，这种结构能增强 SWCNH 和单链 DNA（single-stranded DNA，ssDNA）之间的 π-π 相互作用，使得 ssDNA 吸附在 SWCNH 上。郭志军等根据此设计了一种荧光增强型传感器检测 OTA：将适配体与荧光染料 SYBR Gold 结合，增强了 SYBR Gold 的荧光强度；在没有 OTA 存在的情况下，与 SYBR Gold 结合的适配体会由于 π-π 堆叠相互作用吸附在 SWCNH 上，SWCNH 作为荧光猝灭剂会猝灭 SYBR Gold 的荧光；当存在 OTA 时，吸附在 SWCNH 上的适配体构象发生改变，与 SWCNH 分离，SYBR Gold 的荧光恢复，通过观察荧光恢复程度特异性检测 OTA。

五、双分子荧光互补

双分子荧光互补（bimolecular fluorescence complementation，BiFC）是指两个失去发光能力的荧光蛋白互补片段在与其融合的蛋白质间的相互作用驱动下，重新组装形成荧光复合物，并恢复其荧光特性的技术（图 10-9）。双分子荧光互补技术能够在活细胞生理环境中原位检测蛋白质之间的相互作用，并能够直观地观察到蛋白质相互作

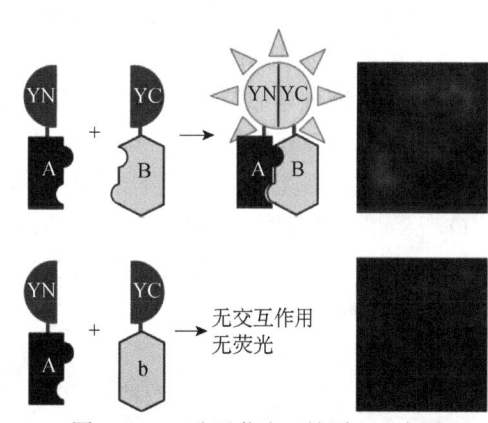

图 10-9　双分子荧光互补原理示意图
（Miller et al.，2015）

用的发生位置、时间、强度,以及细胞信号分子对其相互作用的影响。

(一)原理

人为将某一荧光蛋白特定的氨基端片段与羧基端片段分隔为两个失去发光能力的片段,分别与两个能够发生相互作用的蛋白质配体形成融合蛋白,在活细胞中表达时,存在相互作用的蛋白质与配体间的结合驱使已分割的氨基端片段与羧基端片段重新组装形成完整的荧光复合体,恢复荧光产生能力。这一现象称为 BiFC,能产生 BiFC 效应的氨基端片段与羧基端片段称为互补片段。来源于同一荧光蛋白的互补片段形成的荧光复合物的激发光谱和发射光谱,与对应的完整的荧光蛋白光谱一致。

(二)应用

双分子荧光互补多被应用于蛋白质间相互作用的相关研究,如蛋白质的亚细胞定位、单细胞中多种蛋白质间相互作用、酶-底物复合物的鉴别、信号转导级联、泛素与蛋白质底物共价结合的可视化研究等。

荧光蛋白互补片段是双分子荧光互补技术的关键,科学家也在不断寻找新的性能优异的荧光蛋白互补片段。当前最常用的荧光蛋白为 YFP 的两个新的突变体 Citrine 和 Venus 及增强型青色荧光蛋白(ECFP)的改进型荧光蛋白 Cerulean,其氨基端片段与羧基端片段的所有组合均能在 37℃生理培养条件下产生荧光互补,这不仅明显缩短了反应时间,使形成的双分子荧光复合物的荧光强度提高 2 倍以上,且需要转染的质粒数量也大大减少。

BiFC 系统不仅可以直观地检测到一对蛋白质在体内或体外的相互作用,也可以由不同颜色的 BiFC 系统在同一个细胞中共用,实现多组蛋白质相互作用的同时检测。将 BiFC 技术和 FRET 技术结合起来,可建立基于双分子荧光互补的荧光共振能量转移技术(BiFC-FRET),BiFC-FRET 系统将青色荧光蛋白 Cerulean 与一个黄色荧光蛋白 Venus 的 BiFC 系统联用,使该融合系统能同时检测三个蛋白质之间的相互作用。BiFC 技术本身还在不断完善和发展,相信将在生命科学研究中获得更加广泛的应用。

基于双分子荧光互补的相关研究,在植物中已经开发了多种载体系统。将 EYFP(增强型黄色荧光蛋白)的 N 端和 C 端序列在第 174 和 175 位氨基酸残基间分割,并将这些序列引入 pSATN 系列质粒。该系列质粒可简单、灵活地克隆基因,并在单个二元载体中组装多个表达盒,实现多个基因的同步表达。为了在多种植物和组织中获得高水平的表达,该系列载体还融合有组成型串联花椰菜花叶病毒(CaMV)35S 启动子、烟草蚀纹病毒(TEV)翻译前导序列和 CaMV35S 多聚腺苷酸[poly(A)]终止子,使得该系列载体能够在不同植物种类和细胞类型的细胞核、胞间连丝和叶绿体等各种细胞区室中检测蛋白质-蛋白质相互作用(PPI)。pSATN 系列载体已被进一步改造用于多色 BiFC 分析,其中诱饵蛋白与 CFP(青色荧光蛋白)的 C 端部分(氨基酸 155~238)融合,猎物蛋白则与 Venus 或 Cerulean 的 N 端部分(氨基酸 1~173)融合。

第三节 表面展示技术

表面展示技术是蛋白质工程研究领域的重要工具,它可用于蛋白质相互作用的研究、受体与配体结合结构域的识别和鉴定等中。在实际应用中多用于肽库与酶库的高通量筛选、药物筛选,制备全细胞吸附剂、重组生物催化剂、细菌疫苗、生物传感器等。该技术也是生命科学基础研究、医药技术与产品开发、环境监测与治理等众多领域的常用研究方法之一。

一、噬菌体展示技术

噬菌体展示技术是将外源肽或蛋白质的基因插入噬菌体载体中,随着噬菌体传代,外源蛋白或肽与噬菌体衣壳蛋白融合并展示于噬菌体表面(图10-10)。随后使用靶蛋白对融合噬菌体进行筛选,可迅速筛选出与目标蛋白或肽有高亲和力的抗体。该技术的主要特点是将特定分子的基因型和表型统一在同一病毒颗粒内,即在噬菌体的表面展示特定蛋白质,而在噬菌体核心 DNA 中则含有该蛋白质的结构基因。

(一)原理

将外源蛋白基因插入到噬菌体外壳蛋白基因的特定位置,使外壳蛋白与目标蛋白同时表达,并使目标蛋白与衣壳蛋白融合表达在噬菌体表面。被展示蛋白保留原结构和生物活性,便可利用靶蛋白高效筛选噬菌体展示抗体库。展示载体构建完成后,首先将靶蛋白固相化,如结合在塑料板的小孔表面,然后加入展示噬菌体库并与靶蛋白共孵育,一段时间后洗去未结合噬菌体,再以竞争性受体洗脱吸附噬菌体,有亲和力的噬菌体即被俘获,洗脱的噬菌体可再次感染大肠杆菌进行增殖,再次进行洗脱。这样一个吸附—洗涤—洗脱—繁殖的富集过程称为淘洗(panning)。一轮淘洗可将与目标蛋白有亲和力的噬菌体富集 10^3 倍,经过几轮的淘洗就可能从 $10^9 \sim 10^{10}$ 的噬菌体库中获得与靶蛋白相互作用的肽(或基因工程抗体)(图 10-11,图 10-12)。

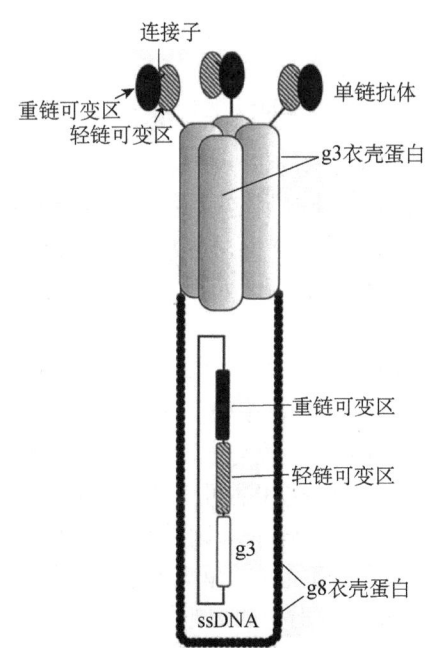

图 10-10 单链抗体的噬菌体展示(Azzazy and Highsmith,2002)

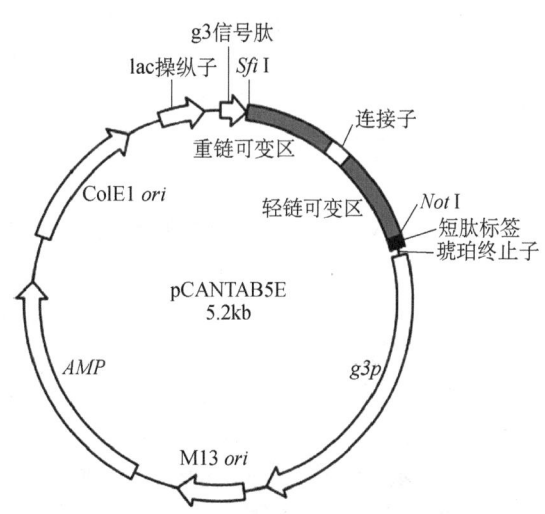

图 10-11 噬菌体载体 pCANTAB5E 展示

噬菌体展示技术是第一个真正用于体外高通量筛选的方法。其建立基于三个原则：①在衣壳蛋白基因（主要是基因Ⅷ或基因Ⅲ）的 N 端插入外源基因，形成的融合蛋白表达在噬菌体颗粒的表面，不影响也不干扰噬菌体的生活周期，同时保持了外源蛋白的天然构象，并能被相应的抗体或受体所识别；②利用固定于固相支持物的靶分子，采用适当的筛选方法，洗去非特异结合的噬菌体，筛选出目的噬菌体；③外源多肽或蛋白质表达在噬菌体的表面，而其编码基因作为病毒基因组中的一部分可通过分泌型噬菌体的单链 DNA 测序推导出来。

（二）应用

噬菌体技术由于操作简单，已经成为生物技术中的一种常规工具，也已经被成功应用到蛋白质工程的诸多方面。

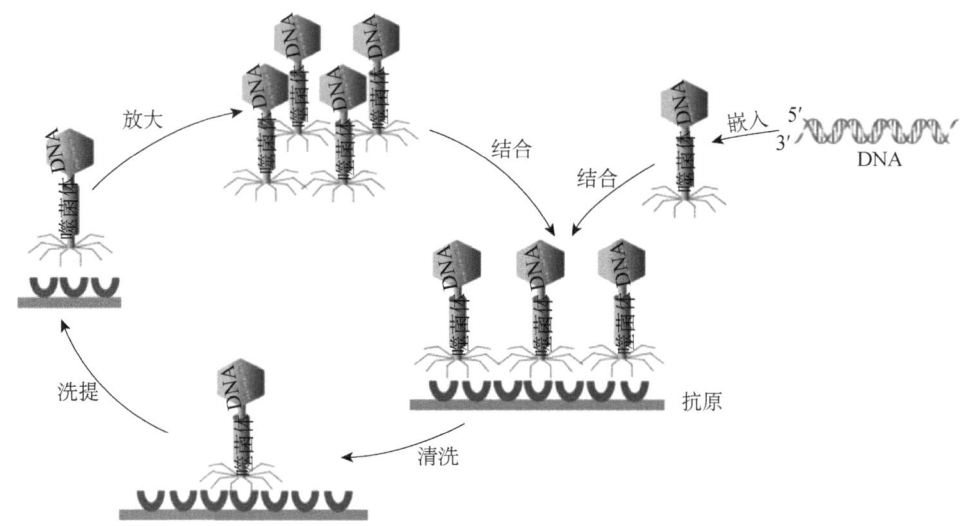

图 10-12　噬菌体展示技术筛选原理（陈遥等，2023）

1. 噬菌体展示技术与蛋白质工程　随着噬菌体展示技术的进一步发展，一些功能蛋白质（如酶、受体、抑制剂及具有生物学功能的小分子肽）相继被鉴定和展示。将编码随机多肽的寡核苷酸克隆到噬菌体展示载体上，构建成一个高容量的噬菌体多肽文库，该文库可用于特异性功能多肽的筛选。同样，利用噬菌体展示 cDNA 文库，可筛选出特定的蛋白质或基因。

2. 噬菌体展示技术与抗体工程　噬菌体展示技术的出现使抗体工程进入第三次革命。噬菌体展示技术的成功应用包括噬菌体抗体库构建和单克隆抗体的筛选，利用此项技术可筛选到亲和力和特异性都令人满意且修饰过的抗体。将抗体分子片段与噬菌体外壳蛋白融合，使之表达于噬菌体颗粒的表面，就形成了噬菌体抗体。将全套抗体的可变区基因通过设计适当引物克隆出来，组建到表达载体内，再表达到许多噬菌体颗粒表面，则得到噬菌体抗体库。它可以使人们在体外模拟体内抗体产生过程，制备出针对任何抗原的单克隆抗体。

3. 噬菌体展示技术的局限性　噬菌体展示技术存在着不少的局限性，主要有以下几点：①在噬菌体展示过程中必须经过细菌转化、噬菌体包装，有的展示系统还要经过跨膜分泌过程，这就极大地限制了所建库的容量和分子的多样性。目前，常用的噬菌体展示文库中含有不同序列分子的数量一般限制在 10^9。②不是所有的序列都能在噬菌体中获得很好的表达，因为有些蛋白质功能的实现需要折叠、转运、膜插入和络合，导致在体内筛选时需外加选择压力。另外，鼠源抗体在噬菌体中的表达性差，也是体内选择压力的一个例子。真核细胞蛋白在细菌中的表达性差是因为它们的蛋白质合成与折叠机制不同。③噬菌体展示文库一旦建成，很难再进行有效的体外突变和重组，进而限制了文库中分子遗传的多样性。④因为噬菌体展示系统依赖于细胞内基因的表达，所以一些对细胞有毒性的分子（如生物毒素分子）很难得到有效表达和展示。

4. 噬菌体展示技术实例　　在当前的生物技术领域，噬菌体展示技术被广泛应用于构建抗体文库，尤其是那些专注于展示抗体片段的文库。这类文库主要包括噬菌体上展示的 Fab 抗体片段文库、ScFv（单链可变区片段）文库，以及新兴的纳米抗体文库等。依据抗体或抗体片段基因的原始来源，这些文库可以细分为四大类：天然文库、免疫文库、半合成文库和全合成文库。①天然文库：此类文库是通过从健康个体的 B 细胞中提取 IgM mRNA 构建的。由于不针对特定抗原，其包含的抗体具有广泛的识别潜力，能够覆盖多种疾病相关的抗原，因此在药物研发初期作为广泛筛选的平台尤为合适。②免疫文库：与天然文库不同，免疫文库专注于从已对特定病原体或抗原产生免疫应答的供体 B 细胞中提取 IgG mRNA。这种方法有效提升了文库中抗体的亲和力和成熟度，特别适合用于寻找针对特定病原体或疾病的高效抗体。③半合成文库：这类文库结合了天然存在的抗体序列与人工设计的抗体序列，通过组合创新，极大地丰富了其多样性。半合成文库在寻找针对复杂或自身抗原的特异性抗体时展现出独特优势。④全合成文库：在某些高级应用中，全合成文库也是一个重要的研究方向，它完全基于计算机设计和化学合成技术构建，理论上可以实现任何所需的抗体序列组合，具有极高的灵活性和定制化能力。

不同类型的噬菌体展示抗体文库在生物技术和药物研发中扮演着不可或缺的角色，各自根据其特点和优势服务于不同的科研和临床应用。

二、核糖体展示技术与 mRNA 展示技术

核糖体展示是 20 世纪 90 年代中期发展起来的简便而有效的体外分子选择与进化技术，也是第一种完全在体外进行蛋白质或多肽分子选择与进化的方法。核糖体展示技术完全在体外进行，弥补了传统筛选技术在细胞内进行的不足，能显著增加文库容量及分子多样性，其库容量大，并且可对已构建成功的文库进行定向进化和重组（图 10-13）。经过不断的改进和完善，该展示技术日益成熟，目前已成为一种有效的研究体外小分子选择与进化的强有力工具。

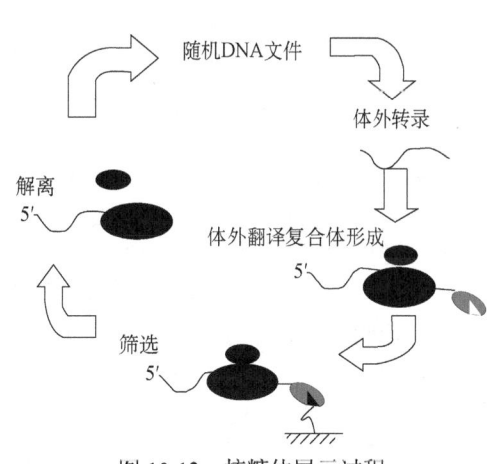

图 10-13　核糖体展示过程

核糖体展示技术的基本原理是通过 PCR 扩增目的基因的 DNA 文库，同时加入启动子、核糖体结合位点及茎环，并置于具有偶联转录-翻译的无细胞翻译系统中孵育，使目的基因的翻译产物展示在核糖体表面，并形成"mRNA-蛋白质-核糖体"三元复合体，最后利用常规的免疫学检测技术，通过固相化的靶分子直接从三元复合体中筛选出感兴趣的核糖体复合体，再利用 RT-PCR 扩增，进行下一循环的富集和选择，最终筛选出高亲和力的目标分子。

与核糖体展示相似，mRNA 展示技术也是以 mRNA 和多肽复合体作为筛选的基本单元。

区别之处在于复合体中 mRNA 与蛋白质通过一个小分子共价连接,如嘌呤霉素,且该复合体完全在体外产生,因此很容易构建大型突变文库(含 $10^{12} \sim 10^{13}$ 个独立序列)。另外,利用 mRNA 展示技术,还可分析鉴定蛋白质功能及小分子药物。应用 mRNA 展示的多肽大部分都含有 10~110 个氨基酸残基,较大的蛋白质也有研究,但活性较低。因此,应用 mRNA 展示技术的文献还是比核糖体展示技术少,开发出来的筛选系统也比较少。

三、细菌表面展示技术

细菌表面展示技术是利用基因工程手段将某一蛋白质或短肽段(靶蛋白)与微生物外膜蛋白(载体蛋白)以融合蛋白的形式呈现在细菌表面。

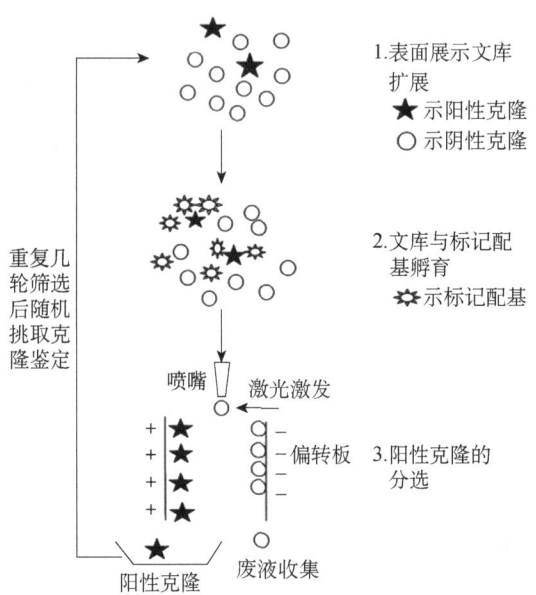

图 10-14 微生物表面展示文库 FACS 筛选原理示意图

与噬菌体肽库相比,细菌展示肽库还可用荧光激活细胞分选(fluorescence activated cell sorting,FACS)技术进行更快速、更高效的筛选(图 10-14)。与传统的生物淘选技术相比,FACS 具有以下特色。①高富集比:通常认为 FACS 每轮的富集比为 $10^3 \sim 10^5$,而常规的生物淘选每轮的富集比仅为 200~500。②高阳性率:经过两轮筛选阳性率高达 95% 以上,这是常规生物淘选所无法想象的。③由于反应在溶液状态下进行,可克服常规生物淘选过程中由筛选配基固定化而导致的"亲和效应"。细菌表面展示系统是微生物表面展示系统的一个重要分支。

由于革兰氏阴性菌(如大肠杆菌和沙门氏菌)的遗传背景比较清楚,更便于控制蛋白质的展示,因而早期的研究多集中在革兰氏阴性菌。但从应用角度来看,革兰氏阳性菌的某些特性更适合于表面展示:第一,革兰氏阳性菌的蛋白质表面展示系统有着相同或类似的表面锚定机制,允许多达几百个氨基酸的外源蛋白插入。相反,革兰氏阴性菌的外膜蛋白结构中只有凸环部位允许外源蛋白插入,而且通常只能插入较短的片段。第二,革兰氏阳性菌所展示的蛋白质只需通过单个质膜层,而革兰氏阴性菌的展示蛋白质不仅要通过质膜层,还要在外膜上正确地整合,这对展示蛋白质的结构和活性可能产生影响。第三,革兰氏阳性菌的细胞壁较厚,因而更坚固而易于操作。这些优点使革兰氏阳性菌在全细胞催化剂和全细胞吸附剂方面的优势更为明显。

细菌表面展示技术近年来得到了迅猛发展,在重组细菌疫苗、抗原表位分析、全细胞催化剂、全细胞吸附剂、多肽库筛选等多个领域得到广泛应用。随着新的载体系统的发展和其自身的不断完善,细菌表面展示技术必将在实践中发挥更大的作用。

四、酵母表面展示技术

酵母表面展示系统是继噬菌体展示技术创立后发展起来的真核展示系统。酵母的蛋白质折叠和分泌机制与哺乳动物细胞非常相似,对人的蛋白质表达和展示更具优越性。酵母细胞颗粒大,可用流式细胞仪进行筛选和分离。目前报道的两种酵母展示系统分别以 α-凝集素的

C端部分和N端部分作为融合骨架。

（一）目标蛋白-α-凝集素表面展示系统（目标蛋白作为N端）

此系统将目标蛋白作为N端，与α-凝集素C端部分融合，目标蛋白经α-凝集素展示于酵母细胞表面。α-凝集素共价连接到细胞壁的葡聚糖上，其锚定部位由蛋白质C端320个氨基酸组成，富含丝氨酸/苏氨酸（Ser/Thr）残基。Ser/Thr富集区因广泛存在的O-糖基化而拥有一个杆状构象，可作为空间支撑物发挥作用。

迄今，已经有多个应用α-凝集素的C端作为融合蛋白的报道。第一个通过此系统表达的异源蛋白是α-半乳糖苷酶（图10-15）。将来自瓜儿豆胶的α-半乳糖苷酶的基因插入酿酒酵母转化酶分泌信号和α-凝集素C端部分编码序列之间。α-半乳糖苷酶和α-半乳糖苷酶-α-凝集素（αGal-ACl）融合蛋白均由固有的磷酸果糖激酶（PGK）启动子控制，并且是多拷贝的。批量培养过程中检测了细胞和生长介质中的酶活性，α-半乳糖苷酶被高效分泌入培养介质，而αGal-ACl融合蛋白主要与细胞有关。

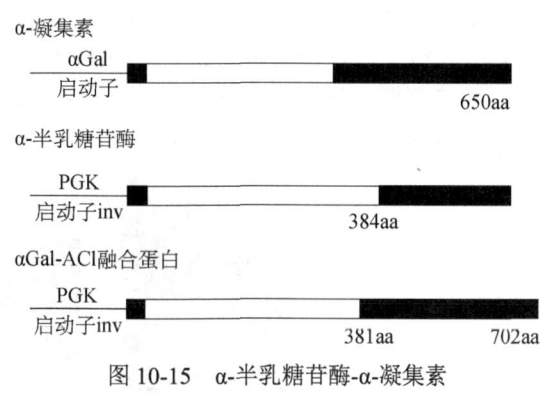

图10-15　α-半乳糖苷酶-α-凝集素

（二）α-凝集素-目标蛋白表面展示系统（目标蛋白作为C端）

这是一种将目标蛋白作为C端与α-凝集素Aga2p亚基的N端融合的表面展示系统。此α-凝集素通过与上述α-凝集素相似的连接锚定在细胞壁上。与上述展示系统中α-凝集素不同，此α-凝集素由两个亚单位的糖蛋白组成。酵母表面展示系统应用酿酒酵母的α-凝集素将外源蛋白展示于细胞表面。α-凝集素由核心亚单位（Aga1p）和结合亚单位（Aga2p）两个亚单位组成，Aga1p共含725个氨基酸，合成后被分泌到胞外，与酵母细胞壁的β-葡聚糖共价连接。Aga2p共含69个氨基酸，合成后也被分泌到胞外，但其通过两个二硫键与Aga1p结合，仍与酵母细胞相连。Aga2p的N端部分参与二硫键的形成，外源蛋白通过与Aga2p的C端融合可展示于酵母细胞表面（图10-16）。

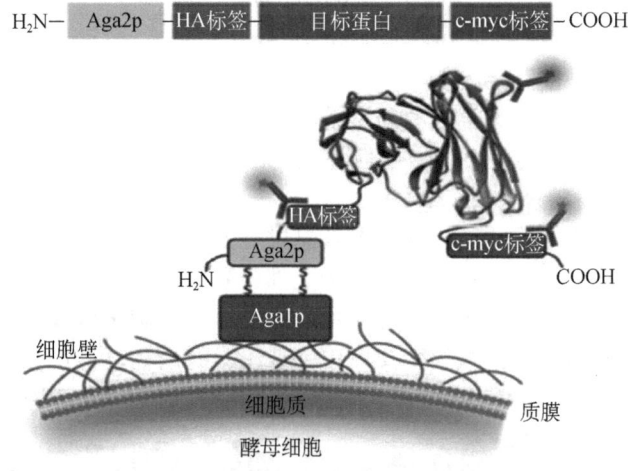

图10-16　酵母表面展示系统示意图

目前报道的两种酵母表面展示系统在蛋白质的定向进化、口服疫苗的研制等多方面均有报道。由于酵母展示的蛋白质是紧密锚定在细胞壁上,可以耐受 SDS 等的抽提,同时酵母有发酵特性且生长快,因此在工业上具有很好的应用前景。

表面展示技术日新月异,酵母表面展示系统也在不断地完善和改进,在多个领域得到广泛应用。由于其是真核细胞展示系统,对于哺乳动物蛋白质,尤其是人的蛋白质的展示具有独特的优越性,相信随着此技术的不断完善,在蛋白质分子的研究方面会发挥越来越重要的作用。

表面展示技术由乔治·史密斯等于 1985 年所创立。经过很多年的发展,该系统逐渐成熟,并获得了一系列的研究成果。2018 年诺贝尔化学奖授予美国科学家弗朗西丝·阿诺德和乔治·史密斯及英国科学家格雷戈里·温特,以表彰他们在酶的定向演化及用于多肽和抗体的噬菌体展示技术方面取得的成果(图 10-17)。

图 10-17　2018 年诺贝尔化学奖得主:弗朗西丝·阿诺德(A)、乔治·史密斯(B)和格雷戈里·温特(C)

第四节　其他新蛋白质工程技术

随着科技的不断发展,蛋白质工程技术日新月异,目前很多新兴的技术都得到了广泛的应用,如定向演化技术、蛋白质打靶技术、蛋白质分子印迹技术、蛋白质截短试验、蛋白质错误折叠循环扩增技术等,这些技术从不同的角度对蛋白质工程技术的研究做出了重大的贡献。随着技术的不断更新与完善,这些新技术将具有更广阔的应用前景。

一、定向演化技术

由于蛋白质的功能是由其结构控制的,而其结构又由氨基酸序列所决定,因此,可以通过改变蛋白质的氨基酸序列来设计具有新型功能的蛋白质。要成功改变一个蛋白质,就需要了解其氨基酸序列,以及在哪些点位做出何种改变。目前主要有两种策略,一种为理性设计,另一种为定向演化。

理性设计利用抑制蛋白质的结构和功能信息进行定点突变,但由于目前并不能精确地建立蛋白质的结构和功能之间的关系,因此对于大部分系统来说,理性设计并不能起到很好的效果。而对于定向演化,研究者不需要针对蛋白质的工作机制来假设它的结构信息,而是利用进化的原理,经过不断筛选,从突变文库中筛选出具有所需功能的蛋白质。

(一)原理

定向演化的过程如图 10-18 所示,首先需要建立起一个突变文库,根据其表达出的蛋白质对其特定功能进行筛选，从中获得需要的突变体，之后对所获得的突变体再进行进一步的突变，构建出新的突变体文库，然后进行筛选，经过多轮的筛选和选择，就有可能得到所需要的最终产物。

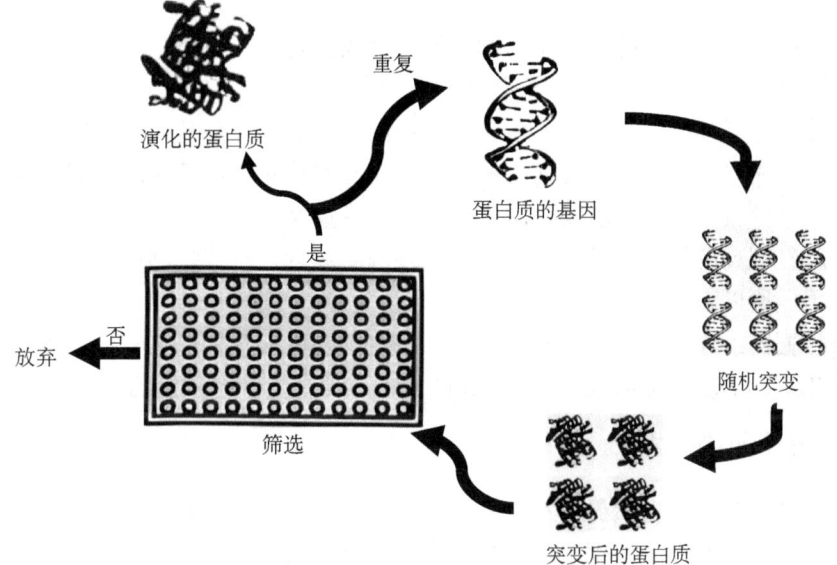

图 10-18　定向演化的一般流程

（二）应用

改造枯草芽孢杆菌（*Bacillus subtilis*）蛋白酶使之适应二甲基酰胺（DMF）环境：阿诺德的研究组在之前获得了含有 4 位氨基酸替换的突变体（4M），其在含有 30%DMF 的环境下相较于野生型具有更高的催化效率。在进行定向演化的过程中，实验人员利用易错 PCR 在 4M 的基础上引入了随机突变，构建突变文库并转化枯草芽孢杆菌细胞，之后对其进行突变，构建突变文库，转化细胞进行下一轮筛选。经过几轮这样的筛选，最后就得到了能在高浓度 DMF 环境下有效发挥催化作用的枯草芽孢杆菌蛋白酶突变体。

通过定向演化技术对蛋白质分子进行改造可提高或改变其活性。这项技术具有很强的应用前景。此外，定向演化技术对研究蛋白质的分子演化也有一定的帮助。

定向演化同样存在一些问题。比如，通过改变底物特征或提高其催化效率的突变是被人们选择的"有利"突变，但是这些突变往往会破坏蛋白质的稳定性。同时，在定向演化的过程中，也可能会出现提高蛋白质稳定性的突变，从而提高蛋白质的可演化性。在自然进化过程中，这些增强蛋白质稳定性的突变可能是通过中性突变或随机漂变逐渐积累的。因此，定向演化实验有助于揭示中性突变在蛋白质进化中的作用。

二、蛋白质打靶技术

蛋白质打靶技术是最近几年发展起来的一种研究蛋白质功能的新方法。由于其高度的特异性和可控性，正被越来越广泛地应用于神经功能的研究中。它采用了一种被称为免疫外源凝集素的新工具，免疫外源凝集素是一种通过重组 DNA 技术获得抗体 IgG 的 Fc 片段和目标受体胞外域的融合蛋白。这使其保持了天然的与配体结合的特异性和亲和力,正是通过这种结合而发挥影响受体功能的作用。

免疫外源凝集素这种新工具有以下特点:①Fc区大大增加了其稳定性,并易于用免疫组化的方法予以定位;②不能通过血脑屏障,但可注入特定脑区,在局部发挥作用;③它的释放是可调控的;④能削弱也能增强受体的功能是其突出特点,其增强受体功能的原理为通过处理配体-免疫凝集素,能与配体一样甚至更强地激活受体。

与其他体内分子控制方法相比,蛋白质打靶的优点包括:与基因打靶仅限于在鼠体应用不同,蛋白质打靶原则上可用于任何物种;与单克隆抗体相比,其在改变靶目标功能方面是高效的;免疫外源凝集素是高度稳定的蛋白质,不像反义核苷酸易被降解,经典的药理学研究缺少蛋白质打靶高度的特异性。当然,免疫外源凝集素也有其限制:它不能与细胞内的蛋白质相互作用,所以它的应用仅限为受体。

蛋白质打靶的上述特点使其非常有益于用在对脑功能和行为机制的研究中。最近,免疫外源凝集素 TrkA-IgG、TrkB-IgG、EpA5-IgG 正被成功用于神经功能的研究中。

三、蛋白质分子印迹技术

分子印迹技术是模拟自然界中存在的分子识别作用,如酶与底物、抗体与抗原等,以分子为模板合成具有特殊分子识别功能的分子印迹聚合物(molecularly imprinted polymer,MIP)的一种技术。

近几年来,分子印迹技术又取得了一些新的进展。但蛋白质分子结构复杂,与功能单体的结合位点多,造成功能单体选择困难,巨大的分子体积则使其在印迹聚合物中传质较差,不易洗脱。而且蛋白质在许多条件下易发生变性失活和空间结构改变。因此,蛋白质聚合物合成条件较为苛刻,功能单体、交联剂、溶剂、聚合温度等条件的选择对合成高选择性 MIP 十分重要。

(一)原理

分子印迹主要有共价法和非共价法(图10-19)两种。在共价法中,印迹分子和单体主要通过可逆共价键相结合,而非共价法则主要是靠可逆的非共价键相结合。在适当的介质中,单体和印迹分子通过交联聚合保留或者固定这种作用力,接着洗脱印迹分子,最后利用聚合物中留下的印迹空穴与印迹分子在形状、大小及功能基团上的互补性来选择性地吸附印迹分子。对于蛋白质大分子来说,若以共价作用与蛋白质相互作用,则蛋白质很容易因作用力较强而变性。因此对于大多数蛋白质大分子来说,可以利用的主要是作用力较弱的非共价作用,如氢键、离子键、疏水作用等。

分子印迹技术的核心是制备分子印迹聚合物,其制备原理为:①在合成高分子前,将待分离物质(即印迹分子、模板分子)加入能与之发生分子间作用的功能单体中,形成复合物;②然后通过加入交联剂、引发聚合反应,形成高度交联的固态高分子,把这种作用固定下来;③接着利用化学或物理方法将印迹分子从高分子中移去。当印迹分子被除去后,聚合物中就形成了与印迹分子空间匹配的、具有多重作用位点的大量空穴,且孔穴内各功能基团的位置与所用的模板分子互补,可与模板分子发生特殊的结合作用,从而实现对模板分子的识别。如果模板分子可以反复洗脱和吸附,则该分子印迹聚合物可以多次使用。

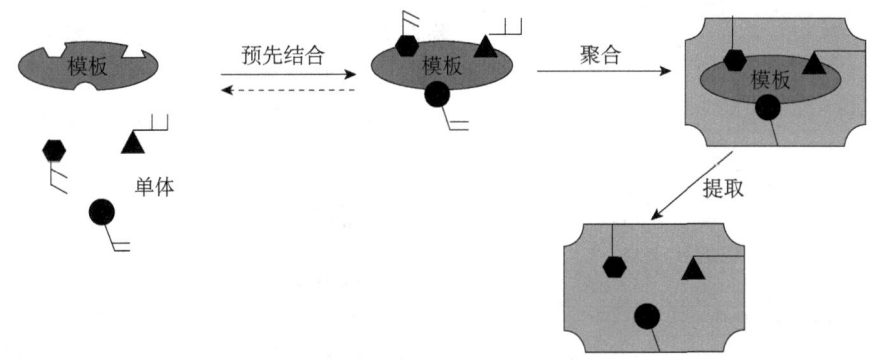

图 10-19 非共价分子印迹过程示意图

（二）应用

蛋白质分子印迹技术作为一种较新的技术，在分离领域、模拟抗体和生物传感器方面有着很好的应用前景。

1）分离领域：蛋白质分子印迹技术提供了一种简单、直接制备对蛋白质分子具有识别能力的材料的方法。其对目标分子的特异性吸附具有高选择性的优点在医学分析中尤为重要，如在复杂的生物样本（如血液、尿液、组织提取物等）中，蛋白质分子印迹技术可以用于选择性分离特定的蛋白质，这样就可以从血液中分离出与癌症相关的蛋白质，用于早期诊断和监测。另外，使用蛋白质分子印迹技术可以有效地分离和纯化这些靶点蛋白质，帮助研究人员了解药物-蛋白质相互作用的机制，筛选潜在的药物候选分子。而在环境监测中，蛋白质分子印迹技术可以用来分离水或土壤中存在的特定蛋白质，以监测环境污染或生态系统健康状况。并且在食品安全领域，分子印迹聚合物可以用于分离和检测食品中的过敏原或有害物质，确保食品的安全性。

2）模拟抗体：利用蛋白质分子印迹聚合物制备的模拟抗体可代替天然抗体用于免疫分析中，经过分子印迹的球形聚丙烯酰胺凝胶颗粒可能在放射免疫分析（RIA）和酶联免疫吸附分析（ELISA）中有所应用，这样可不需要用于制备抗体的实验动物及相应的免疫技术。另外，天然抗体难以回收再利用，而模拟抗体可重复利用。分子印迹聚合物可以具有针对特定蛋白质或分子的高选择性和高亲和力，能够作为抗体的替代物用于各种生物检测和分析中。例如，用于诊断测试、传感器和分析工具中的抗体替代物。而在免疫检测中，分子印迹聚合物可以通过简单的化学合成制备，成本较低，并且在极端条件下（如高温、强酸或强碱）保持稳定。并且在环境监测领域，分子印迹聚合物可以用于分离和检测水或空气中的有害化学物质或生物分子，帮助确保环境质量。

3）生物传感器：特殊识别现象在传感器技术中极为重要，以蛋白质为印迹分子的高特异性凝胶在此领域有着诱人的前景。根据不同的机制，以酶或抗体作为其特异识别元件，MIP对分析物产生的结合可通过转换器做出快速反应。蛋白质印迹分子制成的聚合物可以作为生物传感器的活性组分，用于检测和量化目标分子。例如，可以设计分子印迹聚合物来检测生物标志物、药物分子或环境污染物。除了具有传统生物传感器的优点，还有制作成本低、耐受性高、寿命长等优点，可大规模应用。这些还有待于人们进一步研究开发。

除此之外，蛋白质分子印迹技术在色谱分离、固相萃取、膜分离等技术中也将得到广泛应用。该技术的成熟对众多领域特别是医学诊断和食品安全检测领域意义重大。

四、蛋白质截短试验

蛋白质截短试验（protein truncation test，PTT）是从蛋白质水平对基因突变进行检测的新技术。整个过程包括把双链 DNA 的 PCR 产物转录成 RNA，进而由 RNA 翻译成蛋白质（图 10-20）。为了检测得到的蛋白质产物，最后的翻译反应必须在有 ^{35}S 标记的氨基酸存在的情况下进行。体外合成的蛋白质多肽片段需经聚丙烯酰胺凝胶电泳加以分离。然后电泳凝胶经固定、烘干，放射自显影 2~16h。若检测的序列中存在导致翻译提前终止的突变，则最终的蛋白质产物为两种：一是全长肽链，二是截短的肽链。从电泳结果分析，正常个体为全长肽链，带终止突变的杂合性个体为两条带，即除全长肽链外，还有截短的肽链，且后者迁移率更大。PTT 特别适合检测导致翻译提前终止的突变，包括无义突变、

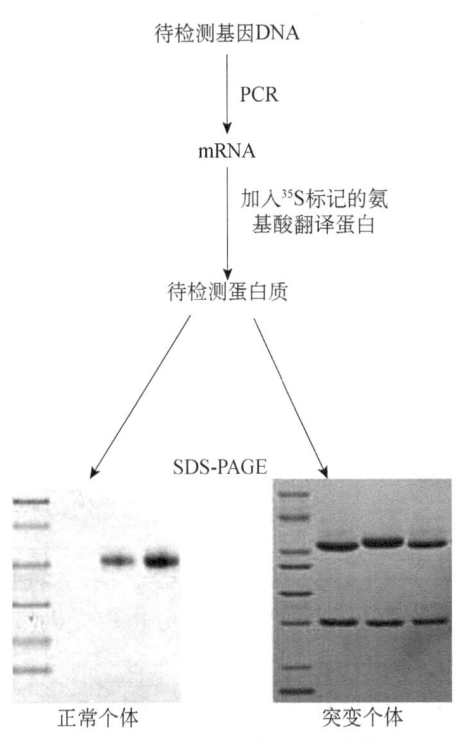

图 10-20 蛋白质截短试验流程图

插入、缺失及剪切位点突变等。

其中蛋白质截短试验主要的方法和应用包括：①点突变和截短突变，通过基因工程技术对蛋白质基因进行点突变或截短突变，生成不同的蛋白质变体。这些变体可用于分析特定功能域或结构域对蛋白质功能的影响。②蛋白质功能研究，通过截短蛋白质确定哪些部分对蛋白质的生物学功能是必需的，哪些部分可能需要特定的结构域才能与其他分子结合，截短这些区域可以帮助识别这些功能域。③结构分析，截短蛋白质可以用于晶体学或核磁共振（NMR）等技术的结构分析。通过简化蛋白质结构可以更容易地解析蛋白质的三维结构和折叠方式。④蛋白质稳定性，截短可能影响蛋白质的稳定性，通过这种方式可以研究蛋白质折叠、聚集及其他结构特性的变化。⑤在蛋白质工程中，截短技术可以用于设计具有特定性质的蛋白质，如提高酶的催化效率或改变蛋白质的结合特性。

PTT 作为一种新的突变检测方法，丰富了当前的突变检测体系。但突变检测的方法是多种多样的，每一种方法均有其显著的优缺点。因此，研究者往往需要根据自己的研究目的选择最适合的方案。

五、蛋白质错误折叠循环扩增技术

蛋白质折叠是一个复杂的过程，正确折叠的蛋白质能够形成其功能所需的三维结构，而错误折叠的蛋白质则可能形成非功能性或有害的结构，这些错误折叠的蛋白质通常会聚集成不溶性聚合物或斑块。而蛋白质错误折叠循环扩增（protein misfolding cyclic amplification，PMCA）技术是一种用于研究和扩增错误折叠蛋白质的实验技术。错误折叠的蛋白质通常与多种疾病（如神经退行性疾病）相关，因此理解其折叠过程和机制对研究疾病及开发治疗方

法至关重要。PMCA 技术可以帮助研究人员检测和扩增这些错误折叠的蛋白质,进而深入分析其特性和影响。

PMCA 技术的主要步骤包括:①错误折叠蛋白质的诱导。需要在实验中诱导蛋白质错误折叠,这可以通过改变环境条件(如 pH、温度)、使用化学试剂或通过突变等方法实现。②错误折叠蛋白质的识别。利用特定的抗体、染料或标记技术识别错误折叠的蛋白质。例如,使用针对特定错误折叠形式的抗体进行免疫检测,或使用染料检测错误折叠蛋白质的聚集。③循环扩增。利用特定的扩增技术将错误折叠蛋白质的量在实验中进行扩增。通过反复地折叠和解折叠循环,可以使错误折叠蛋白质的量显著增加,以便进行进一步的研究和分析。④分析与验证。对扩增的错误折叠蛋白质进行结构和功能分析。可以使用质谱、核磁共振(NMR)、X 射线衍射晶体等技术来解析错误折叠蛋白质的结构,并研究其生物学影响。

目前发现有多种人类及动物疾病是由体内蛋白质的错误折叠引起的,其中朊病毒因具有传染性而备受关注。病毒研究的核心问题之一是正常细胞朊蛋白(PrPc)向异常致病朊蛋白(PrPsc)转变的机制。PMCA 技术就是最新发明的在体外诱导 PrPc 产生错误折叠生成 PrPsc 的技术(图 10-21)。

PMCA 是近几年刚刚建立的朊病毒微量检测技术,其理论依据是由美国生物学家 Prusiner 等提出的:PrPc 蛋白粒子有两种高级结构不同的形式,一种是在正常的动物组织中本来就存在的形式 PrPc,

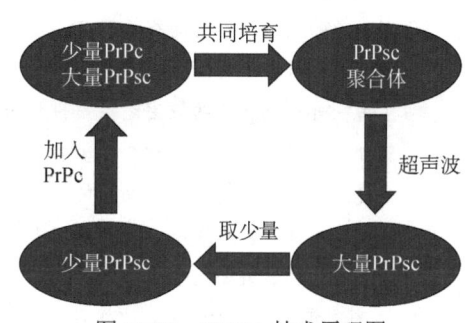

图 10-21 PMCA 技术原理图

另一种是具有传染性的、能够引起疾病的突变形式 PrPsc。PrPc 通过某种途径进入动物体内以后,可以把体内原本正常形式的 PrPc 诱导成致病性形式的 PrPsc,从而使自己繁衍扩增,是导致疯牛病(BSE)、羊瘙痒病(scrapie)、人类的克-雅病(CJD)等传染性海绵状脑病(TSE)的病原。

PMCA 技术的原理与特点:PMCA 是一种在体外进行的人为加速朊病毒错误折叠过程的技术。与 PCR 技术类似,该技术也由多个循环组成。一个循环中又包含两个阶段:第一阶段是让大量的 PrPsc 和少量的 PrPc 共同培育,在外界条件下促使 PrPc 向 PrPsc 的转化,形成 PrPsc 聚合体;第二阶段是用超声波对样品进行处理,以打碎第一阶段培育过程中形成的 PrPsc 聚合体,使 PrPsc "种子" 的数量得到增加,从而使下一个循环扩增的效率进一步提高。

在传染性海绵状脑病患者的生前诊断中面临的最大困难是除了脑以外的其他组织(如血液)中病原 PrPsc 的含量极少,用常规的检测方法根本检测不到。以前活体检测的努力方向主要集中在增加检测技术的灵敏度上,而 PMCA 技术则换了一种思维方式,它通过蔗糖密度梯度离心、培育、超声破碎等步骤使血液样品中的微量病原体得以聚集和扩增,使其达到常规方法能够检测到的程度。

┌─ 趣味阅读 ─

现代生物学技术在蛋白质工程中的应用正在引领一场生物技术革命。蛋白质工程致力于设计和改造蛋白质,以实现特定的功能或优化现有的生物分子。随着技术的进步,科学家能够以更高效、精确的方式操控蛋白质,从而推动了药物研发、工业生物技术和基础研究等多个领域的突破。以下是几种现代生物学技术在蛋白质工程中的应用,带你了解这些前沿科技如何改变我们的世界。

1. 基因编辑技术：精准改造蛋白质

基因编辑技术，特别是 CRISPR/Cas9 系统，已经成为蛋白质工程中的一个重要工具。CRISPR 技术允许科学家在基因组中进行精确的编辑，从而改变蛋白质的结构和功能。例如，通过 CRISPR 技术，研究人员可以删除或替换基因中的特定序列，从而设计出具有新功能的蛋白质。这种技术不仅提高了蛋白质工程的效率，还降低了实验成本，使得以前难以实现的复杂设计变得可行。

应用：科学家使用 CRISPR 技术设计了具有自我修复能力的酶，这些酶能够在特定条件下恢复其原始活性。这一发现不仅拓宽了蛋白质工程的应用范围，还为开发新型生物催化剂提供了新的思路。

2. 合成生物学及系统生物学：创造全新蛋白质

合成生物学是另一项对蛋白质工程具有重大影响的技术。通过合成生物学，研究人员能够设计和构建全新的生物系统，包括从零开始设计蛋白质。合成生物学的方法包括使用计算机建模预测蛋白质的结构和功能，随后通过合成基因在实验室中生产这些蛋白质。而系统生物学整合了基因组学、蛋白质组学和代谢组学的数据，以全局视角研究生物系统的复杂性。在蛋白质工程中，系统生物学技术可以帮助科学家理解蛋白质在生物体内的作用机制，优化蛋白质生产和功能。

应用：合成生物学的应用之一是设计合成生物传感器，这些传感器能够检测环境中的特定分子或毒素。例如，科学家开发了一种合成生物传感器，可以实时监测水中的污染物并发出警报，帮助保护环境和公众健康。并且通过系统生物学的研究，科学家能够揭示细胞内蛋白质的动态变化，从而设计出能够在特定生物条件下发挥最佳功能的蛋白质。例如，在代谢工程中，系统生物学技术帮助优化了合成途径，显著提高了生物燃料和化学品的生产效率。

3. 高通量筛选：加速蛋白质发现

高通量筛选技术利用自动化设备和计算机程序，对大量蛋白质变体进行快速筛选，以找到具有所需功能的蛋白质。这种技术大大加速了蛋白质工程中的发现过程，使得研究人员能够在短时间内筛选出最佳的蛋白质候选分子。

应用：在药物研发中，高通量筛选被用来寻找对特定疾病靶点有高亲和力的蛋白质。例如，科学家通过高通量筛选发现了一些新型的抗癌蛋白质，这些蛋白质能够有效地抑制肿瘤细胞的生长，为癌症治疗带来了新的希望。

4. 蛋白质工程中的生物合成技术

生物合成技术，特别是细胞工厂和生物反应器的应用，正在革命化蛋白质工程。通过这些技术，研究人员能够在微生物（如大肠杆菌、酵母或昆虫细胞）中表达和生产大量的蛋白质。使用这种方法，科学家不仅可以生产工业规模的蛋白质，还可以在生产过程中进行修改和优化，以获得具有特殊功能的蛋白质。

应用：生物合成技术被广泛应用于生产药物蛋白质。例如，胰岛素和单克隆抗体等重要药物的生产都依赖于微生物表达系统。这些系统能够生产高纯度、高活性的蛋白质，降低生产成本，提高药物的可及性。通过研究蛋白质相互作用，科学家可以设计出具有特定功能的合成蛋白质。例如，设计能够干扰病原体与宿主细胞相互作用的蛋白质，用于开发新型抗病毒药物。这些技术使得研究人员能够揭示病理过程中的关键分子，从而为疾病治疗提供新的靶点。

5. 蛋白质工程的智能化和数据挖掘及结构生物学

人工智能（AI）和机器学习正在逐渐成为蛋白质工程中的重要工具，这可以帮助人们处理和分析大量的实验数据，AI 可以帮助预测蛋白质的功能和结构，优化蛋白质设计。例如，机器学习算法能够分析蛋白质的序列和结构数据，从中识别出潜在的功能性位点或变异位点。最后通过结构生物学技术，如 X 射线衍射晶体技术、核磁共振（NMR）和冷冻电镜（cryo-EM），使得科学家能够详细解析蛋白质的三维结构，从而帮助设计和优化具有特定功能的蛋白质。

应用：AI算法可以根据蛋白质序列预测其三维结构，帮助设计出功能强大的蛋白质。AI技术被用来设计具有自我组装能力的蛋白质，这些蛋白质可以在体内自动形成复杂的纳米结构，用于药物递送和组织工程。通过冷冻电镜技术使得研究人员能够解析大型蛋白质复合物和复杂的生物体系。这些技术为药物开发提供了新的视角。例如，通过解析病毒表面的蛋白质结构，科学家能够设计出新型的疫苗和抗病毒药物。这种智能化的设计方式不仅提高了蛋白质工程的效率，还为新型生物材料的开发提供了新的方向。

复习思考题

1. 名词解释：蛋白质芯片、噬菌体展示技术、细菌表面展示技术、酵母表面展示技术、蛋白质打靶技术。
2. 和其他蛋白质分析技术相比，蛋白质芯片技术有什么特点，有哪些具体应用？
3. 如何利用表面等离子体共振仪研究蛋白质的相互作用？
4. 如何理解酵母双杂交系统的原理？举例说明其在蛋白质相互作用研究中的应用。
5. 比较几种表面展示技术的特点，举例说明其在蛋白质工程中的应用。
6. 简述原子力显微镜（AFM）的构造，举例说明其在蛋白质结构研究中的应用。
7. 如何理解蛋白质分子印迹技术的原理，它在哪些领域有应用潜力？
8. 如何理解蛋白质截短试验的原理？
9. 如何利用蛋白质错误折叠循环扩增技术设计一个灵敏的朊病毒检测方法？

第十一章
蛋白质组学

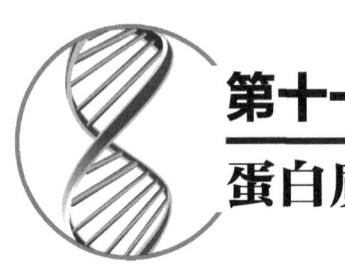

本章数字资源

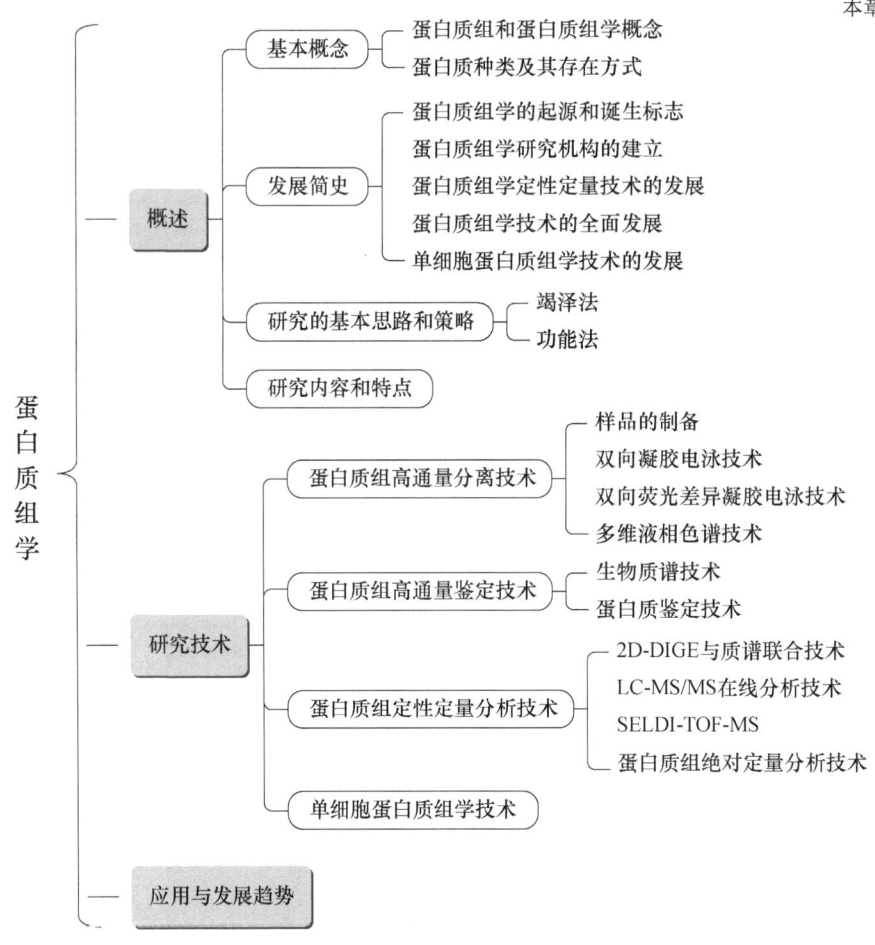

1990 年人类基因组计划（Human Genome Project）的实施和推进，促进了以大数据为基本特征的基因组学的诞生和发展。随着越来越多物种全基因组测序的解析，人们发现仅通过基因组尚不能系统、完整地阐明生物体执行生物学功能的本质。其原因是基因组中存在众多未知的功能基因，基因编码的蛋白质是否存在尚未被证实，也无法确定生物体在不同生长发育时期不同细胞、组织、器官中基因组编码蛋白质的数量和种类。依据核酸序列难以准确预测基因组编码蛋白质的功能和活性，如蛋白质的翻译后修饰、蛋白质结构的形成，以及蛋白质与蛋白质或 DNA 之间的相互作用、蛋白质与小分子物质之间的相互作用等问题，生物体内蛋白质的动态性和时空性也是基因组学本身所不能回答的。传统的对单个或几个蛋白质研究的方式已无法满足时代要求，蛋白质组学及蛋白质组学技术的兴起和发展，已成为全景式

解析生命奥秘的重要工具。本章概述了蛋白质组和蛋白质组学的基本概念、研究内容和特点，着重系统地介绍了蛋白质组高通量分离与高通量鉴定技术、蛋白质组定性定量分析技术，对蛋白质组学的应用与发展趋势也进行了讨论。

第一节　概　　述

众所周知，蛋白质是生理功能的执行者，也是生命活动的直接体现者。蛋白质组学的兴起和发展，标志着将逐渐建立从基因组的基因表达到细胞分化、机体发育、环境适应、代谢调控等一系列复杂生命活动的内在联系。蛋白质组学研究不仅是生命科学研究进入后基因组时代的重要标志，也是后基因组时代生命科学研究的核心内容之一。

一、基本概念

蛋白质组（proteome）是指一个基因组、细胞、组织或生物体所拥有的全套蛋白质种类（protein species）及其存在方式（proteoform）。蛋白质组学（proteomics）是以生物体或细胞内全部蛋白质及其存在方式为研究对象，从整体蛋白质水平上揭示生长、发育、分化、生殖等生命活动的本质规律，疾病发生、发展和细胞代谢等过程，以及相关研究技术和方法的学科。其特点是在蛋白质组水平上，系统、动态地研究生物体内全套蛋白质分子在复杂环境中的存在方式、细胞定位和相互作用关系，是一项系统性、多方位的科学研究和探索。

一个生物体只有一套相对确定的基因组，但随着生长发育时期、生理状态和时空环境的变化，器官、组织和细胞功能不同，其蛋白质组成和存在方式也不同。蛋白质存在方式具有丰富的多样性。例如，蛋白质在核糖体上首先合成没有功能活性的结构，必须将其转运到指定的位置，如胞内、胞外、细胞膜和不同的细胞器等，形成特定的三维结构，并与其周围的其他相关分子相互识别，形成蛋白质复合物（complex）才能发挥其功能；再者，基因突变、多态性、RNA加工及翻译后修饰（如乙酰化、甲基化和磷酸化）等，导致单一基因形成功能不同的多种蛋白质的存在方式。因此，在蛋白质组整体水平上精细地描绘生物及其器官、组织、细胞、细胞器中蛋白质的结构、组成、含量、性质、翻译后修饰、空间定位、蛋白质与其他相关分子之间的相互作用关系及生物学功能，必将是长期的、复杂的、极具挑战性的工作。

二、蛋白质组学发展简史

生物样本中往往同时存在成千上万种蛋白质，蛋白质组学研究首要解决的关键问题之一是对蛋白质的大规模平行分离、定性和定量。高通量、高灵敏度、高准确度蛋白质分析技术的不断发展和完善，如表达蛋白质组、修饰蛋白质组、蛋白质和小分子相互作用蛋白质组、定位（空间）蛋白质组、单细胞蛋白质组等分析技术的建立和发展，极大地推动了蛋白质组学的形成和纵深发展。

（一）蛋白质组学的起源和诞生标志

蛋白质组概念的提出相对较晚，但蛋白质组的研究并非从零开始，可以追溯到20世纪70年代O'Farrell和Klose各自创建的蛋白质双向凝胶电泳（two-dimensional gel electrophoresis，2DE）技术。O'Farrell利用2DE从大肠杆菌细胞蛋白抽提液分离得到1100个蛋白质组分，从此拉开了蛋白质组学研究的序幕。20世纪80年代三大技术的进步和90年代初期建立的基于质谱法的蛋白质鉴定技术，促进了蛋白质组学的形成和发展：第一，20世纪80年代初期固相化pH梯度（immobilized pH gradient，IPG）凝胶胶条的发明和标准化，明显改善了双向凝胶电泳的重复性。第二，蛋白质双向凝胶电泳图谱的数字化和分析软件的问世，促进了越来越多物种的蛋白质双向凝胶电泳和蛋白质数据库相继建立与完善。第三，80年代后期生物大分子质谱技术的发明及其在蛋白质分析中的成功应用，如电喷雾离子化质谱（electrospray ionization mass spectrometry，ESI-MS）和基质辅助激光解吸飞行时间质谱（matrix-assisted laser desorption ionization time of flight mass spectrometry，MALDI-TOF-MS）等技术，极大地提高了分析蛋白质的能力。Rosenfeld等（1992）建立的基于质谱技术的肽质量指纹谱鉴定蛋白质方法，以及Yates和Mann两个课题组（1994）分别建立的两种类似的基于串联质谱信息进行的多肽序列分析技术，大幅度提高了蛋白质鉴定的效率和准确性。

在HPP基础上，澳大利亚Macquarie大学Wilkins和William等利用现有技术分离和鉴定了生殖道支原体（*Mycoplasma genitalium*）表达的50种蛋白质；在1994年9月意大利举办的学术会议上，他们首次提出了蛋白质组（proteome）的概念，其最初定义是"一个生物体基因组所表达的蛋白质"，这一概念的提出，标志着蛋白质组学（proteomics）的诞生；1995年7月，其研究成果刊登在*Electrophoresis*杂志上，这是国际上首次发表的关于蛋白质组学的研究论文。自此，蛋白质组研究发展十分迅速，无论是基础理论还是技术方法，都在不断进步和完善。

（二）蛋白质组学研究机构的建立

蛋白质组学研究机构的成立和国际大计划的实施，推动了蛋白质组学的快速发展，是蛋白质组学发展阶段的重要标志。1996年，澳大利亚建立了世界上第一个蛋白质组研究中心，丹麦、加拿大、日本也先后成立了蛋白质组研究中心。由于蛋白质组学研究蕴含极大的商机，美国各大药厂和公司也纷纷加入了蛋白质组学的研究行列，为蛋白质组学研究提供了巨大的财力支持。2001年4月，美国成立了国际人类蛋白质组组织（Human Proteome Organization，HUPO），次年提出了人类蛋白质组计划（Human Proteome Project，HPP）宏大构想，试图通过合作的方式，融合各方面力量，完成全面揭示人类蛋白质组的重大任务，并逐步实施了一系列示范性计划。2002年首批启动了人类血浆（美国牵头）和肝脏（中国领衔）蛋白质组计划，很快在全球范围内形成了蛋白质组研究热潮，促进了蛋白质组学研究的蓬勃发展。之后又陆续启动脑、肾脏和尿液、心血管等器官/组织蛋白质组分计划；以及数据分析标准化、抗体、生物标志物等支撑分计划。在美国主导的癌症基因组图谱计划（2006年）基础上，又启动了临床蛋白质组肿瘤分析项目（2011年），试图用不同种类癌症蛋白质组注释其基因组全景图。这些国际性大计划的实施助力了蛋白质组学全方位发展，呈现出国际性大计划驱动大发展的时代特征。

中国蛋白质组学研究始终居于国际先进行列，取得了许多国际性重大成果。例如，在HPP基础上，2014年启动了中国人类蛋白质组计划（China Human Proteome Project，CNHPP），2018年完成了一项世界蛋白质组学史上史无前例的"蛋白质科学研究国家重大科技基础设施（北京基地）"建设项目，又称"凤凰工程"，2022年12月，我国科学家领衔发起了人类蛋白质组学国际大科学计划——人体蛋白质组导航国际大科学计划（Proteomic Navigator of the Human Body，π-HuB计划）。这些计划的实施，为人类蛋白质组学的发展做出了巨大贡献。

（三）蛋白质组学定性定量技术的发展

蛋白质组学早期研究主要涉及蛋白质组的表达谱（expression profile），即对生物样品蛋白质组成进行分离和鉴定，而且分析效率低下。2001年，Yates及其合作者利用多维蛋白质鉴定技术（multi-dimensional protein identification technology，MuDPIT），也称鸟枪法（shotgun method），首次从酵母细胞中鉴定到大量（1500余种）蛋白质，实现了单批次蛋白质组覆盖度（鉴定数量）的飞跃。人类蛋白质组计划的实施，极大地推动了蛋白质组学的快速发展，除了对原有技术进行完善、规范和发展，新技术和新方法也层出不穷，使蛋白质组分离和鉴定的数量、精度、灵敏度和效率不断攀升，逐步实现了从定性到定量蛋白质组的发展。

代表性的技术主要包括同位素标记、荧光标记、靶向定量技术等，如Aebersold等（1999）开发的同位素编码亲和标签（isotope-coded affinity tag，ICAT）、Mann等（2002）研发的细胞培养氨基酸稳定同位素标记技术（stable isotope labeling with amino acids in cell culture，SILAC）、美国生物应用公司（2004）开发的同位素标签相对和绝对定量技术（isobaric tag for relative and absolute quantitation，iTRAQ）、美国Thermo Scientific公司（2008）开发的串联质谱标签（tandem mass tag，TMT），采用将同位素标记的不同生物样品混合在一起的方式，实现了蛋白质组定量化、标准化和简单化，准确度、灵敏度、样品通量和蛋白质覆盖度明显提高，更有利于蛋白质组差异显示和生物标志物等的筛选。Marouga等（2005）建立了基于荧光素标记的荧光差异高分辨2DE技术，并引入了内标的概念。Anderson和Hunter（2006）首次将多重反应监测（multiple reaction monitoring，MRM）引入蛋白质组定量分析，实现了蛋白质组绝对定量。随后，Coon和Domon两个研究团队（2012）先后提出了平行反应监测（parallel reaction monitoring，PRM）技术，Aebersold等（2012）提出了基于数据非依赖采集模式（data independent acquisition，DIA）的定量蛋白质组技术，称为"SWATH"（sequential window acquisition of all theoretical fragment ions），实现了高通量的蛋白质组相对和绝对定量分析。

（四）蛋白质组学技术的全面发展

随着技术的进步，新技术和新方法不断涌现，蛋白质组学研究呈现"百花齐放"局面，促使蛋白质组学研究范畴不断拓宽和趋于完善。从单纯的蛋白质组表达谱的定性和定量描述，逐渐拓展到功能蛋白质组学和比较蛋白质组学研究，如翻译后修饰蛋白质组、结构蛋白质组（细胞和亚细胞空间定位）、蛋白质与蛋白质相互作用、蛋白质与小分子相互作用等研究技术不断建立和发展，也为代谢机制、药物靶标及生物标志物深入研究提供了方法。蛋白质组学分析效率和覆盖深度也不断提升。例如，Ding等（2013）建立的快速蛋白质组技术由过去的3天缩短到12h，Coon等（2014）在1.3h能鉴定4000种蛋白质。专业化的蛋白质组分析平台能够在8～12h鉴定6000～8000种蛋白质，样品通量也大幅度提高，一次测试可同时测定多达10个蛋白质组样品，定量精度和重复性也得到大幅度提升。

随着技术的成熟和完善，一系列以高通量大规模为特征的成果相继涌现。例如，中国科学家团队（2009）在不同物种的代谢通路研究中发现了1000余种乙酰化修饰蛋白质。2010年，中国科学家率先绘制出世界上第一个人类器官——肝脏的蛋白质组表达谱和修饰蛋白质谱（两谱），以及蛋白质相互作用连锁图和定位图（两图），建立了国际标准的样品库、抗体库，以及首个器官——肝脏蛋白质组综合数据库（三库）；高可信度地鉴定肝脏 6788 种蛋白质和 3484 对蛋白质之间的相互作用；发现了一系列针对肝脏恶性肿瘤等一系列重大疾病的生物标志物、潜在的药物靶点和蛋白质药物。2011 年，Mann 和 Aebersold 团队报道了人类癌细胞系 9207 个基因编码的 10 255 种蛋白质和人类细胞系 7716 个基因编码的 11 548 种蛋白质，标志着蛋白质组学对基因组注释的深度覆盖。2014 年，Wilhelm 和 Kim 同时在 *Nature* 报道了第一张人类蛋白质草图，获得人体近 2 万个基因的编码产物。随后，*Nature* 和 *Cell* 杂志又报道了人类结肠癌和直肠癌、乳腺癌和卵巢癌等蛋白质组学研究论文，为肿瘤的精准分析和肿瘤生物学提供了理论依据。这些研究成果标志着蛋白质组学进入全面发展时期，开启了全面绘制人类生理和病理蛋白质组精细图谱的新时代。

我国科学家完成的第一个人类器官——肝脏蛋白质组，可作为其他器官蛋白质组学研究的示范；2018 年，中国人类蛋白质组计划完成，建成了国际领先的高通量分析、高时空分辨、高度覆盖、大数据分析、智能化发现等一站式综合技术体系。该技术体系为深度解析蛋白质组和蛋白质复合物的结构与功能，全景式揭示人类、重要动植物等生理和病理过程的分子机制等提供了重要支撑。之后，我国科学家于 2018~2019 年在 *Nature* 和 *Science* 等顶级国际期刊上报道了弥散性胃癌、早期肝细胞癌和非小细胞肺癌等一系列蛋白质组分型、新的治疗靶标和预后蛋白质组分子分型等研究成果，率先在国际上提出并践行"蛋白质组学驱动的精准医疗"新模式。2020 年又相继建立了半胱氨酸蛋白质组、蛋白质复合物组学、*O*-GalNAc 糖蛋白组的大规模位点特异性定位等分析方法，标志着我国蛋白质组学研究向着全面揭示人类蛋白质组生理和病理精细图谱、构建人类蛋白质组全景式"百科全书"方向发展，也将引领新一轮生物医药产业革命。

（五）单细胞蛋白质组学技术的发展

单细胞蛋白质组学（single cell proteomics，SCP）在蛋白质组学中占据重要地位，早在 2004 年，Dovichi 和 Nolan 就提出了 SCP 的概念，但高质量单细胞筛选、样品浓度低、极微量样品处理的元器件、避免样品损失的元器件及 nanoLC 色谱柱分离效率等都是 SCP 技术面临的挑战。基于质谱分析的 SCP 技术的建立和快速发展主要体现在极微量样品制备技术和元器件设计的创新，尽管众多学者在不断探索，但进展缓慢，仍有许多问题有待改善。

自 Fang 等（2013）设计出一种 pL 级全自动液体加样和取样系统以来，陆续建立了基于质谱分析的多种 SCP 技术并不断优化，从单细胞筛选、样品处理和上机分析一系列操作过程，实现了从手工操作、半自动化到自动化程序控制操作一体化过程的转变，单细胞蛋白质组覆盖度（鉴定的蛋白质数量）从数十、数百提高到 2000 以上；单细胞样品通量从单个工作日的数个发展到约 100 个，由相对定量发展到绝对定量。例如，Zhu 等将 NanoPOTS 平台和 TMT（11 标）标记技术相结合，2 天内可分析 72 个单细胞，鉴定了 2300 多种蛋白质，定量分析了 1225 种蛋白质。Slavov 等（2018）建立的单细胞蛋白质组技术，称为 SCoPE-MS，实现了 10 天可分析 1000 多个单细胞，并对单细胞中的 2700 多种蛋白质进行定量。Paola 等（2020）开发了一种新型的快速蛋白质组学技术，称为 LiP-MS，可从原位、动态、3D 水平揭示蛋白质结构变化与生物学过程，分辨率可精确定位到单个功能位点。另外，Petert 等（2017）通过免疫荧光技术和质谱验证，绘制了人体蛋白质亚细胞结构分布的全景图，详述了 13 个细胞器的蛋白质组，在单细胞水平由 13 993 种抗体靶向到 12 003 种蛋白质，将其定位到 30 个细胞区室和亚细胞结构中。

目前 SCP 技术已被应用于哺乳动物细胞亚群分析与肿瘤分型、免疫细胞异质性分析、细胞发育生物学研究、单细胞空间蛋白质组学研究等方面。例如，Brunner 团队（2022）利用自己研发的单细胞处理平台分析了不同细胞周期单细胞的蛋白质表达差异，揭示了调控细胞周期的关键调控因子。Perkel（2021）在 Nature 上发表了"Single-cell proteomics takes centre stage"论文，文中显示：虽然 SCP 技术处于起步阶段，还远远低于多细胞鉴定的蛋白质数量，但展现出了其强大的分析能力，已成为国际研究的焦点。随着灵敏度、蛋白质覆盖度、细胞通量、空间分辨率等技术的创新与发展，SCP 技术将为生物、医学基础科研和临床应用提供强有力的分析工具，进一步推动蛋白质组学向纵深发展。

三、蛋白质组学研究的基本思路和策略

蛋白质组学研究的最终目标旨在阐明生物体内所有蛋白质的结构与功能信息，这些蛋白质包括基因转录产物直接翻译的蛋白质、转录产物选择性剪接后所编码的蛋白质及翻译后修饰的蛋白质等，目前主要采用"竭泽法"和"功能法"两种研究思路和策略来实现这一目的。

（一）竭泽法

竭泽法是指尽可能多地分析，乃至接近生物体、器官、组织和细胞内所有的蛋白质，也可称为表达蛋白质组学或组成蛋白质组学。但由于蛋白质组具有时空性、动态性和多样性的特性，即使同一生命体，不同器官、不同组织，甚至不同的发育阶段、不同外界刺激、不同病理状态下，其基因组虽然相同，但细胞内表达的蛋白质也不尽相同，因此，该方法只能无限接近目标。

（二）功能法

功能法是指研究不同时期或不同生理状态，细胞蛋白质组成的变化或差异，如在不同环境下蛋白质组的差异表达（如组织细胞和癌变细胞之间、用药处理前后、细胞分化前后、不同的组织细胞之间），以发现表达差异的蛋白质为主要目标，因此又被称为差异蛋白质组学。由于在不同的环境（生理或病理）状态之间，这些差异的蛋白质反映了功能的变化，仅对这些差异蛋白质进行研究，即可反映机体功能变化，这种方法可大幅度降低对所有蛋白质鉴定的成本，因此，差异蛋白质组学作为研究生命现象的重要手段和方法，在应用研究上最具前景。

四、蛋白质组学的研究内容和特点

依据研究内容，蛋白质组学可以分为表达蛋白质组学（expression proteomics）、结构蛋白质组学（structural proteomics）、细胞图谱蛋白质组学（cell mapping proteomics）。表达蛋白质组学可以分为表达蛋白质组和修饰蛋白质组，通常是指器官、组织和细胞中表达的所有蛋白质和翻译后修饰蛋白质，寻找不同机体状态下发生变化或表达差异的蛋白质组。结构蛋白质组学是对上述全部蛋白质三维结构的预测和精确测定，以及对其结构与功能关系的分析。细胞图谱蛋白质组学是系统地研究蛋白质与蛋白质等分子之间的相互作用，以及蛋白质在细胞器中的分布和定位，建立细胞内信号转导通路网络图（也称蛋白质相互作用连锁图）和细胞内定位图（也称空间蛋白质组学），旨在明确信号转导通路的复杂机制。蛋白质组学最大

的特点是站在蛋白质组整体角度上来揭示生物体蛋白质的存在方式和相互作用规律,但由于生物体中蛋白质种类和结构丰度多样,因此决定了蛋白质组学研究也有许多突出的特点。

(一)蛋白质组学的研究内容

蛋白质组学研究是一项系统性、多方位的科学探索,其研究的目标是了解特定的细胞、组织和器官及其在生理/病理状态时,制造的所有蛋白质的组成、含量和定位情况及其随生长发育和受环境影响的变化规律,明确各种蛋白质之间是如何形成类似于电路网络的信号转导通路和代谢通路的,描绘蛋白质精确的三维结构,揭示蛋白质结构和功能的关系。基于此目标,其研究内容包括:蛋白质结构、蛋白质功能、蛋白质的丰度变化、蛋白质修饰(磷酸化、糖基化、泛素化、乙酰化、甲基化等)、蛋白质分布、蛋白质与蛋白质的相互作用、蛋白质与疾病的关联性等方面。

(二)蛋白质组学的特点

蛋白质组学的许多研究工作离不开基因组数据,蛋白质组研究不仅能够诠释基因组基因的功能,而且能在蛋白质水平上理解生命的代谢活动,具有更重要的意义。由于蛋白质数目远远大于基因的数目,而且蛋白质随时间和空间的变化而变化,复杂程度更高,因此蛋白质组研究更为复杂和困难。与基因组(学)相比,蛋白质组突出的特点为:多样性、动态性、无限性、时空性、蛋白质之间及其与其他分子之间的相互作用、多种研究技术和技术成熟度较低、蛋白质组与基因组的互补互助性等。

第二节 蛋白质组学研究技术

蛋白质组学研究技术和方法多种多样,不胜枚举,其中支撑蛋白质组学研究最基本的技术是细胞或组织中复合蛋白质的高效分离技术、蛋白质高通量鉴定技术和蛋白质组生物信息学技术。蛋白质组的分离技术主要包括双向凝胶电泳(2DE)、双向荧光差异凝胶电泳(2D-DIGE)和多维液相色谱(MDLC),蛋白质组的鉴定技术主要采用基于质谱(MS)的肽质量指纹谱(PMF)和串联质谱(MS/MS)的多肽序列分析技术等。基于高通量的分离技术和鉴定技术的不同联合,可以组合成多种多样的蛋白质组分析技术。

一、蛋白质组高通量分离技术

蛋白质组学研究的核心技术是蛋白质成分高通量、高灵敏性、高准确性的分离与鉴定。在各种蛋白质分离技术中,首先从特定的细胞和组织中提取蛋白质,再依据不同蛋白质的理化性质差异彼此分离。

(一)样品的制备

蛋白质样品制备是蛋白质组研究极为关键的一步。由于样本来源、性状和性质不同,目前还没有一种普遍适用于所有样本蛋白质抽提的方法,需要根据实际样品和研究目的采取不同的条件和方法,具体可参考传统的蛋白质分离与纯化时样品制备的方法,这里也不再赘述。但样品制备过程中应注意以下的基本原则:①样品尽量新鲜,避免样本中蛋白质降解或被细菌等严重污染。②样品制备过程中采用低温和(或)添加酶抑制剂的方法,尽量减少蛋白质的降解。③尽量去除干扰和影响蛋白质分离的物质，如盐离子、酚类、核酸、多糖、脂类和不溶性物质等。④考虑样品制备的可重复性，避免样品中蛋白质的损失，应尽量新鲜制备并分装冻存，切勿反复冻融。⑤保证提取样品中的蛋白质能够代表原样品。例如，根据蛋白质亲水和疏水特性不同，可采用分步提取方法获取更丰富的蛋白质信息。⑥由于组织样品包含不同类型的细胞，即存在样品的异质性，应该先对样品进行预处理或进行单细胞分离。例如，采用免疫亲和技术、激光激活的流式细胞分选术或激光捕获显微切割（laser capture microdissection，LCM）技术对细胞进行分离。

图 11-1A 为激光捕获显微切割显微镜。该技术在倒置显微镜下，将激光束聚集，切割收集感兴趣的细胞类型和细胞器（图 11-1B），减少了非研究对象细胞中蛋白质的干扰。图 11-1C 深色区域为待切割的细胞区域。随着蛋白质组学技术的发展，还产生了许多用于样品制备和蛋白质富集或去除的方法，如固相亲和吸附法或免疫共沉淀等，可用于去除样品中的优势蛋白质，或者富集翻译后修饰蛋白质、相互作用的蛋白质等微量蛋白质。为了能够鉴定到样品中更多的蛋白质，采取的策略是先将样品中的蛋白质混合物分离成几个不同的组分，对每个组分进行蛋白质组分析。

图 11-1　激光捕获显微切割显微镜（A）、激光束显微切割（B）和待切割区域（C）

（二）双向凝胶电泳技术

双向凝胶电泳是蛋白质组早期研究的主要分离方法，最早由 O'Farrell 和 Klose（1975）建立。随后建立的超高分辨双向凝胶电泳是蛋白质组最基本的高通量分离工具，可同时分离数千乃至上万种蛋白质，是目前所有凝胶电泳技术中分辨率最高、信息量最多的技术。二维电泳技术平台包括第一维等电聚焦凝胶电泳系统（图 11-2A）、第二维中等通量垂直板凝胶电泳系统（图 11-2B）、凝胶染色装置、电泳凝胶图像获取系统、凝胶图像分析软件、凝胶蛋白斑点自动挖胶仪等。

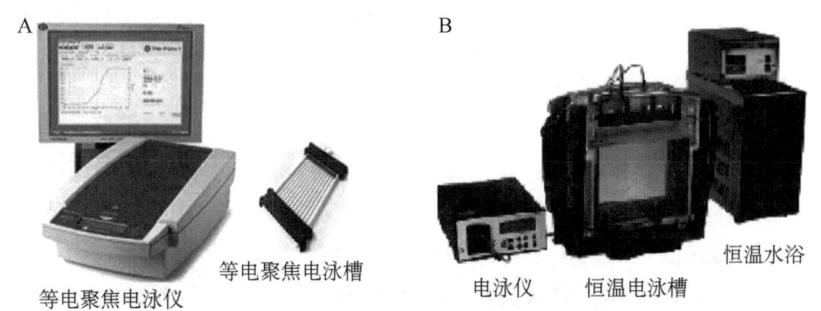

图 11-2　第一维等电聚焦凝胶电泳系统（A）和第二维中等通量垂直板凝胶电泳系统（B）

1. 双向凝胶电泳的基本原理　　第一维是等电聚焦电泳（IFE），其原理是依据蛋白质等电点（pI）不同将蛋白质彼此分离。将样品上样至固相化 pH 梯度凝胶上电泳时，由于不同的蛋白质具有不同的等电点，若蛋白质在凝胶上所处部位的 pH 与蛋白质等电点（pI）不同，则蛋白质上仍带有净电荷，在外加电场驱动下，蛋白质分子向正极或负极迁移，当达到等电点位置时，蛋白质即停止迁移。固相化 pH 梯度凝胶已实现标准化和商品化，有多种 pH 梯度范围的胶条，如 pH 3~10、pH 3~6 和 pH 6.3~8.3 等。根据研究目的和实验条件选择合适的 pH 梯度范围的胶条。

第二维电泳是 SDS-PAGE，其原理是依据蛋白质分子量不同将蛋白质彼此分离。由于 SDS 带负电荷，大量的 SDS 与蛋白质或多肽链结合，掩盖了蛋白质原有的电荷差别，使蛋白质呈球棒状，凝胶电泳具有分子筛效应，可将分子量不同的蛋白质彼此分离。

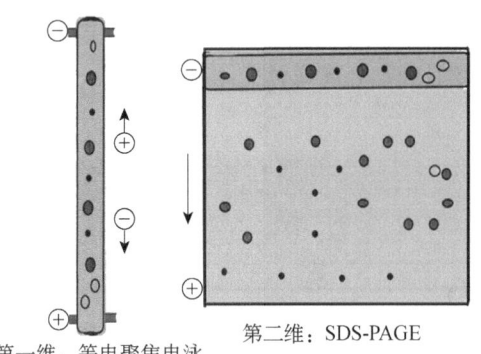

图 11-3　双向凝胶电泳示意图（改自黄迎春，2009）

2. 双向凝胶电泳的基本操作流程　　双向凝胶电泳操作的基本过程：组织或细胞样品、样品蛋白质提取、一维电泳、二维电泳、染色、获取凝胶图像、凝胶图像分析、挖取蛋白斑点凝胶、蛋白质鉴定。第一维电泳结束后，取出凝胶胶条，经过 SDS 等预处理液处理，将胶条置于制备的第二维 SDS-PAGE 凝胶表面，作为第二维电泳的蛋白质样品进行电泳（图 11-3），电泳结束后，取凝胶进行染色和图像分析。

双向凝胶电泳常规的显色方法为考马斯亮蓝染色和硝酸银染色，考马斯亮蓝染色的灵敏度低，难以显示低丰度蛋白，硝酸银染色的灵敏度较高，但硝酸银与醛基有特异性反应，染色蛋白质后续进行质谱鉴定的操作相对烦琐。另外，还有放射性同位素标记的方法和荧光标记染色的方法，尤其值得一提的是荧光显色法，不仅灵敏度高，而且良好地兼容下游的蛋白质鉴定技术。电泳凝胶染色后，经图像获取系统进行扫描或拍照，通过凝胶图像分析软件分析，可得到凝胶上蛋白斑点的数量、灰度、等电点和分子量等 4 个参数。通过程序控制的自动挖胶仪，从电泳凝胶上挖去蛋白斑点凝胶，并将其置于 96 孔板或 384 孔板上，用于进一步的蛋白质鉴定。

3. 双向凝胶电泳表达的信息和特点　　图 11-4 是一张组织蛋白质组双向凝胶电泳图谱，通过图像软件对双向凝胶电泳图谱进行分析，可获得蛋白质组的 4 个参数：表达蛋白质的数量（凝胶蛋白斑点数目）、分子量、等电点（pI）、表达丰度（蛋白斑点的相对灰度）。若比较不同培养时期或药物处理前后蛋白质组的表达丰度，可以得到蛋白质数量和蛋白质丰度变化的数据。

虽然双向凝胶电泳应用很广泛，具有分辨率高和可视化的优势，但仍有一些技术上的限制。例如，双向凝胶电泳蛋白质表达模式很难准确重复，难以精确研究微量蛋白质表达的微小差异。为了消除蛋白质在不同凝胶分离过程中的漂移，使定量更加准确，进一步建立了双

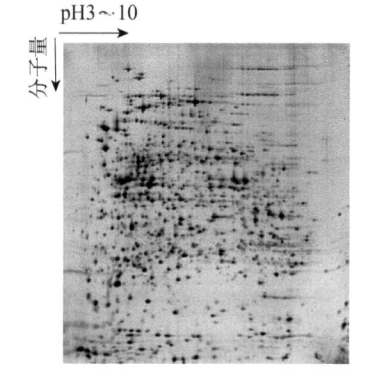

图 11-4　组织蛋白质双向凝胶电泳图谱
（钱小红和贺福初，2003）

向荧光差异凝胶电泳技术。

（三）双向荧光差异凝胶电泳技术

双向荧光差异凝胶电泳（two-dimensional fluorescence difference gel electrophoresis，2D-DIGE）是 Unlu 等（1997）在传统的双向凝胶电泳技术的基础上，结合了多重荧光标记，在同一块凝胶电泳中对不同样品之间蛋白质组表达差异进行相对定量和绝对定量分析的 2DE 技术。也就是将蛋白质组标准样品和不同生理状态的样品分别用不同的荧光染料（Cy2、Cy3 和 Cy5）标记，将不同荧光标记的样品等量混合，在同一块胶上双向电泳，三种荧光染料激发和发射波长不同，在扫描图像分析时，分别用三种不同的激发光对同一凝胶进行观察，可以得到三种不同颜色荧光信号的凝胶图像，分析软件根据凝胶上每个蛋白斑点三种信号的比例，判断样品之间的同一蛋白质的表达差异（图 11-5）。2D-DIGE 技术首次引入了内标（internal standard）的概念，每个蛋白斑点都有它自己的

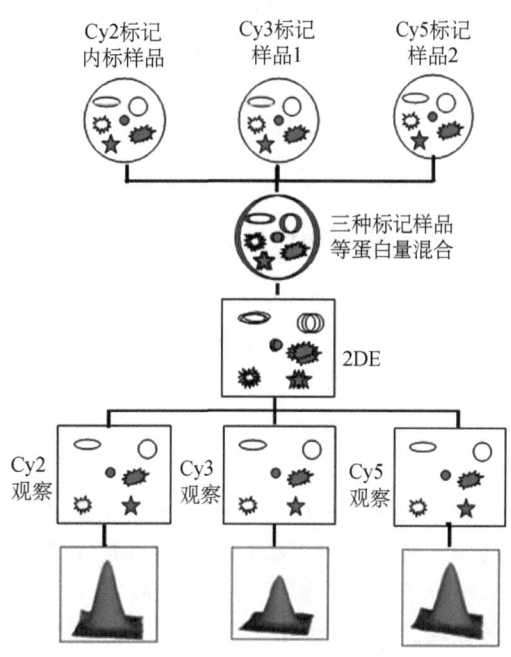

图 11-5　双向荧光差异凝胶电泳流程示意图

内标，通过荧光差异软件全自动地对表达蛋白量进行校准，极大地提高了结果的准确性、可靠性和重复性，保证所检测到的蛋白质丰度变化是真实的，能够鉴定出真正生物学意义小于 10% 的差异。

2D-DIGE 系统克服了双向凝胶电泳重复性差、不同凝胶之间匹配的误差大的不足。由于使用相同的内标并在同一块胶内分离，避免了使用不同凝胶电泳时在操作上的偶然性和不平行性，消除了不同电泳凝胶和不同批次之间的差异，保证统计上的可靠性及操作上的重复性。但 2DE 和 2D-DIGE 仍有以下局限性：①极酸性和极碱性蛋白、疏水性蛋白、大分子质量蛋白及膜蛋白的分析；②低丰度蛋白的检测；③简化双向凝胶电泳的实验操作，与质谱直接联用，难以实现自动化和全过程一体化。这些缺陷在一定程度上限制了双向凝胶电泳在蛋白质组学中的广泛应用。但也有研究者认为 2DE 是蛋白质组学研究的"金凤凰"，其优势是可以得到大量的完整的蛋白质纯化样品，包括蛋白质的同种异构体和翻译后修饰等，改良的 2DE/2D-DIGE 具有超高分辨率，能得到数千至 1 万个以上的蛋白斑点，结果可视化，后续蛋白质鉴定更准确。

（四）多维液相色谱技术

由于蛋白质组学样品的复杂程度极高，一维色谱分离难以达到良好的分离效果。多维液相色谱（multi-dimensional liquid chromatography，MDLC）具有高效的分离能力，它是将基于不同分离原理的液相色谱串联而形成的一种色谱技术，消除了双向凝胶电泳的歧视效应，更适合于对复杂样品进行分离。常见的二维色谱包括离子交换色谱-反相色谱（IEC-RPLC）、排阻色谱-反向色谱（SEC-RPLC）、强阳离子交换-反向色谱（SCX-RPLC）、强阴离子交换-

反向色谱（SAX-RPLC）、反向色谱-反向色谱（RP1-RP2）及三维色谱（RP1-SCX-RP2LC）等，是蛋白质组学研究中常用的多维液相色谱分离系统。为了适应单细胞和极微量样品蛋白质组学研究，粒径几十微米的填充色谱柱逐渐发展为粒径几百纳米至几微米的色谱柱，如毛细管 nanoLC 和 picoLC 技术。尤其是 MDLC 的出口易于质谱进样口在线连接，使蛋白质分析过程的自动化程度大幅度提高，能够良好地适用于复杂多组分样品的定性和定量分析，已成为蛋白质组分离的核心技术。

二、蛋白质组高通量鉴定技术

在蛋白质组学研究过程中，蛋白质鉴定是关键环节。蛋白质鉴定的方法多种多样，如氨基酸组成分析法、氨基酸序列分析法、核磁共振、蛋白质印迹（Western blotting）、蛋白质芯片等，但目前蛋白质鉴定的主流技术已无可争议地确定为生物质谱技术。

（一）生物质谱技术

质谱技术是按照带电粒子的质量（m）和电荷（z）比值（质荷比，m/z）对物质进行分离和鉴定的一种方法。该技术问世于20世纪初，由于受电离技术的制约，一直只应用于有机小分子领域，直到20世纪80年代，两种软电离技术的问世，才使其拓展到生物大分子研究领域。20世纪90年代中期，质谱技术逐步成为蛋白质和多肽分析的有力工具，由于质谱扫描速度极快，自动化程度高，分辨率极高，很快发展成为蛋白质组学研究中的主要支撑技术。串联质谱与多维液相色谱联用技术的使用，极大地提升了蛋白质组定性定量分析的效率。

1. 质谱仪的工作原理　　其基本原理是在离子源（ion source）中将样品分子离子化，形成荷电的粒子，依据荷电粒子在电场和（或）磁场中运动的性质不同，在质量分析器中将质荷比不同的带电粒子彼此分离，并排列成谱。质谱分析的主要作用是准确测定物质的分子量，并根据物质的碎片特征分析化合物的结构特征。

2. 质谱仪的组成及分类　　质谱仪一般由进样装置、离子源、质量分析器、离子检测器和数据分析系统组成，其中离子源和质量分析器是两个核心部件。离子源种类多种多样，如电喷雾离子源（electron spray ionization，ESI）、快原子轰击（fast atom bombardment，FAB）离子源、基质辅助激光解吸离子源（matrix-assisted laser desorption-ionization，MALDI）、大气压化学电离源（atmospheric pressure chemical ionization，APCI）等，它们的作用是将待测的分子离子化。质量分析器的作用是将不同的带电粒子彼此分离，决定着质谱的准确度、灵敏度和分辨率。目前常用的质量分析器也多种多样，如飞行时间（time-of-flight，TOF）、四极杆（quadrupole rod，Q）、线性离子阱（linear ion trap，LIT）和傅里叶变换离子回旋共振（Fourier transform ion cyclotron resonance，FTICR）、轨道阱（orbitrap）等质量分析器。

根据离子源和质量分析器这两个部件可以对不同类型的质谱仪进行分类和命名，如电喷雾离子化质谱（ESI-MS）、快原子轰击质谱（FAB-MS）是根据离子源不同来区分的，而飞行时间质谱（TOF-MS）、四极杆质谱（Q-MS）、轨道阱质谱（Exactive-MS）则是根据质量分析器的不同来划分的。不同离子源和质量分析器相匹配组合，基本确定了质谱仪的工作方式，常见的质谱仪如 ESI-Q-MS、MALDI-TOF-MS、ESI-Q-Orbitrap-MS 等。

3. 常用的生物质谱及其特点　　生物质谱的离子化方法基本采用 ESI 和 MALDI 这两种软电离方式，而质量分析器则有不同的选择，如三极四极杆、离子阱、飞行时间、傅里叶变换离子回旋共振和轨道阱等。不同的质量分析器各有其优势和特点，也有不同的应用范围，目前发展趋势是将不同类型的质量分析器串联起来,以提高质谱的工作性能和适用范围。这里主要以两种离子化方式对生物质谱仪进行分类和描述。

(1)电喷雾离子化质谱仪(ESI-MS) 电喷雾离子源(ESI)是由 Fenn 等(1989)创建的一种软电离方式。液体样品通过毛细管到达喷口,在喷口高电压作用下形成带电荷的微滴,随着微滴中溶剂蒸发,微滴表面的电荷密度增加,到达临界点时,样品将以离子的形式从液滴表面蒸发,进入气相(图11-6)。这一过程实现了样品的离子化,带电离子进一步通过质量分析器进行质谱测定。ESI-MS 另一特点是可形成多电荷离子,因此在 m/z 量程范围内可用于生物大分子检测。ESI-MS 可测定小于 100kDa 的蛋白质,最高可达 150kDa。

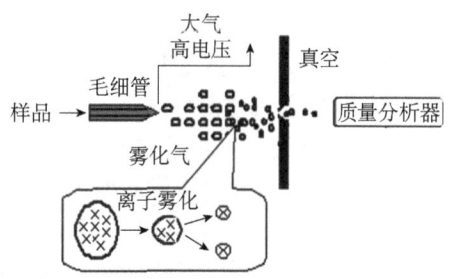

图 11-6 电喷雾离子源电离过程图解
(改自理查德 J.辛普森,2006)

常用的 ESI-MS 有 ESI-Q-MS、ESI-Q-TOF-MS、ESI-FTICR-MS 等。由于 ESI-MS 采用液相方式进样,可与 LC 等仪器联用。蛋白质或多肽经过 LC 分离后,可直接进入质谱测定。

(2)基质辅助激光解吸电离质谱(MALDI-MS) 日本岛津公司田中耕一博士(1988)首先将基质辅助激光解吸离子源(MALDI)用于生物大分子蛋白质分析,并于 2002 年荣获诺贝尔奖。MALDI 的原理是将样品均匀包埋在固体基质中,基质吸收激光提供的能量而蒸发,携带部分样品分子进入气相,并将一部分能量传递给样品分子,使其离子化(图 11-7)。对于蛋白质和多肽样品,激光波长通常为 337nm,常用的固相基质如芥子酸、α-氰基-4-羟肉桂酸和 2,5-二羟基苯甲酸等。MALDI 最大的特点是带电离子的电荷数通常是 1 或 2,而不像 ESI 离子化过程的离子带多个电荷,质谱图更容易解析。常见的 MALDI-MS 有 MALDI-TOF-MS、MALDI-TOF/TOF-MS、MALDI-Q-TOF-MS 等。

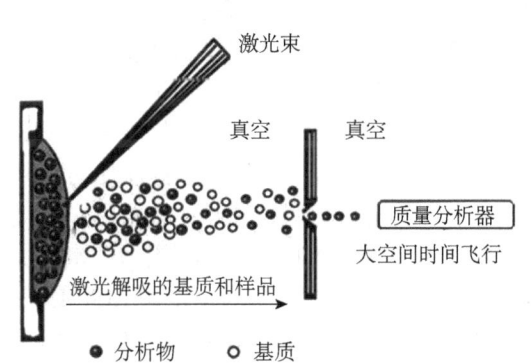

图 11-7 基质辅助激光解吸离子源离子化过程示意图(改自理查德 J.辛普森,2006)

(3)串联质谱(MS/MS)技术 是指用质谱进行质量分离的质谱分析方法,也称质谱-质谱法、多级质谱法、二维质谱法和序贯质谱法。串联质谱仪的组合方式包括多种,但主要分为空间串联和时间串联两种方式。①空间串联质谱:空间串联质谱是由两个或两个以上的质量分析器串联而成的,两个质量分析器之间有一个碰撞室,目的是将前一级质谱筛选的离子打成碎片,然后由下一级质谱进行分析。例如,Q-TOF-MS、Q-TOF-TOF-MS、Q-Orbitrap-MS 等使 MS 真正成为高通量的蛋白质测序工具。②时间串联质谱:与空间串联质谱不同,时间串联质谱只有一个质量分析器,在前一时刻选定的目标离子进入碰撞室中被打碎后,在后一时刻再回到质量分析器进行分析。时间串联质谱的代表是傅里叶变换离子回旋共振质谱(FTICR-MS)和离子阱质谱。

近年来,MS/MS 蛋白质序列分析技术突飞猛进,极大地提高了检测的自动化程度及灵敏度。尤其是 2D-MDLC-MS/MS 联用可以大规模地在线分离和鉴定蛋白质,特别是对膜蛋白、极低丰度蛋白质及大分子蛋白质鉴定也显示出独特优势，已成为蛋白质组学研究的有力手段。

（二）蛋白质鉴定技术

蛋白质鉴定的方法众多，以下着重介绍肽质量指纹谱技术、肽测序质谱分析技术、氨基酸组成分析技术和微量氨基酸测序技术。

1. 肽质量指纹谱技术　　肽质量指纹谱（peptide mass fingerprinting，PMF）是 Henzel 等（1993）建立的，PMF 是指蛋白质被酶切位点专一的蛋白酶（常用胰蛋白酶）水解后，经质谱测定的蛋白质的肽质量质谱图。PMF 具有蛋白质特征性，将测定的 PMF 与质谱数据库中的图谱比对，寻找与 PMF 最相似的蛋白质，即实现了蛋白质鉴定。这种先将完整的蛋白质纯化出来，再水解成多肽片段，依据其多肽片段的特征对蛋白质实施鉴定的方法，称为自上而下（top-down）的蛋白质鉴定方法。由于质谱扫描速度非常快，蛋白质水解过程可批量操作，可快速、高通量地进行蛋白质鉴定。常用的质谱仪有 MALDI-MS 和 MALDI-MS/MS。

2. 肽测序质谱分析技术　　通过测定一个或几个肽段的氨基酸序列，与质谱蛋白质鉴定数据库比对，实现对蛋白质的鉴定。依据对多肽处理的手段不同，可分为三种方法：①阶梯降解法，从待测蛋白质水解产物中纯化待测多肽，用酶或化学方法从 N 端或 C 端按顺序逐个去除氨基酸残基，将多肽降解成一系列阶梯状（ladder）肽片段的混合物，用质谱测定阶梯状肽质量图谱，与标准数据库比对可推算出肽序列。由于质谱分辨率足够高，能良好地分辨分子量非常接近的氨基酸，如赖氨酸（128.09）和谷氨酰胺（128.06），通过分子量甄别阶梯状多肽片段之间氨基酸的差异，可推测氨基酸序列。该法属于自上而下的蛋白质鉴定方法。②串联质谱法，用 MS/MS 分析待测蛋白质水解多肽产物，采用一级质谱测定蛋白质的 PMF，从 PMF 选择某些肽段（母离子），依次经过碰撞室，多肽形成从 N 端和 C 端肽键断裂的一系列产物（子离子），再通过二级质谱测定断裂产物的质量图谱，与多肽质谱数据库比对可判断肽段的氨基酸序列。这种方法属于一种自下而上（bottom-up）的蛋白质鉴定，常用于已纯化蛋白质分析，如 2DE 蛋白斑点。③多维蛋白质鉴定技术（MuDPIT），将待测蛋白质水解成多肽产物，通过 LC-MS/MS 分析，先经 LC 将多肽产物分离，分离的多肽依次用 MS/MS 分析，测定多肽子离子的质量图谱，与质谱鉴定数据库比对，可推测多肽的序列。这种方法又称鸟枪法或自下而上的蛋白质鉴定方法。

3. 氨基酸组成分析技术　　1977 年被首次用于蛋白质鉴定，它是利用蛋白质异质性氨基酸组成的特征，通过氨基酸组成分析，对蛋白质进行鉴定，易于实现高通量。Latter 首次将其用于 2DE 凝胶上蛋白质的鉴定，将蛋白质从凝胶中取出，经 155℃酸水解 1h，经过自动衍生和色谱分析，约 40min 可检测一个样品。通过与数据库氨基酸组分比对，对蛋白质进行鉴定。其是一种快速甄别蛋白质的方法，缺点是酸水解不彻底或部分氨基酸降解，氨基酸组成相同的蛋白质难以彼此分辨，故需要联合其他方法对蛋白质进行鉴定，鉴定效率低于质谱法。

4. 微量氨基酸测序技术　　是蛋白质分析和鉴定最基本的方法。基于埃德曼降解法的 N 端测序是常规蛋白质鉴定的方法，虽然测序速度较慢，费用较高，但准确度非常高，依然是蛋白质鉴定的重要依据。如果上述三种鉴定方法不能明确鉴定的蛋白质，可选择埃德曼降解法测序。目前，埃德曼降解法微量测序已实现了高度自动化和智能化，采用微量 HPLC 进行降解氨基酸的鉴定，不但提高了测序的效率和灵敏度，而且实现了自动化上样和平行测序，加快了测序进程，降低了测序费用。随着高通量测序技术的突破，微量氨基酸测序技术在蛋白质鉴定中将发挥重要的作用。

三、蛋白质组定性定量分析技术

基于蛋白质分离技术和质谱蛋白质鉴定技术相互联合，蛋白质组分析策略基本上可分为基于双向凝胶电泳与质谱技术联合（2D-DIGE-MS）和多维液相色谱与质谱的联合（LC-MS/MS）技术两大类（图11-8）。根据使用技术的不同，2D-DIGE-MS 技术又可分为 MALDI-MS、MALDI-MS/MS、LC-MS/MS 等。目前主流的蛋白质组学技术是 LC-MS/MS 技术，其优势是通量高，一次实验可定性定量地分析数千甚至上万种蛋白质，实现了在线分离和鉴定一体化，不但可用于表达蛋白质组分析，也适用于修饰蛋白质组、蛋白质之间的相互作用及细胞和亚细胞定位等快速定性定量分析。

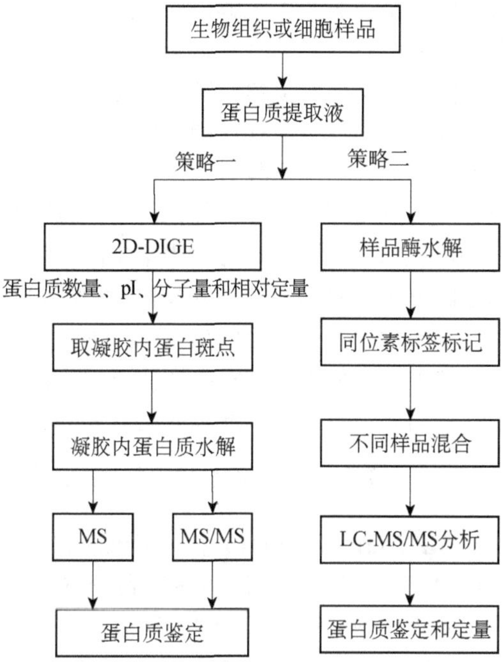

（一）2D-DIGE 与质谱联合技术

采用 2D-DIGE 对蛋白质组进行组分分离和含量测定，结合质谱法对 2D-DIGE 分离的蛋白斑点进行高通量鉴定，实现了蛋白质组的定性定量分析。2D-DIGE 蛋白斑点鉴定基本程序为：挖取蛋白斑点、预处理、蛋白酶水解、萃取多肽、干燥处理、质谱分析，见图11-9。通过计算机程序选择 2D-DIGE 蛋白斑点，用全自动挖胶仪依次挖取凝胶上的蛋白斑点，置于 96/384 孔板中，经过脱色和清洗等预处理，

图 11-8　基于 2D-DIGE-MS 和 LC-MS/MS 蛋白质组分析一般流程

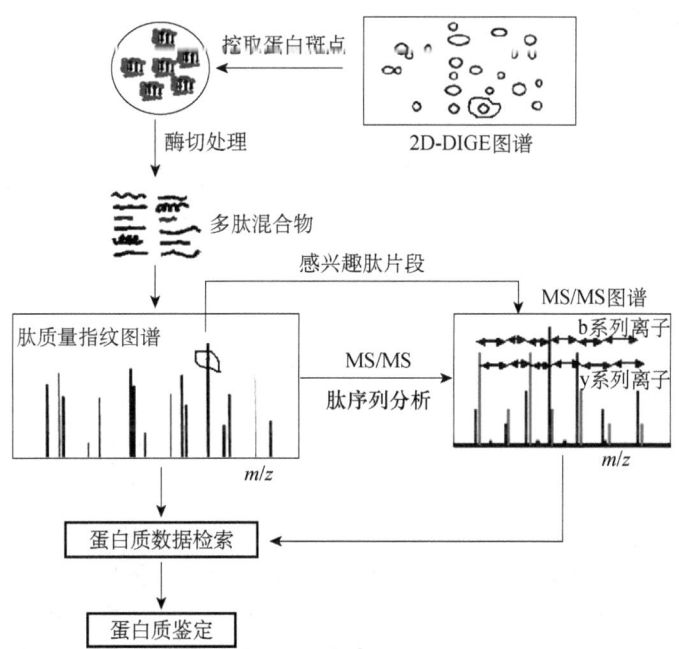

图 11-9　基于 2D-DIGE 和质谱组合法蛋白质组分析的基本过程（改自钱小红和贺福初，2003）

加入蛋白酶在凝胶内水解蛋白质，萃取多肽片段，通过 MALDI-MS/MS 的一级质谱测定 PMF 对蛋白质进行鉴定。在此基础上，选择 PMF 中特定多肽，进一步通过二级质谱分析多肽的氨基酸序列从而对蛋白质实施鉴定。

某些蛋白质可能存在翻译后修饰，或电泳过程中某些氨基酸会被引入质量修饰（如半胱氨酸烷基化、甲硫氨酸氧化）等，导致测定蛋白质的 PMF 中一些肽段质量数与理论值不符。PMF 鉴定的最大优点是不需要全部肽质量数都与理论值相符，即可对蛋白质进行鉴定。图 11-10 是 2D-DIGE 分离蛋白质鉴定的实例，该蛋白质来源于人白血病细胞，经胰蛋白酶酶切，测定的 PMF 与数据库检索比对，可鉴定为人丙酮酸激酶，图中标记*的质谱峰与数据库中丙酮酸激酶肽质量数理论值相符。PMF 方法可同时处理大量样品，是大规模鉴定被纯化蛋白质的首选方法。但该方法对酶切位点较少的小分子多肽，水解肽片段较少，鉴定结果也会有假阳性的问题，可进一步通过质谱肽序列分析鉴定，准确度更高。

（二）LC-MS/MS 在线分析技术

Washburn 等（2001）利用多维液相色谱和串联质谱联用技术，采用多维蛋白质鉴定方法（MuDPIT），从酵母细胞中鉴定到 1500 余种蛋白质，实现了单批次蛋白质鉴定数量的飞跃。其基本程序是：将组织或细胞提取的蛋白质组样品，经过酶水解等处理，制备成多肽混合物，利用 LC-MS/MS 对混合样品中的多肽逐个进行肽序列分析，与蛋白质鉴定数据库比较，实现了蛋白质组定性分析，依据色谱和质谱相对峰面积对蛋白质组实施相对定量。这种技术也被称为鸟枪法、自下而上或同位素非标记的蛋白质组分析技术。

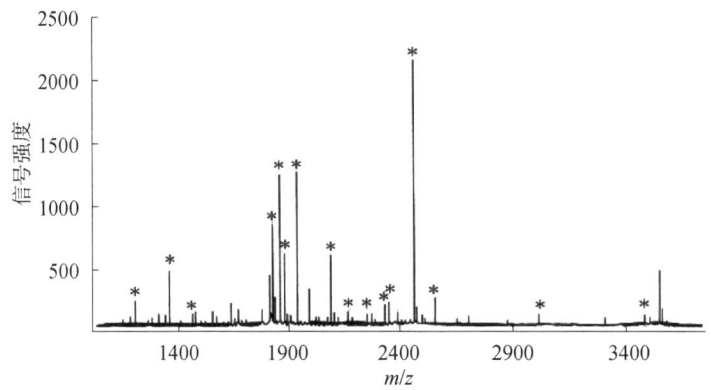

图 11-10　2DE 某蛋白斑点 PMF 与数据库中丙酮酸激酶的匹配情况（改自钱小红和贺福初，2003）
*表示与数据库数据相符

酶切处理是蛋白质组分析的重要环节。为了提高酶切效率，酶切之前，对蛋白质组样品先依次进行变性、还原、烷基化处理，再进行蛋白酶水解。常用尿素或 SDS 等处理，使样品蛋白质变性，目的是破坏蛋白质高级结构，暴露酶切位点；二硫苏糖醇（DTT）或三-甲酰乙基膦盐酸盐（TCEP）等是常用的还原剂，目的是打开二硫键；碘乙酰胺（IAA）等是常用的烷化剂，对—SH 进行修饰，防止被还原的—SH 重新形成二硫键。

其优势是实现了蛋白质组分离、鉴定和定量分析全自动一体化，大幅度提高了蛋白质组分析速度和效率。但是蛋白质组的酶水解样品极其复杂，多肽数量极其庞大，蛋白质丰度高度不一，甚至相差 5～6 个数量级或更高，导致高丰度多肽掩盖低丰度多肽的检测，众多的低丰度蛋白质难以检出，且重复性和重现性的问题严重，变异较大，需依赖于高精尖的仪器设备。针对这些问题，形成了一系列基于质谱分析的同位素标签技术，进一步提高了蛋白质组分析的灵敏度、精度和数据分析通量，低丰度蛋白质检出水平不断提高，推进了蛋白质组高灵敏度和高准确度的定性与定量分析。

1. 同位素标记蛋白质组分析技术　同位素标记蛋白质组分析技术是一种高通量、高灵敏度、精确分析蛋白质组表达差异的技术。依据质谱能够对质量不同的稳定同位素化合物（如 ^1H 和 ^2H、^{12}C 和 ^{13}C 等）进行良好分辨的原理，用稳定同位素化合物标签标记蛋白质组样品，使样品中的多肽或蛋白质都具有质量相同的一种同位素标签，再将不同质量同位素标签标记的多个蛋白质组样品混合成一个样品，同时对多个蛋白质组进行定性定量分析，这种方法称为稳定同位素标记（stable isotope labeling）蛋白质组分析技术。与非标记（label free）蛋白质组学技术（每个蛋白质组样品单独分析）相比，有效地减少了不同批次测定之间的误差，提高了蛋白质组定性定量分析的灵敏度和准确度，更有利于生物标志物的筛选和低丰度蛋白质的检出。

同位素标记蛋白质组分析技术包括化学标记和代谢标记两大类。化学标记法是利用化学合成的一组质量不同的稳定同位素标签，该标签的基团对蛋白质/多肽特定的氨基酸残基具有特异性亲和力，在体外对蛋白质组样品实施同位素标记的技术，如同位素编码亲和标签（isotope coded affinity tag, ICAT）、同位素标签相对和绝对定量技术（isobaric tag for relative and absolute quantitation, iTRAQ）、串联质谱标签（tandem mass tag, TMT）等同位素标签技术。代谢标记法是利用化学合成的一组质量不同的稳定同位素（如 ^1H 和 ^2H）标记化合物，如同位素标记是赖氨酸或精氨酸（必需氨基酸），在组织和细胞培养体系中加入同位素标记必需氨基酸，经过反复传代培养，使组织和细胞合成的蛋白质被同位素标记，然后将不同质量的同位素标记的组织和细胞样品等量混合成一个样品，同时进行蛋白质组定性定量分析，这种方法又称为细胞培养氨基酸稳定同位素标记技术（stable isotope labeling with amino acids in cell culture, SILAC）。

针对蛋白质组分析过程中多肽图谱和数据的复杂性，Gygi 等（1999）最先开发了一种同位素编码亲和标签。由于该同位素标签仅针对—SH 进行标记，通过亲和层析分离—SH 被同位素标签标记的片段，有效地降低了蛋白质组样品中多肽的复杂性。但该同位素标签的优势又成了它的劣势，不能检出不含—SH 的蛋白质，而且标签本身分子量较大（>500Da），增大了质谱分析的复杂性，目前已较少使用。针对 ICAT 的劣势，随后又陆续发展了 iTRAQ 和 TMT 等同位素标签蛋白质组分析技术。由于 iTRAQ 和 TMT 设计原理类似，可以用 iTRAQ 为例来理解同位素标记技术的设计原理和操作程序。

2. 基于 iTRAQ 标签的蛋白质组定性定量技术　该技术是一种自动化、智能化、精确度更高的一种蛋白质组定性定量分析技术。iTRAQ 标签由美国应用生物系统公司（2004）研发，其结构如图 11-11 所示。

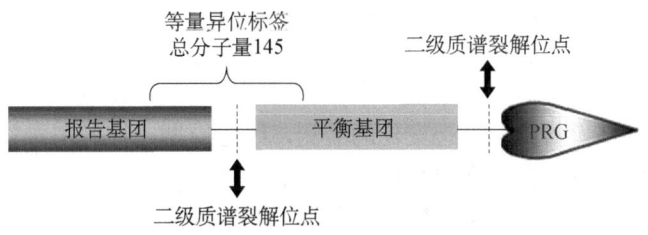

图 11-11　iTRAQ 结构示意图（引自马首智等，2014）

PRG. 多肽活性基团

iTRAQ 由等（或同）量异位标签（isobaric tag）和肽反应基团（peptide reactive group）组成；肽反应基团能够特异性识别和标记多肽 N 端或赖氨酸侧链的氨基；等量异位标签由报告基团（reporter group）和平衡基团（balance group）组成，在平衡基团两侧设计二级质谱裂解位点。一套 iTRAQ 标签包括 4 标或 8 标，即一组标签可标记 4 个或 8 个蛋白质组样品。例如，等量异位标签的总分子量均为 145，报告基团的分子量分别为 113、114、115 和 116，平衡基团分子量依次为 31、30、29 和 28，可组成一套 4 标 iTRAQ 标签。

操作流程：样品→蛋白酶水解→标签标记→样品混合→LC-MS/MS 检测→结果分析。假如有 4 个待测样品，将蛋白质组样品分别用蛋白酶水解成多肽以后，用 4 标 iTRAQ 分别标记 1 个蛋白质组水解样品，将 4 个不同标签标记的样品等量混合成 1 个样品，进行 LC-MS/MS 分析（图 11-12）。由于这 4 种 iTRAQ 标签理化性质相同，分子总质量相等；4 个样品的混合物中，被标记的同一种多肽片段在 LC 和一级质谱分析中理论上呈现单一的色谱峰和质谱峰；一级质谱再对 LC 分离的各个色谱峰的样品逐个进行更精细的分离；然后进行二级质谱分析，获得标记多肽的子离子和 iTRAQ 的子离子（报告基团）的质谱数据。4 个 iTRAQ 报告基团的质荷比（m/z）分别 113、114、115、116，彼此分离；根据 iTRAQ 报告基团（4 个）的质谱峰面积，分别对 4 个样品的蛋白质组进行定量。根据多肽的子离子的质谱数据，能够得到多肽的序列，对蛋白质进行定性。一个蛋白质酶水解可形成多个不同的肽段，对多个肽段进行定量分析，相当于对同一个蛋白质进行了多次定性和定量。若其中一个 iTRAQ 标记的多肽为标准品，通过标准样品标准曲线和同位素标记的内标，可实现蛋白质组的绝对定量。通常定量分析应该不少于 3 个独立的平行样品，用于蛋白质表达差异的统计学分析。

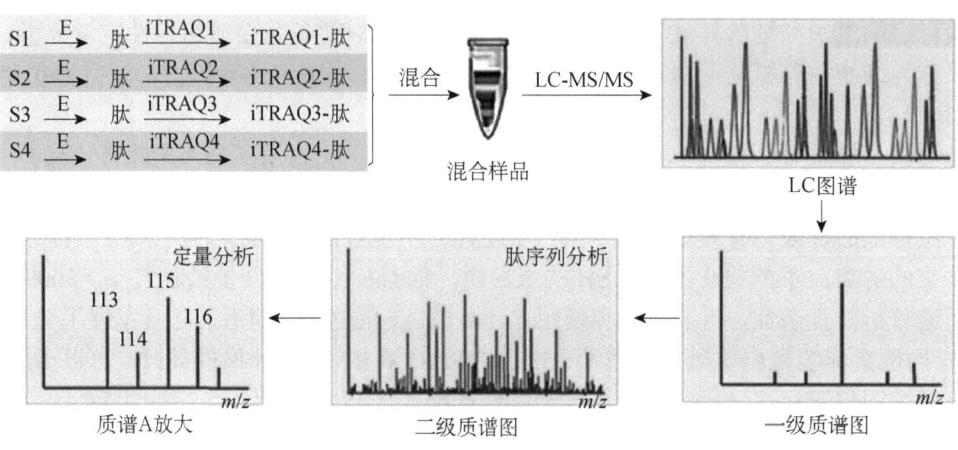

图 11-12 基于 iTRAQ 蛋白质组定性定量分析（改自 Budnik et al., 2018）

技术优势：应用范围广泛，iTRAQ 标签几乎可标记样品中所有的蛋白质，不受种属差异限制，适用于所有物种的蛋白质组样品的标记，也能适合于膜蛋白、小分子量蛋白质和低丰度蛋白质。定性和定量在二级质谱上进行，标记多肽经过 LC 和一级质谱两次分离，分辨率更高。样品通量大，一组可标记 4 个或 8 个样品同时进行差异比较，精确度和准确度更高，适合于蛋白质组和修饰蛋白质组动态变化的监测，细胞周期、细胞信号转导整个过程的蛋白质组动态学研究，以及生物标志蛋白和药物靶标的筛选。

不足之处：试剂价格昂贵，每个样品标签标记之前操作步骤较多，易于带来操作误差和样品污染。

3. 同位素标记与非标记蛋白质组分析流程的比较 常见的 4 种类型同位素标签标记与非标记蛋白质组分析的流程见图 11-13，这 4 种类型的同位素标签标记技术各有特点，其区别在于：不等重标记（SILAC 和 ICAT）在一级质谱上进行定量分析，在二级质谱上进行定性分析；等重异位标签（iTRAQ 和 TMT）定性和定量分析都在二级质谱上进行。在样品处理过程中，同位素标记前的操作步骤越少，相互比较的蛋白质组样品单独操作的步骤越少，产生操作误差的可能性较小。非标记蛋白质组分析组间会引入操作误差，且依赖于高灵敏度、高稳定性的仪器设备。

SILAC 标记的两个生物样品可直接混合成一个样本，后续的操作误差对蛋白质组差异比较的影响较小，但 SILAC 是生物体内的一种代谢标记方法，需要对组织/细胞连续培养多代，才可能将样品中的蛋白质完全标记，因此使用受到限制。化学标记法操作简单，体外对蛋白质组样品进行标记，ICAT 直接对样品提取液蛋白进行标记，而 iTRAQ/TMT 必须经过酶切后才能标记，样品单独处理步骤较多，易于带来操作误差。但是 ICAT 只对含有－SH 的蛋白质进行标记，蛋白质组蛋白覆盖度低，目前已很少使用。iTRAQ/TMT 几乎可标记样品中所有的多肽，不具有物质特异性，通常可同时标记 8～10 个样品，大幅度提高了样品的检测通量，目前经常使用。尤其是 Gygi 等（2020）开发的新一代标签 TMTpro，可标记多达 16 个样品。随着质谱稳定性和灵敏度的提高，以及样品处理自动化程度的提高和机器人操作，操作误差降低，非标记技术目前也是常用的技术，其不足之处是样品检测通量较低。

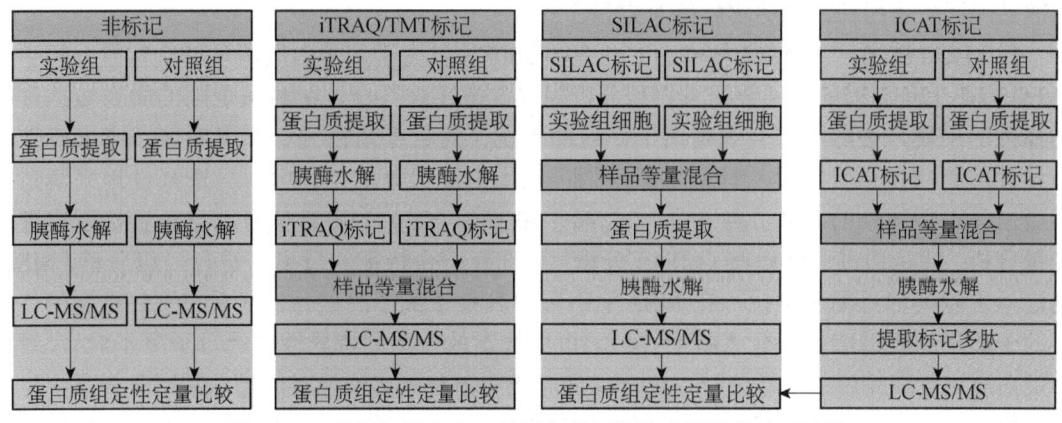

图 11-13 非标记技术和 4 种同位素标记技术的样品处理过程

（三）SELDI-TOF-MS

表面增强激光解吸电离飞行时间质谱（surface enhanced laser desorption ionization time of flight mass spectrometry，SELDI-TOF-MS）的原理是利用特异性的化学表面或生物分子共价偶联的表面芯片，捕获样品中特定性质的蛋白质，经过适当强度的洗涤，去除非特异性结合蛋白质。在芯片表面添加能量吸收分子（energy absorption molecule，EAM），能够介导芯片表面结合分子的离子化，分析芯片表面吸附的蛋白质组组分。

根据芯片表面的成分不同，可分为化学表面芯片和生物表面芯片。化学表面芯片又可分为疏水、亲水、阳离子、阴离子和金属离子螯合芯片等；生物表面芯片又分为抗体、抗原、受体、配体和 DNA-蛋白质芯片等种类。这些芯片可选择性吸附具有特征性质的蛋白质。SELDI-TOF-MS 技术将蛋白质芯片与飞行时间质谱（TOF-MS）相结合，能够从复杂的生物样品直接获取被芯片吸附的蛋白质指纹图谱,可显示样品中各种蛋白质的分子量、含量、等电点、磷酸化位点等信息,识别分子量范围从小于 1kDa 的多肽至 500kDa 以上的蛋白质,对于低丰度蛋白质检测灵敏度低至 $-18 \sim -10$ mol 数量级。

与 2D-DIGE 技术相比,该技术样品处理和操作过程更加简单,自动化程度、检测速度和处理的信息量大幅度提高。该技术已被广泛应用于差异蛋白质组分析,用于生物标志物(如卵巢癌、乳腺癌、前列腺癌、结肠癌、肺癌、食管癌、肝癌等恶性肿瘤)的筛选,在蛋白质水平和翻译后修饰方面提供关键信息,但基于 SELDI-TOF-MS 的质谱蛋白质鉴定数据库尚有待完善。

(四)蛋白质组绝对定量分析技术

由于生物样本极端复杂,低丰度的多肽信号容易被高丰度的所抑制,常规的稳定同位素标记和非标记的蛋白组学定量技术难以检测低丰度的多肽,且灵敏度和重复性较低,难以临床应用。基于质谱的靶向蛋白质组学分析技术,是基于抗体的蛋白质定量技术以外的一种更加高效、快速、准确、重复性更好的靶向蛋白质组定量技术,适合于信号转导通路、肿瘤标志物和翻译后修饰等低丰度蛋白质组样品的相对和绝对定量分析。其包括多重反应监测(multiple reaction monitoring,MRM)、平行反应监测(parallel reaction monitoring,PRM),以及数据非依赖采集模式的蛋白质组定性定量技术(SWATH),这些技术结合蛋白质/多肽的标准品和同位素内标,能够实施绝对定量。

1. MRM 技术　　MRM 技术由 Cox 等(2008)首先引入蛋白质组学精确定量分析中。MRM 本质上是质谱的一种数据采集和分析模式,是针对符合目标离子规则的质谱数据进行选择性的采集,去除不符合规则离子信号的干扰,对目标蛋白进行高灵敏度、高准确性和特异性的靶向蛋白质定量。其基本原理为:在蛋白质组分析过程中,只选择性地采集对目标蛋白具有特异性的"母子离子对"(母离子和子离子对)的质谱信号数据对目标蛋白进行定量分析。就是通过一级质谱(MS1)分析,只选择符合特征的母离子进行二级质谱(MS2)测定,去除其他母离子干扰,在 MS2 上不采集其他子离子的信号,只采集预先选定的、特异的子离子的质谱信号数据(图 11-14)。根据选定的一系列特异性的"母子离子对",对多种蛋白质进行高精度的定量分析,结合标准曲线和内参可实现绝对定量,常用于样品中生物标志物、修饰蛋白质组等高通量定量分析中。特异性"母子离子对"的选择方法:根据理论预测(如 MRMpilot 等软件),或根据鸟枪法测定的蛋白质组的结果进行筛选,筛选过程复杂烦琐。

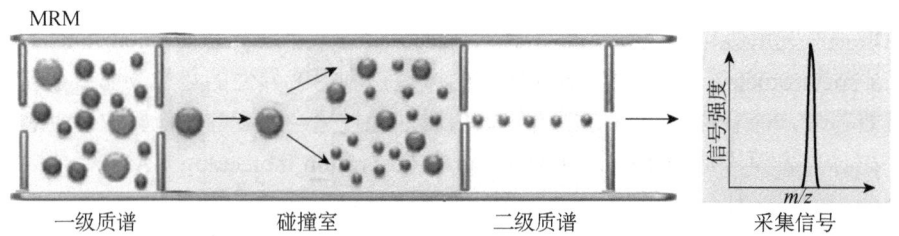

图 11-14　MRM 对一级质谱母离子和二级质谱子离子的选择与信号采集(改自侯桂雪等,2014)

2. PRM 技术　　在 MRM 基础上,Coon 和 Domon 两个团队于 2012 年先后提出了 PRM 技术。与 MRM 一样,都需要在 MS1 上筛选特异性母离子,但 PRM 不需要预先确定"母子离子对"，在二级质谱窗口内采集母离子的所有子离子信号（图 11-15）。根据蛋白质鉴定数据库对蛋白质进行定性分析；进一步制定一整套靶蛋白特异性肽段的子离子信号的规则，从所有的子离子数据中提取符合规则的数据进行定量，有效排除干扰离子，提高蛋白质的定量准确度和精度；实现了蛋白质组的定性和高精度定量，结合标准品，可进行蛋白质组绝对定量分析。

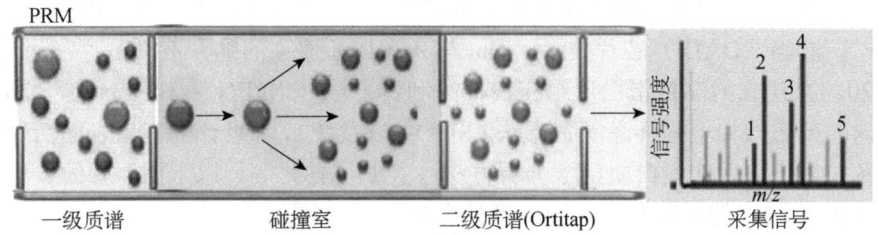

图 11-15　PRM 对一级质谱母离子和二级质谱子离子的选择与信号采集（改自 Peterson et al.，2012）

操作流程：①从鸟枪法蛋白质组分析数据或者根据理论推测选择靶向肽段；②制备样品多肽水解产物；③进行预实验调整测定参数和靶向肽段；④PRM 检测；⑤数据分析。特点：对质量分析器的分辨率和精度的要求更高，实现了检测从靶向"母子离子对"到检测全部目标子离子的跨越，不仅具有 MRM 的靶向定量分析能力，也能进行定性分析；更好地排除背景干扰和假阳性，有效提高了复杂背景下的检出限和灵敏度，质量精度达到 ppm（百万分之一）数量级；对子离子进行全扫描，无须选择离子对和优化碎裂能量，更容易建立分析方法，线性动态范围更宽。

3. SWATH 技术　　Aebersold 等（2012）提出了全新蛋白质组定性定量技术，称为 SWATH。它是基于数据非依赖采集模式和高分辨率的靶向质谱数据提取相结合的对目标蛋白高精度定性和定量技术。

基本原理：将不同的洗脱时间（LC）和不同质荷比（一级质谱）的多肽，也就是将所有的多肽母离子逐一进行二级质谱扫描，采集窗口内的所有子离子的全部数据，有效保留几乎所有肽段的质谱定性和定量的所有数据。操作步骤：①样品蛋白质的提取和酶解。②采用鸟枪法对蛋白质组进行定性分析。③根据蛋白质组定性分析结果，确定 SWATH 的扫描间隔等质谱参数，进行样本的 SWATH 检测。④根据 SWATH 检测的谱图信息，使用质谱蛋白质匹配数据库，对蛋白质组进行定性分析。⑤从 SWATH 检测的质谱信息中，提取定量数据信息，导入蛋白质组数据分析软件，对蛋白质进行定量分析。技术优势：一次 SWATH 实验能获得完整的蛋白质组定量和定性数据，无须方法优化。高分辨率的扫描模式可以消除背景干扰，选择能力提高、灵敏度更高、重复性更好、准确度更高、通量更高，实现了高效、快速、高精度、高通量蛋白质组定性定量分析。结合标准品应用，能全面实现蛋白质组的绝对定量，潜力巨大。目前其已被用于蛋白质组精细定量、蛋白质复合体鉴定和宿主蛋白质分析等。

四、单细胞蛋白质组学技术

随着技术的进步，近年来单细胞蛋白质组学（SCP）技术迅速发展，相关研究方法主要包括超高分辨质谱、微流控芯片、荧光抗体探针、流式细胞术、高通量成像术、单细胞印迹法和光纤纳米生物传感技术等，其中质谱是一种发展较快的技术。

基于质谱的 SCP 技术包括单细胞分离筛选、单细胞样品的微量处理和一系列操作（细胞裂解、还原、烷基化、酶水解、同位素标签标记、样品混合、样品浓缩等）、nanoLC-MS/MS 分析。单细胞分选技术主要包括显微操作技术、激光捕获显微切割法、流式细胞荧光分选术、微流体技术和全自动单细胞分选仪（cellenONE）等。目前已经建立了多种适合于单细胞一系列操作的微型系统和技术。例如，Zhang 等（2015）设计的集成化蛋白质组分析装置（iPAD）；Slavov 等（2018）建立的基于质谱的单细胞蛋白质组学分析方法（SCoPE-MS）；Li 等（2018）建立的油-气-液滴（OAD）芯片技术；Zhu 等（2018）建立的纳升液滴芯片（nanoPOTS）；Hata 等（2020）建立的高效蛋白质组在线样品制备方法（ISPEC）；Hughes 等（2014）建立的基于磁珠的单罐固相增强样品制备方法（SP3）；以及 Tsai 等设计的基于表面活性剂辅助一锅样品制备与质谱联用的蛋白质组学分析方法（SOPs-MS）等。以下简要介绍 5 种方法，重点理解 SCP 分析技术的思路和一系列微量处理系统的设计。

1. SCoPE-MS 平台　　将收集的单细胞置于微型离心管中，在离心管中经过超声波处理将细胞裂解、酶水解（90℃时快速变性，45℃胰酶水解）、提取蛋白质酶解肽段、串联质谱标签（TMT）标记、样品混合等一系列操作，将样品上机进行蛋白质组分析。经过进一步改良，又将单细胞分选在 384 孔板上，通过冷冻-加热循环裂解细胞，通过微流控实现了一系列操作自动化，有效减小了样品处理体积（1μL）。该技术从 10 个和 1 个 HeLa 细胞中分别可鉴定出 3000 种和 670 种蛋白质，其特点是结合 TMT，样品通量大，10 天可分析 1000 个单细胞的蛋白质组。

2. OAD 系统　　OAD 芯片的结构从外到内为油、空气和液滴，液滴被密封在内部，有效降低了液滴处理过程中的蒸发（图 11-16）。基于微流控技术，将一系列的 OAD 芯片排列在一起，构成顺序操作液滴阵列（SODA），用微流控装置控制的毛细管将单细胞样品、细胞裂解液、蛋白质还原试剂、烷基化试剂、蛋白酶等一系列试剂注入液滴中，依次将细胞裂解、蛋白质还原、烷基化、酶水解，再将酶解产物注入 20μm 毛细管柱进行 LC-MS/MS 分析。在 100 个、10 个和 1 个 HeLa 细胞中分别可鉴定到 1360 种、192 种和 51 种蛋白质。

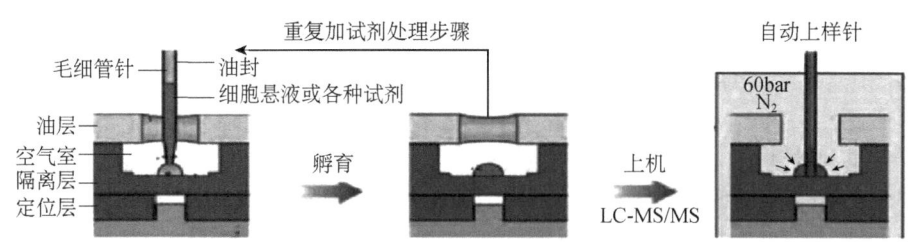

图 11-16　OAD 结构单元组成和样品处理过程示意图（改自贺映云等，2022）

$1bar=10^5Pa$

3. nanoPOTS　　利用流式细胞分选仪（FACS）将单细胞分选到 nanoPOTS 芯片的阵列微孔中形成液滴，用显微镜对微孔中的单细胞进行观察和确认，利用毛细管针依次加入一系列反应试剂，在原位完成一系列样品处理的多步操作，通过毛细管将 nanoPOTS 系统与 20μm 内径 LC 色谱柱和 Orbitrap Eclipse Tribrid MS 相结合，实现了自动化上样分析（图 11-17）。液滴体积为 200nL，从单个 HeLa 细胞可鉴定 211 种蛋白质。

4. iPAD 装置　　是一种基于微流控的毛细管微型样品处理操作系统。通过显微操作，将细胞吸入毛细管中，通过高温处理，细胞在毛细管中裂解，超声波辅助进行蛋白酶水解，通过切换阀，将酶解产物转移到 nanoLC-MS/MS 系统进行分析。用 2nL 样品处理体系，从单个 HeLa 细胞可鉴定出 181 种蛋白质。

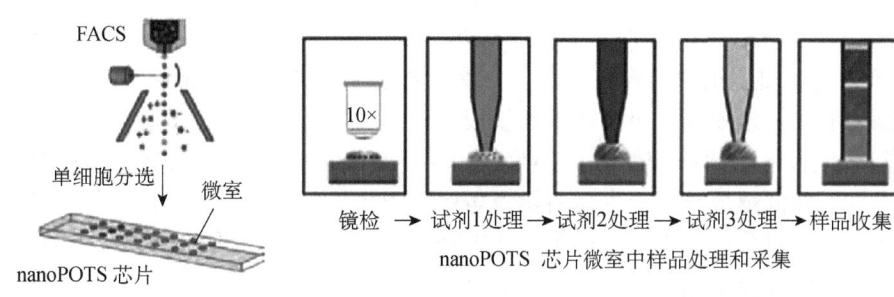

图 11-17 细胞分选和 nanoPOTS 系统处理过程示意图（改自贺映云等，2022）

5. ISPEC 将细胞捕获到采样毛细管中裂解，通过固定化胰蛋白酶反应器在线酶解，经 LC-MS/MS 分析，从单个 HeLa 细胞可鉴定出 60 种蛋白质。

综上分析，尽管目前 SCP 技术蛋白质组的覆盖度较低，但已被应用于哺乳动物细胞亚群分析与肿瘤分型、免疫细胞异质性分析、细胞发育生物学研究、单细胞空间蛋白质组学研究等中。随着单细胞蛋白质组检测的灵敏度、蛋白质覆盖度、细胞通量、空间分辨率等技术的创新与发展，单细胞蛋白质组学将为生物、医学基础科研和临床应用提供强有力的分析工具。

第三节　蛋白质组学的应用与发展趋势

蛋白质组学是对细胞或生物体全部蛋白质进行系统的定性、定量和定位分析，阐释其生物学功能的学科。自 21 世纪以来，人类蛋白质组计划的实施，促进了高精度、高灵敏度和快速扫描质谱等一系列技术的快速发展，以及微量或单细胞蛋白质组样品高效分离技术的进步，不但促进了人类蛋白质组学发展，还带动了蛋白质组学迅猛发展，而且逐渐席卷到生命科学几乎所有研究领域，取得了巨大成果，促进了相关生物和医药产业的发展。目前蛋白质组分析技术已成为全面揭示生命奥秘的重要工具，在蛋白质组学驱动的"精准"医疗方面也卓见成效。

一、蛋白质组学的应用

随着蛋白质组学技术的高速发展，蛋白质组学研究技术已被广泛应用于生命科学和医学的各个领域，如细胞生物学、生物化学与分子生物学、遗传学、免疫学、肿瘤学、神经生物学、传染病学、血液学、发育生物学、兽医学、寄生虫学、进化生物学、生殖生物学、临床科学、药理学、毒理组学、环境生态、职业健康等学科的方方面面。在研究对象上，覆盖了原核微生物、真核微生物、植物、动物和人类等，主要包括与医药、工业、农业、畜牧养殖业、水产养殖业、环境等密切相关的动物、植物、微生物和模式生物。蛋白质组学技术在毒理学、药理学、药学，以及环境与人类健康等领域发挥了重要的作用，也涉及法医、航天、考古和国家安全领域。近年来，尤其是蛋白质组学与临床医学相结合，促进了对癌症等一系列重大疾病的精准治疗。这些成果为人类的健康事业、生命科学和生物相关产业的发展做出了巨大贡献。蛋白质组学技术应用于复杂生态系统产生了宏蛋白质组学，宏蛋白质组学在揭示人体肠道微生物组与代谢疾病、养殖动物微生物组与健康养殖、活性污泥微生物组与污水处理、作物根际微生物及其与宿主的互作关系，以及微生物组地球分布、功能和演替等研究中发挥着重要的作用，这些研究成果对于全面揭示生物驱动的地球化学循环机制、人类与环境友好和谐相处的微观机制具有重大意义。以下着重阐述国际和我国人类蛋白质组学的发展和应用状况。

1. 国际人类蛋白质组学的应用状况　　蛋白质组学的实质是大规模、高通量地分析蛋白质，其最显著的特征是依赖于研究技术和手段的进步。从蛋白质组学诞生之日起，蛋白质组研究即引起了世界各国政府和学术界的重视，相继启动各具特色的大型蛋白质组学研究计划，试图在这场新世纪最激烈的生命科学竞争中取得先机，甚至许多跨国公司，尤其是制药企业和一些分析仪器公司纷纷投入巨资，相继加入了蛋白质组学研究阵营，为蛋白质组研究提供了良好的平台和技术。

2001 年，国际人类蛋白质组组织（HUPO）成立，次年提出了人类蛋白质组计划（HPP），于 2002 年首批启动和实施了由中国科学家牵头的国际蛋白质组计划（HLPP）和美国科学家牵头的人类血浆蛋白质组计划（HPPP），汇聚了大量的人力、物力和财力，掀起了世界范围内蛋白质组研究的热潮，推动了蛋白质组研究技术和蛋白质组学大发展。随后又陆续启动了脑蛋白质组（2003 年）、肾脏和尿液蛋白质组（2005 年）、疾病糖蛋白质组（2005 年）、心血管蛋白质组（2006 年）、干细胞蛋白质组（2007 年）和染色体蛋白质组（2010 年）等一系列人类蛋白质组学计划。另外，还启动了蛋白质组标准化计划（2003 年）、人类抗体计划（2003 年）、人类疾病小鼠模型计划（2005 年）、疾病生物标志物计划（2009 年）和模式生物蛋白质组计划（2010 年）等国际性大计划。在美国主导的癌症基因组图谱计划（2006 年）的基础上，于 2011 年启动了临床蛋白质组肿瘤分析项目，试图用不同种类癌症蛋白质组注释其基因组全景图。

2010 年国际蛋白质组计划目标全面完成，建立了国际上首个人体器官的蛋白质组数据库。2014 年国际上两个课题组在 *Nature* 期刊上同时发表了蛋白质组草图，从正常人体几十种不同类型组织或体液中得到 2 万余个基因编码的产物。2020 年已检测到 90%以上的人类染色体编码的蛋白质，近年来检出的编码蛋白质呈现缓慢趋势。人体生理和病理蛋白质组学已取得重大进展，以正常器官、组织和细胞的定量蛋白质组全景图为参照，绘制了早期肝癌、弥散性胃癌、非小细胞肺癌、乳腺癌、老年痴呆、新冠病毒感染组织细胞等一系列重大疾病的蛋白质全景图，在蛋白质组层面上对众多癌细胞进行了分型。在药物开发及药物作用机制研究方面，蛋白质组学已成为寻找疾病分子标记、药物靶标和候选药物最有效的方法之一。

目前针对诸如癌症和肿瘤、肝脏疾病、老年痴呆、心血管病、脑血管病、肾脏疾病、神经疾病、传染病（包括新冠病毒）等一系列人类重大疾病蛋白质组研究取得了突破性进展，对其发病和治疗机制进行了深入研究，发现了一系列重大疾病如脂肪肝、肝细胞病毒感染、癌变，以及转移相关的蛋白质标志物群、潜在药靶、候选药物，寻找到了一批与肝炎、肝癌、胃癌、肺癌等复杂疾病相关的易感基因，开发了一大批新药和诊断试剂。蛋白质组或多生物标记物组合已经用于临床。例如，2009 年，OVA1 及其"标志物群"成为美国 FDA 批准的第一个蛋白质组学体外诊断多变量指数分析技术，已用于临床评估"附件肿块患者为卵巢恶性肿瘤的可能性"；2016 年，人类蛋白质图谱计划（HPA）还建立了一个开放的抗体目录，其中包括源于 85 家供应商的 400 万种有效抗体，覆盖了 19 000 余种人类蛋白质，为基于抗体的细胞蛋白质组空间定位等基础研究及临床诊断提供了保障。

2022 年 12 月，我国科学家领衔发起了国际大科学计划——人体蛋白质组导航国际大科学计划（Proteomic Navigator of the Human Body，π-HuB 计划），其旨在绘制人类全生命周期、全球性重大疾病及代表性膳食模式、生存环境的蛋白质组图谱，解析人类蛋白质组构成原理和演变的规律，探索生物医学大数据从信息知识到智慧的路径，实现人体蛋白质组定位系统的精确空间定位、准确状态定性和人体从非健康状态到健康状态的精准导航。

由此可见，短短 20 余年，HPP 进入了全面发展阶段，蛋白质组表达谱的构建已由最初数量上的竞争，逐步向标准化、定量化、动态化和功能化发展。尤其是单细胞蛋白质组学技术的推广和应用，人类蛋白质组的修饰谱、相互作用网络及全细胞/亚细胞的定位将全面实现。

2. 我国人类蛋白质组学的应用状况　　在激烈竞争的蛋白质组研究领域，我国蛋白质组研究与国际同步，起点较高，处于国际先进水平。2003 年 10 月，中国人类蛋白质组组织（CNHUPO）成立，同年 12 月贺福初院士牵头的国际人类肝脏蛋白质计划正式实施，这也是我国第一次领导的重大国际协作计划。现已在三个方面取得了阶段性新成果：①系统性地注释肝脏蛋白质表达谱和蛋白质修饰谱（两谱），精确鉴定 6788 种蛋白质，其中约 1/2 的蛋白质在肝脏首次发现，约 1/4 是首次发现的新蛋白质（2010 年）。②最大纬度地绘制了肝脏蛋白质的亚细胞定位与相互作用网络图（两图），发现 2582 种肝脏蛋白质之间具有 3848 种高度可信的相互作用。③建设了大规模的肝脏蛋白质组学研究材料和数据库（三库：组织样本库、抗体库和质谱数据库）。

2014 年 6 月，中国人类蛋白质组计划（China Human Proteome Project，CNHPP）正式启动，标志着中国科学家向全面、精确地阐释人体全器官蛋白质组研究又迈出了新的一步。整体任务分为三个阶段展开：第一阶段，全面揭示肝癌、肺癌、胰腺癌、肠型胃癌等十大疾病所涉及的主要组织器官的蛋白质组，了解疾病发生过程中蛋白质组的主要异常变化，进而研制诊断试剂、筛选药物；第二阶段，争取覆盖中国人的其他常见疾病，提升中国人群疾病的防治水平；第三阶段，实现人类更多疾病的覆盖。2018 年全面完成了 CNHPP 任务，构建早期肝细胞癌及癌旁、弥漫性胃癌及癌旁等一系列疾病组织的深度覆盖蛋白表达谱，鉴定了 15 553 种蛋白质，阐明了疾病组织信号网络调控蛋白质表达变化规律，发掘了一大批潜在分子标志物和候选靶标；绘制了 10 种代表性疾病的蛋白质组精细图谱，取得了辉煌的成就。

2018 年验收完成的我国蛋白质科学研究国家重大科技基础设施基地"凤凰工程"，经过 10 年建设，全面建立了国际领先的蛋白质组研究技术体系，全面支撑了 CNHPP 的完成，率先绘制了肝癌、胃癌和肺癌等一系列恶性肿瘤的蛋白质组精准分子图谱，发现了一系列用于诊断和治疗的分子靶标，首次提出了"蛋白质组学驱动的精准医疗"的理念，汇聚和培养了大批高级人才和尖端人才，取得一大批科研成果，申请发明专利和软件著作权 100 余项，向 400 余家企业、医院和科研院校提供技术支持 18 万多次，为我国生物医药产业发展提供了原动力。

2019 年，贺福初院士团队率先在 *Nature* 公布了早期肝细胞癌的蛋白质组分子分型，并率先报道了"蛋白质组学驱动的精准医疗"理念，标志着我国蛋白质组学研究处于领先地位。2022 年 12 月，贺福初院士领衔发起了国际大科学计划——人体蛋白质组导航国际大科学计划，为我国持续引领国际蛋白质组学研究奠定了重要基础。

二、蛋白质组学的发展趋势

21 世纪以来，随着高精度、高灵敏度和快速扫描质谱的问世和快速发展，以及微量蛋白质组样品和单细胞蛋白质组学等新技术的不断发展，蛋白质组学在生理过程与病理机制研究等几乎所有生命科学研究领域得到了广泛的应用。在全面绘制人类蛋白质组全景图的基础上，已经绘制了胃癌、肝癌、肺癌、宫颈癌、乳腺癌等一系列人类重大疾病细胞的蛋白质组全景图，发现了一系列用于诊断和治疗的靶蛋白分子，为"蛋白质组学驱动的精准医疗"奠定了理论和实验基础。特别是2022年提出的人体蛋白质组导航国际大科学计划的实施,将全面、系统地推动人类蛋白质组学向纵深发展。

1. 蛋白质组文献发表情况　　在国际权威数据库"Web of Science",以"Proteome"为主题词检索了1994~2023年蛋白质组学文献情况(图11-18)。从文献数量分析,自21世纪以来的10年间,发表文献数量逐年大幅度攀升,蛋白质组学研究呈现快速发展时期,2010~2018年,蛋白质组学呈现稳定发展局面。2019年后,由于蛋白质组技术的积累、进步和新蛋白质组大计划的酝酿,蛋白质组学文献又呈现大幅度上升的趋势。截至2024年3月,总文献数量达146 666篇。从研究内容分析,蛋白质组学仍然以人类蛋白质组学为龙头,带动和渗透到了生物学和医学及其相关研究的各个领域。

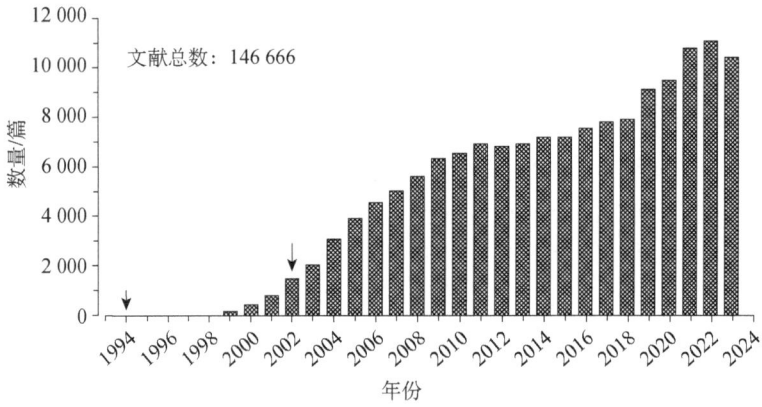

图11-18　"Web of Science"收录蛋白质组学研究文献数量统计

2. 蛋白质组学的发展方向　　蛋白质组学的发展方向主要集中在以下7个方面:在现有研究的基础上,①进一步以大数据和人工智能为特征的人体蛋白质组导航国际大科学计划实施,围绕着实现人体蛋白质组定位系统的精确空间定位、准确状态定性和人体从非健康状态到健康状态的精准导航,将是人类蛋白质组学未来10年乃至更长时期的发展方向。进一步推进"蛋白质组学驱动的精准医疗"新技术和新策略的发展与临床实践,为人类的健康事业和生命科学的发展奠定基础。②主要以农业、林业、牧业、水产养殖业、工业医药等动植物和微生物,以及珍贵保护动植和模式生物为对象,进一步系统、全面地进行蛋白质组学剖析,全面、系统地阐释其生长繁殖、生理与病理过程的分子机制,选育适宜环境的优良品种,为全面实现健康绿色种植和养殖奠定基础。③进一步发展新技术、新方法,建立更加完善、覆盖率更高、集成化和智能化程度更高的蛋白质组学技术平台,以解决蛋白质组研究中微量和痕量蛋白质组组分分析难题、蛋白质组时空动态和大规模数量样品蛋白质组分析难题。目前,生物质谱技术依然是蛋白质组定性定量分析的主流技术,主要采用自下而上的高通量蛋白质鉴定方法,自上而下的高通量质谱蛋白质鉴定技术及蛋白质质谱鉴定数据库不够成熟,尚待完善和发展。近年发展起来的单细胞蛋白质组技术系统仍需要进一步完善和技术推广,高灵敏度、超微量的色谱技术及超灵敏度、高分辨率和大规模单细胞样本的MS/MS技术还有待提高,尤其是人工智能化的用于单细胞(单细胞器)分选和样品处理元器件及质谱与成像的空间蛋白质组技术还有待于完善和发展,有望在单细胞蛋白质组学水平上,全面、系统地揭示人类健康、亚健康和非健康状态的蛋白质组精细图。④为满足临床诊断要求,开发价格更加低廉、操作更简便、更灵敏、更准确、更快速及专一化的高通量蛋白质组学分析技术依然是今后努力的方向之一。⑤蛋白质组深入系统研究涉及的技术领域和研究领域非常宽泛，一个团队难以精通所有的研究技术，因此加强国际国内研究团队之间的技术合作是蛋白质组研究的必然趋势，只有优势互补、技术借鉴，才能及时解决蛋白质组学研究中出现的新问题。⑥蛋白质组学研究发展了近30年，取得了辉煌的研究成果，发现了大量的代谢标记、药物靶标和具有潜在药用价值的蛋白质，尽快将这些技术产业化、造福人类也是蛋白质组研究发展的必然趋势。⑦科学无禁地，但科学研究受法律和道德伦理制约，人类蛋白质组数据共享共用，产生的伦理、法律和国家安全等问题也值得更深入探讨。

历经30年，蛋白质组学研究在全世界范围内如火如荼，已形成了一整套深入、系统的研究蛋白质组的思路、策略、技术体系和人才队伍，引领着蛋白质组学的发展，并取得了辉煌的成果。蛋白质组学研究的产业化和国际化特点也必将使其具有更加广阔的发展空间。但我们必须清醒地认识到：蛋白质组学的发展蕴藏着巨大的商机，这使蛋白质组学研究不同于以往任何一个科学命题的研究，它已远远超出了科学家的实验室范畴，而是向整个生物技术产业渗透，并引发了相关产业的发展。总之，蛋白质组学作为一门新兴学科，给人类展示了一幅美好的前景，目前研究已取得了很大成就，这些研究成果必将为人类生活质量水平的提高和人类寿命的延长服务。

趣味阅读

"人类蛋白质组导航计划"与国家使命

世界已经进入"大科学"时代，基础研究组织化程度越来越高，制度保障和政策引导对基础研究产出的影响越来越大。科技创新已经成为国际战略博弈的主要战场，竞争焦点不断向基础研究前移。正如贺福初院士文献所描述的"当人类历史行进到20世纪，尖端科技研究已经超越了个人兴趣，上升到国家使命，大科学应运而生"。因为在历次科技革命和产业变革中，基础研究都发挥着先导作用，20世纪末，美国启动了被誉为"生命登月计划"的人类基因组计划，不但引领生物医学跨进了大科学时代，为美国创造了高达140倍的经济回报率，而且稳固了其超一流科技大国的地位，可见一斑。在人类基因组计划即将完成之际，美国又提出了人类蛋白质组计划（HPP），这是21世纪的第一个重大国际性战略计划。首批启动两项HPP计划，即由我国领衔的国际蛋白质组计划和美国牵头的人类血浆蛋白质组计划，这也是我国第一次领导的重大国际协作计划。为了巩固其在生物医药领域的领先优势，美国又陆续启动了一系列由基因组学为主线的大科学计划，包括DNA元件百科全书计划（EN-CODE）、肿瘤基因组图谱计划（TCGSA）、临床肿瘤蛋白质组计划（CPTAC）等。由此可见，人类蛋白质组学已成为国际生物科技的战略高地。

我国蛋白质组学研究起步与国际同步，处于国际领先地位。中国科学院院士贺福初团队曾领衔了国际上首个人类器官（肝脏）蛋白质组计划（2003年）和中国人类蛋白质组计划（2014年），完成了国际上领先的蛋白质组学国家重大科技基础设施建设项目——"凤凰工程"（2018年），为国际人类蛋白质组计划阶段性目标的完成贡献了超过30%的数据与成果，在国际上率先提出了"蛋白质组学驱动的精准医疗"理念和模式（2019年），以及第二代人类蛋白质组计划——人体蛋白质组导航国际大科学计划（π-HuB计划）的主体构想（2019年）。π-HuB计划经过三年多的培育和酝酿，于2022年12月，以贺福初为首的中国科学家正式向全球科学界发起合作倡议，届时已经吸引了一批具有全球影响力的国际组织和科学家加盟。π-HuB计划的宏大构想是："在全球统一的技术标准与数据共享模式下，全人类共同揭示宇宙中最复杂的物质系统'人体'的蛋白质组谱系及其构成原理与演变规律，系统阐释人类生长发育、衰老及其重大疾病发生发展机制并依此制定覆盖人类生命全周期的精准防控诊治康养策略，开创智慧医学新范式，引领新一轮生物医药产业革命"。

概而言之，大科学计划不仅引领时代迅猛发展，也是国家崛起和强盛的驱动力。中国科技拉开了大科学时代的帷幕，π-HuB 计划等凝聚了一大批中国科学家，他们正承载着国家使命，面向人类命运共同体，踔厉奋发，为探索未知世界和解决重大全球性问题做出彪炳史册的中国贡献。

复习思考题

1. 蛋白质组学诞生的重要标志和支撑基础分别是什么？
2. 简述蛋白质组及蛋白质组学的概念。
3. 简述蛋白质组的两谱、两图和三库的含义。
4. 简述蛋白质组学研究的主要支撑技术有哪些。
5. 简述超高分辨双向凝胶电泳及其原理，双向凝胶电泳分析能获得哪些信息？
6. 何谓双向荧光差异凝胶电泳，其优势和不足有哪些？
7. 思考蛋白质的丰度、动态性与时空性。
8. 生物质谱技术最重要的特征是什么？
9. 简述肽质量图谱鉴定蛋白质技术和蛋白质鉴定基本程序。
10. 阐述基于 iTRAQ 标签解决蛋白质组定性定量分析的思路。
11. SCoPE-MS 和 nanoPOTS 单细胞蛋白质组分析技术的特点分别是什么？
12. 思考蛋白质之间相互作用蛋白质组学研究策略和技术手段。
13. MRM、PRM 和 SWATH 定量技术有何不同，分别简述其优势和特点。
14. 思考蛋白质组学发展与国际大科学计划成就如何能够科技强国。

第十二章
蛋白质工程的应用

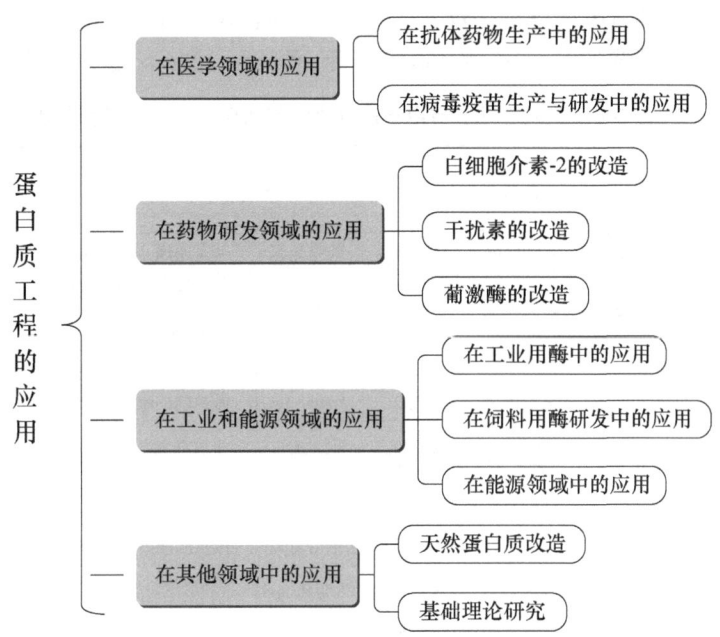

蛋白质工程的出现为认识和改造蛋白质分子提供了强有力的手段,在揭示蛋白质结构形成和功能表达的关系研究中发挥了重要作用。它不仅可以带动生物技术进一步发展,还可以推动与人类生产、生活密切相关的学科的发展。已有研究表明,蛋白质工程在医药、农业、工业、组织工程、环境监测与保护等各行各业中均具有广阔的应用前景,随着蛋白质工程研究对象的扩大和技术的成熟,其应用领域也将不断拓宽。

第一节 在医学领域的应用

随着蛋白质工程技术日新月异的发展,蛋白质工程能够对蛋白质的催化活性、稳定性、最适 pH 范围及底物特异性等进行预期的设计改造,也可以延长蛋白质的储存寿命或提高蛋白质抗氧化的能力,为改造特殊蛋白质、制造特效药物开辟了新的途径。已有研究表明,蛋白质工程在医学领域取得了重要研究成果。

一、在抗体药物生产中的应用

抗体(antibody)是抗原刺激人或动物机体的免疫系统后,由 B 淋巴细胞转化为浆细胞产生的、能与抗原特异性结合的免疫球蛋白。抗体可与细菌、病毒或毒素等抗原结合,并通过特定的方式清除异物。抗体药物是指含有抗体基因片段的蛋白质药物,其因具有与靶抗原结合的特异性、有效性和安全性等特点，在临床恶性肿瘤、自身免疫性疾病、感染、心血管疾病和器官移植排斥等重大疾病中取得了快速的发展。

（一）单克隆抗体药物

目前，抗体药物已成为全球生物药发展最快的领域之一。2022年，全球抗体药物市场规模达2200亿美元。截至2023年10月，美国FDA累计批准上市的抗体药物已达130款，其中近50%的抗体疗法获批用于抗肿瘤治疗，批准的抗体疗法数量也呈现不断上涨的趋势；美国FDA及欧盟批准上市的抗肿瘤单抗药物累计36款（表12-1），覆盖了20多个热门靶点。全球抗肿瘤抗体药物市场规模在2021年达460亿美元，预计到2026年底将增长至近800亿美元。

表12-1 美国FDA和欧盟批准上市用于抗肿瘤治疗的单抗药物（秦雨婷等，2024）

序号	通用名	商品名	公司	靶点	抗体类型	适应证	欧盟获批年份间	美国FDA获批年份
1	Edrecolomab	Panorex	Centocor	17-1A	鼠源IgG2a	结直肠癌	1994	—
2	Rituximab	Rituxan	基因泰克	CD20	嵌合IgG1	滤泡性淋巴瘤、弥漫性大B细胞淋巴瘤、慢性淋巴细胞白血病	1998	1997
3	Trastuzumab	Herceptin	基因泰克	HER2	人源化IgG1	乳腺癌	2000	1998
4	Alemtuzumab	Campath-1H	美国健赞	CD52	人源化IgG1	慢性髓细胞性白血病	2001	2001
5	Ibritumomab tiuxetan	Zevalin	渤健、Acrotech	CD20	鼠源IgG1	非霍奇金淋巴癌	2004	2002
6	Tositumomab-I131	Bexxar	Gorixa	CD20	鼠源IgG2a	非霍奇金淋巴癌	—	2003
7	Cetuximab	Erbitux	英克隆	EGFR	嵌合IgG1	结直肠癌、头颈部癌	2004	2004
8	Bevacizumab	Avastin	基因泰克	VEGF	人源化IgG1	结直肠癌、非小细胞肺癌、HER2-乳腺癌	2005	2004
9	Panitumumab	Vectibix	安进	EGFR	全人源IgG2	结直肠癌	2007	2006
10	Ofatumumab	Arzerra	Genmab、诺华	CD20	全人源IgG1	慢性淋巴细胞白血病	2010	2009
11	Denosumab	Prolia	安进	RANKL	全人源IgG2	骨转移、骨巨细胞瘤	2010	2010
12	Ipilimumab	Yervoy	Medarex	CTLA-4	全人源IgG1	黑色素瘤、肾细胞癌、结直肠癌	2011	2011
13	Pertuzumab	Perjeta	基因泰克	HER2	人源化IgG1	乳腺癌	2013	2012
14	Obinutuzumab	Gazyva、Gazyvaro	基因泰克	CD20	全人源IgG1	慢性淋巴细胞白血病、滤泡性淋巴瘤	2014	2013
15	Ramucirumab	Cyramza	Dyax、礼来	VEGFR2	全人源IgG4	胃癌、非小细胞肺癌、结直肠癌	2014	2014
16	Nivolumab	Opdivo	Medarex	PD-1	人源化IgG4	黑色素瘤、非小细胞肺癌、肾细胞癌	2015	2014
17	Pembrolizumab	Keytruda	默沙东	PD-1	全人源IgG1	黑色素瘤、非小细胞肺癌、霍奇金淋巴瘤	2015	2014
18	Necitumumab	Portrazza	英克隆	EGFR	嵌合IgG1	非小细胞肺癌	2015	2015
19	Dinutuximab	Unituxin	United Therapeutics	GD2	人源化IgG1	成神经细胞瘤	2017	2015
20	Daratumumab	Darzalex	Genmab、强生	CD38	全人源IgG1	多发性骨髓瘤	2016	2015
21	Elotuzumab	Empliciti	艾伯维、百时美施贵宝	SLAMF7	人源化IgG1	多发性骨髓瘤	2016	2015
22	Olaratumab	Lartruvo	英克隆	PDGFRα	全人源IgG1	软组织肉瘤	2016	2016

续表

序号	通用名	商品名	公司	靶点	抗体类型	适应证	欧盟获批年份间	美国FDA获批年份
23	Atezolizumab	Tecentriq	基因泰克	PD-L1	人源化 IgG1	膀胱癌、非小细胞肺癌、三阴性乳腺癌	2017	2016
24	Avelumab	Bavencio	EMD Serono、辉瑞	PD-L1	人源化 IgG1	梅克尔细胞癌、尿路上皮癌、肾细胞癌	2017	2017
25	Durvalumab	Imfinzi	MedImmune	PD-L1	全人源 IgG1	非小细胞肺癌、小细胞肺癌	2018	2017
26	Cemiplimab	Libtayo	再生元、赛诺菲	PD-1	全人源 IgG1	皮肤鳞状细胞癌、基底细胞癌、非小细胞肺癌	2019	2018
27	Moxetumomab Pasudotox	Lumoxiti	Innate Pharma、阿斯利康	CD22	鼠源 IgG1 dsFv 免疫毒素（immunotoxin）	毛细胞白血病	2021	2018
28	Isatuximab	Sarclissa	ImmunoGen、赛诺菲	CD38	嵌合 IgG1	多发性骨髓瘤	2020	2020
29	Tafasitamab	Monjuvi、Minjuvi	MorphoSys、Incyte	CD19	人源化 IgG1	弥漫性大B细胞淋巴瘤	2021	2020
30	Naxitamab	Danyelza	Y-mAbs	GD2	人源化 IgG1	高危神经母细胞瘤和难治性神经母细胞瘤	—	2020
31	Margetuximab-cmkb	Margenza	MacroGenics	HER2	嵌合 IgG1	HER2 转移性乳腺癌	—	2020
32	Dostarlimab	Jemperli	葛兰素史克	PD-1	人源化 IgG4	子宫内膜癌、晚期实体瘤	2021	2021
33	Relatlimab	Opdualag (relatlimab+nivolumab combo)	百时美施贵宝	LAG-3	全人源 IgG4	不可切除或转移性黑色素瘤	2022	2022
34	Tremelimumab	Imjudo	MedImmune	CTLA-4	全人源 IgG2	肝细胞癌	2023	2022
35	Retifanlimab、Retifanlimab-DLWR	Zynyz	Incyte	PD-1	人源化 IgG4	梅克尔细胞癌	—	2023
36	Toripalimab	Tuoyi	Coherus、君实生物	PD-1	人源化 IgG4	鼻咽癌	—	2023

注：IgG. 免疫球蛋白 G；CD. 分化簇；HER2. 人表皮生长因子受体 2；EGFR. 上皮生长因子受体；VEGF. 血管内皮生长因子；RANKL. 破骨细胞分化因子；CTLA-4. 细胞毒性 T 淋巴细胞相关抗原-4；VEGFR2. 血管内皮生长因子受体 2；PD-1. 程序性死亡受体 1；PD-L1. 程序性死亡受体配体 1；GD2. 双唾液酸神经节苷脂；SLAMF7. 信号淋巴细胞激活分子家族成员 7；PDGRFα. 血小板衍生生长因子受体 α；LAG-3. 淋巴细胞激活基因-3。

（二）双特异性抗体药物

双特异性抗体（BsAb）是指通过化学偶联、重组 DNA 或细胞融合的方式制备的能同时特异性结合两种抗原分子或同一抗原的两个不同表位的抗体。BsAb 由于能结合两种不同的抗原或同一抗原的不同表位，理论上可产生比单抗药物更佳的疗效，作为治疗性药物迅速受到较大关注，以期能解决当前未得到满足的临床需求。随着抗体工程技术的迅速发展，不同结构模式的 BsAb 得以走向临床，在癌症治疗方面显示出巨大潜力。截至 2023 年 10 月，美国 FDA 及欧盟批准上市的 BsAb 药物累计 12 款，其中有 10 款 BsAb 药物用于抗肿瘤治疗。

（三）抗体药物偶联物

抗体药物偶联物（ADC）由针对肿瘤抗原的抗体和通过连接子共价偶联的细胞毒有效载荷组成，在进入体内后识别并结合肿瘤细胞表面的靶抗原，ADC-抗原复合物通过受体介导的内吞作用内化进入溶酶体后，该复合物在溶酶体降解过程中释放细胞毒有效载荷破坏 DNA 或以其他方式抑制细胞分裂，最终杀死肿瘤细胞。

首款 ADC 药物 Mylotarg 于 2000 年由美国 FDA 批准上市，用于治疗 CD33 阳性的急性髓系白血病，此后十余年 ADC 药物获得快速发展，多款 ADC 药物陆续获批上市，作为一种新型治疗药物在抗肿瘤治疗领域获得广泛认可，也被认为是全球生物医药领域研发热点之一。截至 2023 年 10 月，全球共有 15 款 ADC 药物获批上市，其中 7 款 ADC 药物适应证为血液瘤，8 款 ADC 药物适应证为实体瘤。由荣昌生物开发的爱地希作为我国首款 ADC 药物于 2021 年 6 月获国家药品监督管理局（NMPA）批准上市，用于治疗 HER2 阳性的胃癌；国内多家企业如荣昌生物、多禧生物、礼新医药等也正进行 ADC 药物差异化的研发。

二、在病毒疫苗生产与研发中的应用

随着人们对病毒抗原结构的深入认识，基于蛋白质结构的抗原设计已经成为新型疫苗研发的重要手段。

呼吸道合胞病毒可以感染任何年龄段人群，对婴幼儿及老年人等易感人群可能引发严重的下呼吸道感染甚至危及生命。呼吸道合胞病毒（RSV）融合蛋白（RSV-F）是疫苗研发的主要抗原。GSK（葛兰素史克）公司基于 F 蛋白设计的疫苗可以在老年人群诱发广泛中和反应，已由美国 FDA 批准上市，用于预防 60 岁以上老年人感染 RSV 引起的下呼吸道疾病。Pfizer 团队开发了针对 RSV A/B 两种亚型的二价疫苗，在孕妇及老人的Ⅲ期临床试验中证实有效，经美国 FDA 批准通过二价疫苗 Abrysvo 对孕龄 32~36 周的孕妇进行主动免疫，预防出生至 6 个月大的婴儿由 RSV 引起的下呼吸道疾病，也可用于 60 岁以上老年人的主动免疫。

乙型脑炎是由日本乙型脑炎病毒引起的一种人畜共患病，严重威胁人畜中枢神经系统，是亚洲西太平洋国家和澳大利亚北部病毒性脑炎最常见的病因。乙型脑炎目前仍无有效药物治疗，灭活疫苗、减毒活疫苗仍是预防该病的主要疫苗。近年来，随着基因工程和蛋白质工程的发展，以及对病毒分子结构和功能的深入研究，基于重组蛋白、重组病毒的乙型脑炎病毒疫苗应运而生，为乙型脑炎病毒疫苗的研发提供了新的策略与研究方向。已知乙型脑炎病毒的 E 蛋白对于诸如受体结合和融合的各种功能很重要，并且能够诱导免疫保护。该蛋白质在不同的表达系统中以多种形式表达，在以小鼠为动物模型的试验中测试了 E 蛋白的免疫原性。其中，大肠杆菌和杆状病毒表达系统是常用于此目的的两种表达载体。

采用类似于 RSV-F 抗原设计思路制备的人偏肺病毒疫苗，包含了 4 对半胱氨酸取代，以二硫键添加方式固定 hMPV（人偏肺病毒）-蛋白的融合前构象，提高了表达量和热稳定性，并可以诱发更高的中和反应。包含单链二硫键结构的 D454C-V458C 突变体，也获得了较高的中和滴度；将 H368N 还原为 H，同时对 4 个二硫键形成位点进行突变，与以往的融合前构象相比也获得了更强的诱导中和反应的能力。

流感疫苗设计面临季节性抗原漂移的挑战，疫苗必须根据预期的流感毒株，每年进行重新配制和生产。研究者通过结构域迭代循环设计出了对 Group 1 流感病毒具有广泛保护力的抗原；经过改进后获得了对 Group 2 流感病毒具有交叉保护力的抗原；通过引入氨基酸突变设计了稳定的抗原结构，并通过与纳米颗粒结合，获得了持久有效的交叉免疫保护。最近有研究人员认为抗原的结构设计，包括稳定蛋白质结构与糖基化，结合纳米颗粒平台等，是通用流感病毒疫苗未来最有潜力的发展方向。

第二节　在药物研发领域的应用

蛋白质工程技术可为生物药物合成或改造提供设计方案，并通过有针对性的改造，使合成的重组蛋白药物的活性、稳定性、生物利用度、半衰期、免疫原性等得到改善。该技术在生物药物创新研究领域的应用价值日益凸显。

一、白细胞介素-2 的改造

白细胞介素-2（IL-2）又称 T 细胞生长因子，是一种具有广泛生物活性的细胞因子。它是中国第一个基因工程生产的蛋白质药物，临床上可用于恶性肿瘤和感染性疾病的治疗、镇痛等。然而 IL-2 的分子量小，极易通过肾小球滤过而排出，导致血浆半衰期很短。为了克服上述缺点，国内外研究者对 IL-2 进行了分子改造，使其具有高效低毒性，以获得更好的临床应用。

通过定点突变的方法用丝氨酸（Ala）取代 Cys125，得到的变异重组人 IL-2 比活性提高 30%，稳定性增强。采用聚乙二醇活性酯（PEG5000）修饰重组人白细胞介素-2（rhIL-2），修饰产物 PEG-rhIL-2 激活的 LAK 细胞对人体肝癌细胞 BEL-7 和 K562 细胞的杀伤作用和 rhIL-2 相近甚至强于 rhIL-2，而在体内的清除率降低了 88.5%，清除半衰期延长了 12 倍。用硝基苯基碳酸盐作为修饰剂得到的 PEG-rhIL-2 在 25℃和 70℃条件下的稳定性均优于 rhIL-2，抗胰酶能力也有明显提高，同时水溶性得到极大增强。利用 IL-2 和人血清白蛋白构建的融合基因，表达后获得的融合蛋白具有较高的天然 IL-2 的生物活性，并具有很好的光稳定性；和对照相比没有明显的降解现象发生，在 4℃条件下保存半年后仍有大于 97%的纯度和最高的活性，为研究开发长效白细胞介素-2 相关药物奠定了基础。

二、干扰素的改造

干扰素（interferon，IFN）是一类重要的家族性细胞因子，具有广谱的抗病毒、抗细胞增殖和免疫调节作用。IFN-α 为第一个被广泛应用于临床并取得明显疗效的细胞因子，然而干扰素的分子量较小，易被肾小球滤过，易被血清蛋白酶降解，半衰期短等缺点限制了它的临床应用。近年来一系列蛋白质工程手段被用于改造干扰素并取得了良好的结果。

采用多种方法可延长干扰素的半衰期。美国先灵葆雅公司推出的世界上第一个长效干扰素佩乐能（通用名为聚乙二醇干扰素 α2b 注射剂）主要用于慢性丙型肝炎的治疗，在全球长效干扰素中处方量排名第一，其作用原理是采用甲氧基聚乙二醇琥珀酰亚胺碳酸酯（NHS-mPEG）修饰 IFN 的 His 残基和 Lys 残基，它们成键后不稳定，会在体内断裂并释放出 IFN-α2b 从而起到缓释作用。同样是采用 NHS-mPEG 修饰 Lys 残基，得到的含稳定酰胺键的 PEG-IFN-α2a（即派罗欣，通用名为聚乙二醇干扰素 α2a 注射液）适用于成人慢性乙型肝炎和慢性丙型肝炎的治疗，静脉注射后半衰期延长至 80h。

向重组 hIFN-α2b 序列中引入 N 端糖基化保守序列，通过中国仓鼠卵巢细胞（CHO）表达后得到的 4N 糖基化干扰素（4N-IFN）半衰期延长了 25 倍，体内清除率降低了 95.2%，生物利用度提高 10 倍，小鼠静脉注射后线下面积增长 10 倍，体内分布也更广泛，并显示出显著的体内抗肿瘤活性。由人类基因科技公司和诺华公司合作开发的人血清白蛋白融合干扰素 ZALBIN（albinterferon alfa-2b，又名 Albuferon）已上市，主要用于治疗丙型肝炎，与原始 IFN-α 相比清除率降低了 99.3%，半衰期延长 18 倍。Ⅰ期临床试验表明其平均清除半衰期为 159h，有效性和安全性与佩乐能相当。

利用定点突变技术将蛋白酶位点处氨基酸突变成不敏感的其他氨基酸，减少了血液中酶对其的降解，延长了体内半衰期；Nautilus 公司构建了仅有一个氨基酸变化的长效 IFN-α 突变体 Belerofon™，对血液和组织中蛋白水解酶的敏感性显著降低，其药代动力学特性优于 IFN-α，毒性反应、耐受性和免疫原性与 IFN-α 相当。

将半乳糖残基引入 IFN-α1 分子中制备的半乳糖基 α1-干扰素（IFN-α1-Gal）较未修饰 IFN-α1 具有明显的趋肝性，且效价提升了 2.77 倍；体内分布研究显示，将半乳糖化的血清白蛋白（HSA）与 IFN 共价连接得到的耦合物具有显著趋肝性，同时保留了 HSA-IFN 的长效性特点，临床前景良好。

三、葡激酶的改造

葡激酶（staphylokinase，SAK）是一种具有极大临床应用前景的新型溶栓制剂，不仅具有高效的纤溶活性，以及对纤维蛋白有特异的识别作用，且在溶栓过程中血纤维蛋白原降解少，不会引起全身纤溶亢进。但葡激酶进入机体后容易诱发免疫反应，且血浆半衰期短，仅持续 3min 左右。80%以上的患者用药后 2 周，机体会产生高滴度的 IgG 中和抗体，且抗体水平可以维持半个月到 1 年左右，严重影响了葡激酶的重复使用。

用定点突变的方法去除其抗原表位是获得新型低免疫原性溶栓药物的重要方法之一。研究者对 Arg77 和 Glu80 进行定点突变，用丙氨酸或丝氨酸替换 Glu80 可部分降低 T 细胞和 B 细胞表位，将 Arg77 替换成谷氨酸、精氨酸或赖氨酸也可部分降低 T 细胞表位。在获得的 6 个双突变体中，Sak（R77Q/E80A）和 Sak（R77Q/E80S）可有效降低部分 B 细胞和 T 细胞表位，同时显著降低它们的免疫原性，而其纤溶活性和催化效率与 r-葡激酶相当。

葡激酶的特异性氨基酸残基定点突变为半胱氨酸后，再经 PEG 修饰可以延长药物在血液中的循环半衰期，并减少毒性作用。同时，PEG 修饰可以使葡激酶分子质量大大增加，增强其水溶性和抵抗蛋白酶水解的能力，并且降低肾脏对蛋白质的排泄作用。研究者用 PEG 修饰远离 SAK 活性区域的 C 端，结果显示，采用丙基和戊烷基作为接头分子时会使 SAK 形成比较松散的结构，采用疏水性且刚性较强的苯基作为接头分子，可使 SAK 形成较为紧密的结构。与松散结构的 PEG-SAK 相比，这种紧密结构的 PEG-SAK 能更有效地保留生物活性，延长血液中的半衰期，降低对蛋白酶的敏感性和免疫原性。

纳豆激酶具有很强的溶解纤维蛋白活性，被广泛应用于心脑血管疾病的治疗中。野生型纳豆激酶第 222 位的甲硫氨酸非常容易被氧化，进而导致整个酶失去活性，严重影响药物的药效。将丝氨酸和丙氨酸分别替换第 220 位的苏氨酸和第 222 位的甲硫氨酸，突变型纳豆激酶的抗氧化活性明显提高。

第三节 在工业和能源领域的应用

蛋白质工程技术能够根据酶分子结构与功能的关系改变酶分子的结构，从而改善酶的功能，甚至创造出天然酶分子所没有的新功能，并使之适合于工业应用的需要。工程化的蛋白质已被成功应用于工业、农业和能源环境等领域。

一、在工业用酶中的应用

蛋白质工程在工业上应用很广，也非常成功。这里以葡萄糖异构酶和 L-谷氨酸脱羧酶的改造为例进行介绍。

（一）葡萄糖异构酶的改造

葡萄糖异构酶（glucose isomerase，GI；EC.5.3.1.5）能够催化 D-葡萄糖到 D-果糖和 D-木糖到 D-木酮糖的异构化反应，是工业上大规模从淀粉生产高果糖浆的关键酶，且该酶可将木聚糖异构化为木酮糖，再经微生物发酵生产乙醇。但其在工业上大规模应用还存在一定的缺陷，如高温环境中的稳定性不高、最适 pH 偏碱性（7.0～9.0）等。因此，采用蛋白质工程手段改善葡萄糖异构酶在工业应用中的性能十分必要。

锈赤霉链霉菌葡萄糖异构酶以稳定的同源四聚体形式存在，单亚基的分子质量为 43kDa，活性中心呈深陷的口袋状，每个活性中心包括 M1 和 M2 两个二价金属离子结合位点。研究者分别在该酶的 N 端添加了 6 个组氨酸标签和 12 个组氨酸标签，获得了重组酶 rwT-His6 和 rwT-His12。在 pH7.7 时重组酶的活性较低，而在 pH5.8 的条件下，两个重组酶的催化活性均为野生酶的 2 倍，此时重组酶与底物 D-木糖的亲和性远远高于野生酶；当野生酶 N 端连接 12 个组氨酸标签后，在低 pH 条件下，重组酶 rwT-His12 表现出更强的底物亲和性。

研究者对嗜热细菌的葡萄糖异构酶进行了位点特异性改造以期改善底物的选择性，得到了两个单突变体（D254R 和 D256R）和一个双突变体（D254R/D256R），D254R 和 D254R/D256R 完全丧失活性，但 D256R 表现出对非优势底物 D-来苏糖、L-阿拉伯糖和 D-甘露糖的优先选择性。

研究者构建了嗜热菌葡萄糖异构酶（TFGI）的三个突变体 TFGI/T26P、TFGI/A30P 和 TFGI/T26P/A30P。结果表明突变体 TFGI/A30P 的热稳定性得到了提高，在 70℃条件下半衰期从 14.9h 提高到 22.3h，且最适温度不变，最适温度下的比酶活保持不变。

（二）L-谷氨酸脱羧酶的改造

L-谷氨酸脱羧酶（L-glutamate decarboxylase，GAD）是 γ-氨基丁酸（γ-aminobutyric acid，GABA）生物合成过程中的关键酶。目前，GAD 在大规模生物合成 GABA 的应用方面主要有两个限制因素：第一，GAD 的最适 pH 通常为酸性，而底物 L-谷氨酸呈中性偏碱，为了达到 GAD 的最适 pH 条件，生产时必须向反应体系中加入大量的盐酸或硫酸；第二，酶蛋白极易受热失活，不能通过提高温度的方式加快反应速率，不利于 GABA 的合成。

以大肠杆菌来源的 L-谷氨酸脱羧酶为研究对象，通过组合突变，获得了 pH 适用范围拓宽、催化活力提高和稳定性增强的组合突变体 M2。与野生型相比，组合突变体 M2 的 pH 适用范围有效拓宽，在 pH6.0 时催化活力提高了 113.43%，酶活力提高了 104.13%；酶学性质测定结果显示最适 pH 为 5.0，最适温度为 37℃；pH 稳定性和热稳定性与野生型相比都有一定程度的增强。该组合突变体 M2 进一步丰富了催化合成 γ-氨基丁酸的突变体酶库，具有良好的应用前景。

对大肠杆菌 GAD β 端两个氨基酸进行了置换和缺失突变，获得了两个突变体 GadB H465A 和 GadB∆HT（His465 和 Thr466 缺失），在 pH 为 5.9 时突变体的酶活是野生型酶活的 4 倍多，在 pH 为 6.7 时两个突变体仍能以较快的速率催化谷氨酸的脱羧，反应 2h 后突变体可催化 47% 的谷氨酸转化为 GABA，而野生型仅催化了 8% 的底物转化。

研究者从一株具有较高 GABA 发酵产量的短乳杆菌中克隆获得了一个编码谷氨酸脱羧酶 GAD1407 的基因，并在大肠杆菌中实现了该基因的重组表达，构建了 GAD1407 的突变文库，经筛选获得的突变酶 S307N 在最适 pH 时催化活力有所下降，但当 pH 大于 5.0 时，其催化活力高于野生型，在 pH6.0 时突变酶催化谷氨酸脱羧生成 GABA 的活力为野生型的 2 倍。据此构建的 C 端缺失 14 个氨基酸的突变体 GADAC 在 pH 6.0 下催化活性得到提高，反应 2h 后的 GABA 产量为野生型酶的 4.8 倍。研究者通过定点突变得到的突变酶 C379V 半失活温度（$T_{1/2}$）比亲本酶提高了 5℃，酶的比活力比亲本提高了 19%。

二、在饲料用酶研发中的应用

饲料用酶制剂以其无残留、无污染、无耐药性等强势优势被广泛推广和应用，极大地促进了饲料行业的健康发展。利用蛋白质工程技术改造和设计饲料用酶的酶学性能，可大大提升饲料用酶的综合性能，从而更好地满足饲料工业的应用需求。从实际应用需求出发，对饲料用酶的改造通常集中在热稳定性、pH 依赖性、蛋白酶抗性和催化活性等 4 个方面。

饲料制粒加工条件通常需要在 80℃左右进行处理，长时间的高温处理在引起饲料结构改变的同时也会使热敏性饲料添加剂失活。因此，饲料用酶在 80℃条件下短时间处理后的剩余酶活成为评价饲料用酶在热稳定性方面是否具有应用潜力的核心指标。研究者从优化自由能的角度构建了 6 个木聚糖酶 E 的热稳定性突变体，其中 4 个正突变体（A45V、S104M、E177P 和 A341P）的 T_m 值较野生型提高了 1.1~3.1℃，在 70℃条件下的半衰期较野生型提高了 1.3~1.7 倍。在大肠杆菌植酸酶中引入二硫键（L28C/W360C）后，突变体在 85℃条件下处理 20min 后的剩余酶活由野生型的 2%提高到 47%。β-甘露聚糖酶 H112Y 和 F113Y 突变体的 T_m 值和在 75℃条件下的半衰期较野生型分别提高了 7.6℃和 7.5 倍；L375H 和 A408P 突变体的 T_m 值提高了 5.6℃，在 75℃条件下的半衰期提高了 1.5 倍。将上述 4 个位点进行组合突变后的四点突变体的 T_m 值和在 75℃条件下的半衰期分别较野生型提高了 13.8℃和 89 倍，达到了饲料用酶在热稳定性方面的应用要求。

葡萄糖氧化酶是一种重要的抗生素替代用酶，可通过非药物性机制和途径杀菌抑菌，改善肠道微生态，是饲料用酶制剂中的热门酶种。野生型葡萄糖氧化酶均属于中温酶，不能满足饲料用酶的耐热性能要求。采用多种策略对葡萄糖氧化酶的热稳定性进行定向进化研究，经过多角度设计与改造，获得的突变体在 80℃条件下处理 2min 后的剩余酶活由野生型的完全丧失提高到 80%，解决了该酶耐热性能差无法满足饲料工业应用的行业性瓶颈问题，目前该嗜热突变体已实现产业化生产。

饲料中的酶制剂进入畜禽动物的消化道后会直接接触到各种内源性的蛋白酶，因此抵抗内源性蛋白酶的降解特性是饲料用酶制剂的必要属性。对黄曲霉素解毒酶中所有的 Arg 和 Lys 残基进行组合突变，获得了 6 个突变体，其中两个突变体（K213C/K244Q/K270T、R356E/K357T/R623C）抗胰蛋白酶水解能力较野生型分别提高了 1.93 倍和 2.73 倍。以植酸酶蛋白表面的 Leu99、Leu162 和 Glu230 三个残基为候选突变热点获得多个突变体，与胃蛋白敏感的野生型植酸酶 YeAPPA 相比，突变体 E230G 抗胃蛋白酶降解的能力提高了 447 倍，同时该突变体的催化效率提高了 2.1 倍，在 pH 1.0~1.5 条件下的稳定性也有所提高；突变体（F89S、K226H、F89S/K226H）抗胃蛋白酶降解的能力提高幅度高达 228~447 倍。N-糖基化修饰植酸酶 YeAPPA 蛋白表面位点后，该酶在胃蛋白酶处理 2h 后的剩余酶活由野生型的不到 1.3%提高到了 21.1%~32.1%甚至以上。通过分析 β-葡萄糖苷酶 BGL1 与胃蛋白酶互作的复合物结构信息，优化并设计出具有胃蛋白酶抗性的突变体，两个突变体 Q627C 和 Q627C/R543H/R646W 的胃蛋白酶抗性半衰期较野生型分别提高了 1.36 倍和 1.51 倍，胰蛋白酶抗性半衰期较野生型分别提高了 0.93 倍和 1.53 倍。

饲料用酶的催化活性是评价其效价的首要参考指标，决定了其应用成本。将多聚半乳糖醛酸表面非活性位点 Thr113 突变成 Lys 或 Arg 后，该酶的催化效率较野生型提高 28%～50%；将 Asp129 突变为 Lys 后，侧链与底物的结合力（k_a）值提高了 50%，酶催化效率提高了 4.7 倍。将纤维素酶 Asn233 残基突变成 Ala 或 Gly 后，突变酶的催化效率较野生型分别提高了 45%和 52%。将葡聚糖酶 Asp256 突变为 Gly 后，酶的催化效率提高了 22 倍。

三、在能源领域中的应用

纤维素是一种重要的生物质能源，它是植物细胞壁的主要成分，同时，人类生产活动产生的废弃物也包含大量的纤维素，如稻草、膳食纤维、玉米秸秆、小麦麸等，因此，如何充分利用如此丰富的纤维素是现今研究最热门的课题之一。纤维素酶（cellulase）是一组可将木质纤维素降解为葡萄糖的复合酶，由三类功能不同、作用互补的酶系组成，分别是内切葡聚糖酶（endoglucanase，EG；EC3.2.1.4），可作用于分子内的无定形区，随机水解 β-1,4-糖苷键，将长链纤维素分子降解成短链；外切葡聚糖酶（cellobiohydrolase，CBH；EC3.2.1.91），作用于纤维素分子内的结晶区、无定形区；β-D-葡萄糖苷酶（β-glucosidase，BGL；EC3.2.1.21），将纤维二糖水解成葡萄糖。纤维素的酶法降解可实现纤维素的有效利用，然而，原始的纤维素酶催化活性低下、持续催化能力较弱、热稳定性不高、末端产物抑制、生产成本高等问题制约了纤维素的开发利用，采用蛋白质工程技术对纤维素酶进行分子改造是避免上述问题的有效途径。

在生物能源合成中，高温会使得液体黏性降低，质能转换效率也会进一步提高，因此酶的热稳定性显得异常重要。研究者利用蛋白质重组技术改进了三个真菌纤维二糖水解酶的耐热稳定性，同时也提高了纤维素酶的其他性质，如溶剂、盐浓度或者 pH 的耐受性。采取同样方法制备出的 S329G 单点突变体热纤梭菌 Cel8A（*Clostridium thermocellum* Cel8A）在 85℃条件下的半衰期提高了 8.5 倍。通过 FoldX 和一致序列法构建的更多突变中包含了最佳反应温度明显提升的突变体，一种突变酶的最适温度比野生型提高了约 10℃，还有的突变体在 50℃条件下酶的稳定性比野生型高了数倍。

纤维素酶某些特定氨基酸与热稳定性密切相关，如甘氨酸、脯氨酸等，脯氨酸增加了疏水作用和限制了环的构象，氢键数量的增加使纤维素酶构象更坚固。多个位点突变成脯氨酸后可使多个弱相互作用力明显加强，显著提高了突变体的热稳定性和纤维素的利用率。

研究者从 450 株海洋菌和陆地样品中克隆到能够表达出具有较高水解活性的内切葡聚糖酶基因 *cel5A*，之后采用易错 PCR 和体外定向进化技术建立了来源于枯草芽孢杆菌 BME-15（*Bacillus subtilis* BME-15）的内切葡聚糖酶基因 *cel5A* 突变体库。利用刚果红染色法对突变体库中的 71 000 株克隆进行筛选，得到的三株高活性突变株 M44-11、S75 和 S78 水解羧甲基纤维素钠的活性分别是野生型的 2.03 倍、2.54 倍和 2.68 倍。此外，M44-11 的酸碱耐受性和热稳定性也得到提高。S75 的 V255A 突变位点位于活性中心，且非常接近催化位点 Glu257，分析显示这一位点的改变可能不会引起附近其他氨基酸残基的氢键变化，但却可以减少活性中心的空间位阻，从而形成更大的活性口袋，提高催化效率。

纤维素酶的活性通常会受到其终产物纤维二糖和葡萄糖的抑制，对纤维素酶 Cel6A 进行的改造显示，103 位、136 位、186 位、365 位或者 410 位氨基酸突变后，葡萄糖对酶活的抑制能力降低了 44%～85%。改进后的纤维素酶对整体反应非常有利。将 β-D-葡萄糖苷酶催化活性位点外部通道处的氨基酸残基突变为大侧链氨基酸残基，突变酶更易与活性位点发生作用，提高了突变酶与底物的亲和力，从而减少葡萄糖竞争性抑制。去除外切葡聚糖酶与离去基团相互作用的关键区域的疏水残基，氢键得以延长，可降低纤维素酶与离去基团之间的结合自由能，减少末端产物的抑制作用。

第四节　在其他领域中的应用

蛋白质工程的应用领域极为广泛，除工程化的蛋白质成功应用于工业、农业和医药产业外，蛋白质工程在基础理论研究领域也取得了惊人的成就，给生命科学研究带来了深刻的变化，为推动相关学科的发展起到了促进作用。随着蛋白质工程研究对象的扩大和技术的成熟，其应用领域也将不断拓宽。

一、天然蛋白质改造

组织工程是应用工程科学与生命科学的基本原理和方法，研究与开发生物替代物，从而恢复、维持和改进人体组织功能的一门新兴科学。目前被开发应用的天然蛋白基水凝胶主要有胶原蛋白、明胶、丝素蛋白等，然而多数情况下天然蛋白质的性能不能完全满足组织工程的需要。

胶原蛋白（collagen，Coll）是动物结缔组织的主要结构成分，具有低免疫原性、良好的细胞和组织相容性的特点，但 Coll 的材料力学性能较差、降解速率快等缺点降低了其修复效果。研究人员对 Coll 进行 L-赖氨酸（L-lysine，Lys）化修饰后制备的新型 L-赖氨酸化胶原蛋白纤维结构增多、孔隙率高、断裂拉伸长度显著增加，同时该支架表现出了更低的生物降解速率，更适合作为创伤修复材料。采用戊二醛交联并加入凝血酶制备的复合支架，载体含量均匀，经胶原酶和纤溶酶的降解液处理后仍能保持结构完整，性能良好，显示该胶原/纤维蛋白胶/载体微球复合支架（SCFM）是一种比较理想的组织工程支架材料。

明胶（gelatin，G）是胶原经温和而不可逆断裂后的主要产物，其在 30℃左右会发生溶胶-凝胶转变。然而明胶基水凝胶的机械性能对温度变化十分敏感，若所施加张力时间长些会出现蠕变或应力松弛现象，并产生不可恢复的形变。此外，明胶在人体内的 pH 及温度环境中的降解速率很快，直接植入体内的明胶基水凝胶会因降解速率比组织愈合速率快而产生支架材料的塌陷问题。

明胶可以和天然高分子聚合制备成明胶基复合组织工程支架，研究者将明胶与天然高分子聚合物葡聚糖聚合制成的浓度为 10%的葡聚糖/明胶复合水凝胶，兼具有适宜的三维多孔网络结构、稳定的力学结构及较好的细胞相容性，有利于内部细胞的增殖及特异性基因的表达，促进胞外基质的合成，适用于构建组织工程髓核。将聚乳酸-羟基乙酸（PLGA）与明胶制成 PLGA 微球复合明胶支架，可以改善一般组织工程支架蛋白质药物的突释，提高蛋白质药物在制剂、储存、释放过程中的稳定性。

二、基础理论研究

亮氨酸氨肽酶（LAP）是一种可使氨基酸从多肽链的 N 端逐个游离出来的肽链端解酶，被广泛应用于医药工业和食品工业中。序列比对显示枯草芽孢杆菌的 LAP（BkLAP）中保守的 Ala348 和 Gly350 残基紧靠协调配体（coordinated ligand）。研究者通过计算机模拟设计和定点突变技术进一步研究了这两个残基的作用，发现 Ala348 的羧基可与 Asn345 和 Asn435 相互作用，Gly350 的羧基则可与 Ile353 和 Leu354 相互作用，这些相互作用可能使锌协调残基（zinc-coordinated residue）保持在合适的位置。Ala348 突变为 Arg 后导致该酶活性急剧下降，且除 A348R 外，Ala348 及 Gly350 两个位点的其他突变体酶如 A348E、A348V、G350S、G350E 和 G350R 等的活性完全丧失。可见，无论在野生型 BkLAP 还是其突变体中，Ala348 和 Gly350 都是酶维持其催化活性所必需的。

转座子（transposon）是基因组中能发生移动和自主复制的 DNA 片段，广泛存在于细菌、酵母和高等动植物基因组中，如在人基因组占 45%，在玉米基因组中比例高达 85% 以上。转座子在基因组进化及生物多样性形成过程中扮演着重要角色，然而，天然转座子的转座能力不高是转座子被开发和利用的主要障碍。近几年，科学家将生物信息学和蛋白质工程相结合，通过氨基酸优化的方法获得自然界不存在的超活性转座酶，显著提高了转座子的转座效率。

目前，应用蛋白质工程和生物信息学结合的方法已经成功改造多种转座酶，如 Sleeping Beauty 转座酶、PiggyBaC 转座酶、Mos1 转座酶、Himar1 转座酶、Hsmar1 转座酶及玉米中的 AC 转座酶（AcTPase）、P 转座酶等。Himar1 是从黑角蝇属中分离得到的转座子，在人类细胞中也有活性，但转座效率较低。研究者利用易错 PCR 获得了 Himar1 的 9 个单位点突变体，突变区域集中在 HTH（螺旋-转角-螺旋）结构域和催化作用功能区（DD34D）。有 5 个位点的突变能增加转座酶的活性，其中三个位点的突变活性较高，H267R 能使转座酶的活性提高约 10 倍，Q131R 和 E137K 分别使转座酶的活性提高约 4 倍和 20 倍，把这两个位点结合起来，则转座酶的活性约提高为野生型的 50 倍。基于 Q131R 和 E137K 结合的转座酶突变体可以作为基因治疗的有效载体。

— 趣味阅读 ——

基因世界里的睡美人

《格林童话》中沉睡多年的睡美人被自己的王子唤醒，在基因的世界里，也有一个睡美人。然而，这位睡美人却沉睡了 1000 多万年，直到 1997 年才被科学家唤醒，这就是睡美人转座子。

转座子又称跳跃基因，是指一段特殊的基因序列，其能够改变自己在基因组中的位置，是女科学家 McClintock 在研究玉米色素基因调控机制时发现并命名的。长久以来，科学家发现在脊椎动物体内活跃、高效的转座子极少，绝大多数转座子在进化中失活了。

第一个被复活的脊椎动物自主转座子来自鲑鱼。这个转座子序列早已在进化的长河中失活千万年，科学家形象地称它为睡美人转座子。1997 年，科学家 Ivics 对这个古老的转座子进行了分子水平的重建，最终成功唤醒了沉睡千万年的睡美人转座子的转座活性。睡美人转座子可以整合到基因组并通过生殖细胞稳定遗传给后代，是目前基因敲除或敲减很有潜力的替代工具，是最有希望进行人类基因治疗的工具，具有广泛的应用前景。

复习思考题

1. 抗体药物的含义是什么？
2. 举例说明重组蛋白抗体的应用。
3. 举例说明蛋白质工程在基础理论研究中的应用。
4. 蛋白质工程的应用领域还有哪些？

主要参考文献

阿恩特 K M, 米勒 K M. 2011. 现代蛋白质工程实验指南. 苏晓东, 曾宗浩, 杨娜译. 北京: 科学出版社.
卞晓萍, 刘青, 孔庆科, 等. 2021. 大肠杆菌 CRISPR/Cas9 基因编辑系统的建立及验证. 中国兽医报, 41 (1): 110-116.
曹蕾, 唐晓峰. 2020. 提高大肠杆菌表达外源蛋白胞外含量的策略. 生物资源, 42 (4): 375-381.
曹树煜, 吴汝林, 刘均洪. 2003. 生物大分子结晶方法研究进展. 化工生产与技术, (1): 28-32, 52.
曹卫, 潘宪明. 2023. 蛋白质结构预测进展. 生物化学与生物物理进展, 50: 1190-1194.
陈丽芳, 丁洁女, 柳志强, 等. 2012. 蛋白质定向进化及其在微生物代谢调控中的应用. 基因组学与应用生物学, 31: 95-101.
陈铭. 2012. 生物信息学. 北京: 科学出版社.
陈乃用. 1993. 枯草芽孢杆菌中质粒的稳定性问题. 微生物学通报, 20: 226-232.
陈瑞卿, 刘君, 鹿芹芹, 等. 2011. 物理环境影响蛋白质晶体形核的研究进展. 生物工程学报, 27 (1): 9-17.
陈童, 同婷婷, 杨林玉, 等. 2020. 共振光散射法可直接表征蛋白质的溶解度. 南方医科大学学报, 40 (6): 843-849.
陈遥, 舒星富, 赵钰, 等. 2023. 单链抗体展示系统研究进展. 生物工程学报, 39 (9): 3681-3694.
陈勇, 高友鹤. 2008. 化学交联技术在蛋白质相互作用研究中的应用. 生命的化学, 28 (4): 485-488.
程凌鹏. 2018. 生物大分子高分辨率冷冻电镜三维重构技术. 实验技术与管理, 35 (6): 17-22, 26.
崔恩情, 徐根兴, 华子春. 2021. 双歧杆菌表达载体及启动子的筛选验证. 中国科技论文在线精品论文, 14 (3): 371-381.
戴旭东, 孟清, 刘相钦. 2012. 蛋白质剪接在蛋白质研究和蛋白质工程中的应用. 自然杂志, 34 (1): 32-38.
德米斯·哈萨比斯. 2021. 让 AlphaFold 的力量为全世界所用. 刘迪一译. 世界科学, (9): 1.
德米特里·斯沃根, 迈克尔·科赫, 彼得·蒂明斯, 等. 2019. 生物大分子小角散射: 理论、计算与应用. 李娜, 刘广峰, 吴洪金, 等译. 北京: 清华大学出版社.
邓乾春, 黄庆德, 黄凤洪. 2009. 蛋白质溶液构象的研究方法. 生物物理学报, 25 (8): 238-246.
樊晋宇, 崔宗强, 张先恩. 2008. 双分子荧光互补技术. 中国生物化学与分子生物学报, 24 (8): 767-774.
范海福, 梁栋材. 2003. 结构基因组学中的衍射相位问题. 生命科学, 15 (2): 65-69.
高潮, 张钰羚, 郭永彩. 2013. 蛋白溶液浓度对动态光散射测量结果的影响. 光散射学报, 25 (1): 54-58.
高恺旻, 颜晓梅. 2018. 生物制药领域蛋白质团聚检测技术的研究进展. 分析化学, 46 (10): 1507-1517.
公鲁. 2002. 2002 年诺贝尔化学奖——生物分子的革命性分析方法. 化学通报, (11): 722-726.
郭葆玉. 2007. 药物蛋白质组学. 北京: 人民卫生出版社.
郭振玺, 王晋, 张丽娜, 等. 2020. 我国冷冻电镜平台建设现状及其发展. 中国科技资源导刊, 52 (6): 52-62.
郝柏林, 张淑誉. 2002. 生物信息学手册. 2 版. 上海: 上海科学技术出版社.
何建华, 徐春艳. 2018. X 射线自由电子激光晶体学在结构生物学中的应用. 物理, 47 (7): 437-445.
贺映云, 袁辉明, 梁振, 等. 2022. 单细胞蛋白质组学分析技术研究进展. 分析试验室, 41 (12): 1365-1378.
侯桂雪, 王全会, 刘斯奇. 2014. 多重反应监测 (MRM): 靶标蛋白质定量的新方法. 中国科学: 化学, 44 (5): 746-752.
胡红雨. 2002. 核磁共振用于蛋白质抑制剂的筛选和先导药物的发现. 药学学报, 37 (2): 158-160.
胡红雨, 鲁子贤. 1995. 核磁共振法研究蛋白质和多肽的结构和功能. 化学通报, 7: 14-27.
胡昕炜, 王志珍, 王磊. 2023. "后 AlphaFold 时代"的蛋白质折叠问题. 科学通报, 68 (22): 2943-2950.
胡蕴菲, 金长文. 2009. 蛋白质溶液结构及动力学的核磁共振研究. 波谱学杂志, 26 (2): 151-172.
黄浩, 王阳, 堵国成, 等. 2019. 重组蛋白微生物表达系统的研究进展. 生物产业技术, (3): 36-43.
黄静, 李惠琳. 2020. 氢氘交换质谱技术在蛋白质和蛋白复合物结构研究中的应用进展. 分析测试学报, 39 (1): 57-67.
黄岚青, 刘海广. 2017. 冷冻电镜单颗粒技术的发展、现状与未来. 物理, 46 (2): 91-99.
黄迎春. 2009. 蛋白质工程简明教程. 北京: 化学工业出版社.
黄子亮, 张翀, 吴希, 等. 2012. 融合酶的设计和应用研究进展. 生物工程学报, 28 (4): 393-409.
惠特福德 D. 2008. 蛋白质结构与功能. 魏群译. 北京: 科学出版社.
霍子安, 郭曰帅, 王月, 等. 2022. 基于液质联用的单细胞蛋白质组学研究进展. 生物医学转化, 3 (4): 85-93.
季美超, 付斌, 张养军. 2021. 基于质谱的蛋白质组学方法新进展. 质谱学报, 42 (5): 862-877.

贾弘禔. 2015. 生物化学. 3版. 北京：北京大学医学出版社.
姜颖，张普民，贺福初. 2020. 人类蛋白质组计划研究现状与趋势. 中国基础科学，22（2）：21-27.
库热西·玉努斯. 2009. 生物化学. 北京：科学出版社.
雷鸣. 2017. 解码生命的利器——国家蛋白质科学研究. 杭州：浙江教育出版社.
雷清. 2021. 新型冠状病毒肺炎患者体液免疫应答规律及其应用. 武汉：华中科技大学博士学位论文.
李昊霓，李颖，于思礼，等. 2024. 高通量构建与筛选信号肽库提高枯草芽孢杆菌外源蛋白的表达分泌. 微生物学报，64（8）：3059-3072.
李明. 2011. 用硬X射线自由电子激光解析复杂生物大分子的结构. 物理，40（4）：263-264.
李庆章. 2016. 动物生物化学. 北京：高等教育出版社.
李荣秀. 2011. 蛋白质结构模拟与设计. 北京：化学工业出版社.
李雪明. 2017. 冷冻电镜：在原子尺度上观察生命. 物理，46（12）：809-816.
李衍常，李宁，徐忠伟，等. 2014. 中国蛋白质组学研究进展——以人类肝脏蛋白质组计划和蛋白质组学技术发展为主题. 中国科学：生命科学，44（11）：1099-1112.
李子涛. 2021. 微生物转谷氨酰胺酶的重组表达、纯化及应用研究. 济南：山东大学硕士学位论文.
理查德 J. 辛普森. 2006. 蛋白质与蛋白质组学实验指南. 何大澄译. 北京：化学工业出版社.
厉朝龙. 2004. 生物化学. 杭州：浙江大学出版社.
梁小珍，余艳红. 2019. 大肠杆菌整合宿主因子的表达与纯化. 生物技术，29（3）：220-223, 239.
梁毅. 2005. 结构生物学. 北京：科学出版社.
刘威，翁凌霄，高明霞，等. 2024. 高效液相色谱-质谱技术在蛋白质组学中的应用. 色谱，（1）：1-12.
刘文倩. 2023. 大肠杆菌中高效表达异源基因及反转录子介导编辑基因组新方法的研究. 杭州：浙江大学博士学位论文.
刘贤锡. 2002. 蛋白质工程原理与技术. 济南：山东大学出版社.
刘欣慰，刘海广，张文凯. 2022. X射线自由电子激光及其在超快结构动力学研究中的应用. 中国科学：物理学 力学 天文学，52（7）：191-214.
罗辽复，李晓琴. 2003. tRNA丰度是影响蛋白质二级结构形成的一个因素. 内蒙古大学学报，34（5）：519-529.
罗仁生. 1999. 核磁共振的动力学方法和应用研究. 北京：中国科学院博士学位论文.
吕鹤书，舒占永，龚海韵，等. 2000. 应用动态光散射对一些蛋白质结晶性能的研究. 生物物理学报，（3）：453-458.
马首智，孙玉琳，赵晓航，等. 2014. 高精度相对和绝对定量的等量异位标签在定量蛋白质组学研究中的新进展. 生物工程学报，30（7）：1073-1082.
梅乐和，曹毅，姚善泾，等. 2011. 蛋白质化学与蛋白质工程基础. 北京：化学工业出版社.
孟巧珍，郭菲. 2023. "可折叠性"在酶智能设计改造中的应用研究——以AlphaFold2为例. 合成生物学，4（3）：571-589.
米薇，刘新，贾伟，等. 2010. 应用超高分辨双向凝胶电泳技术进行正常人类肝脏蛋白质组研究. 中国科学：生命科学，40（9）：843-852.
聂宗秀. 2024. 高分辨溯度质谱仪器和生物分子结构分析研究. 质谱学报，45（3）：315.
裴奉奎，刘爱琢，张善荣. 1995. 多维核磁共振波谱学. 波谱学杂志，12（4）：379-390.
钱小红，贺福初. 2003. 蛋白质组学：理论与方法. 北京：科学出版社.
钱小红，姜颖，王建，等. 2011. 军事医学科学院蛋白质组学研究进展. 中国科学：生命科学，41（10）：775-784.
秦少杰，白玉，刘虎威，等. 2021. 基于质谱的单细胞蛋白质组学分析方法及应用. 色谱，39（2）：142-151.
秦雨婷，泮明珠，张娟. 2024. 抗体药物在肿瘤治疗中的应用与进展. 药学进展，48（1）：6-19.
邱德文. 2010. 蛋白质生物农药. 北京：科学出版社.
邱智军. 2021. 蛋白质结合位点预测及辅助分子对接. 北京：化学工业出版社.
饶子和. 2012. 蛋白质组学方法. 北京：科学出版社.
任增亮，堵国成，陈坚，等. 2007. 大肠杆菌高效表达重组蛋白策略. 中国生物工程杂志，27（9）：103-109.
沈卫锋，牛宝龙，翁宏飚，等. 2005. 枯草芽孢杆菌作为外源基因表达系统的研究进展. 浙江农业学报，17：234-238.
施燕红，郭晨云，林东海. 2005. 蛋白质NMR样品制备技术. 生命的化学，26（2）：166-168.
施蕴渝，吴季辉. 2008. 核磁共振波谱研究蛋白质三维结构及功能. 中国科学技术大学学报，38（8）：942-948.
时盈晨，刘海广. 2018. X射线自由电子激光的原理和在生物分子结构测定研究中的应用. 物理，47（7）：426-436.
史册，李云琦. 2015. 小角X光散射在蛋白质及其复合物领域的研究进展. 高分子学报，（8）：871-883.
史朝为. 2013. 针对膜蛋白结构解析的核磁共振方法发展和应用. 合肥：中国科学技术大学博士学位论文.
苏晓东，曹駸. 2014. 蛋白质晶体的魅力——国际晶体学年漫谈结构（晶体）生物学. 物理，43（8）：535-542.
宿锐，张叔阳，王佳伟. 2019. 冷冻电镜单颗粒三维重构密度掩模的自动生成方法研究. 生物化学与生物物理进展，46（10）：

1020-1030.

孙向东. 2008. 蛋白质结构预测——支持向量机的应用. 北京：科学出版社.

孙小梅, 李单单, 王禄山, 等. 2013. 纤维素酶家族及其催化结构域分子改造的新进展. 生物工程学报, 29（4）：422-433.

谭聪睿, 徐伟. 2022. 非变性质谱相关技术的研究进展. 质谱学报, 43（6）：754-767.

汪超, 夏路, 李兆丰, 等. 2024. 微生物蛋白的关键生产技术体系与食品产业应用. 中国工程科学, 26（2）：121-131.

汪世华. 2017. 蛋白质工程. 2版. 北京：科学出版社.

王存新. 2016. 蛋白质模拟——原理、发展和应用. 北京：科学出版社.

王大成. 2002. 蛋白质工程. 北京：化学工业出版社.

王宏钧, 张惠, 卢葛草. 1994. 二维核磁共振谱解析及其应用. 光谱实验室, 11（4）：3-82.

王杰, 王晨, 杜燕, 等. 2021. 枯草芽孢杆菌表达和分泌异源蛋白的研究进展. 微生物学通报, 48（8）：2815-2826.

王金胜. 2021. 基础生物化学. 2版. 北京：中国农业出版社.

王希成. 2015. 生物化学. 4版. 北京：清华大学出版社.

王晓东, 李智立. 2009. 蛋白质复合体及蛋白质相互作用研究新策略——化学交联结合质谱分析法. 生物物理学报, 3：157-167.

王禹锡, 程萍, 李若萱, 等. 2021. 重组大肠杆菌发酵合成广藿香醇. 食品与发酵工业, 47（23）：8-15.

吴冬辉, 孙伯勤, 胡鸿彬, 等. 1991. 多维核磁共振数据在通用计算机上的处理与三维谱的观测. 波谱学杂志, 8（3）：342-346.

吴海媚, 张荣楷, 徐伟. 2020. 电喷雾电荷态分布表征蛋白构象. 生命科学仪器, 18（3）：38-44.

吴建桥. 2020. 基于课程思政的"蛋白质结构与功能关系"的课堂教学实践. 科教导刊-电子版（下旬）, 8：198-199.

吴玉. 2020a. 冷冻电镜技术"接管"结构生物学. 自然杂志, 42（2）：90.

吴玉. 2020b. 冷冻电镜首次观察到单个原子. 自然杂志, 42（4）：354.

吴志石, 马孝琛, 鹏程, 等. 2023. 人工智能结合蛋白质组学研究进展及其在主动脉夹层研究中的展望. 临床外科杂志, 31（12）：1124-1126.

伍娜娜, 康超, 荣娜, 等. 2019. 大肠杆菌外膜蛋白F的原核表达、多克隆抗体制备及生物信息学分析. 河南农业科学, 48（3）：145-152.

伍志权, 黄卓烈, 金昂丹. 2007. 酶分子化学修饰研究进展. 生物技术通讯, 18：869-871.

武国华. 2017. 非变性质谱在非共价蛋白复合物和结构生物学研究领域的应用. 蚕业科学, 43（5）：866-870.

许霞, 张晨傲, 孙梓懿, 等. 2022. 非变性结构质谱在蛋白提取、离子源开发与构象解析方面的研究进展. 质谱学报, 43（6）：740-753.

宜劲松, 王金凤. 2008. 核磁共振研究中蛋白质样品的同位素标记策略. 波谱学杂志, 25（3）：436-445.

阎松, 牛荣丽, 张培军, 等. 2005. 运用mRNA体外展示技术筛选胸苷酸合成酶RNA亲和肽. 生物化学与生物物理进展, 32（11）：1081-1087.

杨宇洁, 巩宇锈, 顾天航, 等. 2023. 冷冻电子显微镜技术进展及环境研究应用. 化学学报, 81（8）：990-1001.

杨志敏. 2015. 生物化学. 3版. 北京：高等教育出版社.

姚德强, 张荣光. 2014. 自由电子激光在生物学中的应用. 生命的化学, 34（5）：592-595.

姚文明. 2011. 用多维核磁共振技术研究人去甲基化酶JARID1B-ARID结构域的溶液结构及其与DNA的相互作用. 上海：华东师范大学博士学位论文.

叶雯, 刘凯于, 洪华珠, 等. 2005. 定量蛋白质组学中的同位素标记技术. 中国生物工程杂志, (12)：56-61.

胰岛素结构研究组. 1972. 2.5埃分辨率胰岛素晶体结构的研究. 物理, （1）：1-18.

殷志祥. 2004. 蛋白质结构预测方法的研究进展. 计算机工程与应用, 20：54-57.

尹长城. 2018. 冷冻电镜技术的突破导致结构生物学发生革命性变化. 中国生物化学与分子生物学报, 34（1）：1-12.

尹林, 申峻丞, 杨立群. 2022. 核磁共振波谱法在蛋白质三维结构解析中的应用. 生物化学与生物物理进展, 49（7）：1273-1290.

余群慧, 田雪珂, 高燕, 等. 2020. 酪氨酸羟化酶的大肠杆菌表达载体构建. 合肥工业大学学报（自然科学版）, 43（10）：1417-1421.

查锡良. 2016. 生物化学. 2版. 上海：复旦大学出版社.

张弘, 王慧洁, 鲁睿捷, 等. 2024. 蛋白质结构预测模型AlphaFold2的应用进展. 生物工程学报, 40（5）：1406-1420.

张宏志, 李建. 2012. 鲍林对于血红蛋白分子学领域的贡献. 大学化学, 27（6）：83-88.

张嘉晖. 2024. 蛋白质计算中的机器学习研究. 物理学报, 73（6）：069301.

张建伟, 陈同生. 2012. 荧光共振能量转移（FRET）的定量检测及其应用. 华南师范大学学报（自然科学版）, 44（3）：12-17.

张金红, 陈华友, 李萍萍. 2012. 基因工程菌发酵研究进展. 生物学杂志, 29（5）：72-75.

张世超, 欧阳燕, 刘善辉, 等. 2017. 冷冻电镜单颗粒技术解析生物大分子结构综述. 生物学杂志, 34（3）：74-77.

张晓凯, 张丛丛, 刘忠民, 等. 2019. 冷冻电镜技术的应用与发展. 科学技术与工程, 19（24）：9-17.

张心怡, 沈镇炎, 段绪果, 等. 2020. 芽孢杆菌表达系统研究进展. 基因组学与应用生物学, 39（7）：3110-3118.

张云华，袁武梅，李冬妹，等．2022．"蛋白质的结构与功能"教学中思政教育的探索思考．农垦医学，44（2）：183-185．

张正晖，曹铭铭，李珺，等．2018．微生物高效分泌蛋白质的策略与应用．化工进展，37（8）：3129-3137．

赵振堂，王东，Bucksbaum P H，等．2015．更亮与更快：X射线自由电子激光的前景与挑战．物理，44（7）：456-457．

赵振堂，王东，何建华．2014．高增益自由电子激光与晶体学发展．现代物理知识，26（5）：31-35．

赵振堂，王东，殷立新，等．2021．X射线自由电子激光试验装置．光学学报，41（1）：266-277．

周婕．贺福初．2022．蛋白质组学驱动精准医学开启新时代．高科技与产业化，28（6）：16-19．

周平，洪春霞，王玉柱，等．2016．生物X射线小角散射实验站控制和数据采集系统．核技术，39（9）：5-10．

朱海，郑梦泽，贾玮玮，等．2023．限制性内切酶 Bsa I 的分离纯化与结晶及其硒代衍生物的制备．食品工业科技，44（22）：110-116．

朱淮武．2005．有机分子结构波谱解析．北京：化学工业出版社．

朱圣庚，徐长法．2016．生物化学．4版．北京：高等教育出版社．

朱育平．2008．小角X射线散射——理论、测试、计算及应用．北京：化学工业出版社．

渡边．2018．The capillary top free crystal mounting method．https://www.nusr.nagoya-u.ac.jp/WatanabeLab/XtalMount/overview.html[2024-05-20]．

Adenosine. 2010. File: CrystalDrops.svg. https://it.m.wikipedia.org/wiki/File:CrystalDrops.svg[2024-10-25].

Ahmadi M K B，Mohammadi S A，Makvandi M，et al. 2021. Recent advances in the scaffold engineering of protein binders. Curr Pharm Biotechnol，22（7）：878-891.

Algar W R，Hildebrandt N，Vogel S S，et al. 2019. FRET as a biomolecular research tool-understanding its potential while avoiding pitfalls. Nat Methods，16（9）：815-829.

Anderson L，Hunter C L. 2006. Quantitative mass spectrometric multiple reaction monitoring assays for major plasma proteins. Mol Cell Proteomics，5（4）：573-588.

Angelaccio S，Bonaccorsi D P M. 2002. Site-directed mutagenesis by the megapriner PCR method: Variations on a theme for simultaneous introduction of multiple mutations . Anal Biochem，306（2）：346-349.

Antharavally B S，Carter B，Bell P A，et al. 2004. A high-affinity reversible protein stain for Western blots. Analytical Biochemistry，329（2）：276-280.

Asherie N. 2004. Protein crystallization and phase diagrams. Methods，34（3）：266-272.

Atha D H，Ingham K C. 1981. Mechanism of precipitation of proteins by polyethylene glycols. Journal of Biological Chemistry，256：12108-12117.

Aye-Han N N，Ni Q，Zhang J. 2009. Fluorescent biosensors for real-time tracking of post-translational modification dynamics. Curropin Chem Biol，13（4）：392-397.

Azzazy H M，Highsmith W E Jr. 2002. Phage display technology: clinical applications and recent innovations. Clin Biochem，35（6）：425-445.

Baek M，DiMaio F，Anishchenko I，et al. 2021. Accurate prediction of protein structures and interactions using a three-track neural network. Science，373：871-876.

Berg J M，Tymoczko J L，Stryer L，et al. 2002. Biochemistry. 5th ed. New York：W. H. Freeman and Company.

Bernardi G. 1971. Chromatography of proteins on hydroxyapatite. Methods Enzymol，22：325-339.

Betz S F，Liebman P A，DeGrado W F. 1997. *De novo* design of native proteins: characterization of proteins intended to fold into antiparallel，rop-like，four-helix bundles. Biochemistry，36（9）：2450-2458.

Binz H K，Amsttz P，Plckthun A. 2005. Engineering novel binding proteins from non immunoglobulin domains. Nat Biotechnol，23（10）：1257-1268.

Bocková M，Slabý J，Špringer T，et al. 2019. Advances in surface plasmon resonance imaging and microscopy and their biological applications. Annu Rev Anal Chem（Palo Alto Calif），12（1）：151-176.

Bradford M M. 1976. A rapid and sensitive method for the quantitation of microgram quantities of protein utilizing the principle of protein-dye binding. Analytical Biochemistry，72：248-254.

Brajkovic S，Rugen N，Agius C，et al. 2023. Getting ready for large-scale proteomics in crop plants. Nutrients，15（3）：783.

Branden G，Neutze R. 2021. Advances and challenges in time-resolved macromolecular crystallography. Science，373（6558）：DOI:10.1126/science.aba0954.

Bruker. 2022. 成功签订三个GHz级NMR系统订单,布鲁克持续助力功能结构生物学和临床表型组学研究．https://www.bruker.com/zh/news-and-events/news/2022/bruker-announces-three-ghz-nmr-system-orders.html[2024-10-25].

Brückner A，Polge C，Lentze N，et al. 2009. Yeast two-hybrid，a powerful tool for systems biology. Int J Mol Sci，10（6）：2763-2788.

Budnik B, Levy E, Harmange G, et al. 2018. SCoPE-MS: Mass spectrometry of single mammalian cells quantifies proteome heterogeneity during cell differentiation. Genome Biol, 19 (1): 161.

Burgess R R, Deutscher M P. 2015. 蛋白质纯化指南. 陈薇, 等译. 北京: 科学出版社.

Cai D, Rao Y, Zhan Y, et al. 2019. Engineering *Bacillus* for efficient production of heterologous protein: current progress, challenge and prospect. Journal of Applied Microbiology, 126 (6): 1632-1642.

Cao L, Goreshnik I, Coventry B, et al. 2020. *De novo* design of picomolar SARS-CoV-2 miniprotein inhibitors. Science, 370 (6515): 426-431.

Cappelletti V, Hauser T, Piazza I, et al. 2021. Dynamic 3D proteomes reveal protein functional alterations at high resolution *in situ*. Cell, 184 (2): 545-559.

Carracedo-Reboredo P, Liñares-Blanco J, Rodríguez-Fernández N, et al. 2021. A review on machine learning approaches and trends in drug discovery. Computational and Structural Biotechnology Journal, 19: 4538-4558.

Carroni M, Saibil H R. 2016. Cryo electron microscopy to determine the structure of macromolecular complexes. Methods, 95: 78-85.

CCP4. 2020. Protein space groups. https://www.ccp4.ac.uk/ccp4-ed/misc/tables/#protein-space-groups[2024-10-25].

Chen H, Shaffer P L, Huang X, et al. 2013. Rapid screening of membrane protein expression in transiently transfected insect cells. Protein Expr Purif, 88 (1): 134-142.

Chen Y, Li M, Yan M, et al. 2024. *Bacillus subtilis*: Current and future modification strategies as a protein secreting factory. World Journal of Microbiology & Biotechnology, 40 (6): 195.

Cheng X, Veverka V, Radhakrishnan A. 2013. Structure and interactions of the human programmed cell death 1 receptor. Journal of Biological Chemistry, 288: 11771-11785.

Chu F, Kearns D B, Mcloon A, et al. 2008. A novel regulatory protein governing biofilm formation in *Bacillus subtilis*. Molecular Microbiology, 68 (5): 1117-1127.

Coligan J E. 2007. 精编蛋白质科学实验指南. 李慎涛, 等译. 北京: 科学出版社.

Colosimo A, Goncz K K, Holmes A R, et al. 2000. Transfer and expression of foreign genes in mammalian cells. Biotechniques, 29: 314.

Cowan D A, Fernandez-Affluent R. 2011. Enhancing the functional properties of thermophilic enzymes by chemical modification and immobilization. Enzymatic Microbial Technology, 49 (4): 326-346.

Dayon L, Cominetti O, Affolter M. 2022. Proteomics of human biological fluids for biomarker discoveries: Technical advances and recent applications. Expert Rev Proteomics, 19 (2): 131-151.

Dijk V, Faber K N, Kiel J A. 2000. The methylotrophic yeast *Hansenula polymorpha*: A versatile cell factory. Enzyme Microb Technol, 26 (9-10): 793-800.

Ding C, Jiang J, Wei J, et al. 2013. A fast workflow for identification and quantification of proteomes. Mol Cell Proteomics, 12 (8): 2370-2380.

Ding C, Li Y, Guo F, et al. 2016. A cell-type-resolved liver proteome. Mol Cell Proteomics, 15 (10): 3190-3202.

Ding Z, Xu G, Miao R, et al. 2023. Rational redesign of thermophilic PET hydrolase LCCICCG to enhance hydrolysis of high crystallinity polyethylene terephthalates. J Hazard Mater, 453: 131386.

Dou M, Clair G, Tsai C F, et al. 2019. High-throughput single cell proteomics enabled by multiplex isobaric labeling in a nanodroplet sample preparation platform. Anal Chem, 91 (20): 13119-13127.

Doves L, Hochschild A. 1998. Conversion of the omega subunit of *Escherichia coli* RNA polymerase into a transcriptional activator or an activation target. Genes Dev, 12 (5): 745-754.

Ema T, Nakano Y, Yoshida D, et al. 2012. Redesign of enzyme for improving catalytic activity and enantioselectivity toward poor substrates: manipulation of the transition state. Org Biomol Chem, 10 (31): 6299-6308.

England S, Seifter S. 1990. Precipitation techniques. Method Enzymol, 182: 287-300.

Faísca P F N. 2024. Physics of protein folding. *In*: Bassani G, Franco B G, Gerald L. Encyclopedia of Condensed Matter Physics. New York: Elsevier: 605-618.

Finkelstein A V. 2016. Protein Physics. 2nd ed. New York: Academic Press: 253-344.

Fu L, Li Z, Liu K, et al. 2020. A quantitative thiol reactivity profiling platform to analyze redox and electrophile reactive cysteine proteomes. Nat Protoc, 15 (9): 2891-2919.

Fukuda N, Takeuchi M. 2024. Removal of undesirable genes using yeast backcrossing. J Biosci Bioeng, 8 (24): 1389-1723.

Gavriilidou A F M. 2022. High-throughput native mass spectrometry screening in drug discovery. Front Mol Biosci, 9: 837901.

Ge S, Xia X, Ding C, et al. 2018. A proteomic landscape of diffuse-type gastric cancer. Nat Commun, 9 (1): 1012.

Gellissen G, Hollenberg C P. 1997. Application of yeasts in gene expression studies: A comparison of *Saccharomyces cerevisiae*, *Hansenula polymorpha* and *Kluyveromyces lactis*-a review. Gene, 190 (1): 87.

Geng H, Chen F F, Ye J, et al. 2019. Applications of molecular dynamics simulation in structure prediction of peptides and proteins. Computational and Structural Biotechnology Journal, 17: 1162-1170.

Geyer P E, Holdt L M, Teupser D, et al. 2017. Revisiting biomarker discovery by plasma proteomics. Mol Syst Biol, 13 (9): 942.

Gillet L C, Navarro P, Tate S, et al. 2012. Targeted data extraction of the MS/MS spectra generated by data-independent acquisition: A new concept for consistent and accurate proteome analysis. Mol Cell Proteomics, 11 (6): O111.016717.

Gräslund S, Nordlund P, Weigelt J, et al. 2008. Protein production and purification. Nature Methods, 5 (2): 135-146.

Hayat S M G, Farahani N, Golichenari B, et al. 2018. Recombinant protein expression in *Escherichia coli*: What we need to know. Current Pharmaceutical Design, 24 (6): 718-725.

He F. 2005. Human liver proteome project: Plan, progress, and perspectives. Mol Cell Proteomics, 4 (12): 1841-1848.

Henderson R, Baldwin J M, Ceska T A, et al. 1990. Model for the structure of bacteriorhodopsin based on high-resolution electron cryo-microscopy. J Mol Biol, 213 (4): 899-929.

Hong H, Ki D, Seo H, et al. 2023. Discovery and rational engineering of PET hydrolase with both mesophilic and thermophilic PET hydrolase properties. Nature Communications, 14 (1): 4556.

Hu J C, Kornacker M G, Hochschild A. 2000. *Escherichia coli* one-and two-hybrid systems for the analysis and identification of protein-protein interactions. Methods, 20: 80-94.

Hu J Y, Li J H, Jiang J, et al. 2022. Design of synthetic collagens that assemble into supramolecular banded fibers as a functional biomaterial testbed. Nat Commun, 13 (1): 6761.

Huang B, Kong L, Wang C, et al. 2023. Protein structure prediction: Challenges, advances and the shift of research paradigms. Genomics, Proteomics & Bioinformatics, 31: 913-925.

Ibraheem A, Campbellre R E. 2010. Designs and applications of fluorescent protein-based biosensors. Curr Chem Biol, 14 (1): 30-36.

Janson J C. 2011. Protein Purification: Principles, High Resolution Methods, and Applications. Newark: John Wiley & Sons, Inc.

Jiang L, Althoff E A, Clemente F R, et al. 2008. *De novo* computational design of retro-aldol enzymes. Science, 319 (5868): 1387-1391.

Jiang Y, Sun A, Zhao Y, et al. 2019. Proteomics identifies new therapeutic targets of early-stage hepatocellular carcinoma. Nature, 567 (7747): 257-261.

Jones M. 2010. File: DLS.svg. https://zh.wikipedia.org/zh-cn/File:DLS.svg[2024-10-25].

Joung J K, Ramm E I, Pabo C O. 2000. A bacterial two-hybrid selection system for studying protein-DNA and protein-protein interactions. Proc Natl Acad Sci USA, 97: 7382-7387.

Jumper J, Evans R, Pritzel A, et al. 2021. Highly accurate protein structure prediction with AlphaFold. Nature, 596 (7873): 583-589.

Jungbauer A. 2005. Chromatographic media for bioseparation. Journal of Chromatography A, 1065: 3-12.

Kelley L, Mezulis S, Yates C, et al. 2015. The PHYRE2 web portal for protein modeling, prediction and analysis. Nature Protocols, 10 (6): 845-858.

Kennedy J J, Abbatiello S E, Kim K, et al. 2014. Demonstrating the feasibility of large-scale development of standardized assays to quantify human proteins. Nat Methods, 11 (2): 149-155.

Kim D E, Chivian D, Baker D. 2004. Protein structure prediction and analysis using the Robetta server. Nucleic Acids Research, 32: W526-W531.

Kim M S, Pinto S M, Getnet D, et al. 2014. A draft map of the human proteome. Nature, 509 (7502): 575-581.

Kozakov D, Hall D, Xia B, et al. 2017. The ClusPro web server for protein-protein docking. Nature Protocols, 12: 255-278.

Kuhlman B, Dantas G, Ireton G C, et al. 2003. Design of a novel globular protein fold with atomic-level accuracy. Science, 302 (5649): 1364-1368.

Kupke D W, Dorrier T E. 1978. Protein concentration measurements: The dry weight. Methods Enzymol, 48: 155-162.

Labrou N E. 2021. Protein Purification Technologies. New York: Springer.

Lee S M, Jeong K J. 2022. Advances in synthetic biology tools and engineering of *Corynebacterium glutamicum* as a platform host for recombinant protein production. Biotechnology and Bioprocess Engineering, 28: 962-976.

Lehninger A L, Nelson D L, Cox M M. 1993. Principles of Biochemistry. 2nd ed. New York: Worth Publishers.

Lei X, Hao Z, Wang H, et al. 2023. Identification of core genes, critical signaling pathways, and potential drugs for countering BPA-induced hippocampal neurotoxicity in male mice. Food and Chemical Toxicology, 182: 114195.

Leng F. 2012. Opportunity and challenge: ten years of proteomics in China. Sci China Life Sci, 55 (9): 837-839.

Liang Y, Truong T, Saxton A J, et al. 2023. HyperSCP: Combining isotopic and isobaric labeling for higher throughput single-cell proteomics. Anal Chem, 95 (20): 8020-8027.

Lilley K S, Razzaq A, Dupree P. 2002. Two-dimensional gel electrophoresis: recent advances in sample preparation, detection and quantitation. Curr Opin Chem Biol, 6 (1): 46-50.

Lindorff-Larsen K, Piana S, Dror R O, et al. 2011. How fast-folding proteins fold. Science, 334: 517-520.

Londoño O M, Tancredi P, Rivas P, et al. 2018. Small-angle X-ray scattering to analyze the morphological properties of nanoparticulated systems. *In*: Sharma S K, Verma D S, Khan L U, et al. Handbook of Materials Characterization. Cham: Springer International Publishing: 37-75.

Longwitz L, Leveson-Gower R B, Rozeboom H J, et al. 2024. Boron catalysis in a designer enzyme. Nature, 629 (8013): 824-829.

Luckow V A, Lee S C, Barry G F, et al. 1993. Efficient generation of infectious recombinant baculoviruses by site-specific transposon-mediated insertion of foreign genes into a baculovirus genome propagated in *Escherichia coli*. J Viro, 67 (8): 4566-4579.

Lutz S, Iamurri S M. 2018. Protein engineering: Past, present, and future. Methods Mol Biol, 1685: 1-12.

Mansur M, Cabello C, Hernandez L, et al. 2005. Multiple gene copy number enhances insulin precursor secretion in the yeast *Pichia pastoris*. Biotechnology Letters, 27 (5): 339-345.

Marcus K, Schmidt O, Schaefer H, et al. 2004. Proteomics-application to the brain. Int Rev Neurobiol, 61: 285-311.

Marshak D R, Kadonaga J T, Butgess R R, et al. 2000. 蛋白质纯化与鉴定试验指南. 朱厚础, 等译. 北京: 科学出版社.

Mei Z L, Li C C, Han X, et al. 2024. Enzymatic stereodivergent access to fluorinated β-lactam pharmacophores via triple-parameter engineered ketoreductases. ACS Catal, 14: 6358-6368.

Meng S Q, Li Z Y, Zhang P, et al. 2023. Deep learning guided enzyme engineering of *Thermobifida fusca* cutinase for increased PET depolymerization. Chinese Journal of Catalysis, 49: 81-90.

Mertins P, Mani D R, Ruggles K V, et al. 2016. Proteogenomics connects somatic mutations to signalling in breast cancer. Nature, 534 (7605): 55-62.

Metz S W, Pijlman G P. 2011. Arbovirus vaccines: Opportunities for the baculovirus-insect cell expression system. J Invertebr Pathol, 107 (Sup1): S16-S30.

Miller K E, Kim Y, Huh W K, et al. 2015. Bimolecular fluorescence complementation (BiFC) analysis: advances and recent applications for genome-wide interaction studies. J Mol Biol, 427 (11): 2039-2055.

Mishra P, Jha S K. 2022. The native state conformational heterogeneity in the energy landscape of protein folding. Biophysical Chemistry, 283: 106761.

Mishra V. 2020. Affinity tags for protein purification. Curr Protein Pept Sci, 21 (8): 821-830.

Morris E R, Searle M S. 2012. Current Protocols in Protein Science. Newark: John Wiley & Sons, Inc.

NASA. 2007. File: EM spectrum properties edit.svg. https://zh.wikipedia.org/wiki/File:EM_Spectrum_Properties_ edit.svg[2024-10-25].

Nguyen H H, Park J, Kang S, et al. 2015. Surface plasmon resonance: a versatile technique for biosensor applications. Sensors (Basel), 15 (5): 10481-10510.

Nickson A A, Clarke J. 2020. What lessons can be learned from studying the folding of homologous proteins? Methods, 52 (1): 38-50.

Nishikawa S, Adiwinata J, Morioka H, et al. 1990. A thermoresistant mutant of ribonuclease T1 having three disulfide bonds. Protein Eng, 3 (5): 443-448.

Oliveira B M, Coorssen J R, Martins-de-Souza D. 2014. 2-DE: the phoenix of proteomics. J Proteomics, 104: 140-150.

Ostrove S. 1990. Affinity chromatography: General methods. Methods Enzymol, 182: 357-371.

Pabst T M, Carta G. 2007. pH transitions in cation exchange chromatographic columns containing weak acids group. Journal of Chromatography A, 1142: 19-31.

Pakhrin S C, Shrestha B, Adhikari B, et al. 2021. Deep learning-based advances in protein structure prediction. International Journal of Molecular Sciences, 22: 5553.

Patel D H, Cho E J, Kim H M, et al. 2012. Engineering of the catalytic site of xylose isomerase to enhance biocon-version of a non-preferential substrate. Protein Eng Dessel, 25 (7): 331-336.

Peng Z, Wei X, Lin Z. 2009. Stable surface expression of a gene for Helicobacter pylori toxic porin protein with pBAD expression system. Journal of Huazhong University of Science and Technology Medical Sciences, 29 (4): 435-438.

Pennacchietti E, Lammens T M, Capitani G, et al. 2009. Mutation of His465 alters the pH-dependent spectro-scopic properties of *Escherichia coli* glutamate decarboxylase and broadens the range of its activity toward more alkaline pH. J Biol Chem, 284 (46): 31587-31596.

Peterson A C, Russell J D, Bailey D J, et al. 2012. Parallel reaction monitoring for high resolution and high mass accuracy quantitative, targeted proteomics. Mol Cell Proteomics, 11 (11): 1475-1488.

Piliarik M, Vaisocherová H, Homola J. 2009. Surface plasmon resonance biosensing. Methods Mol Biol, 503: 65-88.

Richards A L, Hebert A S, Ulbrich A, et al. 2015. One-hour proteome analysis in yeast. Nat Protoc, 10 (5): 701-714.

Robertson D E, Farid R S, Moser C C, et al. 1994. Design and synthesis of multi-haem proteins. Nature, 368 (6470): 425-432.

Rosenberger G, Koh C C, Guo T, et al. 2014. A repository of assays to quantify 10,000 human proteins by SWATH-MS. Sci Data, 1: 140031.

Ross P L, Huang Y N, Marchese J N, et al. 2004. Multiplexed protein quantitation in *Saccharomyces cerevisiae* using amine-reactive isobaric tagging reagents. Mol Cell Proteomics, 3 (12): 1154-1169.

Röthlisberger D, Khersonsky O, Wollacott A M, et al. 2008. Kemp elimination catalysts by computational enzyme design. Nature, 453 (7192): 190-195.

Rozanova S, Barkovits K, Nikolov M, et al. 2021. Quantitative mass spectrometry-based proteomics: An overview. Methods Mol Biol, 2228: 85-116.

Saida F. 2007. Overview on the expression of toxic gene products in *Escherichia coli*. Current Protocols in Protein Science, DOI:10.1002/0471140864.ps0519s50.

Sánchez A, Olmos J. 2004. *Bacillus subtilis* transcriptional regulators interaction. Biotechnology Letters, 26 (5): 403-407.

Schneider T, Riedel K. 2010. Environmental proteomics: analysis of structure and function of microbial communities. Proteomics, 10 (4): 785-798.

Seelert H, Krause F. 2008. Preparative isolation of protein complexes and other bioparticles by elution from polyacrylamide gels. Electrophoresis, 29: 2617-2636.

Serio A W, Sonenshein A L. 2006. Expression of yeast mitochondrial aconitase in *Bacillus subtilis*. Journal of Bacteriology, 188 (17): 6406-6410.

Shyu Y, Liu H, Deng X, et al. 2006. Identification of new fluorescent protein fragments for bimolecular fluorescence complementation analysis under physiological conditions. Biotechniques, 40 (1): 61-66.

Shyu Y, Suarez C D, Hu C D. 2008. Visualization of Ap21NF2B ternary complexes in living cells by using a BiFC-based FRET. Proc Natl Acad Sci USA, 105 (1): 151-156.

Siegel J B, Zanghellini A, Lovick H M, et al. 2010. Computational design of an enzyme catalyst for a stereoselective bimolecular Diels-Alder reaction. Science, 329 (5989): 309-313.

Skora L, Mestan J, Fabbro D, et al. 2013. NMR reveals the allosteric opening and closing of Abelson tyrosine kinase by ATP-site and myristoyl pocket inhibitors. Proc Natl Acad Sci USA, 110 (47): E4437-E4445.

Spiliopoulou M, Valmas A, Triandafillidis D P, et al. 2020. Applications of X-ray powder diffraction in protein crystallography and drug screening. Crystals, 10 (2): 54.

Steglich P, Lecci G, Mai A. 2022. Surface plasmon resonance (SPR) spectroscopy and photonic integrated circuit (PIC) biosensors: A comparative review. Sensors (Basel), 22 (8): 2901.

Sun A, Jiang Y, Wang X, et al. 2010. Liverbase: A comprehensive view of human liver biology. J Proteome Res, 9 (1): 50-58.

Sundell G N, Tao S C. 2024. Phage immunoprecipitation and sequencing-a versatile technique for mapping the antibody reactome. Mol Cell Proteomics, 19: 100831.

Takwa M, Larsen M W, Hult K, et al. 2011. Rational redesign of *Candida antarctica* lipase B for the ring opening polymerization of D,D-lactide. ChemCommun (Camb), 47 (26): 7392-7394.

The Nobel Prize. 2024. Kurt Wüthrich biographical. https://www.nobelprize.org/prizes/chemistry/2002/wuthrich/biographical/[2024-10-25].

Thermo Fisher. 2022. Krios G4 explore the hidden side of life. https://assets.thermofisher.com/TFS-Assets/MSD/brochures/krios-g4-ecfeg-brochure-br0129.pdf[2024-10-25].

Tran D T, Adhikari J, Fitzgerald M C. 2014. Stable isotope labeling with amino acids in cell culture (SILAC) -based strategy for proteome-wide thermodynamic analysis of protein-ligand binding interactions. Mol Cell Proteomics, 13 (7): 1800-1813.

Varadi M, Anyango S, Deshpande M, et al. 2021. AlphaFold protein structure database: Massively expanding the structural coverage of protein-sequence space with high-accuracy models. Nucleic Acids Research, 50: D439-D444.

Vavrova L, Muchova K, Barak I. 2010. Comparison of different *Bacillus subtilis* expression systems. Research in Microbiology, 161 (9): 791-797.

Waltman M J, Yang Z K, Langan P, et al. 2014. Engineering acidic *Streptomyces rubiginosus* D-xylose isomerase by rational enzyme design. Protein Eng Dessel, 27 (2): 59-64.

Wang Q, Zhang Y, Yang C, et al. 2010. Acetylation of metabolic enzymes coordinates carbon source utilization and metabolic flux.

Science, 327 (5968): 1004-1007.

Washburn M P, Wolters D, Yates J R. 2001. Large-scale analysis of the yeast proteome by multidimensional protein identification technology. Nat Biotechnol, 19 (3): 242-247.

Wasinger V C, Cordwell S J, Cerpa-Poljak A, et al. 1995. Progress with gene-product mapping of the Mollicutes: *Mycoplasma genitalium*. Electrophoresis, 16 (7): 1090-1094.

Waterhouse A, Bertoni M, Bienert S, et al. 2018. SWISS-MODEL: homology modelling of protein structures and complexes. Nucleic Acids Research, 46: W296-W303.

Waters N J, Jones R, Williams G, et al. 2008. Validation of a rapid equilibrium dialysis approach for the measurement of plasma protein binding. Journal of Pharmaceutical Sciences, 97 (10): 4586-4595.

Wilhelm M, Schlegl J, Hahne H, et al. 2014. Mass-spectrometry-based draft of the human proteome. Nature, 509 (7502): 582-587.

Willets K A, van Duyne R P. 2007. Localized surface plasmon resonance spectroscopy and sensing. Annu Rev Phys Chem, 58: 267-297.

Withanage T J, Lal M, Salem H, et al. 2024. The [(bathophenanthroline) 3: Fe^{2+}] complex as an aromatic non-polymeric medium for purification of human lactoferrin. J Chromatogr A, 1732: 465218.

Woolfson D N. 2023. Understanding a protein fold: The physics, chemistry, and biology of α-helical coiled coils. Journal of Biological Chemistry, 299 (4): 1045791.

Xie Z, Feng Q, Zhang S, et al. 2022. Advances in proteomics sample preparation and enrichment for phosphorylation and glycosylation analysis. Proteomics, 22 (23-24): e2200070.

Xin L, Hai W, Bin W, et al. 2018. High-level extracellular protein expression in *Bacillus subtilis* by optimizing strong promoters based on the transcriptome of *Bacillus subtilis* and *Bacillus megaterium*. Protein Expression and Purification, 151: 72-77.

Xue X, Li D, Yu J, et al. 2013. Phenyl linker-induced dense PEG conformation improves the efficacy of C-terminally monoPEGylated staphylokinase. Biomacromolecules, 14 (2): 331-341.

Yang H, Chae J, Kim H, et al. 2024. Preparation of VCSM13 helper phage for display library reamplification and bio-panning. Cold Spring Harb Protoc, 16: DOI: 10.1101/pdb.prot108569.

Yang W, Song A, Ao M, et al. 2020. Large-scale site-specific mapping of the O-GalNAc glycoproteome. Nat Protoc, 15 (8): 2589-2610.

Yu L, Wu H, Sathishkumar G, et al. 2024. Chemo-photothermal therapy of bacterial infections using metal-organic framework-integrated polymeric network coatings. J Mater Chem B, 12 (37): 9238-9248.

Zak K M, Kitel R, Przetocka S, et al. 2015. Structure of the complex of human programmed death 1, PD-1, and its ligand PD-L1. Structure, 23: 2341-2348.

Zeming L, Halil A, Roshan R, et al. 2023. Evolutionary-scale prediction of atomic level protein structure with a language model. Science, 379: 1123-1130.

Zhang B, Wang J, Wang X, et al. 2014. Proteogenomic characterization of human colon and rectal cancer. Nature, 513 (7518): 382-387.

Zhang H, Liu T, Zhang Z, et al. 2016. Integrated proteogenomic characterization of human high-grade serous ovarian cancer. Cell, 166 (3): 755-765.

Zhang L, Jia H, Xu D. 2015. Construction of a novel twin-arginine translocation (Tat) -dependent type expression vector for secretory production of heterologous proteins in *Corynebacterium glutamicum*. Plasmid, 82: 50-55.

Zhang W, Hu X, Jiang F, et al. 2024. Preparation of bacterial cellulose/acrylic acid-based pH-responsive smart dressings by graft copolymerization method. J Biomater Sci Polym Ed, 20: 1-23.

Zhang W, Wang T. 2023. Understanding protein functions in the biological context. Protein and Peptide Letters, 30 (6): 449-458.

Zhang Z, Wu S, Stenoien D L, et al. 2014. High-throughput proteomics. Annu Rev Anal Chem (Palo Alto Calif), 7 (1): 427-454.

Zhao Z, Jiang H, Shen W, et al. 2013. Cost-effective production of protein by using cellulose-binding domain fusion tag in *Corynebacterium glutamicum*. Chinese Journal of Biotechnology, 29 (5): 69169.

Zheng Y, Li Q, Liu P, et al. 2024. Dynamic docking-assisted engineering of hydrolases for efficient PET depolymerization. ACS Catalysis, 14 (5): 3627-3639.